Wouter Südkamp

Leben im Devon

Bestimmungsbuch Hunsrückschieferfossilien

Life in the Devonian

Identification book Hunsrück Slate fossils

Wouter Südkamp

Leben im Devon

Bestimmungsbuch Hunsrückschieferfossilien

Life in the Devonian

Identification book Hunsrück Slate fossils

Verlag Dr. Friedrich Pfeil · München 2017
ISBN 978-3-89937-221-2

Bibliografische Information Der Deutschen Bibliothek

Die Deutsche Bibliothek verzeichnet diese Publikation in der Deutschen Nationalbibliografie; detaillierte bibliografische Daten sind im Internet über http://dnb.dnb.de abrufbar.

Vorderseite

Vergesellschaftung von, im Uhrzeigersinn, der Seelilie *Parisangulocrinus*, dem Schlangenstern *Protasteracanthion*, der Seelilie *Thallocrinus*, zwei orthoconen Nautiloideen und dem Mitraten *Anatifopsis*. Sammlung G. Beicht (Bundenbach).

Rückseite

Im Uhrzeigersinn: Schieferhöhle im Altlayer Bachtal bei Altlay, Förderwagen (bergmännisch »Hunt«), intensiv gefalteter Schiefer am Klettersteig bei Ürzig (Mosel), der Seestern *Helianthaster* (Sammlung G. Beicht, Bundenbach), Trilobit *Chotecops* mit erhaltenen Beinen (Sammlung Steinmann Institut für Geologie und Paläontologie der Universität Bonn) und der Ammonoid *Ivoites* (Sammlung G. Beicht, Bundenbach).

Front cover

Association, in clockwise direction, of the crinoid *Parisangulocrinus*, the brittle star *Protasteracanthion*, the crinoid *Thallocrinus*, two orthocone nautiloids and the mitrate *Anatifopsis*. Collection G. Beicht (Bundenbach).

Back cover

In clockwise direction: Slate cave in the valley of the Altlayer Bach near Altlay, mine car (in miner's terms "Hunt"), intensively folded slate at the via ferrata near Ürzig (Moselle), the starfish *Helianthaster* (collection G. Beicht, Bundenbach), trilobite *Chotecops* with preserved legs (collection Steinmann Institut für Geologie und Paläontologie der Universität Bonn) and the ammonoid *Ivoites* (collection G. Beicht, Bundenbach).

Druckvorstufe: Verlag Dr. Friedrich Pfeil, München
Druck: PBtisk a.s., Příbram I – Balonka

ISBN 978-3-89937-221-2

Printed in the European Union

Verlag Dr. Friedrich Pfeil, Wolfratshauser Straße 27, 81379 München, Germany
Tel.: +49 (0)89 742827-0 • Fax: +49 (0)89 7242772 • E-Mail: info@pfeil-verlag.de
www.pfeil-verlag.de

Inhalt

Contents

Geleitwort

Paläontologie beschäftigt sich mit den Lebewesen der Vorzeit und es ist ihre Aufgabe, die Geschichte des Lebens auf der Erde zu rekonstruieren. Leider ist der Fossilbericht oft unvollständig und lässt viele Fragen offen. Nur in seltenen Fällen wird uns ein unmittelbarer und ungewöhnlich vollständiger Einblick in ehemalige Lebensräume gewährt. Von einem dieser seltenen Glücksfälle berichtet dieses Buch. Der ca. 400 Millionen Jahre alte Hunsrückschiefer gehört zu den weltweit herausragenden Fundstellen von Fossilien und liefert das bedeutendste Beispiel einer Konservatlagerstätte für das marine Devon. In allen großen naturgeschichtlichen Museen der Welt sind Fossilien aus dem Hunsrückschiefer vertreten und bilden ein Zeugnis des Formenreichtums des Lebens in den Meeren vor unvorstellbaren Zeiten.

Der Autor dieses Bandes – Wouter Südkamp – ist ein begeisterter Sammler, Kenner und erfahrener Präparator von Hunsrückschieferfossilien. Er hat nicht nur durch seine umfangreiche Sammlungstätigkeit, sondern auch durch eigene Untersuchungen des Fossilmaterials und seine geologische Einbindung auf vielfache Weise zur Erforschung dieses weltberühmten Fossilvorkommens beigetragen. Dabei gibt der Hunsrückschiefer seine Schätze nicht ohne erheblichen Widerstand preis. Erst durch sorgfältige und geduldige Präparationen kommen der wissenschaftliche Wert, aber auch die Ästhetik der Funde zur vollen Geltung. Wouter Südkamp gehört auf diesem Gebiet zu den führenden Spezialisten, und seine Funde haben mehrfach zu einem besseren Verständnis der reichen Fauna und ihrer Lebensumstände geführt. Besonders hervorheben möchte ich, dass er seine Funde stets für wissenschaftliche Bearbeitungen zur Verfügung gestellt hat.

Dieses Buch richtet sich an Fossiliensammler und allgemein Naturliebhaber, denen an tieferen Einsichten in die Lebenswelt vor unvorstellbaren 400 Millionen Jahren gelegen ist. Genau darin besteht der große Gewinn dieses Bandes. Er zeigt die enorme Vielfalt des Lebens in den Meeren des Devons, aber auch die Schönheit dieser Lebensformen, so wie sie uns als Fossilien überliefert sind. Ich wünsche dem Buch, dass es den Lesern etwas von der Begeisterung und Faszination paläontologischer Forschung vermittelt und zur weiteren Beschäftigung mit Fossilien anregt.

Prof. Dr. Jes Rust,
Steinmann-Institut für Geologie,
Mineralogie und Paläontologie,
Universität Bonn

Preface

Palaeontology deals with the organisms of prehistoric times and it is its task to reconstruct the history of life on the earth. Unfortunately, the fossil record is often incomplete and leaves many questions unanswered. Only in rare cases can we gain an immediate and unusually complete insight into former living spaces. This book reports on one of these rare lucky chances. The ca. 400 million years old Hunsrück Slate belongs to the remarkable fossil sites of the world and is the most important example of a conservation Lagerstätte for the marine Devonian. Fossils from the Hunsrück Slate are represented in all large museums of natural history of the world, and provide evidence of the variety of life forms in the seas from inconceivable ages ago.

The author of this volume – Wouter Südkamp – is an enthusiastic collector, expert and experienced preparator of Hunsrück Slate fossils. He has, not only by his extensive collection activity but also by his own investigations of the fossils integrated with geology, in multiple ways contributed to the exploration of this world-famous fossil occurrence. In doing so, the Hunsrück Slate discloses its treasures, not without considerable resistance. The scientific value but also the aesthetics of the finds are shown to their fullest potential only after careful and patient preparations. In this field, Wouter Südkamp is one of the leading specialists, and his finds repeatly lead to a better understanding of the rich fauna and their life circumstances. In particular I want to emphasize, that he has always made his finds available for scientific study.

This book is addressed to fossil collectors and to nature lovers in general, who are interested in deeper insights into the extraordinary habitat of 400 million years ago. This is the great value of this volume. It not only shows the enormous variety of life in the Devonian seas, but also the beauty of these life forms, as they are preserved for us as fossils. I hope that the book communicates to the readers something of the enthusiasm and fascination of paleontological research, and encourages further activities with fossils.

Prof Dr Jes Rust,
Steinmann Institute for Geology,
Mineralogy and Palaeontology,
Division of Palaeontology,
Bonn University

Vorwort

Die Idee zu diesem Buch geht zurück auf das Ende der 1970er Jahre, als ich gerade angefangen hatte Fossilien im Bundenbacher Schiefer zu sammeln. Bis heute gibt es kein Werk, das die Bestimmung und die umfassende Darstellung der berühmten Hunsrückschieferfossilien anstrebt. Der jetzige Zeitpunkt zur Veröffentlichung dieses Buches ist aus drei Gründen naheliegend:

1. Die einzigartigen Fossilfunde der 1990er Jahre aus der Bundenbacher Grube Obereschenbach sind größtenteils wissenschaftlich bearbeitet (u. a. Würmer und Gliederfüßer).
2. Die eigenen systematischen Fossilaufsammlungen auf alten Halden inner- und außerhalb der fossilreichen Schichten vermitteln ein großteils repräsentatives Bild der damaligen Tier- und Pflanzenwelt.
3. Es sind kaum Neufunde zu erwarten, da keine Wiederaufnahme des Schieferabbaus in der sog. Fossillagerstätte zu erwarten ist (Schieferimport aus dem Ausland).

In diesem Buch werden erstmals Exemplare aus sowohl Privat- als auch Museensammlungen gezeigt. Darunter sind viele noch nie (in einem Buch) abgebildete Fossilien. Dabei sind nicht nur ästhetisch ansprechende Stücke, sondern auch kleinere, oft von den Spaltern übersehene Fossilien. Außerdem lege ich viel Wert auf Geschichten, die Fossilgemeinschaften erzählen. Obwohl dies nicht immer zur Bestimmung notwendig ist, möchte ich dem Leser die Lebensbedingungen im damaligen Hunsrückschiefermeer näherbringen.

Mehr als 150 Jahre intensive Dachschiefergewinnung und wissenschaftliche Forschung bedeuten nicht, dass dieses Buch vollständig ist. Bestimmte (seltene) Fossilien, wie Schwämme, Sterntiere und Seelilien, warten auf eine (Neu)Bearbeitung. Zum Teil nehme ich dies vorweg, indem ich Fossilien in offener Nomenklatur (?Rhizostomoide Scyphomeduse) oder in Normalschrift (Schwamm Nodosia und Schlangenstern Eschenbachia) beschreibe oder einer anderen Gattung zuordne (Mitrat *Anatifopsis*). Diese Beschreibungen sind also als vorläufig zu betrachten.

Ich hoffe, dass dieses Buch zu weiteren Untersuchungen anregt und dazu beiträgt, dass diese spektakulären Zeugen des früheren Lebens von den Menschen mehr geschätzt und beachtet werden.

Danksagung

Ohne die Mitwirkung von Wissenschaftlern und Amateurpaläontologen wäre dieses Buch nicht zustande gekommen. Prof. H. Kerp (*Asterocalamites*), Prof. D. Blake (Sterntiere), Prof. H. Pfanz (Sedimentstrukturen), Dr. H. Van Iten (Nesseltiere), Dr. U. Jansen (Brachiopoden), Dr. C. Winkler Prins (Weichtiere und Brachiopoden), Dipl.-Geologe M. Alberti (Trilobiten) und R. Goßmann (Pflanzen) haben bei der Literaturbeschaffung und Bestimmung geholfen. Dr. G. Kühl (Bonn), Dr. U. Jansen (Frankfurt), Dr. C. Bartels (Kamen), M. van Bel (Bad Kreuznach), G. Beicht und M. Brzoska (beide Bundenbach), L. Dreher (Griebelschied) und Frau C. Schumacher (Simmern) sorgten für die Bereitstellung der Exponate zum Fotografieren. C. Friis (Kottenheim) informierte über Fundstellen im »Moselschiefer«. Die Museumsleiter, -Fotografen und Sammler, die Fotos zur Verfügung gestellt haben, sind dem Bildnachweis zu entnehmen.

Meine Frau R. Südkamp-Theis, Dr.-Ing. H. J. Theis und Frau H. Koch übernahmen die Korrektur des deutschen Textes. Der englische Text wurde von Frau Dr. C. Burrow korrigiert.

Ich möchte all diesen Mitwirkenden für Ihren Einsatz danken.

Wouter Südkamp, im Dezember 2016

Preface

The idea for this book dates from the late nineteen seventies, just as I started collecting slate fossils at Bundenbach. Up until today, there is no work that targets the identification and complete summary of the renowned Hunsrück Slate fossils. Now is the right moment to publish such a book:

1. The unique fossil finds of the nineteen nineties from the Bundenbach quarry Obereschenbach are scientifically described for the most part (among others annelids and arthropods).
2. My systematic fossil collecting at old tip heaps within and outside the fossiliferous layers gives a fairly representative idea of life at that time.
3. No new finds can be expected, because a resumption of slate mining in the so-called Lagerstätte is unlikely (imported slate from abroad).

In this book several specimens from private as well as museum collections are shown for the first time, including many fossils never previously-portrayed (in a book). Among them are not only aesthetically appealing specimens but also the smaller fossils, frequently overlooked by the splitters. As well, I attach great importance to stories behind the fossil associations. Although these do not necessarily contribute to the taxonomic assignment, I want to enlighten the reader on the living conditions in the Hunsrück Sea of that time.

Over 150 years of intensive production of roof-slate and scientific research does not guarantee that this book can be totally comprehensive. Specific (rare) fossils, like sponges, asterozoans and crinoids await (re) description. Partly I anticipate this matter, as I describe fossils in open nomenclature (?rhizostomoid scyphomedusa) or in normal type (sponge Nodosia and brittle star Eschenbachia) or classify in another genus (mitrate *Anatifopsis*). So, these descriptions must be considered as preliminary.

I hope that this book encourages further research and leads people to appreciate and notice these spectacular witnesses of earlier life more.

Acknowledgements

This book could not have been materialized without the participation of scientists and amateur palaeontologists. Prof H. Kerp (*Asterocalamites*), Prof D. Blake (asterozoans), Prof H. Pfanz (sedimentary structures), Dr H. Van Iten (cnidarians), Dr U. Jansen (brachiopods), Dr C. Winkler Prins (molluscs and brachiopods), graduate geologist M. Alberti (trilobites) and R. Goßmann (plants) have assisted in the acquisition of literature and with the assignment. Dr G. Kühl (Bonn), Dr U. Jansen (Frankfurt), Dr C. Bartels (Kamen), M. van Bel (Bad Kreuznach), G. Beicht and M. Brzoska (both Bundenbach), L. Dreher (Griebelschied) and Mrs. C. Schumacher (Simmern) helped by the provision of the exhibits for photographing. C. Friis (Kottenheim) informed about finding localities in the "Moselschiefer". The museum directors, -photographers and collectors, who offered to give up photos, can be taken from the photo credit.

My wife R. Südkamp-Theis, Dr-Ing. H. J. Theis and Mrs. H. Koch took care of the correction of the German text. The English text was corrected by Mrs. Dr C. Burrow.

I would like to thank all these participants for their efforts.

Wouter Südkamp, December 2016

1. Einführung

Diese Arbeit ist das erste umfassende Bestimmungsbuch für die über 400 Mio. Jahre alten unterdevonischen Fossilien des Hunsrückschiefers. Diese wurden im Rheinischen Schiefergebirge in Südwest-Deutschland gefunden. Das Buch beinhaltet insgesamt 190 Gattungen, deren Namensgebung, Merkmale, Häufigkeit, Größe, Arten, Vorkommen und Besonderheiten beschrieben werden. Im damaligen subtropischen Flachmeer lebten insbesondere Stachelhäuter und Gliederfüßer (s. Abb. 1).

Den Anfang der nächsten Kapitel bildet stets eine Einführung, in der die jeweilige Fossilgruppe (Stamm oder Klasse) erläutert wird. Dabei soll ein Einblick in den Körperbau und vor allem eine Erklärung der für die Bestimmung wichtigsten Begriffe ermöglicht werden. Themen, wie die Bergbaugeschichte und systematische Zugehörigkeit der Fossilien, hätten den Rahmen dieses Buches gesprengt und konnten nicht behandelt werden. Diesbezüglich existieren jedoch bereits Standardnachschlagewerke wie der »Treatise on Invertebrate Paleontology«, Fachbücher und das Internet (z. B. die Paläobiologische Datenbank: www.paleobiodb.org). Weitere Themen, wie die Paläogeografie und die Anwendung der Röntgentechnik an dem Schiefer, konnten nur am Rande angesprochen werden.

Für die Beschreibung der Gattungen ist eine Reihenfolge gewählt, die auf der systematischen Zugehörigkeit beruht. Dadurch stehen die Fossilien mit gemeinsamen Merkmalen nicht weit voneinander entfernt. Der Leser erfährt so mehr über die vermutliche Verwandtschaft und kann die für die Bestimmung wichtigen Gemeinsamkeiten der Gattungen besser verstehen. Insbesondere bei den Seelilien und Sterntieren wurden einige aus der Literatur bekannte Taxa außer Acht gelassen, da diese ungenügend begründet und/oder auf nur wenigen Exemplaren basieren.

Um dem Leser den Zugriff auf die weit verstreute Literatur zu erleichtern, wird am Ende jedes Kapitels eine auf die Fossilgruppe bezogene Übersicht gegeben. Falls die Literaturangaben nur bestimmte Gattungen betreffen, werden diese dahinter in Klammern erwähnt.

1. Introduction

This work is the first comprehensive field guide for the more than 400 million years old Lower Devonian fossils of the Hunsrück Slate. The locality is in the Rhenish Massif in south-western Germany. The book lists 190 genera, for which nomenclature, characteristics, rarity, size, species, occurrence and peculiarities are described. In the subtropical shallow sea of that time echinoderms and arthropods were particularly dominant (see fig. 1).

At the beginning of the following chapters there is an introduction in which the respective fossil group (phylum or class) is detailed. In this way, insight is given into the anatomy and importantly an explanation of the relevant features for the assignment. Topics, like the mining history and systematic position of the fossils, would have gone beyond the scope of this book and could not be addressed. However, this information can be found in standard reference books like the "Treatise on Invertebrate Paleontology", textbooks and the internet (for instance The Paleobiology Database: www.paleobiodb.org). Further topics, like paleogeography and the use of X-ray technology could only be mentioned in passing.

The sequence of the description of the genera is based on the systematic position order. In this way, the fossils with common characteristics are not wide apart. The reader thus learns more about their supposed affinity and can better understand the important common grounds for the assignment. Especially among the crinoids and asterozoans some taxa known from the literature were set aside based on their insufficient justification and/or assignment based on only a few specimens.

In order to make it easier for the reader to have access to the wide-spread literature, at the end of each chapter a fossil group related overall view has been given. After references, concerning only specific genera, the genera in question are put in brackets.

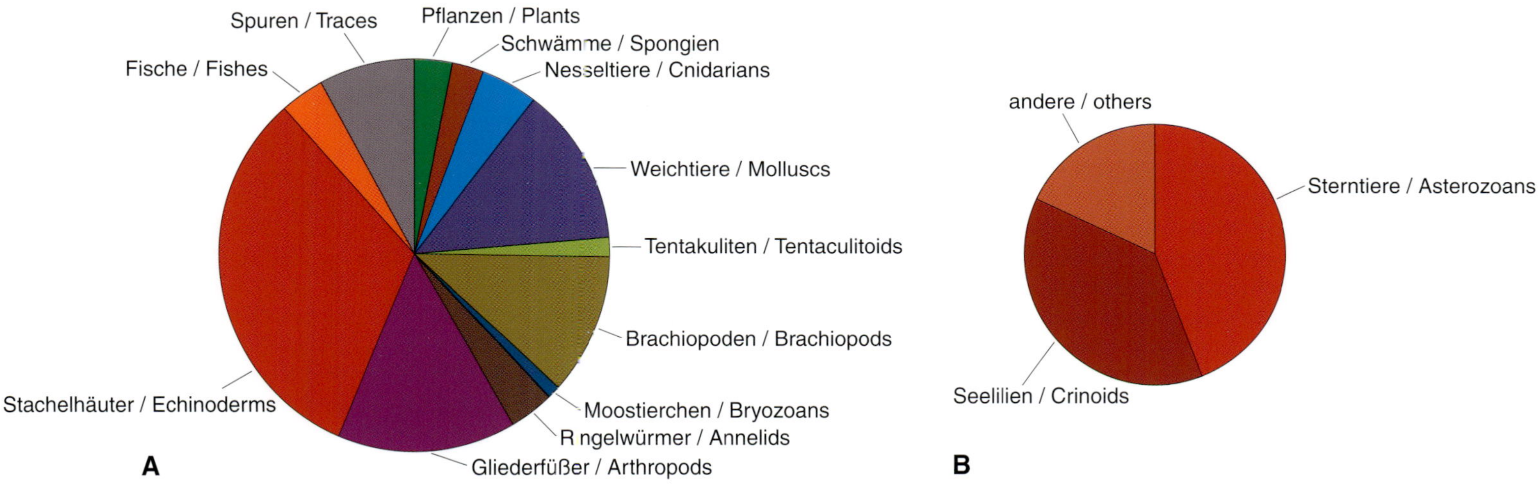

1 A, Hunsrückschiefer-Gattungen (n = 190) nach Tiergruppen (ohne Mikrofossilien und Marken). B, Unterverteilung der Stachelhäuter-Gattungen (n = 61).
1 A, Hunsrück Slate genera (n = 190) per animal group (omitting microfossils and marks). B, Subdivision of echinoderm genera (n = 61).

Was ist Hunsrückschiefer?

Obwohl der Hunsrückschiefer und insbesondere seine Versteinerungen (Fossilien) weltberühmt sind und viel darüber publiziert wurde, ist es schwer diese Frage eindeutig zu beantworten. Viele Autoren verzichten auf eine Definition; einige sprechen von »Hunsrückschiefer« oder einer Hunsrückschiefer-Gruppe. Der Begriff wurde vom Geologen Grebe (1881) für unterdevonischen Tonschiefer des westlichen Hunsrücks eingeführt. Das Unterdevon ist die Zeitspanne vor 418–392 Millionen Jahren (Deutsche Stratigraphische Kommission [Hrsg.] 2002) und der Hunsrück ist ein Teil des linksrheinischen Schiefergebirges. Meist wird der Begriff Hunsrückschiefer lediglich mit den dunklen Dachschiefern zwischen den Ortschaften Breitenthal-Bundenbach-Gemünden im südlichen Hunsrück, die ausgezeichnet erhaltene, fossile, wirbellose Meerestiere enthalten, in Verbindung gebracht.

What is Hunsrück Slate?

Although the Hunsrück Slate and especially its fossils are world-famous and a lot has been published about them, this question is difficult to answer unequivocally. Many authors go without a definition; some of them speak of "Hunsrück Slate" or Hunsrück Slate-Group. The term was introduced by the geologist Grebe (1881) for the Lower Devonian clay slate of the western Hunsrück. The Lower Devonian is the period of time from 418–392 million years (Deutsche Stratigraphische Kommission [Hrsg.] 2002) and the Hunsrück area is part of the Rhenish Massif to the left of the Rhine. Mostly, the term Hunsrück Slate is associated with the dark roofing slates between the villages Breitenthal-Bundenbach-Gemünden in the southern Hunsrück that contain exceptionally preserved fossil invertebrate marine animals.

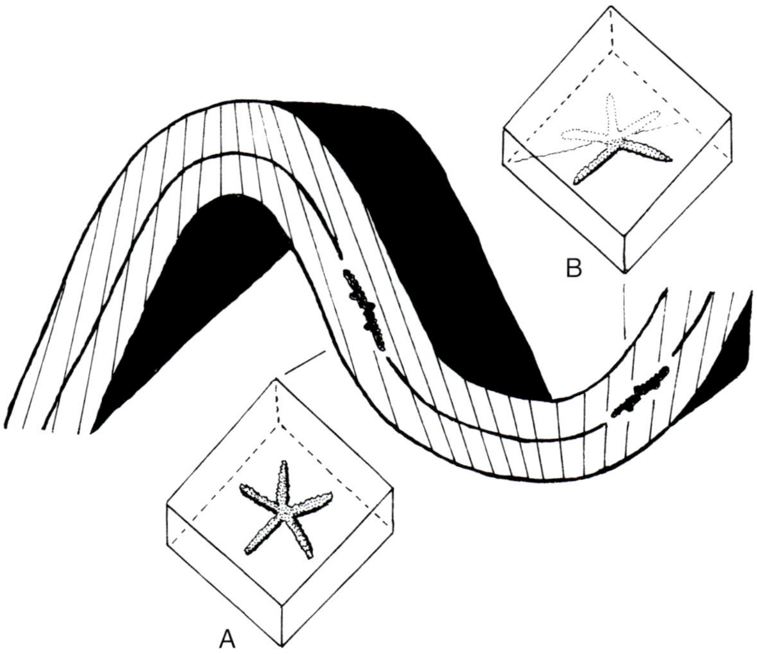

2 Faltung, Schichtung und Schieferung. Dicke Striche = Ablagerungsschichten. Dünne Striche = Spaltfläche. **A**, Plattenstein; **B**, Krappstein.
2 Folding, bedding and cleavage. Thick lines = sedimentological layers. Thin lines = cleavage. **A**, "Plattenstein"; **B**, "Krappstein".

3 Schichtung (horizontal) und Schieferung (schräg) am Klettersteig bei Ürzig (Mosel).
3 Bedding (horizontal) and cleavage (oblique) at the via ferrata near Ürzig (Moselle).

Der Hunsrückschiefer wird in diesem Buch im weiteren Sinn als eine tonige Meeresablagerung aus dem Unterdevon, der zum Schiefer umgewandelt wurde und im Rheinischen Schiefergebirge (in den Regionen Hunsrück, Mittelrhein, Taunus und Südosteifel) weit verbreitet ist, definiert. Der Begriff Hunsrückschiefer ist für die stratigrafische Verwendung nicht gut geeignet, da die Schlammablagerungen zeitlich und räumlich wanderten. Am besten gelingt eine Einordnung noch nach Gesteinsart (lithostratigrafische Gruppe). Die Ablagerungsvorgänge und damaligen Umweltbedingungen (Faziesmerkmale) verdienen also im Hunsrückschiefer besondere Beachtung. Der verfestigte Ton wurde, infolge der Variszischen Gebirgsbildung (ab dem Oberkarbon vor 320 Mio. Jahren), unter Einfluss von hohem Druck und hoher Temperatur in Schiefer umgewandelt (niedrig metamorph). Dabei richteten die Glimmerpartikel sich quer zur Druckrichtung aus dem Südosten aus und bildeten die Schieferungsebene. Schiefer hat, im Gegensatz zu Tonstein, neben seiner Sedimentfläche (Schichtung) immer eine zweite Ebene, entlang der gespaltet wird (Schieferung). In den Faltenachsen bilden Schichtung und Schieferung einen mehr oder weniger großen Winkel zueinander und der Bergmann spricht von Krappstein; an den Faltenschenkeln verlaufen die beiden Ebenen jedoch parallel (Plattenstein) (Abb. 2, 3). Vollständige Fossilien oder ganze Lebensgemeinschaften sind nur im Plattenstein zu finden, da man hier entlang der Schichtung spaltet und nicht unter einem Winkel, wie beim Krappstein. Im letzten Fall sind die Fossilien in einer schrägen Gesteinslage schwer zu entdecken und manchmal nur teilweise erhalten. Im deutschen Sprachgebrauch wird der Begriff Schiefer leider nicht immer richtig angewendet (der Posidonienschiefer aus dem Unterjura von Holzmaden ist z. B. »nur« ein Tonstein).

Bei guter Spaltbarkeit und ausreichender Homogenität bilden die Tonschiefer abbauwürdige Dachschieferlager. Die dunkelgraue bis schwarze Farbe ist auf fein verteilten Pyrit und kohlige Partikel zurückzuführen (Mittmeyer 1980). Zwischen den glatten, feinkörnigen, tonigen Ablagerungen schalten sich rauere, grobkörnigere, schluffige und sandige Schichten ein. Es gibt Hinweise für Schlammströme (Turbidite; siehe weiter unten), erkennbar an Erosionsbasen und darüber schluffbetonte, feinkörnigere und tonbetonte, dunklere Ablagerungen (Sutcliffe et al. 2002). Örtlich enthält der Schiefer Porphyroid-Tuffite (untermeerische vulkanische Aschelagen; Abb. 4). Außerdem kommen sog. Blauwacken oder Kieselgallen vor. Dies sind durch Quarzkristallisation entstandene runde oder ovale Konkretionen von cm- bis dm-Größe. Ihre Entstehung wird durch ein gehäuftes Auftreten von kieseligen Fossilien, wie Schwämme, erklärt (Knoke 1969). Manchmal finden sich in ihrem Inneren Pyritkristalle. Die Kieselgallen in der Umgebung von Birkenfeld/Buhlenberg im südwestlichen Hunsrück enthalten ausnahmsweise Fossilien.

The Hunsrück Slate in this book is defined sensu latu, that is to say as clayey marine sediment from the Lower Devonian, which was converted into slate and is widespread in the Rhenish Massif (the regions Hunsrück, Middle Rhine, Taunus and south-eastern Eifel). The term Hunsrück Slate cannot readily be treated as a stratigraphic unit, because the clayey sediments migrated in time and space. It would be best regarded as a rock type (lithostratigraphic group). So, the depositional environment and ecological settings of that time (facies characteristics) need special observance in the Hunsrück Slate. The Variscan Orogeny (from the Upper Carboniferous before 320 million years) converted the hardened clay under the influence of high pressure and high temperature, into slate (low grade metamorphism). As a result, the mica particles orientated diagonally to the pressure direction from the south-east, and formed the cleavage plane. Thus, in contrast to clay stone, slate has as well as its depositional plane (bedding), always a second plane along which it can be split (cleavage) (Figs. 2, 3). In the axis of the folds, the bedding and cleavage are at a more or less high angle and the miner speaks of "Krappstein"; on the fold limbs, however, both planes become parallel ("Plattenstein"). Complete fossils or entire communities can only be found in "Plattenstein", as one is splitting along the bedding plane and not at an angle to it, like in "Krappstein". In the last case, the fossils are very hard to discover in their cross-planar rock position and are sometimes incomplete. In German language usage the term slate is unfortunately

4 Tuff aus dem Tagebau Schmiedenberg bei Bundenbach.
4 Tuff layer from the opencast mine Schmiedenberg near Bundenbach.

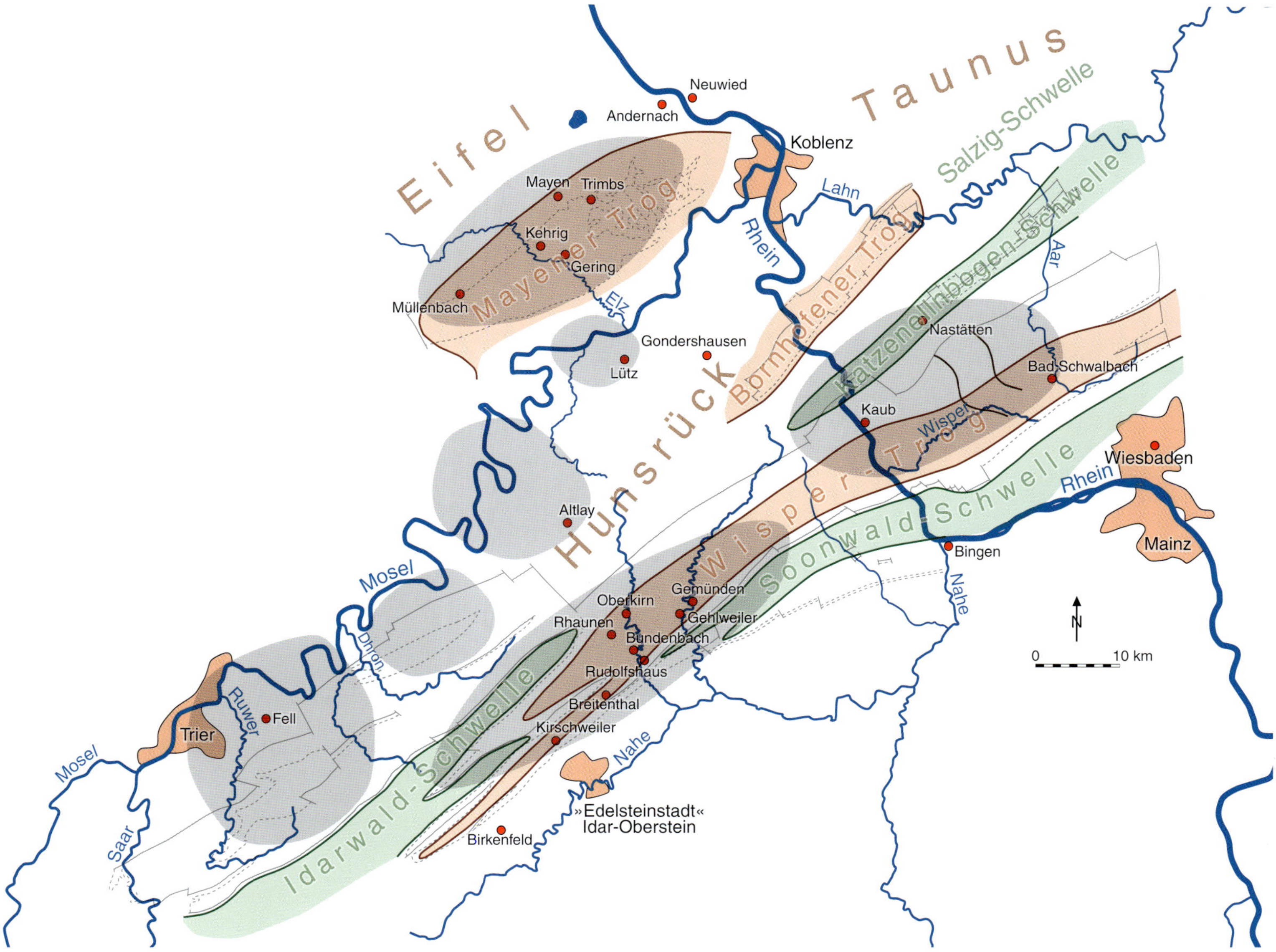

5 Paläogeografische Übersichtskarte mit den Dachschieferproduktionsgebiete. – Nach Mittmeyer 2008 bzw. Bartels & Brassel 1990.

5 Paleogeographic general map with the roofing slate production areas. – After Mittmeyer 2008 or rather Bartels & Brassel 1990.

Paläoökologie

Der Hunsrückschiefer wurde in einem Schelf am Südrand des Old Red-Kontinents (Laurussia), das durch den südlich gelegenen Rhea-Ozean (Lizard-Giessen-Harz) vom Gondwana-Kontinent getrennt wurde, abgelagert. Aus dem Norden (Laurussia) transportierten Flüsse und Deltas Schlamm und Sand ins Schelf, die hauptsächlich in wandernden Becken (Tröge) und untergeordnet auf höher gelegenen Strukturen (Schwellen) abgelagert wurden. Sie verlaufen im südöstlichen Rheinischen Schiefergebirge in einer nordöstlichen bis südwestlichen Richtung. Von Nordwesten bis Südosten heißen die Tröge und Schwellen Mosel-Trog, Bornhofen-Trog, Katzenelnbogen-Schwelle, Idarwald- oder zentrale Hunsrück-Schwelle, Wisper-Trog oder zentrales Hunsrück-Becken und Soonwald-Schwelle (Abb. 5). Es ist eine Mächtigkeit bis zu mehreren Kilometern festgestellt worden. Da Absenkung und Sedimentation im frühen Devon etwa im Gleichgewicht waren, konnte das Flachmeer lange Zeit fortbestehen.

Es gibt zwei Fazies mit unterschiedlicher Fauna:

1 die herzynische (böhmische) Fazies mit hauptsächlich pelagischen (Hochsee) Faunen, die für küstenfernere Meeresabschnitte mit ruhigem Wasser und überwiegend Ton- und Kalkablagerung sprechen, und
2 die rheinische (normale) Fazies mit einer vielfältigen, neritischen (seichtes Meer) Fauna, die küstennahe Meeresabschnitte mit einer unruhigen und einer größtenteils grobkörnigen sandigen Sedimentation widerspiegeln (Jansen 2016).

Die herzynische Fazies wurde unterhalb der Sturmwellenbasis abgelagert (>50–60 m; Kneidl 2011) und die rheinische mehr oder weniger oberhalb oder nahe der Sturmwellenbasis. Eine auffallend scharfe Trennlinie zwischen den beiden Fazies verläuft von der Katzenelnbogener Schwelle (südlicher Taunus) zum nördlichen Ast der zentralen Hunsrück-Schwelle (Mittmeyer 1980). Charakteristisch für die rheinische Fazies sind grob

not always used correctly (the "Posidonienschiefer" (Posidonia Shale) from the Lower Jurassic of Holzmaden for instance is "only" a clay stone).

By good cleavage and sufficient homogeneity the clay slate forms exploitable roofing slate deposits. The dark grey to black colour can be attributed to fine disseminated pyrite and coal particles (Mittmeyer 2008). Intercalated with the homogenous fine-grained clayey sediments are rougher coarse-grained sandy and silt layers. There are indications for mudflows (turbidity currents; see further below), that are recognized by erosive bases, silt-prone fining-upward and darkening-upward trends of the clays (Sutcliffe et al. 2002). Locally, the slate contains tuff layers (submarine volcanic ash layers; fig. 4). Also, so-called "Blauwacken" or siliceous nodules are found. These round or oval concretions of cm- to dm-size are created by crystallisation of quartz. Their occurrence can be explained by an accumulation of siliceous fossils such as sponges (Knoke 1969). Sometimes there are pyrite crystals within the concretions. The siliceous nodules from the surrounds of Birkenfeld/Buhlenberg in the south-western Hunsrück are exceptional in containing fossils.

Paleoecology

The Hunsrück Slate was deposited on a shelf located at the southern margin of the Old Red (Laurussia) Continent, which was separated from the Gondwana Continent by the Rheic (Lizard-Giessen-Harz) Ocean to the south. Mud and sand were transported from the north (Laurussia) by rivers and deltas onto the shelf and accumulated chiefly in mobile basins (troughs) and subordinately on more upstanding structures (swells). They trend in the south-eastern Rhenish Massif in a north-east to south-west direction. From north-west to south-east the troughs and swells are named Moselle Trough, Bornhofen Trough, Katzenelnbogen Swell, Idarwald or gerippte und dickschalige Spiriferiden, eine Vielfalt an Muscheln, Tentakuliten (*Tentaculites*) und Trilobiten (Homalonotiden). Die Schalen der Brachiopoden sind oft groß und spiegeln eine günstige Nahrungsversorgung wider. In der herzynischen Fazies herrschen dacryoconaride Tentakuliten, Ammonoideen, dünnschalige, kleine, flache oder feinrippige Brachiopoden und Muscheln, Riffkorallen und Vertreter der meisten unterdevonischen Trilobitenfamilien vor (Jansen 2016, Erben 1994).

Der Hunsrückschiefer enthält die vielfältigste, bekannte, paläozoische Sterntierfauna (sowohl See- als auch Schlangensterne) und ermöglicht es somit, das Evolutionsstadium zur Zeit des Mittelpaläozoikums zu verstehen. Funde im Hunsrückschiefer (der räuberische Gliederfüßer *Schinderhannes* und marrellomorphe *Mimetaster*) belegen auch, dass bestimmte Vertreter der Euarthropoda, zuerst nur aus dem mittelkambrischen Burgess Shale von Britisch Kolumbien (Kanada) bekannt, bis zum Unterdevon überlebten. Zudem eröffnet der Hunsrückschiefer wertvolle Einblicke in eine wichtige Veränderung im globalen marinen Ökosystem, die sog. Devonische Nekton-Revolution. Diese umfasst die schnelle Eroberung der freien Wassersäule durch aktiv schwimmende Organismen, wie kiefertragende Fische und Ammonoideen. Letztere sind von besonderer Bedeutung, da sie den kompletten Übergang von Vorfahren mit geraden Gehäusen zu mehr oder weniger aufgerollten, frühen Ammonoideen zeigen (De Baets et al. 2013, 2015).

Verbreitung

Der intensive kommerzielle Abbau des Schiefers (für Mauersteine, aber vor allem für Dachdeckungs- und Wandverkleidungsmaterial) während einiger Jahrhunderte war essenziell für das Entdecken der Fossilien. Die Grubenarbeiter, insbesondere die Spalter, sammelten die Exemplare eher wegen dem kommerziellen als dem wissenschaftlichen Wert, und so wurden nur die spektakulärsten Fossilien selektiert. Auf diese Weise haben die Museen in aller Welt (s. S. 172) in ihren Sammlungen meist nur eine gewisse Auswahl der Organismen. Dagegen sammelten Hobbypaläontologen gemeinhin auch die kleineren und unbekannteren Fossilien und können dadurch mit ihren Sammlungen zur Rekonstruktion

6 Die Grube Untereschenbach im Jahre 1998. Im Hintergrund ist das Dorf Bundenbach zu sehen.

6 The Untereschenbach quarry in 1998. In the background the village Bundenbach can be seen.

Central Hunsrück Swell, Wisper Trough or Central Hunsrück Basin and Soonwald Swell (Fig. 5). Thicknesses up to several kilometres have been recorded. Subsidence and sedimentation were in an approximate equilibrium during the Early Devonian, so mainly shallow-marine environments persisted for long periods.

Two facies with different faunas can be distinguished:

1 the Hercynian (Bohemian) facies with mainly pelagic (deep sea) faunas reflecting more offshore environments with calm water and predominantly clay and calcareous sedimentation, and

2 the Rhenish (Normal) facies with diverse neritic (shallow sea) faunas reflecting near shore environments with agitated water and largely coarse sandy sedimentation (Jansen 2016).

The Hercynian facies was deposited below the storm wave base (>50–60 m; Kneidl 2011) and the Rhenish more or less above or close to the storm wave base. A striking borderline between the two facies runs from the Katzenelnbogen Swell (southern Taunus) to the northern branch of the Central Hunsrück Swell (Mittmeyer 1980). The Rhenish facies is characterized by coarsely ribbed and thick-shelled spiriferids, a diversity of bivalves, tentaculitoids (*Tentaculites*) and trilobites (homalonotids). The brachiopod shells are often large and reflect favourable nutrient supply. The Hercynian facies is dominated by dacryoconaride tentaculitoids, ammonoids, thin-shelled, small, smooth or finely ribbed brachiopods and bivalves, reef corals, and members of the majority of the Lower Devonian trilobite families (Jansen 2016, Erben 1994).

The Hunsrück Slate contains the most diverse Palaeozoic asterozoan fauna (both asteroids and ophiuroids) known, and is therefore instructive for the state of evolution in mid-Palaeozoic times. Also, representatives of certain euarthropods, only known from the Middle Cambrian Burgess Shale of British Columbia (Canada) at first, survived up to the Lower Devonian, as finds like the predatory arthropod *Schinderhannes* and the marrellomorph *Mimetaster* in the Hunsrück Slate confirm. Last but not least, the Hunsrück Slate offers a valuable window into a major change in the global marine ecosystem, the so-called Devonian nekton revolution. This comprises the rapid occupation of the free water column by actively swimming organisms, like jawed fishes and ammonoids. The last are of special interest since they display the entire transition from straight-shelled ancestors to the early coiled ammonoids (De Baets et al. 2013, 2015).

Occurrence

The intensive commercial exploration of the slates (for building walls, but especially for roofing and facing walls) during several centuries was vital in the discovery of the fossils. The miners, mostly the splitters, collected the specimens for their commercial rather than scientific value, and so, only the most spectacular fossils were set apart. In this way, museums all over the world (see p. 172) have mostly only a selection of the organisms in their collections. In contrast, private collectors commonly also collected the smaller and more unknown fossils and so can contribute with their collections to the reconstruction of more complete communities. Also, unknown fossils (U.P.O.'s: Unidentified Paleontological Objects) are slumbering there and await scientific investigation. Unfortunately, production in the rich fossiliferous beds (Bundenbach: Eschenbach-Bocksberg quarry) ceased in 1999 (Fig. 6). Today, only two pits in the southeast Eifel area near Mayen (Katzenberg and Margareta) and one near Altlay (central Hunsrück area) continue to produce roof slate. The latter quarry is located in the Bornhofen Trough north to the Central Hunsrück Swell, and is not as deep as the Central Hunsrück Basin (Kneidl 2016). Fossils in Altlay are extremely rare, possibly because turbidity currents were (nearly) absent and could not act as fossil traps. The fossils from Birkenfeld/Buhlenberg, to the east of Kirschweiler and from the neighbourhood of the Schmidtburg (Hahnenbachvalley near Bundenbach) could be collected in natural exposures (Südkamp 2012, 2015).

The most diversified faunas originate from the southern Hunsrück region in the south-western part of the Central Hunsrück Basin. At the classic localities Breitenthal (Schielenberg quarry), Bundenbach and Gemünden (Kaiserquarry) and around Birkenfeld/Buhlenberg, a mixed Hercynian and Rhenish fauna lived. Elsewhere, the Rhenish faunas are relatively depauperate and of contrasting faunal contents. Asterozoans and filigree crinoids are characteristic of the Hunsrück Slate around Bundenbach, but they are very rare in other areas. Likewise the large spines of acanthodian fishes and spiriferids are common in the Eifel vollständigerer Lebensgemeinschaften beitragen. Auch schlummern dort unbekannte Fossilien (U.P.O.'s: Unbekannte Paläontologische Objekte), die auf wissenschaftliche Untersuchung warten. Leider wurde die Förderung in den fossilreichen Schichten (Bundenbach: Grube Eschenbach-Bocksberg) 1999 eingestellt (Abb. 6). Heute fördern nur noch zwei Bergwerke in der südöstlichen Eifel nahe Mayen (Katzenberg und Margareta) und eines nahe Altlay (zentraler Hunsrück) Dachschiefer. Letztere Grube befindet sich im Bornhofen-Trog nördlich der zentralen Hunsrück-Schwelle und ist nicht so tief wie das zentrale Hunsrück-Becken (Kneidl 2016). Fossilien in Altlay sind äußerst selten, weil wahrscheinlich Trübeströme (fast) fehlten und nicht als Fossilfallen funktionieren konnten. Die Fossilien von Birkenfeld/Buhlenberg, östlich von Kirschweiler und aus der Umgebung der Schmidtburg (Hahnenbachtal nahe Bundenbach) konnten in natürlichen Aufschlüssen aufgesammelt werden (Südkamp 2012, 2015).

Die vielfältigste Fauna kommt, im südwestlichen Teil des zentralen Hunsrück-Beckens, im südlichen Hunsrück vor. An den klassischen Fundstellen Breitenthal (Grube Schielenberg), Bundenbach und Gemünden (Kaisergrube) und bei Birkenfeld/Buhlenberg lebte eine gemischte herzynische und rheinische Fauna. Anderswo ist die rheinische Fauna vergleichsweise verarmt und besteht aus unterschiedlichen Organismen. Sterntiere und filigrane Seelilien sind charakteristisch für den Hunsrückschiefer um Bundenbach, aber diese sind in anderen Gebieten sehr selten. Ebenfalls kommen die großen Stacheln der Acanthodier (Stachelhaie) und Spiriferiden in der Eifel häufig vor; sind jedoch sehr selten nahe Bundenbach. Dies scheint nur teilweise ein realer Ausdruck der verschiedenen Lebensgemeinschaften auf dem damaligen Meeresboden zu sein, da die Hauptbedingungen in der rheinischen Fazies ungeeignet für die Erhaltung empfindlicherer Organismen sind (Bartels et al. 1998). Der älteste und jüngste Schiefer wurde im Mosel-Trog (bei Mayen beziehungsweise in den nordwestlichen Hunsrückdörfern Lütz und bei Gondershausen (Grube Schorfeld im Baybachtal)) abgebaut. Die Gruben nahe Rhaunen (Lingenbach) und Oberkirn (Karschheck) nördlich von Bundenbach lieferten gröberes Material und bestätigen die deutliche Trennlinie mit unterschiedlicher Biofazies, wie von Mittmeyer (1980) dargestellt. Diese rheinische Fauna ist weniger vielfältig und lebte in flacherem Wasser als diejenige in Bundenbach (Südkamp 2007).

Fossil-Lagerstätte

Der Hunsrückschiefer ist eine der berühmtesten Fossil-Lagerstätten der Welt. Eine Fossil-Lagerstätte ist eine Ablagerung mit Fossilien, die außergewöhnlich gut erhalten oder reichlich vorhanden sind. Der Begriff Fossil-Lagerstätten wurde in der englischen Literatur weitgehend übernommen (Bottjer et al. 2002); sollte aber nicht wie dort im Deutschen zu »Lagerstätten« abgekürzt werden, da dies ein bergmännischer Ausdruck für Rohstoffe ist. Außergewöhnliche Erhaltung steht für (Reste der) Weichteile und/oder zusammenhängende Körper. Reichlich vorhanden bezieht sich nicht nur auf die Quantität, sondern auch auf eine Vielzahl an unterschiedlichen fossilen Organismen.

Fossildiagenese

Die erste Voraussetzung für die außergewöhnliche Erhaltung der Hunsrückschieferfossilien war, dass Verwesung und Zerstörung der biologischen Reste verhindert wurden. Der diesbezügliche Mechanismus war Verschüttung, durch zum Beispiel die Ablagerung eines Trübestroms, wobei der Organismus (entweder lebend oder vor kurz vorher gestorben) bedeckt und sofort begraben wurde (Bottjer et al. 2002). Diese Schlammströme traten gelegentlich und lokal begrenzt auf und wurden durch Erdbeben oder tropische Stürme ausgelöst. Sie transportierten das Sediment unweit von den Rändern der Schwellen zum Ablagerungsbecken. Daher kommen die bemerkenswerten Fossilien nur in wenigen Horizonten, die im Allgemeinen eine eingeschränkte seitliche Ausdehnung haben, vor. Die Sterntiere, Mitraten (Flachtiere) und altertümlichen (»kambriumartigen«) Gliederfüßer wurden nur in der Nähe der klassischen Lokalitäten gefunden. Diese Horizonte lieferten ebenfalls dieselben Fossilien wie im übrigen Hunsrückschiefer. Letzterer weist jedoch normalerweise lediglich zerbrochene oder auseinandergefallene Fossilien auf, die ohne Weichteile, wie Eingeweide, Stiele von inartikulaten Brachiopoden und Ambulakralfüßchen von Schlangensternen, erhalten sind (Abb. 7). Auch

region, but they are extremely rare around Bundenbach. This appears to be partly a true reflection of the occurrence of different communities on the sea floor, because the main conditions in the Rhenish facies are unsuitable for preserving the more delicate organisms (Bartels et al. 1998). The oldest and youngest slate has been quarried in the Mosel Trough (around Mayen respectively in the north-western Hunsrück villages Lütz and near Gondershausen (Schorfeld quarry in the Baybach valley)). The quarries near Rhaunen (Lingenbach) and Oberkirn (Karschheck) to the north of Bundenbach produced coarser material and confirm the distinct borderline with a differentiated biofacies claimed by Mittmeyer (1980). These Rhenish faunas are less diverse and lived in shallower water than those at Bundenbach (Südkamp 2007).

Fossil-Lagerstätte

The Hunsrück Slate is one of the most renowned fossil-Lagerstätten in the world. A fossil-Lagerstätte is a deposit containing fossils that are exceptionally preserved or abundant. The German term fossil-Lagerstätten is widely accepted and shortened to "Lagerstätten" in the English literature (Bottjer et al. 2002). Exceptional preservation stands for (remains of) soft tissues and/or articulated bodies. Abundant refers not only to quantity but also to a lot of different fossil organisms.

Taphonomy

The first prerequisite for the exceptional preservation of the Hunsrück Slate fossils was that decay and destruction of the biological remains were inhibited. The mechanism for this was obrution, by which the organism (either alive or recently dead) is smothered and immediately burrowed by a pulse of sedimentation, such as a turbidite (Bottjer et al. 2002). These sediment flows were caused by earthquakes or tropical storms, occurred episodically and only very locally. They transported the sediment over short distances from the margins of the swells into the depositional basin. Therefore, the remarkable fossils are confined to few horizons of generally limited lateral extent. The asterozoans, mitrates and ancient ("Cambrian-type") arthropods were found around the classic localities only. These horizons yielded also the same fossils as elsewhere in the Hunsrück Slate, where they are usually fragmented or disarticulated without soft parts, like intestines, pedicles of inarticulate brachiopods and the tube feet of brittle stars (Fig. 7). Also, jelly fish cannot be found there. So, the Lagerstätten occur within rather than throughout the Hunsrück Slate (Bartels et al. 1998).

The second prerequisite for the excellent preservation was the pyritization of the (soft tissues of the) fossils. This process is very unusual in the fossil record. Only two other Palaeozoic Lagerstätten show such a preservation: the Fenxiang Formation in Hubei Province (China; Baliński & Sun 2013) and Beecher's Trilobite Bed of New York State, USA (both Ordovician). The formation of pyrite (iron disulphide or "fool's gold") can only occur in exceptional circumstances of sediment chemistry when there is a low organic content, but a high concentration of dissolved iron. In such sediment sulphate-reducing anaerobic bacteria break down the buried carcass producing sulphide. The iron in the sediment converts this to iron monosulphide. Finally, aerobic bacteria convert this by oxidation to pyrite. If the organic content of the sediment is too high the dissolved iron precipitates in the sediment and not in the carcass. The high concentrations of iron must be present to promote rapid pyrite formation in association with decaying soft tissues (Selden & Nudds 2005, Bartels et al. 1998).

In rare cases, even cellular details (sensory structures in the compound eyes of trilobites and plant microfossils with water-conducting thick walls) survived. The limbs of Hunsrück Slate arthropods were filled with pyrite (framboids, cubic and larger euhedral crystals) prior to any collapse and the decay of the cuticle (Tibbs et al. 2003, Bartels et al. 1998). This process must have happened very quickly. Possibly, the fast replacement of the soft tissues into apatite, as an intermediate phase to the later pyritization, like the Jurassic fossils of La Voulte-sur-Rhône (France), is decisive (Briggs et al. 1998, Bottjer et al. 2002). A description of the precipitation process of pyrite as worm tubes and infillings of burrows in Quaternary sediments of the Norwegian shelf was given by Thomsen & Vorren (1984). The pyrite grew from tiny spherules via larger

Quallen sind in diesen so nicht zu finden. Die Fossil-Lagerstätten kommen also eher im inneren Bereich als im gesamten Hunsrückschiefer vor (Bartels et al. 1998).

Die zweite Voraussetzung für die außergewöhnliche Erhaltung war die Pyritbildung der (Weichteile der) Fossilien. Dieser Prozess ist sehr ungewöhnlich im Fossilbestand. Nur zwei andere paläozoische Fossil-Lagerstätten zeigen eine derartige Erhaltung: die Fenxiang-Formation in der Provinz Hubei (China; Baliński & Sun 2013) und Beecher's Trilobite Bed vom US-Bundesstaat New York (beide Ordovizium). Die Pyritbildung (Eisendisulfid oder »Katzengold«) kann nur unter einem außergewöhnlichen Ablagerungschemismus auftreten, wobei es einen niedrigen organischen Gehalt, aber eine hohe Konzentration an gelöstem Eisen geben muss. In solch einem Sediment zersetzen sulfatreduzierende anaerobe Bakterien die begrabene Tierleiche und produzieren Sulfid. Das Eisen im Sediment wandelt dies in Eisenmonosulfid um. Letztendlich setzten aerobe Bakterien dies durch Oxidation in Pyrit um. Wenn der organische Gehalt des Sediments zu hoch ist, fällt das gelöste Eisen im Sediment und nicht in der Tierleiche aus. Die hohen Eisengehalte müssen gegenwärtig sein um schnelle Pyritbildung, in Verbindung mit den verwesenden Weichteilen, zu fördern (Selden & Nudds 2005, Bartels et al. 1998).

In seltenen Fällen überlebten sogar zelluläre Details (Sinnesstrukturen in den Facettenaugen von Trilobiten und pflanzliche Mikrofossilien mit wasserführenden dicken Wänden). Die Beine der Gliederfüßer im Hunsrückschiefer wurden mit Pyrit gefüllt (Framboiden, kubische und größere idiomorphe Kristalle) bevor es zu irgendeinem Zusammenbrechen und Verwesung der Deckhaut kam (Tibbs et al. 2003, Bartels et al. 1998). Dieser Prozess muss sehr schnell stattgefunden haben. Möglicherweise war die schnelle Umwandlung der Weichteile in Apatit, als eine Zwischenphase zur späteren Pyritbildung, wie bei den Fossilien aus dem Jura von La Voulte-sur-Rhône (Frankreich) ausschlaggebend (Briggs et al. 1998, Bottjer et al. 2002). Eine Beschreibung des Ausfällungsprozesses von Pyrit, als Wurmröhren und Füllungen von Grabbauten in quartären Sedimenten des Norwegischen Schelfs, haben Thomsen & Vorren (1984) vorgelegt. Der Pyrit wuchs, in einer Zeitspanne von etwa 12 000 Jahren, von winzigen Bläschen über größere Bläschen bis zu Framboiden. Dieser Gegensatz (langsame Pyritbildung versus schnelle Verwesung der Weichteile) bedarf aber weiterer Untersuchungen.

Das Ausmaß der Pyritbildung der Hunsrückschieferfossilien ist unterschiedlich. Im Schiefervorkommen der rheinischen Fazies ist der Pyrit nur ein dünne Schicht auf der Oberfläche und der Hauptbestandteil ist Quarz. Nur an den klassischen Fundstellen sind die Fossilien weitgehend pyritisiert. Aber auch hier sind einige Skelette schlicht mit einer oberflächlichen Schicht überzogen. Weiterhin ist eine Entkalkung der Aragonit- und Kalkschalen, der Brachiopoden, Weichtiere, Ammonoideen und orthoconen Nautiloideen, typisch. Dies könnte dafür sprechen, dass sich während der Verwesung und Pyritbildung Säuren gebildet haben oder eine Untersättigung von Kalziumkarbonat im Sediment herrschte (Bartels et al. 1998). De Baets et al. (2013) haben bei ihren Hunsrückschiefer-Ammonoideen drei taphonomische Gruppen anhand ihrer Füllung und Zusammensetzung unterschieden: phosphatische Steinkerne mit einer dünnen Schicht aus Pyrit, pyritisierte Steinkerne und abgeflachte Abdrücke (sogenannte »ghost preservation«). Es lohnt sich vermutlich, diese Klassifizierung bei zukünftigen Hunsrückschieferstudien anderer Weichtiere und Brachiopoden anzuwenden. Später in der Diagenese können Verdichtung und tektonische Verzerrung die Originalausmaße der Fossilien verändern. Weiteres dazu ist in den Kapiteln Gliederfüßer und Stachelhäuter zu finden.

Alter

Die stratigrafische Stellung des Hunsrückschiefers ist noch in der Diskussion. Die überlagernde Formation fehlt meistens, sedimentologische Studien sind knapp und viele Fossilien kommen nur in der Hunsrückschieferfazies vor, sodass es wenig Leitfossilien gibt. Die radiometrische Datierung, basierend auf der »Hans«-Tuffitschicht im Tagebau Untereschenbach bei Bundenbach, ergab ein Alter von 407,7 ± 0,7 Mio. Jahren und weist so auf das älteste Unteremsium hin (Kaufmann et al. 2005, Deutsche Stratigraphische Kommission 2002, Kneidl 2016).

Nach Mittmeyer (2008) hat der Wisper-Trog (zentrales Hunsrück-Becken) im südlichen Hunsrück und Taunus ein Ulmen-Alter (die älteste Unterstufe des Unteremsiums; Abb. 8). Andere Geologen (Sutcliffe in Schindler et al. 2002, Ecke et al. 1985, Kneidl 2011) erweiterten das Alter

7 Der Schlangenstern *Bundenbachia* mit erhaltenen Ambulakralfüßchen an zwei Armen.
7 The brittle star *Bundenbachia* with preserved tube feet on two arms.

spherules up to framboids in a time span of about 12 000 years. This contradiction (slow pyritization versus fast decay of soft tissues) must be investigated further.

The extent of pyritization of Hunsrück Slate fossils varies. In the slate occurrences of the Rhenish facies the pyrite is only a thin veneer on the surface and the main component is quartz. Only in the classic localities are the fossils extensively pyritized. But here too some skeletons are simply covered by a veneer. Furthermore, decalcification is typical of the aragonite and calcite shells of brachiopods, bivalves, ammonoids and orthocone nautiloids. This may reflect the production of acids during decay and pyritization, or undersaturation of calcium carbonate in the sediment (Bartels et al. 1998). De Baets et al. (2013) distinguished three taphonomic groups based on the filling and composition of the Hunsrück Slate ammonoids: phosphatic internal (compound) moulds with a thin veneer of pyrite, pyritic internal moulds and flattened imprints (so-called ghost preservation). It is probably worthwhile to use this classification in Hunsrück Slate studies of other molluscs and brachiopods in the future. Later in diagenesis, compression and tectonic deformation can change the original dimensions of the fossils. More about this can be find in the chapters arthropods and echinoderms.

Age

The stratigraphic position of the Hunsrück Slate is still in debate. The overlying formation is mostly missing, sedimentological studies are scarce and many fossils are unique for the Hunsrück Slate facies, thus there are only few index fossils. The radiometric dating, based on the "Hans" tuffite layer in the (Lower) Eschenbach open cast mine near Bundenbach, yielded an age of 407.7 ± 0.7 Ma, which is consistent with the older section of the Lower Emsian (Kaufmann et al. 2005, Deutsche Stratigraphische Kommission 2002, Kneidl 2016).

According to Mittmeyer (2008), the Wisper Trough (Central Hunsrück Basin) in the southern Hunsrück and Taunus is of Ulmen age (the oldest substage of the Lower Emsian; Fig. 8). Other geologists (Sutcliffe in Schindler et al. 2002, Ecke et al. 1985, Kneidl 2011) extended the age of the classical localities to the whole Lower Emsian (= Zlichovian; the younger Singhofen and Vallendar substages as well). Important clues for der klassischen Fundstellen zum ganzen Unteremsium (= Zlichovium; die jüngeren Singhofen und Vallendar-Unterstufen). Wichtige Schlüssel für weitere Untersuchungen können die zeitliche Einstufung der Tuffite und Biozonierung, basierend auf der kombinierten Reichweite der Leitfossilien, sein. Letztere sollten idealerweise kurz gelebt haben, reichlich vorhanden und weit verbreitet sein (Jansen 2016).

Der Hunsrückschiefer um Mayen in der Eifel ist dem Obersiegenium (Leutesdorf-Formation) mit Teilen des Unteremsiums zugeordnet. Eine Sporen-Assoziation im Westerwald belegt jedoch, dass der »Moselschiefer« ein spätes Gedinnium-(Lochkovium-)Alter hat (Südkamp 2007). Die verhältnismäßig jungen Dachschiefer von Lütz und der Grube Schorfeld im Baybachtal gehören zur Kondel-Unterstufe (Kieselgallenschiefer) des Oberemsiums. Die »Altlayer Schichten« werden von den meisten Autoren dem Singhofen-Alter zugeordnet (De Baets et al. 2013). Die Dachschiefer von Rudolfshaus (Grube Altlayenkaul) gehören lithologisch zur Ulmen-Unterstufe (Ecke et al. 1985, Mittmeyer 2008) und Zinser (1963) stufte diese in den Zerfer Schichten, die dem Liegenden des Hunsrückschiefers bilden, ein. Leider fehlen gute Leitfossilien, um diese Beobachtungen abzusichern.

Die wichtigsten Leitfossilien sind Sporen primitiver Landpflanzen, (spiriferide) Brachiopoden, Ammonoideen, Dacryoconariden und Trilobiten (Abb. 9). Die Trilobiten (*Burmeisterella*) und Brachiopoden (darunter *Euryspirifer assimilis assimilis*) weisen im Allgemeinen auf ein Ulmen-Alter hin. Einige dacryoconaride Tentakuliten (*Nowakia barrandei*) und Ammonoideen (*Mimagoniatites*) belegen zumindest die Singhofen-Unterstufe (De Baets et al. 2013). Die Sporen wiesen 1 km südöstlich von Rhaunen bis vor kurzem auf ein Vallendar-Alter (Ecke et al. 1985) hin; neuerdings wurde aber nahe Siesbach ein spätes Siegenium-Alter festgestellt (Südkamp 2015, Kneidl 2016). Zusammenfassend lebten die ältesten fossilen Lebensgemeinschaften im südwestlichen (Birkenfeld) und die jüngsten im nordöstlichen Teil (Gemünden) des zentralen Hunsrück-Beckens. Diese unterschiedliche fossile Fauna und Flora kommt also parallel zur Streichrichtung des Schiefers vor.

Die sich überlappenden Bereiche der Leitfossilien in Bundenbach (Grube Eschenbach) und Birkenfeld/Buhlenberg beschränken sich nicht auf eine Unterstufe des frühen Emsiums. Das Vorkommen der Brachiopoden *Euryspirifer assimilis assimilis* und *Oligoptycherhynchus prodaleidensis* (Mittmeyer 2008), dacryoconaride *Nowakia praecursor* und Trilobiten (*Burmeisterella* und *Wenndorfia planus planus*) deutet auf ein Ulmen-Alter hin, aber der Ammonoid *Mimagoniatites fecundus* ist auch von den gleichen Fundorten gemeldet worden und müsste jünger sein (die Unterstufen Singhofen und möglicherweise auch Vallendar; Südkamp 2012, De Baets et al. 2013). Ebenso fehlt der stratigrafisch wichtige spiriferide

further research can be the dating of the tuffites and biozonation based on the combined range of index fossils. The last should ideally have lived briefly, and been abundant and widely distributed (Jansen 2016).

The Hunsrück Slate around Mayen in the Eifel is assigned to the Upper Siegenian (Leutesdorf Formation) with parts of the Lower Emsian. However, a spore association in the Westerwald region indicates the "Moselschiefer" to be of Late Gedinnian (Lochkovian) age (Südkamp 2007). The relatively young roofing slates of Lütz and the Schorfeld quarry in the Baybach valley belong to the Kondel substage of the Upper Emsian ("Kieselgallenschiefer"). The "Altlayer Schichten" are considered of Singhofen age by most authors (De Baets et al. 2013). The roofing slates of Rudolfshaus (Altlayenkaul quarry) belong lithologically to the Ulmen substage (Ecke et al. 1985; Mittmeyer 2008), and Zinser (1963) assessed them to the Zerf formation that underlay the Hunsrück Slate. Unfortunately, good index fossils to test these observations have not been found.

Most important index fossils are spores of primitive land plants, (spiriferid) brachiopods, ammonoids, dacryoconarids and trilobites (Fig. 9). Trilobites (*Burmeisterella*) and brachiopods (among them *Euryspirifer assimilis assimilis*) point generally to an Ulmen age. Some dacryoconarid tentaculitoids (*Nowakia barrandei*) and ammonoids (*Mimagoniatites*) verify at least the Singhofen substage (De Baets et al. 2013). Up until a short time ago, the spores 1 km south-east of Rhaunen indicated a Vallendar age (Ecke et al. 1985); but recently near Siesbach a late Siegenian age was detected (Südkamp 2015, Kneidl 2016). In summary, the oldest fossil communities lived in the south-western (Birkenfeld) and the youngest in the north-eastern part (Gemünden) of the Central Hunsrück Basin. So, these different fossil flora and fauna occur parallel to the strike direction of the slate.

The overlapping range of the index fossils in Bundenbach (Eschenbach quarry) and Birkenfeld/Buhlenberg does not indicate only one substage of the early Emsian. The presence of the brachiopods *Euryspirifer assimilis assimilis* and *Oligoptycherhynchus prodaleidensis* (Mittmeyer 2008), dacryoconarid *Nowakia praecursor* and trilobites (*Burmeisterella* and *Wenndorfia planus planus*) suggests an Ulmen age, but the ammonoid *Mimagoniatites fecundus* has been reported from the same localities as well and should be younger (substages Singhofen and possibly Vallendar; Südkamp 2012, De Baets et al. 2013). Moreover, the stratigraphically significant spiriferid *Euryspirifer assimilis latissimus* of Singhofen age is missing. However, this subspecies was found by the author at the other side of Bundenbach near the Schmidtburg castle and in Oberkirn (Karschheck quarry), but this is outside the classic Lagerstätte (Südkamp 2015). This contradiction of different palaeoenvironments (Rhenish and

Zeit/age (Ma)	Stufen/stages	Unterstufen/substages	Vorkommen/occurrence
393			
	Oberemsium/Dalejium	Kondel	Lützer Gruben Grube Schorfeld
		Laubach	
		Lahnstein	
	Unteremsium/Zlichovium	Vallendar	
		Singhofen	Altlay[1]. Bundenbacher Gruben Obereschenbach, Herrenberg, Schmiedenberg/Mühlenberg. Wegaufschluss Schmidtburg[2]. Oberkirn: Grube Karschheck[2]. Gemünden: Kaisergrube
		Ulmen	Gruben Untereschenbach, Herrenberg, Schmiedenberg/Mühlenberg. Kaisergrube. Birkenfeld[1]. Kirschweiler. Breitenthal: Grube Schielenberg. Rhaunen: Grube Lingenbach. Taunus[1]. Kaub[1]
408			
	Siegenium/Pragium		Rudolfshaus: Grube Altlayenkaul[3] Mayener Gruben
411			
	Gedinnium/Lochkovium		Mayener Gruben
419			

8 Rheinische Gliederung des Unterdevons und stratigrafische Reichweite der Fossilfundstellen. – Quelle: Cohen et al. (2013; updated). [1] Laut De Baets et al. (2013) und basiert auf Ammonoideen, Singhofen. [2] Wegen dem Vorkommen von *Euryspirifer assimilis latissimus*. [3] Alter der Zerfer Schichten laut Kneidl (2011).

8 Rhenish subdivision of the Lower Devonian and stratigraphic range of the fossil localities. – Reference: Cohen et al. (2013; updated). [1] According to De Baets et al. (2013) Singhofen based on ammonoids. [2] Due to the occurrence of *Euryspirifer assimilis latissimus*. [3] Age of the Zerf formation according to Kneidl (2011).

Leitfossil / Indexfossil	Siegenium			Unteremsium			Oberemsium			Eifelium
	Unter-	Mittel-	Ober-	Ulmen	Singhofen	Vallendar	Lahnstein	Laubach	Kondel	
Erbenoceras					▬	▬				
Gyroceratites					▬	▬	▬	▬	▬	
Ivoites					▬	▬				
Mimagoniatites fecundus				▪▪▪▪	▪▪▪▪ ▬	▬	▬			
Mimosphinctes					▬	▬	▬			
Nowakia barrandei					▬	▬				
Nowakia praecursor				▬	▬					
Alatiformia mediorhenana				▬	▬	▬				
Arduspirifer arduennensis antecedens				▬	▬	▬				
Arduspirifer arduennensis prolatestriatus				▬	▬					
Atrypa lorana				▬						
Brachyspirifer explanatus				▬	▬					
Oligoptycherhynchus prodaleidensis		▬	▬	▬						
Euryspirifer assimilis assimilis				▬						
Euryspirifer assimilis latissimus					▬					
Sollispirifer mosellanus dahmeri									▬	
Burmeisterella aculeata		▬	▬	▪▪▪▪						
Burmeisterella armata				▪▪▪▪	▬	▬				
Digonus ornatus ornatus				▪▪▪▪	▬	▬				
Wenndorfia planus			▪▪▪▪	▬	▪▪▪▪					

9 Stratigrafische Reichweite der Ammonoideen, Tentakuliten (Dacryoconariden), Brachiopoden und Trilobiten im unterdevonischen Hunsrückschiefer. ▬ = sicher; ▪▪▪▪ = vermutet. – Quellen: Alberti (1993), De Baets et al. (2013), Jansen (2001), Mittmeyer (1973, 2008), Wenndorf (1990).

9 Stratigraphic range of the ammonoids, tentaculitoids (dacryoconarids), brachiopods and trilobites in the Lower Devonian Hunsrück Slate. ▬ = certain; ▪▪▪▪ = suspected. – References: Alberti (1993), De Baets et al. (2013), Jansen (2001), Mittmeyer (1973, 2008), Wenndorf (1990).

Euryspirifer assimilis latissimus vom Singhofen-Alter. Diese Unterart wurde jedoch vom Autor, auf der anderen Seite von Bundenbach in der Nähe der Ruine Schmidtburg und in Oberkirn (Grube Karschheck) gefunden, aber dies liegt außerhalb der Fossil-Lagerstätte (Südkamp 2015). Dieser Widerspruch der unterschiedlichen Lebensräume (rheinisch und herzynisch) bleibt ungelöst. Tektonische Störungen, seitlicher Fazieswechsel, Neuablagerung der Fossilien oder ungenaue Bestimmungen und noch ungenügende Kenntnisse der stratigrafischen Reichweiten der Fossilien sind mögliche Gründe (Jansen 2016).

Präparation

Es empfiehlt sich, die im 19. Jh. und in der ersten Hälfte des 20. Jh. beschriebenen Fossilien (Beispiele: Seelilien, Sterntiere und die meisten Mollusken) neu zu bearbeiten, da diese anhand weniger (unvollständiger), meist nicht freigelegter Exemplare benannt wurden. Diese begrenzte Vorgehensweise reicht heute nicht mehr aus. Außerdem ist inzwischen der allgemeine Forschungsstand erheblich fortgeschritten, eine Menge an neuem Fossilmaterial wurde gefunden und es stehen neue Methoden und Techniken (wie die Anfertigung von dreidimensionalen Scans und die Freilegung mit einem Sandstrahlgerät) zur Verfügung.

Die Hunsrückschieferfossilien sind von äußerst feinkörnigem Einbettungsmaterial dicht umgeben und nicht einfach vom Schiefer zu lösen. Außerdem liegen sie nur gelegentlich parallel zur Spaltfläche und werden deswegen niemals, beim Aufspalten mit Hammer und Meißel, vollständig vom Schiefer freigelegt. Es gibt zwei zuverlässige Methoden um die Fossilien freizulegen (präparieren):

1 mit der Hand mit Stricknadeln und anderen Schabern, wie Küchenmessern, die immer wieder geschärft werden müssen, und
2 mithilfe eines speziell gebauten Sandstrahlgeräts, welches feinkörniges Eisenpuder als Mittel einsetzt und wobei Menge und Druck reguliert werden können, um das das Fossil umgebende Material abzutragen.

Die letzte Arbeitsweise wurde erst um 1990 entwickelt. Die beiden Methoden basieren auf der Tatsache, dass die pyritisierten Fossilien härter als das Muttergestein (Schiefer) sind.

In den 1920er Jahren begannen der Hauptlehrer Rudolf Opitz aus Kirschweiler und Maria Bodtländer-Groß (Bundenbach) mit dem Nadel-

Hercynian) remains unsolved. Tectonic disturbances, lateral facies change, resedimentation of fossils or imprecise determinations and still insufficient knowledge of the stratigraphic ranges of the fossils are possible reasons (Jansen 2016).

Preparation

It can be recommended to restudy the described fossils of the 19th and first half of the 20th century (for example crinoids, asterozoans and most of the molluscs), because they were named on the basis of a few (incomplete) and mostly not exposed specimens. This limited approach is not sufficient anymore. Also, in the meantime the general state of the art has progressed considerably, a lot of new fossil material has been found and new methods and techniques (like the making of three-dimensional scans and exposure by air abrasive machines) are available.

The Hunsrück Slate fossils are densely enclosed by very fine-grained embedding material and cannot be separated easily from the slate. Moreover, they rarely lie precisely parallel to the cleavage and therefore are never properly revealed by splitting the slate with a hammer and chisel. There are two reliable methods to uncover (prepare) the fossils:

1 with hand-held knitting needles and other scraping tools like kitchen knives, that must be sharpened again and again, and
2 with a specially constructed air-abrasive machine using fine-grained iron powder as abrasive, where amount and pressure can be regulated, to remove the material surrounding the fossil.

The latter working method was not developed until around 1990. Both methods are based on the fact that the pyritized fossils are harder than the matrix (slate).

In the 1920s the main teacher Rudolf Opitz from Kirschweiler and Maria Bodtländer-Groß (Bundenbach) started the needle preparation method. Other inhabitants of Bundenbach, like August Quint and slate splitter Albert Theis continued doing so during the 1930s. The preparation is time consuming and requires a high level of concentration, accuracy and care. That is not including a keen eye and a practised and delicate touch. The preparator must be also well acquainted with the anatomy of the fossil to avoid removing delicate structures inadvertently. Therefore, it is advisable to establish before the work, with the help of an

10 Der Seestern *Urasterella* vor (**A**), während (**B+C**) und nach der Handpräparation (**D**). Zu beachten ist, dass die linke Hälfte des Fossils im Krappstein (schräge Linie) liegt. Siehe auch Abbildung 2.

10 The asteroid *Urasterella* before (**A**), during (**B+C**), and after hand preparation (**D**). Note, that the left part of the fossil lies in "Krappstein" (diagonal line). See also Figure 2.

präparationsverfahren. Andere Bundenbacher, wie August Quint und der Schieferspalter Albert Theis führten diese Arbeit in den 1930er Jahren fort. Die Präparation gestaltet sich zeitraubend und erfordert große Konzentration, Feinfühligkeit und Behutsamkeit. Ein gutes Auge, Tastgefühl und Geduld müssen hinzukommen. Auch sollte der Präparator möglichst mit der Anatomie des Fossils vertraut sein, damit die zerbrechlichen Strukturen nicht versehentlich entfernt werden. Deswegen empfiehlt es sich vor der Arbeit, anhand eines Röntgenbilds festzustellen, in welchen Umfang es sich lohnt, ein Fossil zu präparieren und wo die Körperteile, die freigelegt werden müssen, liegen. Diese Technik wurde in den 1930er bis 1950er Jahren vom Paläontologen Lehmann für die Hunsrückschieferfossilien angewandt und von dem Strahlenphysiker Stürmer in den 1970er und 1980er Jahren verfeinert.

Die zunehmende Nachfrage und der kommerzielle Verkauf der begehrten Fossilien führte in der zweiten Hälfte des vorherigen Jahrhunderts

X-radiograph, to what extent a fossil merits preparation and where the body parts to be revealed lie. This technique was applied to Hunsrück Slate fossils in the 1930s to 1950s by the palaeontologist Lehmann and refined by chemical-physicist Stürmer in the 1970s and 1980s.

The increasing demand and commercial selling of the popular fossils obliged the inhabitants of Bundenbach in the second half of the last century to use wire-brushes made of steel or brass on an electric drill to realise a quick preparation. This method is unsuitable, because it destroys the surface details and the deeper delicate ones are not reached. Such damaged fossils are largely useless for scientific research (Bartels et al. 1998).

I prefer hand preparation to maintain the contact with the object (the feeling for sense, the darker colour of the revealed pyrite). Also, I am not pleased with the marks (dimples) next to the fossil that sometimes result from sand-blasting. The scalpel (crescent-shaped knife) is my primary dazu, dass die Bundenbacher Drahtbürsten aus Stahl oder Messing auf der elektrischen Bohrmaschine zur schnellen Freilegung einsetzten. Diese Methode ist ungeeignet, da sie die höher liegenden Feinheiten zerstört und die tieferen nicht erreicht. Derartig beschädigte Fossilien sind für wissenschaftliche Untersuchungen größtenteils unbrauchbar (Bartels et al. 1998).

Ich bevorzuge die Handpräparation, damit ich den Kontakt mit dem Objekt (Widerstandsgefühl, die dunklere Farbe des freigelegten Pyrits) beibehalten kann. Auch gefallen mir nicht die Marken (Grübchen) neben dem Fossil, die manchmal beim Sandstrahlen entstehen. Das Skalpell (halbmondförmiges Messer) ist mein Hauptwerkzeug (Abb. 10). Für die Abtragung der Deckschicht nutze ich die Mittel- und Unterseite. Wenn die Umrisse des Fossils sichtbar und schwärzer werden, übernimmt die Spitze des Skalpells die Arbeit. Da die tieferliegenden Partien des Fossils mit dem Skalpell nur schlecht zu erreichen sind, leistet ein Zahnarztbohrer, in einen hölzernen Griff geklemmt, bessere Dienste. Zum Abschluss der Präparation beseitige ich mit einer weichen Stahlbürste die verbliebenen Unebenheiten und Kratzer im Schiefer. Es ist Geschmackssache, inwieweit man die Umgebung des Fossils glättet. Opitz (1930) legte eine auffallende Kante um das Fossil herum. Bartels & Brassel (1990) empfahlen die gesamte Plattenoberfläche zu glätten, damit das Fossil mehr zur Geltung kommt. Ich glätte nur die direkte Umgebung des Fossils, weil dies natürlicher aussieht.

Die beim Aufspalten des Schiefers zerbrochenen Fossilien müssen vor der Präparation wieder zusammengefügt werden. Als Klebemittel empfiehlt sich ein Zwei-Komponentenkleber. Er wird dem Gestein mit etwas Schwarzoxid oder Grafit farblich angeglichen, damit die spätere Klebenaht am präparierten Stück möglichst wenig auffällt. Zum Anfügen kleinerer Teile des Fossils eignen sich Gel-Acrylatkleber (Sekundenkleber). Die Präparation erfolgt normalerweise von der günstigsten (dünnsten) Seite aus; es sei denn man möchte eine spezifische Seite (z. B. die Bauchseite eines Trilobiten mit Anhängen) freilegen.

tool (Fig. 10). I use the middle and underside for removing the surface layer. As soon as the shadowy outline of the fossil becomes visible the tip of the scalpel takes the work. As the deeper lying parts of the fossil cannot be easily reached, a dentist's burs stuck in a woody handle renders better service. When preparation is complete I remove the residual unevenness and scratches in the slate with a soft steel brush. It is a question of taste to what extent one smooths the area near the fossils. Opitz (1930) left a noticeable edge around the fossil. Bartels & Brassel (1990) advised smoothing the complete surface of the slab to show the fossil to full advantage. I smooth only the area immediately surrounding the fossil, because this looks more natural.

The fossils that are broken during splitting must be fitted together again prior to preparation. Two-component glues are recommended. The glue is mixed with some black oxide or graphite to imitate the colour of the stone, so that the glue seam on the prepared specimen is visible as little as possible. For smaller parts of the fossil, one-component gel acrylate glues (instant adhesives) are preferable. Preparation usually occurs from the most favourable (thinnest) side, unless one wants to expose a specific side (e. g. the oral side of a trilobite with appendages).

Abkürzungen und Erläuterungen

N Name. Die Fossilnamen haben oft eine griechische oder lateinische Wortherkunft. Falls bekannt erfolgen in diesem Abschnitt Erklärungen über die Herkunft, insofern es keine Lokalitäten oder Personennamen sind. Die erwähnten Fossilnamen beziehen sich also auf die typischen Merkmale des Fossils (Körperbau). Auch frühere Namen oder Synonyme aus der alten Literatur werden hier aufgelistet. Alte Namen sind nicht immer ungültig, da diese für Gattungen außerhalb des Hunsrückschiefers (noch) in Gebrauch sein können. Nicht kursiv gedruckte Gattungen sind ungültig. Sie entsprechen nicht den internationalen Regeln für die zoologische Nomenklatur (the Code). Manchmal ist der Gattungsname zwischen Gänsefüßchen geschrieben. Dies bedeutet eine fragliche Zuordnung.

M Merkmale. Eine Beschreibung der für die Bestimmung wichtigen morphologischen Kennzeichen.

H Häufigkeit. Ein Ranking innerhalb der Tiergruppe/des Kapitels, inwiefern das Fossil weit verbreitet war bzw. in welcher Anzahl es gefunden wurde. Kategorisiert in sehr selten, selten, häufig und sehr häufig. Die Häufigkeit der Stachelhäuter konnte insbesondere auf der umfangreichen Berliner Sammlung der Humboldt-Universität basiert werden, die ca. 670 präparierte Sterntiere und 680 Seelilien aus dem Hunsrückschiefer umfasst. Außerdem wurden bei dem Ranking Literaturangaben (z. B. Ammonoideenzahlen in De Baets et al. 2013) und die eigene Sammlererfahrung berücksichtigt.

G Größe. Eine Angabe (Länge, Breite oder Höhe) über die Maße (in mm) des Fossils oder dessen Körperteil.

A Arten. In diesem Abschnitt werden die beschriebenen Arten aufgelistet und die wichtigsten Unterschiede dazwischen angegeben.

B Besonderheiten. Hier werden u. a. Kenntnisse über das Vorkommen, die Lebensweise, die eigenartige Bauweise oder wichtige Entdeckungen erwähnt.

V Vorkommen. Erwähnung der Fundorte und, falls vorhanden, der Fundstellen (meist Gruben). Diese umfangreichen Auflistungen sind die ersten in ihrer Art, wobei alle vorhandenen Quellen (Literatur, Texte auf den Fossilplatten, eigene Sammlererfahrung usw.) als Grundlagen dienten. Trotzdem können sie nicht vollständig sein, da die älteren Sammlungsstücke

Abbreviations and explanations

N Name. Fossil names frequently have a Greek or Latin etymology. If known, in this section explanations about the origin, inasmuch as they are not localities or eponyms, are made. The mentioned fossil names thus refer to the typical features of the fossil (morphology). Earlier names or synonyms from the older literature are listed here too. Old names are not always invalid, as they can be (still) in use for genera outside the Hunsrück Slate. Genera not printed in italics are invalid. They do not meet the international rules of zoological nomenclature (the Code). Sometimes the generic name is written between quotes. This means a questionable assignment.

C Characteristics. A description of the important morphological features for the taxonomic assignment.

R Rarity. A ranking within the animal group/chapter, in what way the fossil had a wide occurrence or rather in what number it was found. Categorized in very rare, rare, common and very common. The rarity of the echinoderms could be based on the voluminous Berlin collection of the Humboldt University that comprises ca. 670 prepared asterozoans and 680 crinoids from the Hunsrück Slate. Also for the ranking bibliographical references (e. g. ammonoid numbers in De Baets et al. 2013) and the personal collecting experience were taken into consideration.

Si Size. A statement (length, width or height) about the dimensions (in mm) of the fossil or its body part.

Sp Species. In this section the described species are listed and the most important differences between them are given.

Pe Peculiarities. Here among other things knowledge about occurrence, lifestyle, peculiar morphology or important discoveries are mentioned.

O Occurrence. Mention of the fossil localities and, if known, the places of discovery (mostly a quarry; in German: Grube). These voluminous listings are the first of their kind that are based on the existing references (literature, texts upon the fossil slabs, own collecting experience etc.). Nevertheless they cannot be complete, because the older collection items have mostly no quarry or village mentioned (e. g. Bundenbach), and also finds from all quarries were not reported.

meist keine Gruben- und nur eine Ortserwähnung (z. B. Bundenbach) vorweisen und auch nicht von allen Gruben Funde gemeldet wurden.

Literatur. An dieser Stelle wird, pro Kapitel, die gebrauchte und empfohlene Literatur aufgelistet. Die unten unter »Allgemein« aufgelistete Literatur gilt für das ganze Buch.

Literature. In this section the used and recommended literature is listed per chapter. The literature listed under "General" is for the whole book.

Literatur / Literature

Bibliografien / Bibliographies

Bartels, C., D. E. G. Briggs & G. Brassel (1998): The fossils of the Hunsrück Slate. Marine life in the Devonian. – Cambridge Paleobiology Series 3: 281–301. Cambridge University Press (bibliography from 1976–1996).

Kutscher, F., H. Reichert & M. Niehuis (1980): Bibliographie der naturwissenschaftlichen Literatur über den Hunsrück. – Pollichia – Buch 1: 1–206; Selbstverlag der Pollichia, Pfalz-Museum für Naturkunde, Bad Dürkheim.

Kutscher (1962–1980) gibt in seiner Serie »Beiträge zur Sedimentation und Fossilführung des Hunsrückschiefers« auch tierspezifische Literaturangaben.

Fossillisten / Fossil lists

Bartels, C. (1994): Weltberühmt: Die »Bundenbacher Fossilien« des Hunsrückschiefers. – Schriftenreihe des Schiefer-Fachverbandes in Deutschland e. V. 3: 74–85 (für den Hunsrückschiefer des mittleren Hunsrücks korrigiert und ergänzt nach Mittmeyer 1980).

Bartels, C., D. E. G. Briggs & G. Brassel (1998): The fossils of the Hunsrück Slate. Marine life in the Devonian. – Cambridge Paleobiology Series 3: 269–280. Cambridge University Press (taxonomic list).

Mittmeyer, H.-G. (1980). Vorläufige Gesamtliste der Hunsrückschiefer-Fossilien. – In Stürmer, W., F. Schaarschmidt, H.-G. Mittmeyer & H. Felten: Versteinertes Leben im Röntgenlicht. Kleine Senckenberg-Reihe 11: 34–39; Verlag Waldemar Kramer, Frankfurt am Main (Fossilliste mit Fundregionen).

Allgemein / General

Bartels, C. & G. Brassel (1990): Fossilien im Hunsrückschiefer. – Dokumente des Meereslebens im Devon. Museum Idar-Oberstein 7: 1–232 (Monografie).

Bartels, C., H. Lutz, W. Blind & A. Opel (1997): Schatzkammer Dachschiefer. Die Lebenswelt des Hunsrückschiefer-Meeres. – Landessammlung für Naturkunde Rheinland-Pfalz & Deutsches Bergbau-Museum Bochum. Mainz und Bochum (Bildkatalog in Schwarz-Weiß zur Sonderausstellung).

Bartels, C., D. E. G. Briggs & G. Brassel (1998): The fossils of the Hunsrück Slate. Marine life in the Devonian. – Cambridge Paleobiology Series 3: 1–309; Cambridge University Press (Comprehensive account).

Bottjer, D. J., W. Etter, J. W. Hagadorn & C. M. Tang (eds.) (2002): Exceptional fossil preservation: a unique view on the evolution of marine life. – Columbia University Press. New York.

Cohen, K. M., S. C. Finney, P. L. Gibbard & J.-X. Fan (2013; updated): The ICS International Chronostratigraphic Chart. – Episodes 36: 199–204.

De Baets, K., C. Klug & M. Poschmann (2016): Germany. Devonian (Rhenish Massif). – In: T. J. Suttner, E. Kido, P. Königshof, J. A. Waters, L. Davis & F. Messner (eds.): Planet Earth. In Deep Time. Palaeozoic Series. Devonian & Carboniferous. – Schweizerbart Science Publishers, Stuttgart: 210, 211.

Erben, H. E. (1994): Das Meer des Hunsrückschiefers. – S. 49–56 in: Koenigswald, W. v. & W. Meyer (Hrsg.): Erdgeschichte im Rheinland. Fossilien und Gesteine aus 400 Millionen Jahren. Verlag Dr. Friedrich Pfeil, München.

Kühl, G., C. Bartels, D. E. G. Briggs & J. Rust (2012): Fossilien im Hunsrück-Schiefer. Einzigartige Funde aus einer einzigartigen Region. – Edition Goldschneck im Quelle & Meyer Verlag, Wiebelsheim (Bildband).

Kühl, G., C. Bartels, D. E. G. Briggs & J. Rust (2012): Visions of a Vanished World. The Extraordinary Fossils of the Hunsrück Slate. – Yale University Press, New Haven and London (illustrated book).

Opitz, R. (1932): Bilder aus der Erdgeschichte des Nahe-Hunsrück-Landes Birkenfeld. – Birkenfeld (Erste Monografie).

Selden, P. & J. Nudds (2005): Evolution of Fossil Ecosystems. – Manson Publishing Ltd. London.

Selden, P. & J. Nudds (2007): Fenster zur Evolution. Berühmte Fossilfundstellen der Welt. – Elsevier GmbH, Spektrum Akademischer Verlag, München (aus dem Englischen übersetzt).

Spezifisch / Specific

Alberti, G. K. B. (1993): Dacryoconaride und homoctenide Tentaculiten des Unter- und Mittel-Devons I. – Cour. Forschungsinst. Senckenb. 158: 1–229.

Baliński, A. & Y. Sun (2013): Preservation of soft tissues in an Ordovician linguloid brachiopod from China. – Acta Palaeontol. Pol. 58 (1): 115–120.

De Baets, K., C. Klug, D. Korn, C. Bartels & M. Poschmann (2013): Emsian Ammonoidea and the age of the Hunsrück Slate (Rhenish Mountains, Western Germany). – Palaeontographica, A 299 (1–6): 1–113.

Deutsche Stratigraphische Kommission (Hrsg.) (2002): Stratigraphische Tabelle von Deutschland 2002.

Ecke, H.-H., M. Hoffmann, B. Ludewig & W. Riegel (1985): Ein Inkohlungsprofil durch den südlichen Hunsrück (südwestliches Rheinisches Schiefergebirge). – N. Jb. Geol. u. Paläont. 7: 395–410.

Grebe, H. (1881): Über die Quarzit-Sattel-Rücken im südostlichen Theile des Hunsrück (linksrheinischer Taunus). – Jb. preuß. geol. L.-Anst. u. Bergakad. für 1880: 243–259.

Jansen, U. (2001): Morphologie, Taxonomie und Phylogenie unter-devonischer Brachiopoden aus der Dra-Ebene (Marokko, Prä-Sahara) und dem Rheinischen Schiefergebirge (Deutschland). – Abh. Senckenberg. Naturforsch. Ges. 554: 1–389.

– (2016): Brachiopod faunas, facies and biostratigraphy of the Pridolian to lower Eifelian succession in the Rhenish Massif (Rheinisches Schiefergebirge, Germany). – In: Becker, R. T., P. Königshof & C. E. Brett (eds.): Devonian Climate, Sea Level and Evolutionary Events. Geological Society, London, Special Publications 423.

Kaufmann, B., E. Trapp, K. Mezger & K. Weddige (2005): Two new Emsian (Early Devonian) U-Pb zircon ages from volcanic rocks of the Rhenish Massif (Germany): implications for the Devonian time scale. – Journ. Geol. Soc. 162: 363–371.

Kneidl, V. (2011): Hunsrück. Insel der Tropen. Streifzüge durch die Erdgeschichte. – Edition Goldschneck im Quelle & Meyer Verlag, Wiebelsheim.

– (2016): Der unterdevonische Bundenbach-»Canyon« – 150 Jahre Hunsrückschiefer-Forschung. – Fossilien 33 (2): 52–57.

Knoke, R. (1969): Zur Frage der Entstehung der Kieselgallenschiefer. – Contr. Min. and Petr. 23 (3): 236–243.

Mittmeyer, H.-G. (1973): Die Hunsrückschiefer-Fauna des Wisper-Gebietes im Taunus (Ulmen-Gruppe, tiefes Unter-Ems, Rheinisches Schiefergebirge). – Notizbl. hess. L.-Amt Bodenforsch. 101: 16–45.

– (1980): Zur Geologie des Hunsrückschiefers. – In: Stürmer W., F. Schaarschmidt & H.-G. Mittmeyer: Versteinertes Leben im Röntgenlicht. – Kleine Senckenberg-Reihe 11: 26–33.

Mittmeyer, H. G. (2008): Unterdevon der Mittelrheinischen und Eifeler Typ-Gebiete (Teile von Eifel, Westerwald, Hunsrück und Taunus). Deutsche Stratigraphische Kommission (Hrsg.): Stratigraphie von Deutschland VIII. Devon. – Schriftenr. Dtsch. Ges. Geowiss. 52: 139–203.

Opitz, R. (1930): Über das Präparieren von Versteinerungen im Hunsrück-Dachschiefer. – Natur und Museum 60 (3): 135–140.

Schindler, T., O. E. Sutcliffe, C. Bartels, M. Poschmann & M. Wuttke (2002): Lithostratigraphical subdivision and chronostratigraphical position of the middle Kaub Formation (Lower Emsian, Lower Devonian) of the Bundenbach area (Hunsrück, SW Germany). – Metalla (Bochum) 9 (2): 73–88.

Sutcliffe, O. E., S. L. Tibbs & D. E. G. Briggs (2002): Sedimentology and environmental interpretation of the fine-grained turbidites in the Kaub-Formation of the Hunsrück Slate: analysis of a section excavated for Project Nahecaris. – Metalla (Bochum) 9(2): 89–104.

Südkamp, W. (2007): An atypical fauna in the Lower Devonian Hunsrück Slate of Germany. – Paläont. Z. 81 (2): 181–204.

– (2012): Hunsrückschiefer-Fossilien aus natürlichen Aufschlüssen. – Fossilien 29 (6): 358–367.

– (2015): Die ersten Bundenbacher Spiriferiden und das Alter des Hunsrückschiefers. – Fossilien 32 (1): 8–17.

Thomsen, E. & T. O. Vorren (1984): Pyritization of tubes and burrows from Late Pleistocene continental shelf sediments off North Norway. – Sedimentology 31: 481–492.

Tibbs, S. L., D. E. G. Briggs & K. F. Prössl (2003): Pyritisation of plant microfossils from the Devonian Hunsrück Slate of Germany. – Paläont. Z. 77 (1): 241–246.

Wenndorf, K. W. (1990): Homalonotinae (Trilobita) aus dem rheinischen Unter-Devon. – Palaeontographica A 211: 1–184.

Zinser, R. (1963): Das Unter-Devon im Bereich des Lützelsoons (Siegen-Stufe, Hunsrück; südliches Rheinisches Schiefergebirge). – Notizbl. hess. L.-Amt Bodenforsch. 91: 92–118.

2. Pflanzen

Mit Ausnahme der Meeresalge *Receptaculites* wuchsen die Pflanzen, die im Hunsrückschiefer vorkommen, auf dem Land oder in Küstennähe. Diese Makrofossilien wurden so aus weiter Entfernung eingeschwemmt; ihre erhaltenen Fragmente machen eine Bestimmung schwierig, da die wichtigen Fruchtifikationen (Sporangien) selten gefunden werden. Die Psilophyten (*Taeniocrada* und *Psilophyton*) sind die Vorfahren unserer Bärlappgewächse, Schachtelhalme und Farne. Wie alle höheren Pflanzen und im Gegensatz zu den Algen, zeichnen sie sich durch ein aus Holz- und Siebteil bestehendem Leitbündel aus.

Eine gute Übersicht der ältesten Pflanzengesellschaften Deutschlands mit Rekonstruktionen gibt Schweizer (1994) (Abb. 11). Stürmer & Schaarschmidt (1980) beschrieben einen bemerkenswerten Fund der Pflanze *Taeniocrada* aus der Ausgrabung in der Kaisergrube in Gemünden, deren langgestreckte Zellen und Haarbasen mithilfe eines Mikroskops identifiziert werden konnten. Sie machten zudem weitere Entdeckungen von Pflanzenfossilien aus Bundenbach anhand von Röntgenaufnahmen.

Sporen von primitiven Gefäßpflanzen konnten durch Wind und Wasser über größere Entfernungen transportiert werden. Tibbs et al. (2003) bestätigten, dass die Pyritisierung dieser pflanzlichen Mikrofossilien schnell genug erfolgte, um das Zusammenbrechen der Zellen zu vermeiden. Obwohl die 47 Sporenarten gut für biostratigrafische Zwecke nutzbar sind, können diese nur durch das Auflösen des Felsens isoliert werden und werden hier deswegen nicht weiter beschrieben.

Algen

Receptaculites cf. *neptuni* (Abb. 12)

N *Receptaculum* = Behälter bzw. Blütenboden der Korbblütler.

M Receptaculiten sind Körperfossilien von mehr oder weniger ausgeprägter radiärer Symmetrie. Ihre äußere Gestalt ist tellerförmig bis kugelig. Die Außenfläche zeigt ein Muster gleichmäßig angeordneter Kalktäfelchen. Diese haben eine rhombische oder sechseckige Form und stoßen lückenlos aneinander. Die einzelnen Reihen laufen spiralig gewunden von dem einen Pol zum anderen. Dies erinnert an das Rautenmuster (Name!) der Sonnenblume. Die einzelnen Täfelchen zeigen ein konzentrisches Muster. Der Körper besaß keine natürlichen Öffnungen. Der innere Hohlraum ist meist mit Sediment oder mit Kalkspat gefüllt und weist keinerlei Strukturen auf.

H Sehr selten.

B Diese problematischen Fossilien wurden früher z. B. als Schwämme, Korallen oder Stachelhäuter gedeutet. Rietschel (1969) beschrieb die Receptaculiten aufgrund ihres Bau- und Wachstumsplans als Kalk- oder Grünalgen. Die Körperform ermöglichte ihnen das freie Liegen auf dem Sediment. Ihr Vorkommen wurde, bezüglich der Wassertiefe, durch die benötigte Lichteinstrahlung für die Fotosynthese eingeschränkt.

G Durchmesser 80–150 mm.

V Bundenbach (Grube Untereschenbach).

Prototaxites (Abb. 13)

N *Proto* = Erstling; ursprünglich. *Taxus* = Eibe.

M Prototaxiten sind baumförmige Algen mit bis zu einem halben Meter mächtigen Stämmen. Sie erreichten vermutlich eine Höhe von zumindest 20 m. Man hielt sie früher für Verwandte der Eiben (Name!). Ihr Stamm besitzt jedoch kein echtes Gewebe, sondern besteht aus einem dichten Geflecht von röhrenförmigen Zellfäden. Die gefundenen Stängel in der rheinischen Fazies sind nicht (*P. hefteri*) oder wie bei *Prototaxites psygmophylloides* blattartig verbreitet (Schweizer 1994). Die Stängel verzweigen sich mehrfach in unregelmäßigen Abständen und die ganze Pflanze sieht wie der heutige Seetang aus.

H Sehr selten.

A Stürmer & Schaarschmidt (1980) und Bartels et al. (1998) nannten aus dem Hunsrückschiefer *Prototaxites loganii*. Diese Art ähnelt *P. hefteri*.

G Die Länge der Fragmente beträgt 22–120 mm.

2. Plants

Apart from the marine alga *Receptaculites,* the plants that occur in the Hunsrück Slate were terrestrial or grew in a coastal environment. These macrofossils were thus transported out to sea; their preserved fragments make the assignment difficult, because their important fructifications (sporangia) are rarely found. The psilophytes (*Taeniocrada* and *Psilophyton*) are the ancestors of our whisk ferns, horsetails and real ferns. Like all higher plants and unlike the algae, they possess a vascular system within a branching stem.

A good overview of the oldest plant communities of Germany with reconstructions is given by Schweizer (1994) (Fig. 11). Stürmer & Schaarschmidt (1980) described an astonishing find of the plant *Taeniocrada* from the excavation in the Kaisergrube at Gemünden, showing with the help of a microscope the elongated cells and hairbases. They also made further discoveries of plant fossils from Bundenbach using X-radiographs. Spores of primitive vascular plants could be transported by wind and water over long distances. Tibbs et al. (2003) confirmed that the pyritization of these plant microfossils was rapid enough to prevent the collapse of the cells. Although the 47 species of spores are useful in biostratigraphy, they can only be isolated by dissolving the rock and therefore, are not considered further here.

Algae

Receptaculites cf. *neptuni* (Fig. 12)

N *Receptaculum* = receptacle of the composites.

C Receptaculitids are body fossils of more or less distinctive radial symmetry. Their external shape is plate like or spherical. The external surface shows a pattern of regularly arranged small calcareous plates. These have a rhombic or hexagonal form, are interlocking, and their individual rows run spirally from one pole to the other. This is reminiscent of the diamond-shaped pattern (name) of the sunflower (that is why the Americans say "sunflower coral"). The individual platelets show a concentric pattern. The body had no natural openings. The internal cavity is mostly filled with sediment or chalk and shows no kind of structures.

R Very rare.

P These problematic fossils were in the past interpreted as, for instance, sponges, corals or echinoderms. Due to their mode of growing and construction, Rietschel (1969) described the receptaculitids as calcareous or green algae. The body shape enabled their free lying position on the sediment. Their requirement for light to photosynthesize likely constrained the depth of the water where they lived.

Si Diameter 80–150 mm.

O Bundenbach (Untereschenbach quarry).

Prototaxites (Fig. 13)

N *Proto* = the first; originally. *Taxus* = yew tree.

C Prototaxites are tree-like algae with stems up to 0.5 m thick. They probably reached a height of at least 20 m. It was once thought they were representatives of the yew trees (name). However, their stem has no real tissue and consists of a thick wickerwork of tube-shaped cellular threads. The stems found in the Rhenish facies are with (*Prototaxites psygmophylloides*), or alternatively without (*P. hefteri*), leaf like expansions (Schweizer 1994). The stems branch many times at irregular distances and the whole plant has the appearance of modern seaweed.

R Very rare.

Sp Stürmer & Schaarschmidt (1980) and Bartels et al. (1998) named *Prototaxites loganii* from the Hunsrück Slate. This species looks like *P. hefteri*.

Si The length of the fragments is 22–120 mm.

P These red algae lived below the tide zone up to a water depth of ca. 50 m (Schweizer 1994). However, the affinities are controversially debated (giant fungus or lichen; Retallack & Landing 2014).

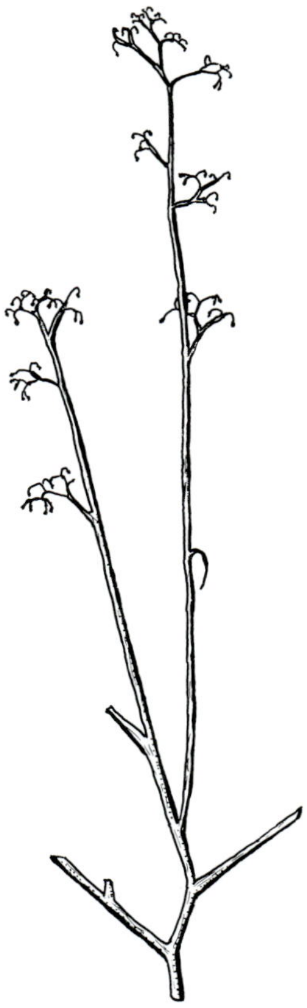

11 Rekonstruktion der Gefäßpflanze *Psilophyton*. Der Abstand zwischen der ersten und zweiten Gabelung links beträgt 50 mm. – Umgezeichnet nach Schweizer (1994).
11 Reconstruction of the vascular plant *Psilophyton*. The distance between the first and second bifurcation to the left is 50 mm. – Redrawn after Schweizer (1994).

B Diese Rotalgen lebten unterhalb der Gezeitenzone bis zu einer Wassertiefe von ca. 50 m (Schweizer 1994). Die verwandtschaftlichen Beziehungen werden jedoch kontrovers diskutiert (riesiger Pilz oder Flechte; Retallack & Landing 2014).

V Weisel (Grube Kreuzberg). Bundenbach (Gruben Eschenbach und Schmiedenberg). Oberkirn (Grube Karschheck). Gemünden (Kaisergrube).

Gefäßpflanzen

Taeniocrada dubia (Abb. 14)

N *Taenia* = Band. *Dubius* = zweifelhaft.

M *Taeniocrada* ist eine krautige Pflanze von verhältnismäßig niedrigem Wuchs. Die nackten Sprossen verzweigen sich wiederholt gabelig. Die zentralen Gefäßbündel der Zweige vereinigen sich nicht sofort an der Gabelung sondern ein längeres Stück parallel darunter. Die Oberfläche ist in der Längsrichtung runzelig oder strichförmig. Deren Zwischenräume tragen im unteren Bereich stachelartige Ausstülpungen.

H Sehr selten.

G Die Länge der Fragmente beträgt 87–151 mm. Die Sprossenbreite kann bis zu 20 mm betragen.

B *Taeniocrada* lebte untergetaucht im Gezeitenbereich bis zu einer Wassertiefe von schätzungsweise 5 m (Schweizer 1994).

V Bundenbach (Grube Obereschenbach). Gemünden (Kaisergrube).

Psilophyton arcuatum (Abb. 15)

N *Psilos* = nackt. *Phyton* = Pflanze. *Arcuate* = gebogen.

M Der Verzweigungsmodus besteht darin, dass in alternierender Folge ein Seitenast über den anderen dominiert und ihn dadurch übertrifft. Auf diese Weise entsteht aus einer rein gabeligen Verzweigung eine Hauptachse mit Seitentrieben. Die Sprossen waren ursprünglich glatt und nicht mit einer Längsrippung (= durchgepauste innere Strukturen) versehen. Die paarig angeordneten Sporangien sind, wie auch für die Altfarne typisch, zigarrenförmig und haben eine Öffnungsnaht in Längsrichtung.

12 *Receptaculites*.

13 *Prototaxites*.

O Weisel (Kreuzberg quarry). Bundenbach (Eschenbach and Schmiedenberg quarries). Oberkirn (Karschheck quarry). Gemünden (Kaisergrube).

Vascular plants

Taeniocrada dubia (Fig. 14)

N *Taenia* = ribbon, bandage. *Dubius* = doubtful.

C *Taeniocrada* was a herbaceous plant of relatively small size. The naked shoots divide repeatedly forklike. The central vascular bundles of the branches do not join immediately at the forks, but parallel and below them. The surface is wrinkled or striated in a longitudinal direction. Their intermediate areas bear spine like projections in the lower part.

R Very rare.

Si The length of the fragments is 87–151 mm. The width of the shoots could be up to 20 mm.

P *Taeniocrada* lived submerged in the tidal zone up to a water depth of approximately 5 m (Schweizer 1994).

O Bundenbach (Obereschenbach quarry). Gemünden (Kaisergrube).

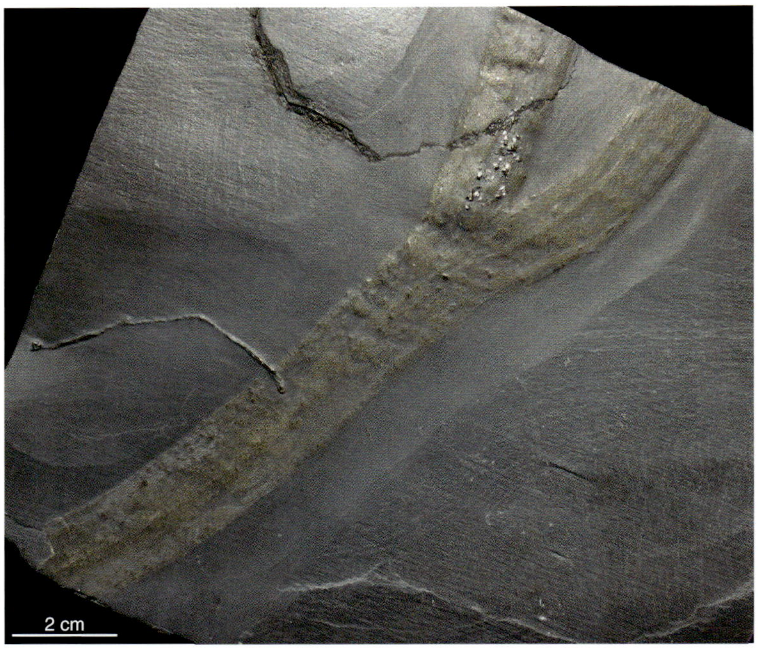

14 *Taeniocrada*.

H Selten.

G Die Länge der Fragmente beträgt bis zu 210 mm. Die Sprossenbreite ist geringer als bei *Taeniocrada*.

16 *Drepanophycus*.

15 *Psilophyton* mit Ansätzen des ?Sporangienstandes (unten).
15 *Psilophyton* with bases of the sprouting ?sporangia (below).

Psilophyton arcuatum (Fig. 15)

N *Psilos* = naked. *Phyton* = plant. *Arcuate* = curved.

C The branching mode shows an alternating sequence dominated by a side branch that surpasses the other branches. In this way, a purely forked branch produces a principle axle with branches. The shoots were originally smooth and not supplied with longitudinal ribs (= traces of internal structures). The sporangia are arranged in pairs, also typical for the primitive ferns; they are cigar-shaped and have an opening suture longitudinally.

R Rare.

Si The length of the fragments is up to 210 mm. The width of the shoots is less than that in *Taeniocrada*.

P Only remains with associated sporangia of *Psilophyton*-type can be assigned to *Psilophyton*. Forked remains without sporangia with rigid shoots should be assigned to *Hostinella* (personal information R. Goßmann, 2016). *Psilophyton* had very thin, weak vascular bundles and was a lot more dependent on surface water than the land plants of today. This requires damp biotopes and it must be assumed that this land plant – at least with its basal parts – stood in the water (Schweizer 1994).

O Lütz (Wrede, Herrenfeld quarries). Breitenthal (Schielenberg quarry). Bundenbach (Unter- and Obereschenbach, Schmiedenberg/Mühlenberg quarries). Gehlweiler (Drei Männer quarry).

Drepanophycus spinaeformis (Fig. 16)

N *Spinaeformis* = spine shaped.

C *Drepanophycus* is a transitional form between the psilophytes (whisk ferns) and club mosses (lycopsids). Here, vascular bundles also extend through the thorny real leaves which are spirally arranged alongside the stem. The roots produce a dense tangle with typical H- or K-like divisions.

R Very rare.

Si The length is 104–233 mm.

P The thick stems indicate that it must have been a bigger land plant.

O Bundenbach (Eschenbach quarry).

B Als *Psilophyton* können nur Reste bezeichnet werden, die mit assoziierten Sporangien vom *Psilophyton*-Typ gefunden werden. Verzweigte Reste ohne Sporangien mit starren Achsen sind als *Hostinella* zu bezeichnen (mündliche Mitteilung R. Gossmann, 2016). *Psilophyton* besaß noch sehr dünne, wenig leistungsfähige Leitbündel und war in deutlich höherem Maße von Oberflächenwasser abhängig als heutige Landpflanzen. Das setzte feuchte Biotope voraus. Es ist anzunehmen, dass die Landpflanze – zumindest mit ihrem basalen Teilen – im Wasser gestanden hat (Schweizer 1994).

V Lütz (Gruben Wrede, Herrenfeld). Breitenthal (Grube Schielenberg). Bundenbach (Gruben Unter- und Obereschenbach, Schmiedenberg/Mühlenberg). Gehlweiler (Grube Drei Männer).

Drepanophycus spinaeformis (Abb. 16)

N *Spinaeformis* = stachelig ausgebildet.

M *Drepanophycus* ist eine Übergangsform zwischen den Psilophyten (Nacktfarne) und Bärlappgewächsen. Die dornartigen, echten Blätter sind hier auch von Leitbündeln durchzogen und am Stamm spiralig angeordnet. Die Wurzeln bilden ein dichtes Geflecht mit typischen H- oder K-förmigen Verzweigungen.

H Sehr selten.

G Die Länge beträgt 104–233 mm.

B Die dicken Stängel deuten darauf hin, dass es sich bereits um eine größere Landpflanze gehandelt hat.

V Bundenbach (Grube Eschenbach).

Problematische Pflanze

Maucheria gemuendensis (Abb. 17)

M Die Oberfläche von *Maucheria* ist normalerweise netzartig, mit kleinen, unregelmäßig verteilten, rundlichen Erhebungen, die alle eine Vertiefung einkreisen. Sie ist mit einem unregelmäßigen Gitter, das zu verzweigen neigt, überzogen.

H Sehr selten.

G Die Länge beträgt maximal 160 mm.

B Die verwandtschaftliche Zugehörigkeit von *Maucheria* ist ein kontroverses Thema. Hirmer (1930) wies eine tierische Verwandtschaft ab, Kräusel & Weyland (1930) betrachteten eine pflanzliche Herkunft als unwahrscheinlich und Mittmeyer (1980) listete das Fossil als eine Pflanze auf. Die Exemplare könnten orthocone Nautiloideen, überkrustet mit Moostierchen, darstellen.

V Bundenbach (Gruben Obereschenbach, Schmiedenberg/Mühlenberg). Kaisergrube (Gemünden).

17 Das fragliche Fossil *Maucheria*.
17 The problematic fossil *Maucheria*.

Problematic plant

Maucheria gemuendensis (Fig. 17)

C The surface of *Maucheria* is commonly reticulate, with small irregularly distributed rounded elevations, each surrounding a depression. It is covered by an irregular network which appears to branch.

R Very rare.

Si The length is up to 160 mm.

P The affinities of *Maucheria* have been the subject of controversy. Hirmer (1930) dismissed the animal affinity, Kräusel & Weyland (1930) considered a plant origin unlikely and Mittmeyer (1980) listed the fossil as a plant. The specimens may represent orthocone nautiloids, encrusted by epizoans.

O Bundenbach (Obereschenbach, Schmiedenberg/Mühlenberg quarries). Kaisergrube (Gemünden).

Literatur / Literature

Hirmer, M. (1930): Über ein zweites in den Hunsrückschiefern gefundenes Stück von *Maucheria gemündensis* Broili. – Sber. bayer. Akad. Wiss., math.-nat. Abt. 39: 46 (*Maucheria*).

Kräusel, R. & H. Weyland (1930): Die Flora des deutschen Unterdevons. – Abh. preuss. geol. L.-A., N.F. 131: 1–92 (*Taeniocrada*).

Mittmeyer, H.-G. (1980): Vorläufige Gesamtliste der Hunsrückschiefer-Fossilien. – In: Stürmer, W., F. Schaarschmidt & H.-G. Mittmeyer (Hrsg.): Versteinertes Leben im Röntgenlicht. Kleine Senckenberg-Reihe 11: 34–39; Verlag Waldemar Kramer, Frankfurt am Main (*Maucheria*).

Retallack, G. J. & E. Landing (2014): Affinities and architecture of Devonian trunks of *Prototaxites loganii*. – Mycologia 106 (6): 1143–1158 (*Prototaxites*).

Rietschel, S. (1969): Beiträge zur Kenntnis der Receptaculiten, 1. Die Receptaculiten. Eine Studie zur Morphologie, Organisation, Ökologie und Überlieferung einer problematischen Fossil-Gruppe und die Deutung ihrer Stellung im System. – Senckenbergiana lethaea 50 (5/6): 465–517 (*Receptaculites*).

Schweitzer H.-J. (1994): Die ältesten Pflanzengesellschaften Deutschlands. – S. 57–70 in: Koenigswald, W. v. & W. Meyer (Hrsg.): Erdgeschichte im Rheinland. Fossilien und Gesteine aus 400 Millionen Jahren. Verlag Dr. Friedrich Pfeil, München (*Prototaxites*, *Taeniocrada*, *Psilophyton*, *Drepanophycus*).

Stürmer, W. & F. Schaarschmidt (1980): Pflanzen im Hunsrückschiefer. – In: Stürmer, W., F. Schaarschmidt & H.-G. Mittmeyer (Hrsg.): Versteinertes Leben im Röntgenlicht. Kleine Senckenberg-Reihe 11: 19–25; Verlag Waldemar Kramer, Frankfurt am Main (*Prototaxites*, *Taeniocrada*, *Psilophyton*, *Drepanophycus*).

Tibbs, S. L., D. E. G. Briggs & K. F. Prössl (2003): Pyritisation of plant microfossils from the Devonian Hunsrück Slate of Germany. – Paläontologische Zeitschrift 77 (1): 241–246 (microfossils; water-conducting cells from vascular plants, spores and sporangia).

3. Schwämme

Schwämme (Spongien) sind einfach gebaute, mehrzellige Meerestiere ohne Organe. Sie leben sesshaft und filtrieren Nahrungspartikel aus dem Wasser. Ihre Weichteile sind von einem Nadelskelett geschützt. Die Schwammnadeln (Sklerite) können sowohl aus Kalziumkarbonat (Kalkschwämme) als auch aus Kieselsäure (Kiesel-, Horn-, Sockel- und Glasschwämme) bestehen. Gelegentlich ist Spongin (ein biegsames Protein) eingeschlossen. Für die Bestimmung sind neben dem Material die Form der Sklerite und auch die Skelettform zu beachten. Aus dem Hunsrückschiefer sind insbesondere die Glasschwämme (*Retifungus* und *Cyathophycus*; bis vor kurzem *Protospongia*), die triaxone (dreiachsige) Skerite haben, bekannt geworden (Abb. 18). Die Triaxone sind in einem geflochtenen Netzwerk aus gebündelten Diactinen (zweistrahlig wachsende einachsige Sklerite) eingebettet.

Es wurden nur drei Schwämme aus dem Hunsrückschiefer beschrieben, die teilweise auf Schriften aus den Jahren 1892 (*Protospongia rhenana*) und 1925 (*Astericosella nassovica*) beruhen. Letzterer ist wahrscheinlich als Kieselschwamm mit Affinität zu dem unterkambrischen *Choia* zu deuten. Dabei handelt es sich um einen Fund aus dem mittleren Wispertal mit langen, monaxonen (einachsigen) Skleriten, die sternförmig zu allen Seiten hin verlaufen. Kott, Mehl & Wuttke haben eine Neubearbeitung der Schwämme angefangen, bei der bisher Arbeiten über *Retifungus* und »*Rossellimorpha*« erschienen sind. Weitere, bisher unbeschriebene Kiesel- oder Kalkschwämme (*Astraeospongium*, Nodosia) warten noch auf die weitere Bearbeitung.

Retifungus (Abb. 19, 171)

N *Rete* = das Netz; *fungus* = der Schwamm; *rudens* = das Schiffstau; *elongatus* = langgestreckt.

M Der Schwamm besteht aus einem trichterförmigen Kelch, einem langen, gegen den Uhrzeigersinn seilartig gewundenen Stiel und einem Wurzelschopf. Es ist nur ein einziges komplettes Exemplar bekannt. Die sehr langen, diactinen Sklerite erstrecken sich von der Basis bis zum oberen Rand des Kelches. Die Diactine liegen in gewundenen Bündeln, die in Längs- und Querreihen miteinander verflochten sind (Glasfaser-Prinzip), vor.

H Selten.

A Nur die Art *Retifungus rudens* ist beschrieben worden. Diese hat acht stärkende Bündel im Kelch. Es gibt jedoch auch ein Exemplar mit etwa zwanzig Bündeln, das zur Art *R. elongatus* gehören soll (Rietschel 1970: Taf. 4, Fig. 3) und dessen Bearbeitung noch aussteht.

G Der Stiel kann eine Länge von mindestens 300 mm erreichen.

B Dieser Schwamm zeigt typische Anpassungen an seinen Standort. Das Glasfaser-Prinzip gewährleistet eine optimale Stabilität bei gleichzeitiger Elastizität und war bei wechselnden und starken Strömungen ideal. Die langen Wurzelnadeln eigneten sich für die Verankerung im Weichboden. Die Langstieligkeit hatte vorwiegend biologische Gründe (Raumkonkurrenz mit Seelilien und günstiger Ausgangspunkt für ein freischwimmendes Larvenstadium). Exemplare mit am Stiel angehefteten Seelilien belegen, dass diese die erhöhte Lebensposition nutzten um mehr Nahrung aus der Strömung zu filtern.

V Bundenbach (Gruben Unter- und Obereschenbach, Schmiedenberg/Mühlenberg).

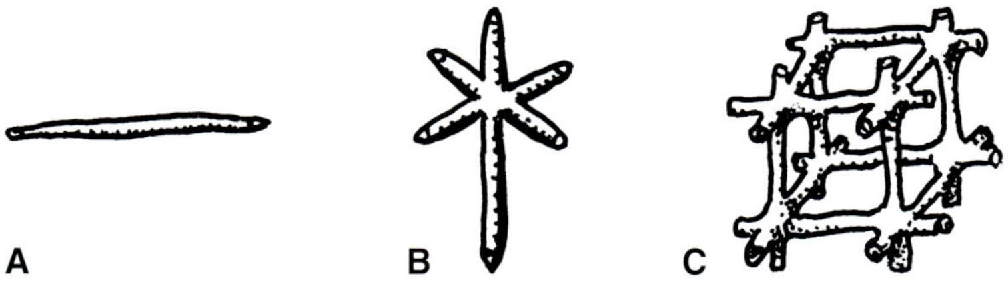

18 Formen von Schwammnadeln. A, Monaxone; B, Triaxone (Hexactine); C, Triaxones Gitter. – Umgezeichnet nach Lehmann & Hillmer (1980).

18 Types of sponge spicules. A, Monaxone; B, Triaxone (Hexactine); C, Triaxone network. – Redrawn after Lehmann & Hillmer (1980).

3. Sponges

Sponges (pore-bearers) are simple metazoan marine animals without organs. They are sessile and feed by filtering. Their soft tissues are protected by a skeleton of spicules. The spicules can be composed of calcium carbonate (calcareous sponges) or silica (demo sponges and glass sponges). Occasionally spongin (a ductile protein) is enclosed. For the assignment one must, apart from the material, take into consideration the form of the spicules and also the outline of the skeleton. The glass sponges (*Retifungus* and *Cyathophycus*; until recently *Protospongia*) are well known from the Hunsrück Slate. They have triaxone (three-axis) spicules bedded in a woven network of bundled diactines (double-axed growing one-axis spicules) (Fig. 18).

There are only three sponges from the Hunsrück Slate described, which are partly based on papers from 1892 (*Protospongia rhenana*) and 1925 (*Astericosella nassovica*). The last is probably a demo sponge with affinity to the Lower Cambrian *Choia*. It concerns a find from the mid Wisper valley (Taunus region) with long, monaxon (one-axle) spicules, which radiate to all sides. Kott, Mehl & Wuttke started a redescription of the sponges, and so far papers about *Retifungus* and „*Rossellimorpha*" have been published. Further undescribed demo or calcareous sponges (*Astraeospongium*, Nodosia) await further description.

Retifungus (Figs. 19, 171)

N *Rete* = net; *fungus* = sponge; *rudens* = rope of a ship; *elongatus* = elongate.

C The sponge consists of a funnel-shaped calyx, a long anticlockwise ropey coiled stem and a root tuft. There is only one complete specimen known. The very long, diactine spicules reach from the basis to the upper

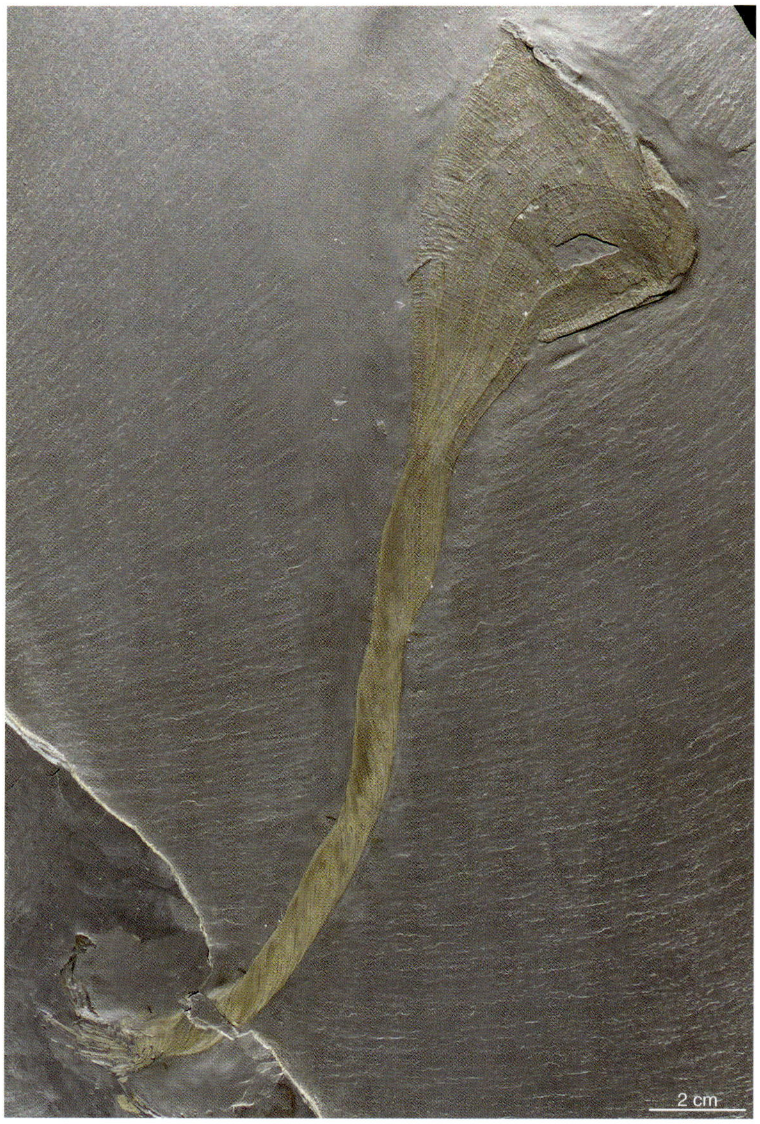

19 *Retifungus*.

20 Zwei Exemplare von *Cyathophycus*. Zu beachten ist die Lage des Schlangensterns *Ophiurina*.
20 Two specimens of *Cyathophycus*. Note the position of the brittle star *Ophiurina*.

Cyathophycus rhenana (Abb. 20, 21)

N *Cyathus* = Becher. Alter Name: *Protospongia*.

M Der große Kelch hat die Form einer Vase, Flasche oder Schale. Er besitzt überwiegend gebündelte Diactine 1. Ordnung, die in viereckigen

rim of the calyx. The diactines lie in coiled bundles, which are interwoven in vertical and transverse rays (like a fibre optics network).

R Rare.

Sp Only the species *Retifungus rudens* has been described. It has eight strengthened bundles in the calyx. There is however also a specimen with about twenty bundles that would belong to the species *R. elongatus* (Rietschel 1970: table 4, fig. 3) and has yet to be described.

Si The stem has a length of at least 300 mm.

P This sponge shows typical adaptations to its habitat. The fibre bundle network ensures an optimal stability by simultaneous elasticity and was ideal in variable and strong current situations. The long root spicules can be used for anchoring into a soft seafloor. The long stem had a mainly biological rationale (space competition with crinoids and favourable starting point for a free-living larval stage). Crinoids anchored on the stem of this sponge suggest that these used the higher life position to filter more food out of the currents.

O Bundenbach (Unter- and Obereschenbach, Schmiedenberg/Mühlenberg quarries).

Cyathophycus rhenana (Figs. 20, 21)

N *Cyathus* = cup. Old name: *Protospongia*.

C The large sponge has the outline of a vase, flask or bowl. It has mainly bundled diactines of the first order, which are woven into a rectangular mesh, but in contrary to *Retifungus* are not coiled (fibre optics network). In addition, the sponge has a lot of small triaxones of the second order lying in one plane, which radiate hexagonal (so called hexatines) or possibly also tetra radial (stauracts), because of the reduction of one of the axes of a triaxon.

R Rare.

Si This sponge can reach a remarkable size (up to 1 metre).

P The fibre optics network ensures *Cyathophycus* also has a great stability. Brittle stars (like *Furcaster*, *Eospondylus* and *Ophiurina*) upon

21 Ausschnitt der Basis von *Cyathophycus* um die Anordnung der Schwammnadeln zu zeigen.
21 Detail of the basis of *Cyathophycus* showing the arrangement of the spicules.

Maschen geflochten, jedoch im Gegensatz zu *Retifungus*, nicht gewunden sind (Glasfaser-Prinzip). Außerdem besitzt der Schwamm viele kleine in einer Ebene liegenden Triaxone 2. Ordnung, die sechsstrahlig (sog. Hexatine) oder möglicherweise auch vierstrahlig (Stauractine), durch Reduktion einer Achse eines Triaxons, sind.

H Selten.

G Dieser Schwamm kann eine beachtliche Größe (bis zu einem Meter) erreichen.

B Das Glasfaser-Prinzip gewährleistet auch *Cyathophycus* eine große Stabilität. Die auf und im Kelch anwesenden Schlangensterne (wie *Furcaster*, *Eospondylus* und *Ophiurina*) lassen vermuten, dass sie dort Nahrungspartikel abfingen und dabei außerdem vor widrigen Einflüssen und Räubern geschützt waren.

V Bundenbach (Gruben Eschenbach, Schmiedenberg/Mühlenberg). Gemünden (Kaisergrube).

»Rossellimorpha« (Abb. 22)

N Wegen unsicherer systematischer Zuordnung eine Morpho-Gruppierung ohne Familien-, Gattungs- und Artangabe.

M Die Morpho-Gruppierung zeichnet sich durch dichte Bündel diactiner Sklerite in unregelmäßiger Orientierung aus. Da keine Mikroskleren überliefert sind, kann die systematische Zuordnung nicht mit Sicherheit erfolgen. Der kleine, vasenförmige Kelch trägt an der Basis einen pinselartigen Wurzelschopf. Die ca. 20 senkrechten Nadelbündel spalten sich oberhalb des Wurzelschopfes fächerförmig auf und überkreuzen sich dort mit horizontal und diagonal verlaufenden Nadelbündeln.

H Es sind nur der Holotyp und ein Exemplar in Mainz (Kühl et al. 2012: Abb. 11) bekannt.

G Die Kelchlänge beträgt mindestens 30 mm.

V Bundenbach (Gruben Eschenbach, Herrenberg).

Asterocalamites (Abb. 23)

N Dieses Fossil wurde als primitiver Schachtelhalm beschrieben. *Archaeocalamites* ist aber erst im Unterkarbon belegt, die typischen Knoten fehlen und die konvergierenden Linien passen nicht dazu (H. Kerp, mündliche Mitteilung, 2015).

M Sieht wie ein längsriefiger Stamm ohne Quergliederung aus. Die Längsrillen konvergieren etwas in Richtung eines Endes oder laufen parallel. Ein Exemplar zeigt kleine Knötchen auf den Rillen.

H Sehr selten.

G Länge bis 190 mm (bei einer Breite von etwa 80 mm).

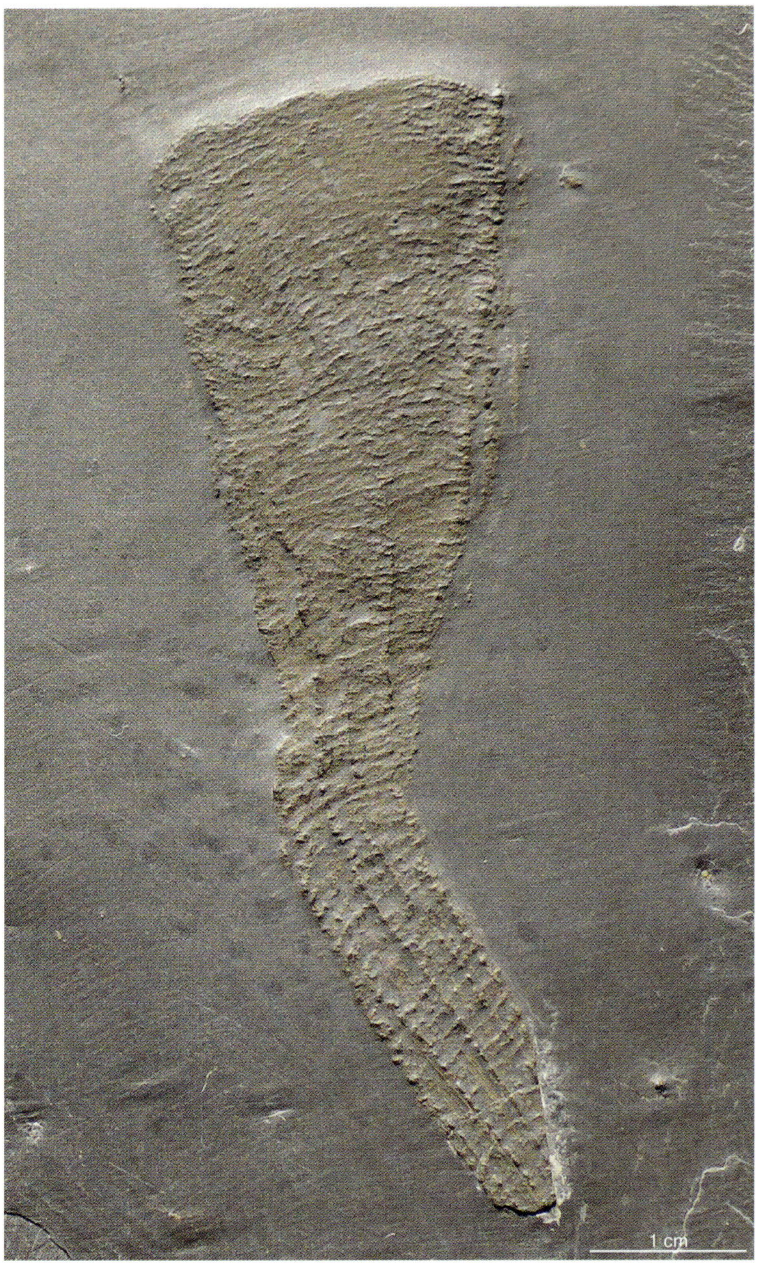

22 Das dritte Exemplar von »Rossellimorpha«.
22 The third specimen of "Rossellimorpha".

23 Das fragliche Fossil *Asterocalamites*.
23 The problematic fossil *Asterocalamites*.

3. Sponges

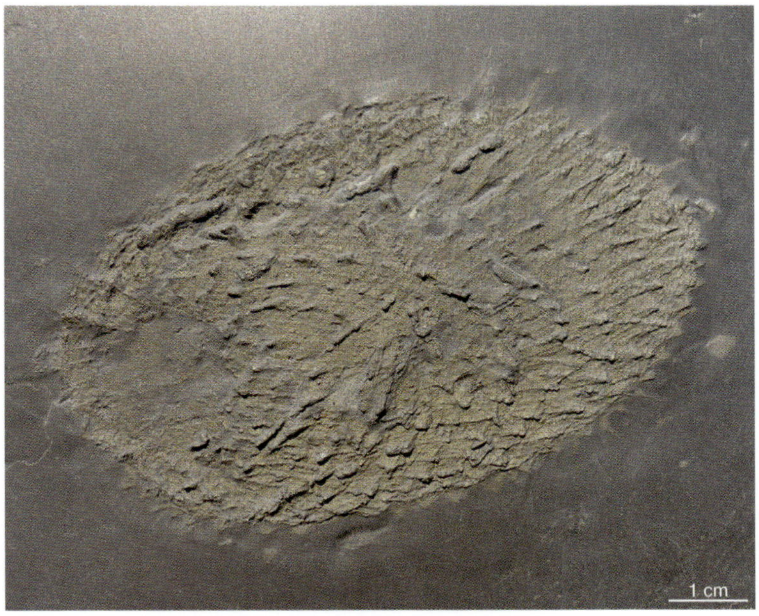

24 Nodosia.

B Die taxonomische Einstufung ist umstritten. Kräusel & Weyland (1930) und Opitz (1932) vermuteten, dass es sich um einen Schwamm handelt. Dies wurde aber von Rietschel (1970) bestritten. Hier wird angenommen, dass es ein Wurzelschopf eines Schwammes sein könnte.

V Bundenbach (Grube Eschenbach). Birkenfeld (Schemelsbach). Gemünden (Kaisergrube).

Nodosia bodtlaenderi (Abb. 24)

N *Nodus* = (Ast)Knote.

M Rundlicher, stacheliger Kieselschwamm.

H Sehr selten. Kühl et al. (2012: Abb. 12) bilden ein Exemplar ab.

G Durchmesser 70–93 mm.

V Bundenbach (Grube Unter- und Obereschenbach).

and inside the calyx are presumed to have caught their prey there and were protected from unfavourable influences and predators as well.

O Bundenbach (Eschenbach, Schmiedenberg/Mühlenberg quarries). Gemünden (Kaisergrube).

"Rossellimorpha" (Fig. 22)

N Because of uncertain systematic assignment, this is a morphogroup without family, genus and species details.

C The morphogroup is characterized by a dense bundle of diactine spicules in irregular orientation. However, the lack of microscleres allows only uncertain classification. The small vase-shaped calyx has a basal brush-like root tuft. About 20 straight bundles of spicules divide fan-like above the root tuft and intersect there with horizontal and transverse running bundles of spicules.

R Only the holotype and one specimen in Mainz (Kühl et al. 2012: Abb. 11) are known.

Si The calyx length is at least 30 mm.

O Bundenbach (Eschenbach, Herrenberg quarries).

Asterocalamites (Abb. 23)

N This fossil was described as a primitive horse tail. However, *Archaeocalamites* is first documented in the Lower Carboniferous, the typical nodes are missing and the converging grooves do not fit to that genus (H. Kerp, personal communication, 2015).

C Looks like a lengthwise striped trunk without transverse structure. The length grooves converge a little bit to one end or are parallel. One specimen shows small knots on the grooves.

R Very rare.

Si Length up to 190 mm (with a width of about 80 mm).

P The taxonomic assignment is controversial. Kraüsel & Weyland (1930) and Opitz (1932) suggested that it is a sponge, but this was denied by Rietschel (1970). Here it is assumed that it could be a roof tuft of a sponge.

O Bundenbach (Eschenbach quarry). Birkenfeld (Schemelsbach). Gemünden (Kaisergrube).

Nodosia bodtlaenderi (Fig. 24)

N *Nodus* = knot.

C Rounded spiny demo sponge.

R Very rare. Kühl et al. (2012: fig. 12) illustrated a specimen.

Si Diameter 70–93 mm.

O Bundenbach (Unter- and Obereschenbach quarries).

Literatur / Literature

Christ, J. (1925): Eine neue Spongiengattung im Unterdevon des nassauischen Hunsrückschiefers; *Astericosella nassovica*. – Jb. Nass. Ver. Naturkde. 77: 1–12 (?*Choia*).

Kott, R. & M. Wuttke (1987): Untersuchungen zur Morphologie, Paläökologie und Taphonomie von *Retifungus rudens* Rietschel 1970 aus dem Hunsrückschiefer (Bundesrepublik Deutschland). – Geol. Jb. Hessen 115: 11–27 (*Retifungus*).

Kräusel, R. & H. Weyland (1930): Die Flora des deutschen Unterdevons. – Abh. preuss. geol. L.-A. N.F. 131: 1–92 (*Asterocalamites*).

Kutscher, F. (1980): Beiträge zur Sedimentation und Fossilführung des Hunsrückschiefers, 54: Spongien im Hunsrückschiefer. Geol. Jb. Hessen 108: 39-42.

Lehmann, U. & G. Hillmer (1980): Wirbellose Tiere der Vorzeit. Leitfaden der systematischen Paläontologie. – Ferdinand Enke Verlag, Stuttgart.

Mehl, D. (1996): Phylogenie und Evolutionsökologie der Hexactinellida (Porifera) im Paläozoikum. – Geol. Paläont. Mitt. Univ. Innsbruck. Sonderband 4: 1–55.

Mehl, D., M. Wuttke & R. Kott (1997): Beiträge zur Spongien-Fauna des Hunsrückschiefers (II). Beschreibung eines neuen Kieselschwammes (Hexactinellida, »Rossellimorpha«, fam., gen. et sp. indet. – N. Jb. Geol. Paläont. Mh. 1997 (2): 79–92 (»Rossellimorpha«).

Rietschel, S. (1970): Beiträge zur Sedimentation und Fossilführung des Hunsrückschiefers 28. *Retifungus rudens* n. g., n. sp., ein dictyospongiider Kieselschwamm aus dem Hunsrückschiefer. – Notizbl. hess. L.-Amt Bodenforsch. 98: 30–35 (*Retifungus*, *Asterocalamites*).

4. Nesseltiere

Bei den heutigen Nesseltieren treten in einem Generationswechsel am Untergrund festgeheftete becherartige ungeschlechtliche Polypen und freischwimmende, geschlechtliche Quallen auf. Die Polypen schnüren von Zeit zu Zeit durch Querteilung (Strobilation) die Mundscheibe ab, die sich dann zur Qualle weiterentwickelt. Die Polypen haben am oberen Ende eine zugleich als Mund und After fungierende Körperöffnung, die von Tentakeln umgeben ist. Der Körper besteht aus einem durch Scheidewände (Septen) gegliederten Hohlraum (Gastralraum). Von diesem Aufbau leitet sich die Organisation der Qualle ab: Sie ist sozusagen ein auf den Kopf gestellter Polyp. Die fünf Klassen unterscheiden sich durch die Anordnung der Scheidewände. Die Wurzelmundquallen und die Conularien haben z. B. eine vierstrahlige radiäre Körpersymmetrie, die Korallen (Blumentiere) dagegen sechs oder acht Scheidewände im Gastralraum. Die heutigen Polypen besitzen ein Skelett aus kalkiger oder horniger Substanz. Die ausgestorbenen Polypen (*Conularia* und *Sphenothallus*) hingegen schützten ihren Körper mit einer chitino-phosphatischen Hülle.

Die Polypen kommen als Einzeltiere vor oder sie wachsen zu Kolonien heran. Aufgrund dieser Lebensweise unterscheidet man auch die ausgestorbenen rugosen bzw. tabulaten Korallen. Eine V-artige paarige Lebensweise bei den Conularien beruht entweder auf der ungeschlechtlichen Vermehrung durch Knospenbildung oder auf einer bevorzugten Ansiedlung der Larven. Die Mundseite der Conularien konnte, wie bei einem Briefumschlag, durch Klappen verschlossen werden, sodass der Polyp sich bei Gefahr in seine Hülle zurückziehen und schützen konnte. Die Conularien und *Sphenothallus* waren (semi-)aufrecht auf einem Hartgrund angesiedelt.

Obwohl die Conularien des Hunsrückschiefers mehrmals bearbeitet worden sind, haben der unterschiedliche Zerfall und die Verdichtung des Materials, sowie das damals wenig Vorhandensein noch nicht zu eindeutigen Artenbeschreibungen geführt. Weitere Untersuchungen sind also notwendig. Die zahlreichen Korallen sind noch nicht im Detail studiert worden.

Quallen

Plectodiscus discoideus (Abb. 25)

N *Plecto/Plectere* = flechten; *discus* = Diskus: runde Scheibe zum Werfen. Alter Name: *Palaeonectris* (*nektos* = schwimmend).

M Der Schirm ist scheibenförmig bis rund. Die große Anzahl tentakulärer Anhänge an der Unterseite variiert in Länge (und wahrscheinlich in Funktion) und einige scheinen sich zu verzweigen.

H Selten.

B Yochelson et al. (1983) beschrieben konzentrisch gerippte, sogar bis zu 250 mm große Oberseiten (Pneumatophoren), worauf sich teilweise Epizoen, wie Moostierchen und Brachiopoden, angesiedelt haben. Dass

25 *Plectodiscus.*

4. Cnidarians

The extant cnidarians pass through an alternation of generations from sessile cup-like asexual polyps to free-swimming sexual medusae (jellyfish). The polyps cut off their mouth disc from time to time by transverse fission (strobilation), which then develops into a jellyfish. The polyps have a body opening surrounded by tentacles at the upper end which functions as mouth and anus. The gastral cavity is divided into individual partitions (septa). From this structure the organisation of the jellyfish derives: it is, so to speak, a polyp turned upside down. The five classes are distinguished by the arrangement of the septa. The rhizostome jellyfish and the conulariids for instance have four-sided radial body symmetry and the corals (anthozoans) have six or eight septa in the gastral cavity. The skeleton of the living polyps consists of calcareous or keratinous substance. The extinct polyps (*Conularia* and *Sphenothallus*) protected their body with a chitino-phosphatic test.

The polyps are solitary or alternatively grow in colonies. These life styles also distinguish between the extinct rugose and tabulate corals. V-like pairs among the conulariids result from cloning or from preferential larval settlement. The aperture of conulariids could be closed by lappets like an envelope as a defensive response to catastrophes. The conulariids and *Sphenothallus* stood (semi-)erect and were attached to some hard substrate.

Although the conulariids of the Hunsrück Slate have been described repeatedly, the variable effects of decay and compaction and the rarity of specimens precluded assignment at species level. Thus, further investigation is necessary. The numerous corals have never been investigated in detail.

Jellyfish

Plectodiscus discoideus (Fig. 25)

N *Plecto/Plectere* = to weave; *discus* = discus: circular disc for throwing. Old name: *Palaeonectris* (*nektos* = swimming).

C The umbrella is disc-like or circular. The numerous tentacular appendages on the ventral side vary in length (and presumably function) and some appear to have been branched.

26 *Plectodiscus* mit Gonaden und Reste des Schirmes.
26 *Plectodiscus* with gonads and remains of the disc.

diese größeren Fossilien zu *Plectodiscus* gehören ist zweifelhaft. Zumindest teilweise handelt es sich hier um Muscheln und Brachiopoden. Ein Exemplar aus der Sammlung Südkamp besitzt ein sichelförmiges Gewebestück, das mit Querstreifen überzogen ist. Es könnte sich um die Geschlechtsdrüsen (Gonaden) handeln (Abb. 26).

G Durchmesser 34–70 mm.

V Bundenbach (Grube Eschenbach).

Rhizostomoide Scyphomeduse (Abb. 27)

N *Rhiza* = Wurzel; *skyphos* = altgriechisches becherartiges Trinkgefäß.

M Die Schirmunterseite ist rund und scheint überwiegend flach gewesen zu sein. Nur die Randregion biegt abrupt um (Ringmuskel?). Es ist eine schwach ausgeprägte, sternförmige Struktur, als Mundkreuz (vordere verwachsene Teile der Mundarme) gedeutet, zu erkennen. Deren acht gerade Teile treten in der Nähe der Schirmmitte hervor und erstrecken sich bis zu den gespitzten kurzen Randlappen hin. Die Oberfläche des ganzen Schirms besteht aus konzentrischen, welligen Streifen, die an ein Schieferdach erinnern. Diese Falten werden von mir auf die Fossildiagenese zurückgeführt und wurden durch Entwässerung und Schrumpfen der Qualle verursacht (Young & Hagadorn 2010). Tentakel können nicht ausgemacht werden.

H Unikat.

B Dieses spektakuläre Fossil ist das erste und einzige nicht-pyritisierte Exemplar mit Weichteilerhaltung im Hunsrückschiefer und belegt das Vorkommen der Wurzelmundquallen erstmals im Devon.

G Durchmesser 87 mm.

V Rudolfshaus (Grube Altlayenkaul).

Conularien

Conularia (Abb. 28, 29, 151, 189)

N *Conus* = Kegel; *tulipa* = Tulpe; *sinus* = Krümmung.

M Das steil-pyramidale, (ursprünglich) vierseitige Außenskelett trägt Querrippen, die mit Knötchen versehen sind. Die Rippen begegnen sich an der Mittellinie der zwei gleichen Seitenflächen und sind durch eine Furche an jeder Kante voneinander getrennt. Jede der vier Seitenflächen verlängert sich am oberen Ende in einen dreieckigen Lappen, der eingefaltet zum Verschließen der Mündung dient.

H Selten. Häufiger in der rheinischen Fazies (Eifel).

A Hergarten (1994) steigerte die beschriebene Artenzahl aus dem Hunsrückschiefer von vier auf neun. *Conularia hunsrueckiana*, *C. gemuendina*, *C. bundenbachia*, *C. tulipina* und *C. mediorhenana* sind aus dem Hunsrück bekannt. Vier Arten wurden in der Eifel nahe Mayen gefunden: *C. mayenensis*, *C. bausbergensis*, *C. bartelsi* und die neue Gattung *Sinusconularia*. Die Arten werden insbesondere durch den Verlauf der Querrippen und die (Dichte der) Verzierung unterschieden. Die neue Gattung, der nur ein einziges flachgedrücktes Exemplar zugrunde liegt, ist größtenteils auf dem vermuteten runden Querschnitt basiert und muss bezweifelt werden. Da die Merkmale der Gehäuse oft erhaltungsbedingt verändert bzw. verdrückt sind, ist eine Artbestimmung schwierig. Eine umfassende Neubearbeitung (steht noch aus) wird wahrscheinlich die Artenzahl reduzieren.

G Höhe 3–190 mm.

B In der Regel werden Conularien im Hunsrückschiefer vereinzelt gefunden. Dies könnte darauf hindeuten, dass ihre aufrechte Lebenssituation, mit dem unteren Ende teilweise im Sediment eingegraben, stabil gehalten wurde (Van Iten et al. 2013). Ein seltener Neufund brachte jedoch auf einen Schlag 19 Individuen, schräg auf einem senkrechten Gegenstand gewachsen hervor (Van Iten & Südkamp 2010; Abb. 28, 29). Darunter sind die kleinsten Exemplare (minimal 3 mm lang und 2 mm breit) der Welt. Die paarigen, radialstrahlig zusammengewachsenen Conularien sind die ersten, die in ihrer Lebenssituation im Hunsrückschiefer gefunden wurden. Die Röntgenbilder weisen auf eine Pyritkonzentration innerhalb der Mündungsregion und einige Bänder in deren Mittellinie hin. Anatomische Einzelheiten wie Tentakeln, längliche Schließmuskeln, Septen oder Gonaden waren, analog zu den heutigen coronaten Polypen, gerade an dieser Stelle zu erwarten; konnten aber nicht ausgemacht werden.

27 Rhizostomoide Scyphomeduse. Gegenabdruck.
27 Rhizostomoid scyphomedusa. Counterpart imprint.

R Rare.

P Yochelson et al. (1983) described concentric ridged dorsal sides (pneumatophors), up to 250 mm large, which are partly encrusted by epibionts like bryozoans and brachiopods. That these larger fossils belong to *Plectodiscus* is questionable. At least some are molluscs and brachiopods. A specimen in the Südkamp collection shows a sickle-shaped piece of tissue, which is covered by transverse ridges. This could be the sex glands (gonads) (Fig. 26).

Si Diameter 34–70 mm.

O Bundenbach (Eschenbach quarry).

Rhizostomoid scyphomedusa (Fig. 27)

N *Rhiza* = root; *skyphos* = old Greek glass-like drinking-vessel.

C The subumbrella (lower part of the disc) is circular and seems to have been predominantly flat, with the exception of the marginal area, which bends back sharply in front of the rim (ring muscle?). A weak but distinctive star-like structure, interpreted as the mouth-"cross" (conjoined proximal parts of the oral arms), can be seen. The eight straight parts of the mouth-"cross" arise near the centre of disc and continue up to the pointed short marginal lappets. The surface of the whole subumbrella consists of concentric, wavy lines, which are reminiscent of a slate roof. These wrinkles are interpreted by me as a taphonomic artefact caused by dehydration and shrinking of the medusa (Young & Hagadorn 2010). No tentacles can be observed.

R Unique specimen.

P This spectacular fossil is the first and only non-pyritized one of the Hunsrück Slate with soft parts preserved, and documents the occurrence of the rhizostomoid jellyfish in the Devonian for the first time.

Si Diameter 87 mm.

O Rudolfshaus (Altlayenkaul quarry).

Conulariids

Conularia (Figs. 28, 29, 151, 189)

N *Conus* = cone; *tulipa* = tulip; *sinus* = curvature.

C The steeply pyramidal, (originally) four-sided exoskeleton bears transverse ridges with small nodes. The ridges met in the midline of the

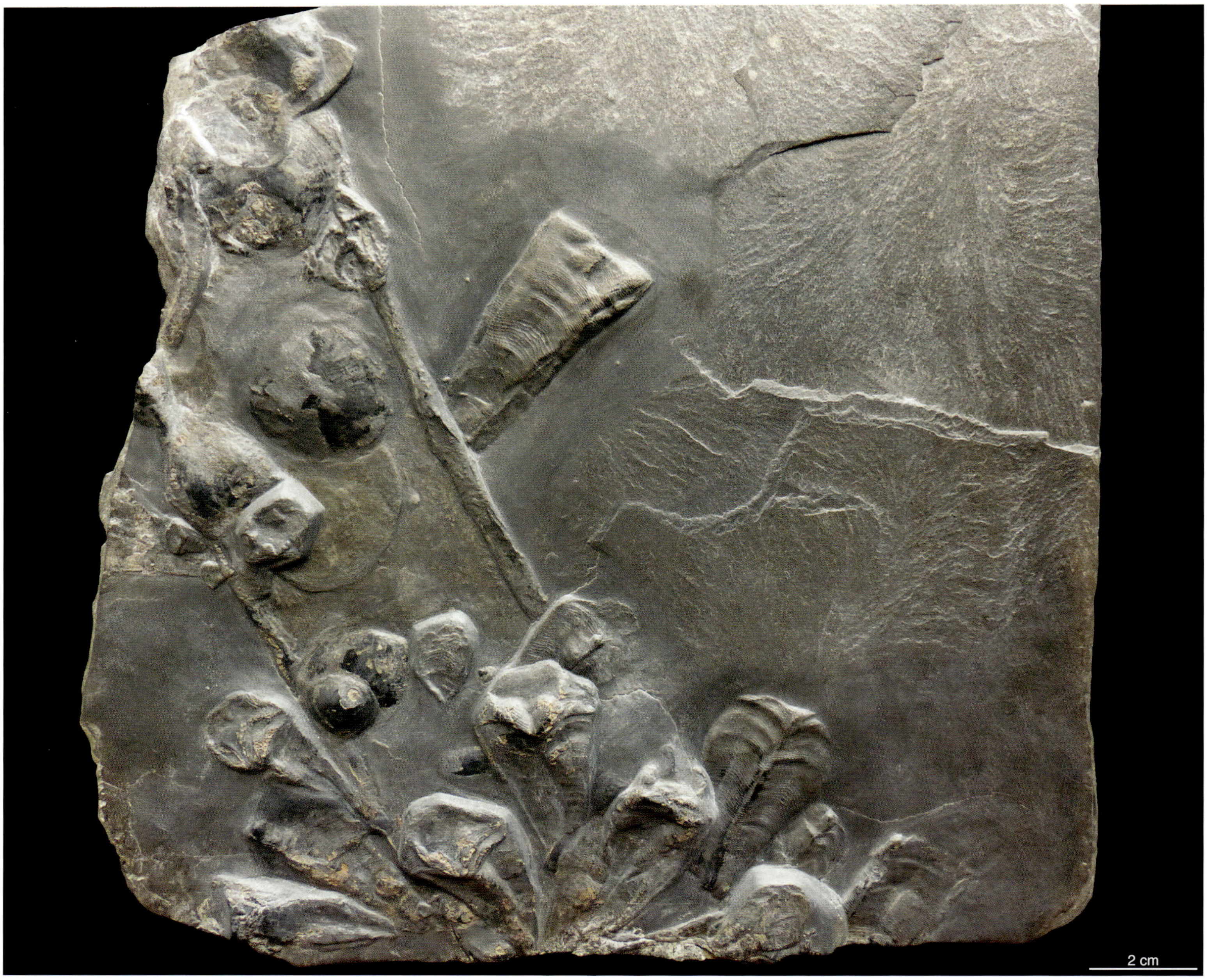

28 Lebensgemeinschaft mit radialstrahliger Conularien-Gruppe, Brachiopodenschalen »*Orbiculoidea*« und dem Sternkissentier *Agelocrinites*, aufgewachsen auf einem senkrecht stehenden biologischen Substrat. Zu beachten sind die nach innen gefalteten Mundklappen.

28 Life association with radially arranged conulariid cluster, brachiopod valves "*Orbiculoidea*", and the edrioasteroid *Agelocrinites,* encrusted to an erect standing biological substrate. Note the inward folded apertural lappets.

29 Ausschnitt des unteren Teils der Platte mit mehreren Exemplaren von *Conularia*.

29 Detail of the lower part of the slab with several specimens of *Conularia*.

equidimensional lateral faces and are separated from each other by a groove at each corner. Each of the four lateral faces extends into a triangular lappet, which could be folded inward to close the aperture.

R Rare. More common in the Rhenish facies (Eifel region).

Sp Hergarten (1994) increased the number of species described from the Hunsrück Slate from four to nine. *Conularia hunsrueckiana*, *C. gemuendina*, *C. bundenbachia*, *C. tulipina* and *C. mediorhenana* are known from the Hunsrück area. Four species were found in the Eifel region around Mayen: *C. mayenensis*, *C. bausbergensis*, *C. bartelsi* and the new genus *Sinusconularia*. The species are distinguished particularly by the profile of the transverse ridges and more or less dense ornament. The new genus, known only as a single flattened specimen, is based largely on the supposed circular cross-section and must be in doubt. As the characteristics of the test are often deformed or compacted during preservation, the assignment is difficult. A more comprehensive redescription (still to be done) might reduce the number of species.

Si Height 3–190 mm.

P Usually, conulariids in the Hunsrück Slate are found individually. This could be interpreted as their life position, partly buried with their lower end in the sediment in order to stand stably erect (Van Iten et al. 2013). A rare new find however brought 19 associated individuals to light, encrusted obliquely on an vertically standing object (Van Iten & Südkamp 2010; Figs. 28, 29). Among them are the smallest specimens (at least 3 mm long and 2 mm wide) in the world. The paired and radially clustered conulariids are the first such groups ever documented in their life

V Birkenfeld (Seitzelbach). Breitenthal (Grube Schielenberg). Bundenbach (Gruben Eschenbach, Schmiedenberg/Mühlenberg, Sinsenbach). Bollenbach (Grube Franzendell). Rudolfshaus (Grube Altlayenkaul). Oberkirn (Grube Karschheck). Gemünden (Kaisergrube). Weisel (Grube Gottes Segen im Auelsinn). Mayen (Gruben Katzenberg, Mosellaschacht). Trimbs (Gruben Margaretha, Wilbert). Düngenheim (Grube Antonius). Kehrig (Grube Bausberg). Gering (Grube am Jungenberg).

Weiterer Polyp von Schirmquallen

Sphenothallus (Abb. 30)

N *Spheno* = Keil; *thallus* = grüner Zweig.

M Die phosphatische, im Durchschnitt rundliche und schmal-konische Röhre wird an den Längsseiten von einem dickeren Strang begrenzt, um den Organismus aufrecht zu erhalten (Wei-Haas et al. 2011). Das untere Drittel der Röhre ist kräftiger ausgebildet um möglicherweise eine bessere Stabilität zu gewährleisten. Das obere Ende zeigt eine Öffnung, unten verschlankt sich die Röhre und endet in einer Haftscheibe. *Sphenothallus* wächst auf einem biologischen Substrat (wie einer Brachiopodenschale, Schnecke, dem Schild eines *Nahecaris*, einer Conularie oder Einzelkoralle). Die Oberfläche der Röhre ist flach oder wenig strukturiert. Einige gebogene oder verdrehte Exemplare deuten auf eine dünne, flexible Hülle hin (Wei-Haas et al. 2011).

H Sehr selten.

G Höhe zwischen 12–90 mm.

B *Sphenotallus* wurde ursprünglich als eine Pflanze (Name!) beschrieben. Heute sind sich die Wissenschaftler darin einig, dass es sich um einen in einer Röhre lebenden, marinen Invertebraten handeln muss. Über die genaue systematische Zuordnung gibt es jedoch unterschiedliche Meinungen. Entweder handelt es sich um Würmer (Fauchald et al. 1986, Bartels et al. 1998) oder um Nesseltiere (Van Iten et al. 1992). Gegen die Betrachtung als Würmer sprechen die Bildung aufrecht stehender Knospen, die aus Phosphat statt aus Kalk bestehende Röhre und das Fehlen einer Segmentierung. Muscente & Xiao (2015) haben organophosphatische Lamellen in der Röhre nachgewiesen, die auf eine Verwandtschaft zu den Nesseltieren hinweisen.

V Breitenthal (Grube Schielenberg). Bundenbach (Grube Eschenbach).

Korallen

Zaphrentis primaeva (Abb. 31, 32)

M Die rugosen Korallen, die *Zaphrentis* zugeordnet werden, werden wegen ihrer vertrauten Form auch Hornkorallen genannt. Das im Querschnitt runde Kalkskelett des Polypen ist in zahlreiche, strahlenförmig nach innen ragende Scheidewände unterteilt. Der Kelch ist tief.

H Sehr häufig.

G Höhe (ohne Spitze) und Durchmesser bis zu 45 bzw. 40 mm.

B Bei den meisten Funden ist die schlanke Spitze zur Verankerung im Meeresboden abgebrochen (Abb. 33). Falls erhalten, ist diese 0,6 bis 0,75 mal so hoch wie die Koralle. Die Lebenssituation war also senkrecht im Schlamm steckend. Weiterhin gibt es Exemplare, die eine seitliche Knospenbildung zeigen.

V Lütz (Gruben Herrenfeld, Weinberg, Wrede, Wolf). Gondershausen (Grube Schorfeld). Birkenfeld (Seitzelbach). Breitenthal (Grube Schielenberg). Kirschweiler. Rhaunen (Grube Lingenbach). Bollenbach (Grube Franzendell). Bundenbach (Gruben Eschenbach, Herrenberg, Schmiedenberg/Mühlenberg, Au, Sinsenbach). Rudolfshaus (Grube Altlayenkaul). Schneppenbach (Wegaufschluss bei der Schmidtburg). Woppenroth (Grube unterhalb der Hellkirche). Gehlweiler (Grube Drei Männer). Oberkirn (Grube Karschheck). Gemünden (Kaisergrube). Mayen (Gruben Katzenberg, Mosellaschacht). Trimbs (Gruben Margaretha, Wilbert). Düngenheim (Grube Antonius). Kehrig (Grube Bausberg).

position from the Hunsrück Slate. The X-rays show a concentration of pyrite in the mouth region and some bands in their midline. Anatomic details like tentacles, longitudinal retractor muscles, septa or gonads, analogous to those in this position in living coronate polyps, could not be confirmed however.

O Birkenfeld (Seitzelbach). Breitenthal (Schielenberg quarry). Bundenbach (Eschenbach, Schmiedenberg/Mühlenberg, Sinsenbach quarries). Bollenbach (Franzendell quarry). Rudolfshaus (Altlayenkaul quarry). Oberkirn (Karschheck quarry). Gemünden (Kaisergrube). Weisel (Gottes Segen quarry in Auelsinn). Mayen (Katzenberg, Mosellaschacht quarries). Trimbs (Margaretha, Wilbert quarries). Düngenheim (Antonius quarry). Kehrig (Bausberg quarry). Gering (quarry at the Jungenberg).

Further polyp from scyphozoans

Sphenothallus (Fig. 30)

N *Spheno* = wedge-shaped; *thallus* = green sprig.

C The phosphatic slender conical tube is transversely rounded and has lateral longitudinal thickenings to hold the animal in an upright position (Wei-Haas et al. 2011). The lower third of the tube is more strongly built

30 Zwei Exemplare von *Sphenothallus*, aufgewachsen auf dem Brachiopoden *Athyris*.
30 Two specimens of Sphenothallus, attached to the brachiopod *Athyris*.

31 *Zaphrentis*. Oberseite.
31 *Zaphrentis*. Upper side.

32 *Zaphrentis*. In gewölbter Erhaltung, Unterseite.
32 *Zaphrentis*. In vaulted preservation, lower side.

33 *Zaphrentis*. Seitenansicht mit Verankerungsspitze.
33 *Zaphrentis*. Lateral view with anchoring pin.

presumably to ensure better stability. The upper end shows an opening, tapering below the tube and ending in a holdfast. *Sphenothallus* is always attached to a biological substrate (like a shell of a brachiopod, a snail, carapace of a *Nahecaris*, a conulariid or a solitary coral). The surface of the tube is smooth or with little ornament. Some bent or twisted specimens suggest a thin, flexible tube (Wei-Haas et al. 2011).

R Very rare.

Si Height between 12–90 mm.

P *Sphenotallus* was originally described as a plant (name). Today scientists agree that it was a tube of a living marine invertebrate. There are different opinions about the exact systematic assignment however. It could be worms (Fauchald et al. 1986, Bartels et al. 1998) or cnidarians (Van Iten et al. 1992). The form with vertical budding colonies, the phosphatic rather than calcareous composition of the tube, and the lack of evidence for segmentation speak against an annelid affinity. Muscente & Xiao (2015) discovered organophosphatic lamellae in the tube, which indicate a cnidarian affinity.

O Breitenthal (Schielenberg quarry). Bundenbach (Eschenbach quarry).

Corals

Zaphrentis primaeva (Figs. 31, 32)

C The rugose corals assigned to *Zaphrentis* are also called horn corals after their familiar form. The transversely round chalk skeleton of the polyp is divided by numerous, radiating septa sticking out interiorly. The calyx is deep.

R Very common.

Si Height (without pin) and diameter up to 45 respectively 40 mm.

P In most finds the needle-like pin, for anchoring in the seafloor, has broken off (Fig. 33). If preserved, it is 0.6 to 0.75 the height of the corallum. The life position was also upright sticking in the mud. Furthermore, there are specimens that grew in lateral budding colonies.

O Lütz (Herrenfeld, Weinberg, Wrede, Wolf quarries). Gondershausen (Schorfeld quarry). Birkenfeld (Seitzelbach). Breitenthal (Schielenberg quarry). Kirschweiler. Rhaunen (Lingenbach quarry). Bollenbach (Franzendell quarry). Bundenbach (Eschenbach, Herrenberg, Schmiedenberg/Mühlenberg, Au, Sinsenbach quarries). Rudolfshaus (Altlayenkaul quarry). Schneppenbach (road outcrop near the Schmidtburg). Woppenroth (quarry beneath the Hellkirche). Gehlweiler (Drei Männer quarry). Oberkirn (Karschheck quarry). Gemünden (Kaisergrube). Mayen (Katzenberg, Moselschacht quarries). Trimbs (Margaretha, Wilbert quarries). Düngenheim (Antonius quarry). Kehrig (Bausberg quarry).

34 *Volgerophyllum*.

Volgerophyllum karschheckensis (Abb. 34)

N Alte Namen: *Rhipidophyllum* und *Teleosteus*.

M Große, zylinderförmige, rugose Koralle. Die Außenwand ist vertikal und horizontal gerunzelt wie ein Fischernetz und hat außerdem quer platzierte, unregelmäßige Einschnürungen und relativ flache Auswüchse. Die zahlreichen Scheidewände (ca. 60) zeigen eine radiale Symmetrie und sind alternierend länger und kürzer. Die Ausbuchtung des Kelches ist flach und dessen unterer Teil ist mit einigen horizontalen Querböden (Tabulae) versehen.

H Sehr selten. Kommt nur in der rheinischen Fazies vor.

G Höhe bis zu 75 mm, Durchmesser 13–37 mm.

B Das erste Exemplar war irrtümlicherweise als der Knochenfisch *Teleosteus* beschrieben worden. Die Wachstumsunterbrechungen könnten Schwankungen im Nahrungsangebot oder das zeitweise Begraben durch Sediment widerspiegeln (Bartels et al. 1998).

V Oberkirn (Grube Karschheck). Kaub. Kehrig (Gruben Bausberg II; Neu Holland).

Pleurodictyum hunsrueckianum (Abb. 35–37)

N *Pleura* = Rippe, Seite.

M Die Kolonien dieser tabulaten Koralle haben normalerweise eine rundliche Gestalt. Die Unterseite ist mit konzentrischen Wachstumslinien, die einen gerunzelten Eindruck vermitteln, überzogen. Die Oberseite zeigt die vieleckige Form der Zellen (Polyparen), die oft hexagonal ist. Die Polyparen sind unterschiedlich groß und die dicken Wände sind mit Poren durchlöchert. Die Querböden fehlen meistens. Dies gibt der Kolonie das Aussehen einer Serie von Aushöhlungen.

H Häufig.

G Der größte Durchmesser erreicht die Größe eines Tennisballes (Schlossparkmuseum Bad Kreuznach); aber die meisten Exemplare sind nur einige Zentimeter groß.

V Lütz (Grube Erna). Birkenfeld (Seitzelbach). Kirschweiler. Rhaunen (Grube Lingenbach). Bollenbach (Grube Franzendell). Bundenbach (Gruben Eschenbach, Herrenberg, Schmiedenberg/Mühlenberg, Sinsenbach). Rudolfshaus (Grube Altlayenkaul). Schneppenbach (Wegaufschluss bei der Schmidtburg). Woppenroth (Grube unterhalb der Hellkirche). Gehlweiler (Grube Drei Männer). Oberkirn (Grube Karschheck). Mayen (Gruben Katzenberg, Mosellaschacht). Trimbs (Gruben Margaretha, Wilbert). Düngenheim (Grube Antonius). Kehrig (Grube Bausberg). Kaub. Geroldstein und Weisel (Grube Kreuzberg).

Volgerophyllum karschheckensis (Fig. 34)

N Old names: *Rhipidophyllum* and *Teleosteus*.

C Large cylindrical rugose coral. The external wall is vertically and horizontally wrinkled like a fishing net, with transverse, irregularly placed constrictions and relatively flat outgrowths. The numerous septa (ca. 60) show a radial symmetry, with alternating long and short ones. The calyx has a shallow depression and a few tabulae in the lower part, which traverse the corallites horizontally.

R Very rare. Occurs only in the Rhenish facies.

Si Height up to 75 mm; diameter 13–37 mm.

P The first specimen was mistakenly described as the bonefish *Teleosteus*. The growth undulations may reflect fluctuations in nutrient supply or the effect of intermittent burial by sediment (Bartels et al. 1998).

O Oberkirn (Karschheck quarry). Kaub. Kehrig (Bausberg II, Neu Holland quarries).

Pleurodictyum hunsrueckianum (Figs. 35–37)

N *Pleura* = rib, side.

C The colonies of this tabulate coral are more or less circular in outline. The lower side shows concentric growth lines that give it a wrinkled appearance. The upper side reveals the polygonal form of the corallites, which is often hexagonal. The corallites are of different sizes and the thick walls are perforated by pores. Tabulae are usually absent. This gives the colony the appearance of a series of cavities.

R Common.

Si The maximum diameter reaches up to the size of a tennis ball (Schlossparkmuseum Bad Kreuznach); but most specimens have a size of only a few centimetres.

35 *Pleurodictyum*. Oberseite. / **35** *Pleurodictyum*. Upper side.

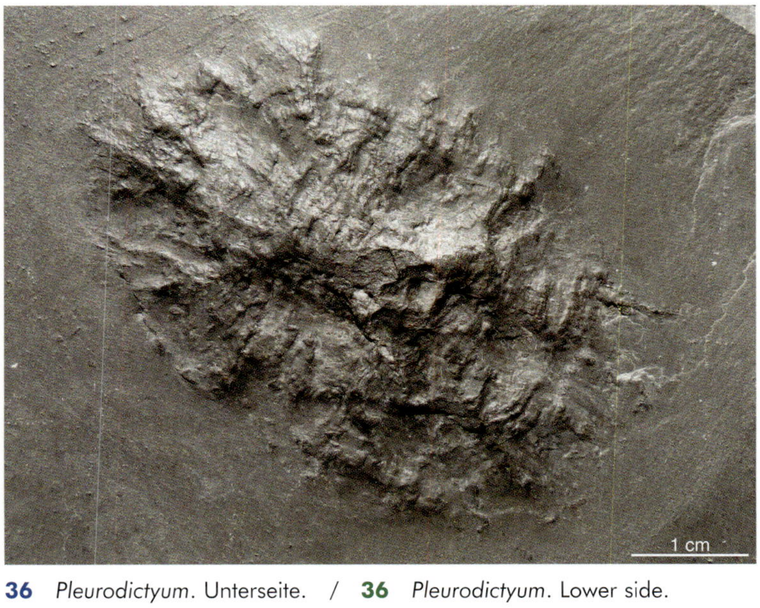

36 *Pleurodictyum*. Unterseite. / **36** *Pleurodictyum*. Lower side.

37 *Pleurodictyum*. Seitenansicht. / **37** *Pleurodictyum*. Lateral view.

Aulopora (Abb. 38)

M Diese tabulate Kettenkoralle wuchs mit der Unterseite auf einem harten Untergrund (Conularie, Schale, Moostierchen). Die Kolonie besteht aus einem kriechenden, dichotom verzweigenden Netzwerk von Polyparen, die sich je zu einem runden Kelch ausdehnten und sich zum Teil über den Rest des Skelettes aufrichteten.

H Sehr selten.

G Durchmesser bis zu 84 mm.

V Lütz (Grube Wrede). Birkenfeld (Seitzelbach). Bundenbach (Grube Eschenbach).

38 *Aulopora*.

O Lütz (Erna quarry). Birkenfeld (Seitzelbach). Kirschweiler. Rhaunen (Lingenbach quarry). Bollenbach (Franzendell quarry). Bundenbach (Eschenbach, Herrenberg, Schmiedenberg/Mühlenberg, Sinsenbach quarries). Rudolfshaus (Altlayenkaul quarry). Schneppenbach (road outcrop near the Schmidtburg). Woppenroth (quarry beneath the Hellkirche). Gehlweiler (Drei Männer quarry). Oberkirn (Karschheck quarry). Mayen (Katzenberg, Mosellaschacht quarries). Trimbs (Margaretha, Wilbert quarries). Düngenheim (Antonius quarry). Kehrig (Bausberg quarry). Kaub. Geroldstein and Weisel (Kreuzberg quarry).

Aulopora (Fig. 38)

C This rugose chain coral adhered via the lower side to a hard surface (conulariid, valve, bryozoan). The colony consists of a creeping dichotomously branching network of corallites, each expanding to a circular calyx, which is raised slightly above the rest of the skeleton.

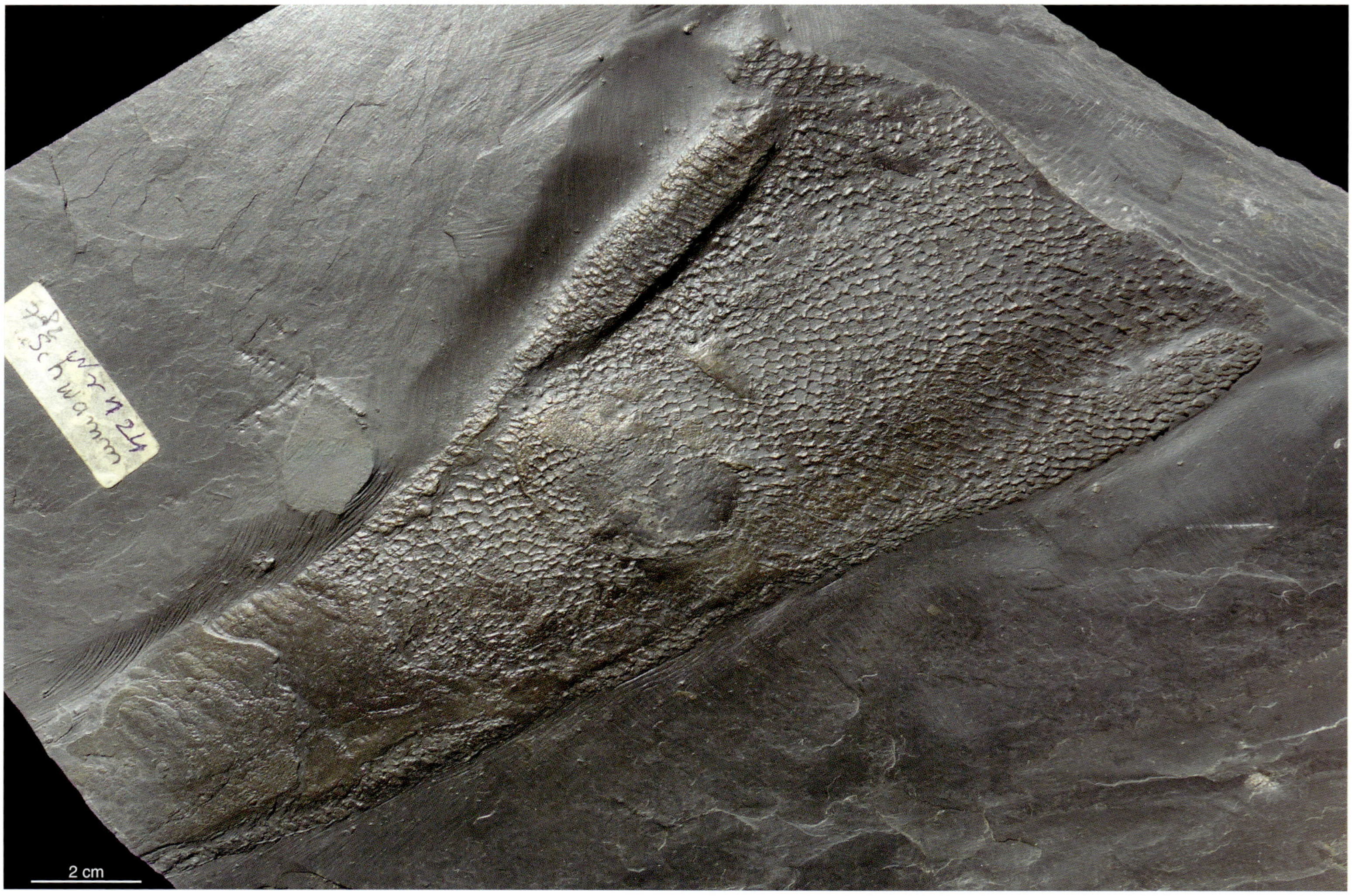

39 »*Favosites*« auf orthoconem Nautiloiden. / **39** "*Favosites*" on orthoconic nautiloid.

»Favosites« (Abb. 39)

N *Favo* = Wabe.

M Diese tabulate Koralle hat meistens eine konische Form, da sie auf dem Kopffüßer-Gehäuse eines *Orthoceras* aufgewachsen ist. Die kleinen, dicht aneinander stehenden, vieleckigen Polypare sind von regelmäßiger Größe und sehen wie ein Bienenstock (Name!) aus. Die Wände sind dünn.

H Selten.

G Länge bis zu etwa 300 mm.

V Bollenbach (Grube Franzendell). Bundenbach (Grube Eschenbach). Gehlweiler (Grube Drei Männer). Gemünden (Kaisergrube). Altlay (Schieferabbau der Fa. Theis-Böger).

R Very rare.

Si Diameter up to 84 mm.

O Lütz (Wrede quarry). Birkenfeld (Seitzelbach). Bundenbach (Eschenbach quarry).

»Favosites« (Abb. 39)

N *Favo* = honeycomb.

C This tabulate coral has commonly a conical outline, resulting from encrusting the orthoconic nautiloid *Orthoceras*. The small closely packed polygonal corallites are of regular size and have the appearance of a honeycomb (name). The walls are thin.

R Rare.

Si Length up to about 300 mm.

O Bollenbach (Franzendell quarry). Bundenbach (Eschenbach quarry). Gehlweiler (Drei Männer quarry). Gemünden (Kaisergrube). Altlay (slate mining of Fa. Theis-Böger).

Literatur / Literature

Fauchald, F., W. Stürmer & E. L. Yochelson (1986): *Sphenothallus* »Vermes« in the Early Devonian Hunsrück Slate, West Germany. – Paläont. Z. 60: 57–64 (*Sphenothallus*).

Fuchs, A. (1915): Der Hunsrückschiefer und die Unterkoblenzschichten am Mittelrhein (Loreleigegend). I. Teil. Beitrag zur Kenntnis der Hunsrückschiefer- und Unterkoblenzfauna der Loreleigegend. – Abh. preuss. geol. L.-A., N.F., 79: 81 S. (*Pleurodictyum*, *Conularia mediorhenana*).

Hergarten, B. (1994): Conularien des Hunsrückschiefers (Unter-Devon). – Senckenbergiana lethaea 74 (1/2): 273–290 (*Conularia*, *Sinusconularia*).

Kutscher, F. & E. Kümmerle (1964): Beiträge zur Sedimentation und Fossilführung des Hunsrückschiefers. 6. Die Conularien-Arten des Hunsrückschiefers. – Notizbl. hess. L.-A. für Bodenforsch. 92: 52–59 (*Conularia*).

Muscente, A. D. & S. Xiao (2015): New occurrences of *Sphenothallus* in the lower Cambrian of South China: Implications for its affinities and taphonomic demineralization of shelly fossils. – Palaeogeography, Palaeoclimatology, Palaeoecology 437: 141–164 (*Sphenothallus*).

Rauff, H. (1939): *Palaeonectris discoidea* Rauff, eine siphonophoroide Meduse aus dem rheinischen Unterdevon nebst Bemerkungen zur umstrittenen *Brooksella rhenana* Kinkelin. – Paläont. Z. 21: 194–213 (*Plectodiscus*).

Richter, R. & R. (1930): Bemerkenswert erhaltene Conularien und ihre Gattungsgenossen im Hunsrückschiefer (Unterdevon) des Rheinlandes. – Senckenbergiana 12 (2/3): 152–171 (*Conularia*).

Südkamp, W. H. (2007): An atypical fauna in the Lower Devonian Hunsrück Slate of Germany. – Paläont. Z. 81: 181–204 (*Volgerophyllum*, *Zaphrentis*).

Van Iten, H., R. S. Cox & R. H. Mapes (1992): New data on the morphology of *Sphenothallus* Hall: implications for its affinities. – Lethaia 25: 135–144 (*Sphenothallus*).

Van Iten, H. & W. H. Südkamp (2010): Exceptionally preserved conulariids and an edrioasteroid from the Hunsrück Slate (Lower Devonian, SW Germany). – Paleontology 53: 403–414 (*Conularia*).

Van Iten, H., V. P. Tollerton Jr., C. A. Ver Straeten, J. De Moraes Leme, M. G. Simões & S. C. Rodrigues (2013): Life mode of *in situ Conularia* in a Middle Devonian epibole. – Palaeontology 56: 29–48 (*Conularia*).

Wei-Haas, M. L., B. Glumac & H. A. Curran (2011): *Sphenothallus*-like fossils from the Martinsburg Formation (Upper Ordovician), Tennessee, USA. – J. Paleont. 85: 353–359 (*Sphenothallus*).

Yochelson, E. L., W. Stürmer & G. D. Stanley, Jr. (1983): *Plectodiscus discoideus* (Rauff): A redescription of a Chondrophorine from the Early Devonian Hunsrück Slate, West Germany. – Paläont. Z. 57: 39–68 (*Plectodiscus*).

Young, G. A. & J. W. Hagadorn (2010). The fossil record of cnidarian medusae. – Palaeoworld 19: 212–221.

5. Weichtiere

Schnecken

Schnecken (Gastropoden) sind Weichtiere (Mollusken) mit einem einteiligen, meist spiralig gedrehtem Gehäuse. Hält man die Mündung nach vorne/unten, dann handelt es sich bei den hier beschriebenen Gattungen um rechtsgewundene (gegen den Uhrzeigersinn) Gehäuse. Die Bestimmung beruht auf Gehäusemerkmalen wie Form und Aufbau, Art der Einrollung, Oberflächenskulptur und Anwachsstreifen. Dabei werden auch die Mündung, die Naht (die äußere Berührungslinie der Umgänge) und die Anfangskammer mit einbezogen. Verläuft die Skulptur parallel zur Naht, also in Längsrichtung der Röhre, wird von Längsverzierung gesprochen; verläuft sie senkrecht oder schräg dazu, ist von Querverzierung (Anwachsstreifen) die Rede.

Gastropoden sind nicht reich im Hunsrückschiefer vertreten und sie wurden zugunsten größerer und imposanterer Fossilien, die durch die Spalter verkauft werden konnten, übersehen. Die relativ geringe Anzahl kann dem schlammigen Meeresboden zugeschrieben werden, der im Gegensatz zur gröberen rheinischen Fazies ungeeignet für Bodenbewohner war. Das aus biologischen Bestandteilen bestehende Gehäuse ist im Pyritisierungsprozess zudem aufgelöst worden, sodass die Schnecken oft

5. Molluscs

Snails

Snails (gastropods) are molluscs with a one-piece, mostly spirally coiled conch. If you hold the aperture to the front/below, the genera here described have right coiling (counter clockwise) conches. The assignment is based on the characteristics of the conch, like shape and construction, kind of coiling, ornament and growth lines. Also the aperture, the suture (the outer line along which the whorls are contiguous) and the embryonic chamber (protoconch) must be considered. If the ornament is running parallel to the suture, thus in the long direction of the tube, we speak of longitudinal ornament; if is it running vertically or transverse, we say transverse ornament (growth lines).

Gastropods are not a dominant element in the Hunsrück Slate and they were overlooked in favour of bigger and more spectacular fossils sold by the splitters. The relatively low numbers can be attributed to the soft muddy seafloor, which was unsuitable for benthic forms in contrast to the coarser grained Rhenish facies. Also, the bio mineralized conch is dissolved in the pyritization process, so that the gastropods are frequently only preserved as internal moulds consisting of phosphatic minerals.

There is no modern taxonomic study of the Hunsrück Slate gastropods.

40 *Euomphalus.*

nur als Steinkerne, die aus phosphatischen Mineralien bestehen, erhalten sind.

Es gibt keine moderne taxonomische Studie über die Schnecken des Hunsrückschiefers. Dies ist der erste Versuch, die verschiedenen Gattungen unter den Funden des Autors/eines Sammlers zu bestimmen.

Euomphalus (Abb. 40)

M Das geschlossene, gekrümmte Gehäuse liegt meist scheibenförmig mit einer recht flachen Basis und einem flachkonischen Umgang (= trochiform) vor. Über den oberen äußeren Rand verlaufen eine oder zwei Kanten. Die Naht ist im Allgemeinen tief. Die Querverzierung besteht aus feinen spiraligen Anwachslinien.

H Häufig.

G Durchmesser 14–32 mm.

V Breitenthal (Grube Schielenberg). Oberkirn (Grube Karschheck). Bundenbach (Gruben Obereschenbach, Schmiedenberg/Mühlenberg).

Serpulaspira (Abb. 41)

N *Serpula* = kleine Schlange. *Spira* = sich schlängelnd.

M Das scheibenförmige Gehäuse hat gerundete Umgänge, dessen letzter halber Umgang sich löst.

H Ein Exemplar bekannt.

G Durchmesser 10 mm.

V Bundenbach (Grube Obereschenbach).

Bembexia tristriata (Abb. 42)

N *Tristriata* = drei Linien. Alte Namen: *Pleurotomaria, Pleurotobembex.*

M Das Gehäuse hat einen breitkonischen Umgang und eine gewölbte Basis (= turbiniform). Die vier bis fünf Umgänge nehmen gleichmäßig

42 *Bembexia.*

41 *Serpulaspira.*

This is the first attempt to assign the different genera among the finds of the author/a collector.

Euomphalus (Fig. 40)

C The closely coiled conch is mostly discoid in outline with a quite flat base and a flat-conical whorl (= trochiform). One keel is, or two keels are, running at the upper-outer edge. The suture is generally deep. The transverse ornament is composed of delicate spirally growth lines.

R Common.

Si Diameter 14–32 mm.

O Breitenthal (Schielenberg quarry). Oberkirn (Karschheck quarry). Bundenbach (Obereschenbach, Schmiedenberg/Mühlenberg quarries).

Serpulaspira (Fig. 41)

N *Serpula* = small snake. *Spira* = meandering, coiling.

C The discoid conch has rounded whorls and the last half whorl is disjunctive.

R One specimen known.

Si Diameter 10 mm.

O Bundenbach (Obereschenbach quarry).

Bembexia tristriata (Abb. 42)

N *Tristriata* = three lines. Old names: *Pleurotomaria, Pleurotobembex.*

C The conch has a broadly conical whorl and convex base (= turbiniform). The four to five whorls increase in size equally. The slit band is narrow, lies below the middle of the whorls with two spiral cords marking the boundaries. A third, sharp spiral cord is lying just under the suture on the upper part of the whorls. The further transverse ornament consists of weak spiral growth lines.

R At Bundenbach only two specimens were found.

Sp *Bembexia alta* has its only occurrence in the Taunus region (Kreuzberg mine near Weisel and in the Wispervalley in the neighbourhood of Hexit-Linesitt).

Si Height 6–9 mm.

O Schanze near Dörschied (Loreley area). Bundenbach (Obereschenbach quarry).

Platyceras

N *Platus* = flat, wide.

C The outline of the conch is irregular, and cap- or hornlike. One or two spiral inner whorls are followed by an outer whorl increasing in size. At the protoconch possibly a central gap may remain (open coiling). The growth lines are partly spiralling.

R Rare.

5. Molluscs – Snails

43 *Platyceras* auf der Seelilie *Hapalocrinus*. / **43** *Platyceras* on the crinoid *Hapalocrinus*.

an Größe zu. Das Schlitzband ist schmal, liegt unterhalb der Mitte der Umgänge und wird seitlich von zwei Längsspiralen begrenzt. Eine dritte, scharfe Längsspirale liegt dicht unter der Naht auf dem oberen Teil der Umgänge. Die weitere Querverzierung besteht aus schwachen, spiraligen Anwachsstreifen.

H Es wurden nur 2 Exemplare in Bundenbach gefunden.

A *Bembexia alta* kommt nur im Taunus vor (Grube Kreuzberg bei Weisel und im Wispertal im Bereich Hexit-Linesitt).

G Höhe 6–9 mm.

V Schanze bei Dörschied (Loreleygegend). Bundenbach (Grube Obereschenbach).

Platyceras

N *Platus* = flach, breit.

M Die Gehäuseform ist unregelmäßig und mützen- bis hornförmig. Auf ein oder zwei spiralige Innenumgänge folgt ein in der Größe schnell zunehmender Außenumgang. An der Anfangskammer kann u. U. eine zentrale Öffnung verbleiben (offene Aufrollung). Die Anwachsstreifen sind z. T. spiralig.

H Selten.

A Aus dem Taunus sind *Platyceras dorsicarina*, *P. paulospirale*, *P. loranum* und *P. subquadratum* bekannt geworden. Diese Arten unterscheiden sich durch die Krümmung des Gehäuses und insbesondere durch die seitliche, spiralige Aufrollung der Anfangskammer.

B Die Schnecke lebt meist stationär und bevorzugt die Nähe der Analöffnung der Seelilien (Abb. 43). Letztere befindet sich im oberen Kelchbereich. Die Frage über die Art der Wechselwirkung (Parasit, »nur«

Sp *Platyceras dorsicarina, P. paulospirale, P. loranum* and *P. subquadratum* are known from the Taunus region. These species differ in the coiling of the conch and especially in the spiral coiling of the protoconch to the side.

P The snail mostly did not move and preferred the surrounds of the anal aperture of crinoids (Fig. 43). This last is situated in the upper cup region. The question about the nature of the interaction (parasite, "only" feeders on excrement or the host benefitted from cleaning) has to be answered. Baumiller (2002) supposed that *Platyceras* used the favourable position for feeding at least temporarily.

Si Diameter 8–12 mm.

O Area Hexit-Linesitt in the Wispertal. Loreley area. NW Grimburg near Hermeskeil. Bundenbach (Eschenbach, Schmiedenberg/Mühlenberg quarries). Gemünden (Kaisergrube).

Murchisonia (Fig. 44)

C The conch is of medium height and slender conical-shaped. There are at least seven more or less angular whorls. The narrow slit band has a more or less central position between the sutures and is bordered by a sharp cord pair. The surface is otherwise only weakly ornamented (growth lines). The aperture is a little elongated downwards and pointed.

R 1 specimen from Bundenbach.

Si Height 22 mm, greatest width 10.5 mm.

O Bundenbach (Obereschenbach quarry).

44 *Murchisonia.*

Esser der ausgeschiedenen Stoffe oder ein Nutzen für den Gastwirt [Reinigung]), bleibt unbeantwortet. Baumiller (2002) vermutete, dass *Platyceras* die günstige Position, zumindest zeitweise, nutzte um sich zu ernähren.

G Durchmesser 8–12 mm.

V Bereich Hexit-Linesitt im Wispertal. Loreleygegend. NW Grimburg bei Hermeskeil. Bundenbach (Gruben Eschenbach, Schmiedenberg/ Mühlenberg). Gemünden (Kaisergrube).

Murchisonia (Abb. 44)

M Das Gehäuse ist mittelgroß und schlank kegelförmig. Es gibt zumindest sieben, mehr oder weniger kantige, Umgänge. Das schmale Schlitzband befindet sich etwa in Umgangsmitte und ist beiderseits von zwei scharfen Längsschnüren begrenzt. Ansonsten ist die Oberfläche nur schwach verziert (Anwachslinien). Die Mündung ist etwas nach unten verlängert und zugespitzt.

H 1 Exemplar aus Bundenbach.

G Höhe 22 mm, größte Breite 10,5 mm.

V Bundenbach (Grube Obereschenbach).

Loxonema obliquearcuatum (Abb. 45)

N *Oblique* = seitwärts, schräg. *Arcuatus* = bogenförmig.

M Diese relativ großen Schnecken haben außerordentlich hohe, schmale, turmspitzenartige Gehäuse. Die Anfangskammer besteht aus weniger als einem Umgang. Die acht Umgänge sind ziemlich stark gewölbt. Die Naht ist tief. Die Mündung ist nach unten vorgezogen. Die Querverzierung besteht aus S-förmigen Anwachsstreifen.

H Sehr häufig.

G Höhe bis 27 mm.

A Zwei Exemplare weichen von den typischen *Loxonema obliquearcuatum* ab. Sie sind schlanker, haben sieben bis 12 schwach gewölbte Umgänge (Höhe 12 bzw. 24 mm) und sehen wie ein Korkenzieher aus. Eine Verzierung fehlt; dies könnte aber erhaltungsbedingt sein. Diese Funde ähneln der von G. und F. Sandberger (1850–1856) beschriebenen Gattung *Holopella*. Laut Treatise ist *Holopella* aber mit *Loxonema* gleichzusetzen.

B Bartels et al. (1998) vermuteten, dass das turmförmige Gehäuse für eine grabende Lebensweise spricht.

V Lütz (Grube Wrede). Kirschweiler. Breitenthal (Grube Schielenberg). Bundenbach (Gruben Eschenbach/Herrenberg, Schmiedenberg/Mühlenberg). Gehlweiler (Grube Drei Männer). Gemünden (Kaisergrube).

45 *Loxonema* mit Anwachsstreifen. / **45** *Loxonema* with growth lines.

Loxonema obliquearcuatum (Fig. 45)

N *Oblique* = sideward, oblique. *Arcuatus* = arched.

C These relatively large snails have extremely tall, slender high-spired conchs. The protoconch comprises less than one whorl. The eight whorls are markedly convex. The suture is deep. The aperture is pulled downward. The ornament consists of transverse spiral lines.

R Very common.

Si Height up to 27 mm.

Sp Two specimens differ from the typical *Loxonema obliquearcuatum*. They are more slender, have seven to 12 weakly convex whorls (height respectively 12 mm and 24 mm) and have the appearance of a corkscrew. An ornament is lacking, but this could be preservational. These finds resemble the genus *Holopella* described by G. and F. Sandberger (1850–1856). However, according to the Treatise *Holopella* is a synonym of *Loxonema*.

P Bartels et al. (1998) supposed that the high-spired shell reflects a burrowing mode of life.

O Lütz (Wrede quarry). Kirschweiler. Breitenthal (Schielenberg quarry). Bundenbach (Eschenbach/Herrenberg, Schmiedenberg/Mühlenberg quarries). Gehlweiler (Drei Männer quarry). Gemünden (Kaisergrube).

46 Korkenzieherartige *Loxonema*. / **46** Corkscrew-like *Loxonema*.

Muscheln

Der Weichkörper der Muscheln befindet sich zwischen zwei Kalkschalen, die an der Oberseite durch ein elastisches hornartiges Ligament zusammengehalten werden. Dies ist die Region des Schlossrandes, wo die sogenannten Zähne und Gruben ineinandergreifen, um die Schalen zu öffnen und zu schließen. Die Orientierung ist aufrecht stehend, wobei der Wirbel (er umfasst den ältesten und am stärksten gekrümmten Teil der oberen Schale) oben ist. Die meisten der hier beschriebenen Muscheln (Ausnahme: die Pterineidae oder Flügelaustern) sind symmetrisch in der Ebene, die die beiden Schalen trennt und werden gleichklappig genannt. Jede Schale für sich ist zudem normalerweise asymmetrisch in der Ebene beginnend beim Wirbel in Richtung des Unterrandes und wird so ungleichseitig genannt. Bei den meisten Muscheln liegt der Wirbel näher an der Vorder- als an der Hinterseite. Die rechten und linken Klappen sind also einfach zu unterscheiden. Die Schalen der Muscheln und die der äußerlich gleich aussehenden Brachiopoden können auf ähnliche Weise unterschieden werden, da letztere zweiseitig symmetrisch sind und Wirbel in der Mitte der Klappe haben. Falls der Wirbel nach innen eingekrümmt ist, wird von prosogyr gesprochen. Die oberen Räume vor und hinter dem Wirbel, manchmal begrenzt von einer Rippe an jeder Schale, werden Lunula bzw. Escutchion genannt.

Oft sind einige wichtige Bestimmungsmerkmale, wie der Bautyp des Schlosses und die Anwesenheit und Größe der Schließmuskeln bei den Hunsrückschieferfossilien nicht mehr erhalten oder zu erkennen. Aus diesem Grund müssen andere Merkmale, wie die Form, die Größe und die Skulptur herangezogen werden.

Vieles was zu den Schnecken gesagt wurde, gilt auch für die Muscheln (wie die relativ schlechte Erhaltung, die geringe Aufmerksamkeit durch die Spalter und das Fehlen einer modernen systematischen Bearbeitung). Ebenso ist die Fossilliste (Mittmeyer 1980) länger, wenn die zwischengeschalteten sandigeren Gesteinseinheiten im Taunus mit einbezogen werden.

Dieser systematischen Erfassung der Muscheln des Hunsrückschiefers liegt mein Beitrag aus dem Jahr 1999 (s. Literaturliste) zu Grunde.

Ctenodonta (Abb. 47, 48)

N *Kteno* und *dont* = Zahnreihe. *Contractus* = zusammengezogen, beschränkt; bezieht sich auf das geschnäbelte Ende.

M Die Schale ist mehr oder weniger gleichseitig, flach gewölbt und oval bis (lang)gestreckt-elliptisch. Die Zahnreihe des Schlosses ist gebogen. Der Bautyp ist taxodont, d.h. zahlreiche, parallele, schräge oder senkrecht zum Schlossrand stehende Zähne greifen in Gruben der Gegenklappe. Die Schale ist meist glatt, aber gelegentlich auch mit feinen konzentrischen Anwachsstreifen versehen.

H Häufig.

A Die drei Arten des Hunsrückschiefers sind *Ctenodonta gemuendensis*, *C. millestria* und *C. subcontracta*. Maßgebend ist das Verhältnis von Höhe zu Länge. Dieses beträgt für *C. gemuendensis* 1 : 1,3 bis 1 : 1,9, für *C. millestria* 1 : 2,1 bis 1 : 2,5 und für *C. subcontracta* 1 : 2,2 bis 1 : 4. Das Schalenhinterende letzterer ist langgezogen (= nuculaniform). Eine stumpfe Kante verläuft vom Umbo dorthin. Die Anwachsstreifen sind kräftiger als die der anderen Arten.

47 *Ctenodonta*. Linke Klappe. / **47** *Ctenodonta*. Left valve.

5. Molluscs – Bivalves

Bivalves

The soft body of the bivalves is enclosed between two calcareous valves which are united on the dorsal side by an elastic horny ligament. This is the region of the hinge, where so-called teeth and sockets function during opening and closing of the valves. The orientation is standing erect, in which position the umbo (the oldest and most strongly bent part of each valve on the dorsal side) is at the top. Most of the bivalves described here are symmetrical (exceptions are the Pterineidae or wing oysters) about the plane passing between the two valves and these shells are said to be equivalve. Each valve is, however, usually asymmetrical about a line from the umbo to the ventral margin and is said to be inequilateral. In the majority of bivalves the umbo is nearer to the anterior than to the posterior end. Thus the right and left valves can be readily distinguished. Shells of bivalves and the externally similar looking brachiopods can be distinguished because the latter are bilaterally symmetrical and have their umbos in the middle of the valve. An inwards curved umbo is called prosogyr. The dorsal areas anterior and posterior to the umbo and sometimes bordered by a ridge in each valve are called respectively the lunule and escutcheon.

Mostly, some important characteristics for the assignment, like the dentition and the presence and size of the adductor muscles, are not preserved or cannot be recognized in the Hunsrück Slate fossils. Therefore other characteristics like the form, size and sculpture must be taken in consideration.

Much already mentioned for the snails, is also the case for the bivalves (like the relatively poor preservation, lack of attention by the splitters and the lack of a modern systematic description). Even so, the list of fossils (Mittmeyer 1980) is much longer if the interbedded sandier lithologies in the Taunus region are included.

The systematic descriptions are based on my first attempt to record the bivalves of the Hunsrück Slate (Südkamp 1999).

Ctenodonta (Abb. 47, 48)

N *Kteno* and *dont* = row of teeth. *Contractus* = contracted, restricted according to the beaked end.

C The shell is more or less equivalved, sub-convex and oval to (elongate) elliptical. The row of teeth is bent. The constructional type is taxodont, that is to say numerous teeth parallel, transverse or perpendicular fit into sockets in the opposite plate. The shell is mostly smooth, but occasionally also has fine concentric growth lines.

R Common.

Sp The three species from the Hunsrück Slate are *Ctenodonta gemuendensis*, *C. millestria* and *C. subcontracta*. The height to length-ratio is significant. For *C. gemuendensis* this is 1 : 1.3 to 1 : 1.9, for *C. millestria* 1 : 2.1 to 1 : 2.5 and for *C. subcontracta* 1 : 2.2 to 1 : 4. The posterior end of the shell is elongated (= nuculaniform). A blunt edge runs from the

48 *Ctenodonta*. Zweiklappige Schale. Innenseite. Daneben ein Brachiopode.
48 *Ctenodonta*. Complete shell from the inside. Next to it a brachiopod.

49 *Palaeoneilo*. Rechte Klappe. / **49** *Palaeoneilo*. Right valve.

G Die Länge variiert zwischen 12,5-32 mm.

V Gondershausen (Grube Schorfeld). Birkenfeld (Seitzelbach). Breitenthal (Grube Schielenberg). Oberkirn (Grube Karschheck). Bundenbach (Gruben Obereschenbach, Schmiedenberg/Mühlenberg). Gehlweiler (Grube Drei Männer). Gemünden (Kaisergrube). Wispertal, Bereich Hexit-Linesitt.

Palaeoneilo (Abb. 49)

M Die Form ist *Ctenodonta* ähnlich, verfügt aber über eine stärker ausgeprägte radiale Furche und konzentrische Streifen, die dort etwas zurückschwingen. Die Schalenform ist ungleichseitig und quer oval.

H Es wurden zwei Exemplare gefunden.

G Die Länge beträgt 29 mm.

O Birkenfeld (Seitzelbach). Bereich Ransel-Wollmerschied im Taunus.

51 *Praecardium*. Breitrippiges Exemplar. Zu beachten sind die Zwischenrippe und die Anwachsstreifen am Unterrand.
51 *Praecardium* with a few coarse ribs. Note the intermediate rib and the growth lines at the ventral margin.

50 *Praecardium*. Schmalrippiges Exemplar.
50 *Praecardium* with a lot of fine ribs.

umbo up to there. The growth lines are stronger than the ones of the other species.

Si The length varies between 12.5-32 mm.

O Gondershausen (Schorfeld quarry). Birkenfeld (Seitzelbach). Breitenthal (Schielenberg quarry). Oberkirn (Karschheck quarry). Bundenbach (Obereschenbach, Schmiedenberg/Mühlenberg quarries). Gehlweiler (Drei Männer quarry). Gemünden (Kaisergrube). Area Hexit-Linesitt in the Wispertal.

Palaeoneilo (Fig. 49)

M The outline looks like *Ctenodonta*, but the shell has a more distinctive radial groove and concentric lines, that sweep back a little. The shape of the shell is inequilateral and suboval.

H Two specimens have been found.

G The length is 29 mm.

O Birkenfeld (Seitzelbach). Area Ransel-Wollmerschied in the Taunus.

Praecardium (Figs. 50, 51)

N *Elegantia* = fineness. Synonyms: *Panenka* and *Puella*.

C This large bivalve has a convex shell and is thin. It is provided with a prosogyr umbo. The oval shell has rounded radial ribs.

R Common.

Sp According to Beushausen (1895) the species *Praecardium grebei* and *P. elegantissima* occur in the Hunsrück Slate. The difference concerns the number of the ribs (20–25 and respectively 50–100). My more exhaustive collecting of new material yielded also intermediate forms and specimens with very coarse few ribs and wider interspaces between them.

P Kutscher (1967) described 15 individuals on an *Orthoceras*-conch. The bivalves attached by means of their byssus-threads after the death of the cephalopod.

Si Diameter 15–130 mm.

O Gondershausen (Schorfeld quarry). Breitenthal (Schielenberg quarry). Bundenbach (Eschenbach, Herrenberg, Schmiedenberg/Mühlenberg quarries). Rhaunen (Lingenbach quarry). Oberkirn (Karschheck quarry). Gemünden (Kaisergrube).

52 *Buchiola.*

53 Flügelauster. Linke Klappe. / **53** Wing oyster. Left valve.

Praecardium (Abb. 50, 51)

N *Elegantia* = Feinheit. Synonyme: *Panenka* und *Puella*.

M Diese große, dünnschalige Muschel hat eine gewölbte Schale. Sie ist mit einem prosogyren Wirbel versehen. Die ovale Schale hat gerundete Radialrippen.

H Häufig.

A Laut Beushausen (1895) kommen die Arten *Praecardium grebei* und *P. elegantissima* im Hunsrückschiefer vor. Der Unterschied betrifft die Rippenanzahl (20–25 bzw. 50–100). Meine ausführlicheren neueren Funde haben erbracht, dass es auch Zwischenformen und sehr breitrippige Exemplare mit breiteren Zwischenräumen gibt.

B Kutscher (1967) beschrieb 15 Individuen auf einem *Orthoceras*-Gehäuse. Die Muscheln haben sich, nach dem Tode des Kopffüßers, mithilfe ihrer Byssus-Fäden angeheftet.

G Durchmesser 15–130 mm.

O Gondershausen (Grube Schorfeld). Breitenthal (Grube Schielenberg). Bundenbach (Gruben Eschenbach, Herrenberg, Schmiedenberg/Mühlenberg). Rhaunen (Grube Lingenbach). Oberkirn (Grube Karschheck). Gemünden (Kaisergrube).

Buchiola (Abb. 52)

N *Bi* und *carina* = zwei Kiele. *Reliquum* = Rest.

M Ähnlich wie *Praecardium*, aber viel kleiner und weniger gewölbt. Die kräftigen abgeflachten Radialrippen werden von schwach bogenförmigen Anwachslamellen gekreuzt.

H Sehr häufig.

A *Buchiola bicarinata* hat eine aus etwa 20 Rippen bestehende Skulptur. Jede Rippe besteht aus zwei scharfen Randrippchen. *B. reliqua* zeigt radiale, schmale Rippen und schwächere Zwischenrippen.

G Durchmesser 3–11 mm.

V Lütz (Grube Wrede). Feller Brüche bei Pfalzel und Pellingen bei Kell im westlichen Hunsrück. Breitenthal (Grube Schielenberg). Bundenbach (Gruben Eschenbach, Schmiedenberg/Mühlenberg). Gemünden (Kaisergrube).

Pterineidae (Abb. 53)

N Altes Synonym: Aviculiden. *Avicula* = Vögelchen.

M Die sogenannten Flügelaustern sind ungleichklappig und nehmen vom Unterrand nach vorne an Höhe zu (= prosoklin). Der Wirbel ist weit nach vorne an dem einen oder anderen Ende der Schale gelegen

Buchiola (Fig. 52)

N *Bi* and *carina* = two keels. *Reliquum* = rest.

C Like *Praecardium*, but much smaller and less inflated. The strong flattened radial ribs are crossed by weak arched growth lamellae.

R Very common.

Sp *Buchiola carinata* is ornamented with about 20 ribs. Each rib consists of two sharp bordering riblets. *B. reliqua* shows radial, narrow ribs and weaker intermediate ribs.

G Diameter 3–11 mm.

V Lütz (Wrede quarry). Feller Brüche near Pfalzel and Pellingen near Kell in the western Hunsrück. Breitenthal (Schielenberg quarry). Bundenbach (Eschenbach, Schmiedenberg/Mühlenberg quarries). Gemünden (Kaisergrube).

Pterineidae (Fig. 53)

N Old synonym: Aviculoids. *Avicula* = small bird.

C The so-called wing oysters are inequivalve and increase in height from the ventral margin to the anterior (= prosocline). The umbo is situated well forward (= prosogyr) at one of the ends of the inequilateral valve. The right valve is generally less convex than the left valve. The shape is orbicular to winglike (= pteriiform), with anterior and posterior auricles or wings alongside the umbo.

R Very rare.

Sp *Leiopteria* and *Limoptera* both have elongated posterior wings. The first has a lobate anterior auricle. The auricle of *Limoptera* is very small. The ornament consists of radial ribs. *Cornellites* has a rather narrow oblique middle of the shell (Fig. 54). The anterior auricle is rounded and the posterior auricle more large and broad. The surface is marked by a few strong radial ribs and finer concentric growth lamellae.

Si The length is 7 to at least 40 mm. *Cornellites* has a height of 51 mm.

O Taunus: Street between Rachelbach and Hohewald SW Bad Schwalbach, area Hexit-Linesitt in the Wispertal and Dornbachtal-Fischbachtal. Kaub and Steeg. Birkenfeld (Seitzelbach). Bundenbach (Untereschenbach quarry). Gemünden (Kaisergrube).

Modiomorpha (Fig. 55)

N *Modio* and *morphe* = substantial shaped.

C The medium sized shell is moderately inflated, much elongated and distinctly equilateral (lanceolate = modioliform). The anterior end is nasute; the posterior margin evenly rounded. The umbo reaches above the straight hinge line. From the umbo a weak ridge runs to the posterior-

54 *Cornellites.*

(= prosogyr). Die rechte Klappe ist im Allgemeinen weniger gewölbt als die linke Klappe. Die Form ist rund bis schief oval (= pteriform) und an der Vorder- und Rückseite der Wirbel befinden sich Ohren oder Flügel.

H Sehr selten.

A *Leiopteria* und *Limoptera* haben beide verlängerte Hinterflügel. Erstere hat ein gerundetes Ohr. Das Ohr von *Limoptera* ist sehr klein. Die Skulptur besteht aus Radialrippen. *Cornellites* hat eine ziemlich schmale, schiefe Schalenmitte (Abb. 54). Das vordere Ohr ist gerundet und das hintere Ohr ist größer und breiter. Die Oberfläche ist mit einigen wenigen, kräftigen Radialrippen und feineren konzentrischen Wachstumslamellen markiert.

G Die Länge beträgt 7 bis mindestens 40 mm. *Cornellites* ist 51 mm hoch.

V Taunus: Straße zwischen Rachelbach und Hohewald SW Bad Schwalbach, Bereich Hexit-Linesitt im Wispertal und Dornbachtal-Fischbachtal. Kaub und Steeg. Birkenfeld (Seitzelbach). Bundenbach (Grube Unter-eschenbach). Gemünden (Kaisergrube).

Modiomorpha (Abb. 55)

N *Modio* und *morphe* = reichlich geformt.

M Die mittelgroße Schale ist ein wenig gewölbt, stark in die Länge gezogen und deutlich ungleichseitig (lanzettförmig = modioliform). Der Vorderrand ist nasenförmig zugespitzt; der Hinterrand gleichmäßig gerundet. Der Wirbel reicht über den geraden Schlossrand hinaus. Vom Wirbel zieht eine niedrige Kante zur Hinterecke. Die Skulptur besteht aus konzentrischen, zarten Anwachsstreifen und -furchen.

H Unikat.

G Die Länge beträgt 50 mm.

V Lütz (Grube Weinberg).

Leptodomus (Abb. 56)

N *Leptos* = fein. *Domus* = Haus.

M Die kleine Schale ist stark in die Länge gezogen und deutlich ungleichseitig (lanzettförmig = modioliform). Vom Wirbel zieht eine niedrige, aber scharfe Kante in Richtung der dem Schlossrand stark genäherten Hinterecke. Die Skulptur besteht aus zarten Anwachsstreifen.

H Selten.

G Die Länge beträgt 10–24 mm.

V Bundenbach (Grube Eschenbach). Weisel (Grube Unterer Kreuzberg).

55 *Modiomorpha*. Rechte Klappe. / **55** *Modiomorpha*. Right valve.

ventral edge. The ornament consists of concentric, delicate growth lines and furrows.

R Unique specimen.

Si The length is 50 mm.

O Lütz (Weinberg quarry).

Leptodomus (Abb. 56)

N *Leptos* = fine. *Domus* = house.

C The small shell is much elongated and distinctly equilateral (lanceolate = modioliform). From the umbo a low but sharp ridge runs to the hinge, which is close to the posterior end. The ornament consists of delicate growth lines.

R Rare.

56 *Leptoaomus*. Linke Klappe. / **56** *Leptodomus*. Left valve.

57 *Paracyclas* mit aufgewachsenem Jungtier einer Seelilie. Rechte Klappe.
57 *Paracyclas* with an attached juvenile crinoid. Right valve.

58 Große *Paracyclas*-ähnliche Muschel mit aufgesiedelten Tentakuliten (*Nowakia*).
58 Large *Paracyclas*-like bivalve with attached tentaculitoids (*Nowakia*).

Paracyclas antiqua

N *Cyclas* = Rundkleid der römischen Frauen.

M Die Schale dieser großen Muschel ist ungleichseitig, flach gewölbt und eiförmig bis oval. Der niedrige Wirbel ist prosogyr. Der hintere Schlossrand ist gerade; der vordere springt schräg vor und geht breit abgerundet in den Vorder- und Unterrand über. Vom Wirbel verlaufen schräg nach hinten zwei scharfe Furchen, welche eine Art Schild abschnüren, aus dem der zusammengedrückte hintere Schlossrand flügelartig herausstrebt. Die Skulptur besteht aus konzentrischen Anwachsrippen.

H Unikat.

G Länge 72 mm.

B Auf dem Schalenwirbel hat sich ein Jungtier einer Seelilie angeheftet (Abb. 57). Bisher wurde diese Muschel nur von mitteldevonischen Fundorten beschrieben. Andere große Muscheln, die wie dieses Exemplar (Abb. 58) mit Tentakuliten entlang der Skulptur besiedelt sind, könnten ebenfalls zu dieser Gattung gehören.

V Bundenbach (Grube Obereschenbach).

Crassatellopsis hauchecornei (Abb. 59)

M Die ungleichseitige Schale ist rund bis dreieckig. Wie bei den weiteren Vertretern der Veneroida (*Cypricardella* und *Cypricardinia*) ist der Wirbel prosogyr und zugespitzt; der Schlossrand gebogen. Die Skulptur besteht aus mehreren feinen, regelmäßigen und etwas gröberen Anwachsstreifen.

H Selten.

G Die Länge beträgt 9–20 mm.

V Breitenthal (Grube Schielenberg). Bundenbach (Gruben Eschenbach, Schmiedenberg/Mühlenberg).

Si The length is 10–24 mm.

O Bundenbach (Eschenbach quarry). Weisel (Unterer Kreuzberg quarry).

Paracyclas antiqua

N *Cyclas* = a round dress of Roman women.

C The shell of this large bivalve is inequilateral, smooth-convex and ovate in outline. The low umbo is prosogyr. The posterior hinge is straight; the anterior one projects obliquely and curves widely around in the direction of the anterior and ventral margin. From the umbo two sharp furrows run obliquely to the rear, which cut off a kind of shield, out of which the crushed posterior hinge plate protrudes like a wing. The sculpture consists of concentric growth ribs.

R Unique specimen.

Si Length 72 mm.

P A juvenile crinoid is attached to the umbo of the shell (Fig. 57). Up to now, this bivalve was only described from Middle Devonian sites. Other large bivalves, which like this specimen (Fig. 58) have tentaculitoids attached in the direction of the ornament, could also belong to this genus.

O Bundenbach (Obereschenbach quarry).

Crassatellopsis hauchecornei (Fig. 59)

C The inequilateral shell is round to trigonal in outline. Like the other representatives of the Veneroida (*Cypricardella* and *Cypricardinia*) the umbo is prosogyr and pointed; the hinge curved. The sculpture consists of several fine regular and somewhat coarser growth lines.

R Rare.

Si The length is 9–20 mm.

O Breitenthal (Schielenberg quarry). Bundenbach (Eschenbach, Schmiedenberg/Mühlenberg quarries).

59 *Crassatellopsis*. Rechte Klappe. / **59** *Crassatellopsis*. Right valve.

60 *Cypricardella*. Rechte Klappe. / **60** *Cypricardella*. Right valve.

61 *Cypricardinia*. Linke Klappe. / **61** *Cypricardinia*. Left valve.

62 *Grammysia*. Zweiklappige Schale. / **62** *Grammysia*. Complete shell.

Cypricardella (Abb. 60)

N *Elegans* = fein, elegant. *Subovata* = eiförmig. *Curto* = verkürzen, schmälern.

M Die ungleichseitige, abgeflachte Schale ist etwa quadratisch bis trigonal. Vom Wirbel zur Hinterecke verläuft meist eine stumpfe Diagonalkante. Der Vorderrand ist gerundet, der Hinterrand etwas zugespitzt. Die Skulptur besteht aus lamellenartigen, konzentrischen Rippen.

H Selten.

G Länge 9–27 mm.

A Beushausen (1895) beschrieb acht unterdevonische Arten, die sich in Länge und Form der Schale unterscheiden. In meiner Sammlung befinden sich die drei Arten *Cypricardella elegans*, *C. subovata* und *C. curta*.

V Bundenbach (Gruben Eschenbach, Schmiedenberg/Mühlenberg).

Cypricardinia mediorhenana (Abb. 61)

M Dies ist eine sehr ungleichseitige, modioloforme Muschel. Die Hinterseite ist breiter. Kennzeichnend ist ein stumpfer Hang, der vom Wirbel in Richtung Hinterecke verläuft. Die Schale hat kräftige, dachziegelartige konzentrische »Wellen«, die in regelmäßigem Abstand zueinander verlaufen.

H Selten.

G Länge 18–22 mm.

V Bundenbach (Obereschenbach quarry).

Cypricardella (Fig. 60)

N *Elegans* = fine, elegant. *Subovata* = sub oval. *Curto* = to shorten, to run down.

C The inequilateral oblate shell is more or less square to trigonal. From the umbo to the posterior edge runs a mostly blunt transverse border. The anterior margin is rounded, the posterior margin somewhat pointed. The sculpture is composed of lamellae-like, concentric ribs.

R Rare.

Si Length 9–27 mm.

Sp Beushausen (1895) described eight Lower Devonian species, which differ in length and in shape of the shell. In my collection there are the three species *Cypricardella elegans*, *C. subovata* and *C. curta*.

O Bundenbach (Eschenbach, Schmiedenberg/Mühlenberg quarries).

Cypricardinia mediorhenana (Fig. 61)

C This is a very inequilateral modioloform bivalve. It is wider posteriorly. A blunt slope, which extends from the umbo up to the rear edge, is characteristic. The shell has strong lamellose concentric undulations that run in equal distances to each other.

R Rare.

Si Length 18–22 mm.

O Bundenbach (Obereschenbach quarry).

Grammysia (Abb. 62)

M Die (etwa) gleichklappige, extrem ungleichseitige Schale ist gewölbt und von (länglich) ovaler, etwas schiefer Gestalt. Der Wirbel ist kräftig und prosogyr. Von ihm ziehen nach hinten zum mittleren Teil des Unterrandes zwei radiale Rinnen, die eine Falte einschließen. Lunula und Escutchion sind gut entwickelt. Die Oberfläche ist mit konzentrischen Falten versehen.

H Sehr selten.

G Die Länge beträgt 80 mm.

V Mayen (Grube Katzenberg). Bundenbach (Grube Eschenbach). Wispertal (Bereich Hexit-Linesitt).

Kopffüßer

Kopffüßer zeichnen sich durch viele Greifarme oder Tentakeln, die den Kopf umgeben, aus. Das Gehäuse kann gerade, gebogen, oder eine flache offene bis eingerollte Spirale sein, die durch Kammerscheidewände (Septa) unterteilt ist. Das Tier lebte in ihrer Wohnkammer am vorderen Ende des Gehäuses. Der Körper kann in diese Kammer zurückgezogen werden. Das Gehäuse bietet also Schutz vor Fressfeinden, dient aber auch durch den gekammerten Teil (Phragmokon), mithilfe des darin vorhandenen Wassers und Gases, dem Auf- und Abtrieb in der Wassersäule. Es bildet somit ein hydrostatisches Organ und ermöglich die schwimmende Lebensweise. Vom gekammerten Teil bis zur Wohnkammer verläuft eine Siphonalröhre.

Die Erhaltung der Kopffüßer ist sehr unterschiedlich und komplette Exemplare mit Wohnkammer sind eher selten. Die Kalkschale hat sich aufgelöst und meist sind nur noch Steinkerne oder undeutliche Eindrücke (sog. »ghost preservation«) zurückgeblieben. Außerdem kann das Gehäuse durch die Kompaktion abgeflacht und zusammengebrochen sein. Ein Hinweis für Letzteres sind z. B. die Längsrippen bei den orthoconen Kopffüßern, die bei der Fossildiagenese entstanden sind und so nicht für die Bestimmung in Betracht kommen.

Die Kopffüßer werden in die Unterklassen Nautiloidea, Bactritoidea, Ammonoidea und Coleoidea (Tintenfische) unterteilt. Orthocone Nautiloideen sind die meist gefundenen, großen Hunsrückschieferfossilien. Die Systematik dieser Kopffüßer ist dringend revisionsbedürftig, da 13 Arten in der alten Literatur belegt sind (G. & F. Sandberger 1850–1856, F. Sandberger 1889, Fuchs 1915, Kutscher 1933). Die meisten davon werden heutzutage nur als zur Gattung *Orthoceras* zugehörig bestimmt. Die bisher einzige Überarbeitung wurde von Bandel & Stanley (1989) vorgenommen. Sie identifizierten eine Anzahl von Exemplaren aus Gemünden und Mayen als Lamellorthoceratiden (*Arthrophyllum*). Diese Kopffüßer-Gruppe undeutlicher systematischer Zuordnung zeichnet sich durch einzigartige, radiale Lamellen innerhalb der Kammer aus. Diese steuerten die hydrodynamische Stabilität. Es gibt Hinweise (Sandberger 1889; Fuchs 1933) auf weitere Nautiloideen mit gekrümmten Schalen (*Phragmoceras*, *Cyrtoceratites*). Dies sind jedoch Einzelfunde, die näher untersucht werden müssen. Die Schalen waren nach dem Tod der orthoconen Kopffüßer geeignete Siedlungsorte für andere Wirbellose. Nachgewiesen sind angeheftete Wurmröhren, dacryoconaride Tentakuliten, Muscheln, komplette Seelilien oder deren Wurzelstümpfe. Letztere entstanden dadurch, dass der Seelilienbewuchs durch Schleifen und Rollen über den Meeresboden abgerissen wurde (Seilacher 1961).

Die Ammonoideen des Hunsrückschiefers gehören mit zu den frühesten Ammoniten der Welt. Sie wurden in der detaillierten Arbeit von De Baets et al. (2013), anhand von Gehäuseparametern (wie Geometrie und Verzierung) sowie der Entwicklungsgeschichte, revidiert (Abb. 63). Wichtig für die Bestimmung ist der Nabel (die Vertiefung, die durch die letzte komplette Windung an beiden Seiten des Gehäuses umgrenzt wird). Nach Berechnung des Nabelweite-Gehäusediameter-Verhältnisses ergibt sich die Nabelweite wie folgt:

Schmal bis einigermaßen breit:	0,15–0,45
Einigermaßen breit bis breit:	0,31–0,60
Breit bis sehr breit:	>0,46.

Ammonoideen aus dem frühen Emsium haben Anfangskammern, die nur locker von den folgenden Windungen umlaufen werden und eine Öffnung hinterlassen (Nabelfenster). Bei den weniger eng aufgerollten Formen berührt die Anfangskammer die nächste und die umgebende Windung noch nicht (offenes Nabelfenster). In enger aufgerollten Formen berührt die

Grammysia (Fig. 62)

C The (somewhat) equivalve, extremely inequivalve shell is gibbous and of (elongate) oval, somewhat crooked form. The umbo is strong and prosogyr. From there two radial sulci with an intervening fold extend backward to the middle of the ventral margin. Lunule and escutcheon are well defined. The surface is supplied with concentric folds.

R Very rare.

Si The length is 80 mm.

O Mayen (Katzenberg quarry). Bundenbach (Eschenbach quarry). Area Hexit-Linesitt in the Wispertal.

Cephalopods

Cephalopods are distinguished by many prehensile arms or tentacles which surround the head. The conch may be straight, curved or (loosely) coiled in a plane spiral, that is divided into chambers by transverse partitions (septa). The animal lives in the body chamber at the anterior end of its conch. The body can be retracted into this chamber. Thus, the conch serves as a protection against predators, but it is also, by virtue of water and gas contained in the chambered part (phragmocone), a hydrostatic organ which facilitates a free-swimming life. From the chambered part up to the living chamber runs a siphuncular tube.

The preservation of cephalopods varies a lot and complete specimens with living chambers are the exception. The calcareous conch has usually been dissolved and so mostly only internal moulds or faint imprints (so-called "ghost preservation") are left. The conch can be distorted by compaction too. Indications for this are for instance the longitudinal ridges on orthoconic cephalopods, which are diagenetically caused and thus, cannot be used for taxonomic assignment.

The cephalopods are separated into the subclasses Nautiloidea, Bactritoidea, Ammonoidea and Coleoidea. Orthoconic nautiloids are the most common large Hunsrück Slate fossils. The systematics of these cephalopods is in urgent need of revision, because 13 species have been recorded in the old literature (G. & F. Sandberger 1850–1856, F. Sandberger 1889, Fuchs 1915, Kutscher 1933). Most of them are presently only identified as belonging to the genus *Orthoceras*. The only revision was that of Bandel & Stanley (1989). They identified a number of specimens from Gemünden and Mayen as lamellorthoceratids (*Arthrophyllum*). This group of cephalopods of unclear affinity is characterized by unique radiating lamellae within the chambers. They functioned in controlling the hydrodynamic stability. There are indications (Sandberger 1889, Fuchs 1933) for further cyrtoconic (curved) nautiloids (*Phragmoceras*, *Cyrtoceratites*). They are only single finds, which have to be studied in more detail. After death of the orthoconic cephalopods, the conchs were adequate anchoring sites for other invertebrates. Evidence consists of

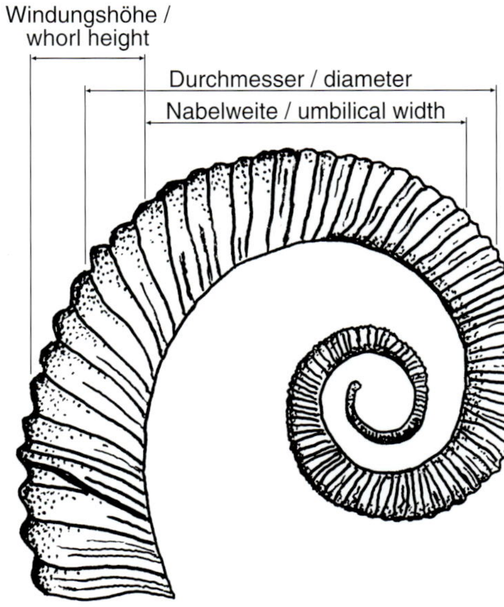

63 Gehäuseausmaße eines in loser Spirale aufgerollten Ammonoids (*Ivoites*). – Umgezeichnet nach De Baets et al. (2013).

63 Conch dimensions of a loosely coiled ammonoid (*Ivoites*). – Redrawn after De Baets et al. (2013).

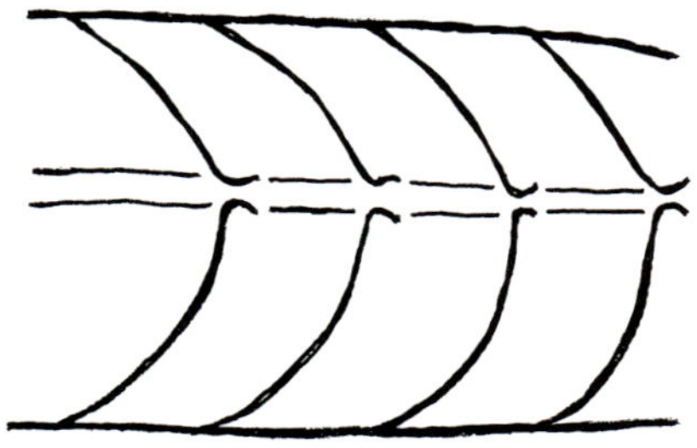

64 Längsschnitt durch *Arthrophyllum*. Die Lage der Siphonalröhre ist suborthochoanisch. – Gezeichnet nach Bandel & Stanley (1989).
64 *Arthrophyllum* in profile. The position of the siphuncular tube is suborthochoanitic. – Drawing after Bandel & Stanley (1989).

Anfangskammer hingegen schon die umgehende Windung und es bleibt eine schmale Öffnung innerhalb der ersten Windung übrig (umgehendes Nabelfenster). Die progressive Aufrollung ist ein evolutionärer Trend, der ein besseres Schwimmvermögen und eine erhöhte Reproduktionsrate ermöglicht. Die schnelle Entwicklung und relativ kurze Lebenszeit machen die Ammonoideen zu geeigneten Leitfossilien. Die Studie von De Baets befürwortet ein zum Teil Singhofen- bis Vallendar-Alter für die mittlere Kaub-Formation, obwohl ein Teil noch zur Ulmen-Unterstufe gehören mag. Die Ammonoideen belegen, dass zumindest teilweise eine offene Verbindung mit dem Ozean bestanden hat. Von den neun bekannten Gattungen werden hier nur die fünf meist gefundenen vorgestellt.

Stürmer (1985) berichtete anhand eines Röntgenbildes über die Erhaltung von Weichteilen des neuen Tintenfisches *Eoteuthis*. Die Struktur, die er als Flosse interpretierte, ist eigentlich ein gestrecktes, entkalktes Gehäuse. Der Hunsrückschiefer könnte weitere früheste Tintenfische (*Protoaulacoceras*, *Boletzkya* und *Naefiteuthis*) enthalten (Bandel et al. 1983). Alle sind jedoch umstritten und viele davon sind neu interpretiert worden als orthocone Kopffüßer (Bandel & Stanley 1989, De Baets et al. 2013).

Arthrophyllum

N *Arthron* = Gelenk. Wurde ursprünglich als rugose Koralle, nach den im Querschnitt dicht aneinander stehenden Lamellen, beschrieben. Alter Name: *Eoteuthis*.

M Das zylindrische Gehäuse ist gerade, wird zur Wohnkammer hin allmählich breiter und ist im Querschnitt rund. Das flache Gehäuse besitzt nur schwache Wachstumslinien. Die Siphonalröhre durchschneidet alle Kammern in etwa der Mitte. Die Querscheidewände (Septa) verlaufen, ausgehend von der zentralen Öffnung für die Siphonalröhre, konkav nach vorne. An der Durchtrittsstelle biegen sie nach hinten und etwas seitwärts um (= suborthochoanisch) (Abb. 64). Die Kammern des Phragmokons kennzeichnen sich durch unregelmäßig angeordnete, gerade oder sinusartige, Lamellen, die sich in Längsrichtung neigen.

H Etwa 20 Exemplare entdeckt.

G 5–500 mm.

V Mayen. Laubach (Grube Laienkaul, Mariaschacht). Gemünden (Kaisergrube).

Nautiloideen

Orthoceras (Abb. 65, 66)

N *Orthos* = gerade, aufrecht. *Keras* = Horn.

M Ähnlich wie *Arthrophyllum*, aber ohne den Verlauf der Kammerscheidewände in rückwärts-seitwärts Richtung an der Durchtrittsstelle des Siphos (= orthochoanisch). Es befinden sich zudem keine Lamellen in den Kammern des Phragmokons.

H Sehr häufig.

A Die 13 Arten wurden in der älteren Literatur anhand der Gehäusegestalt, -verzierung und dem Bau der Querscheidewände beschrieben. Bei einigen Arten ist von deutlichen Querrippen und dazwischenliegenden Furchen die Rede. Die Kammerhöhe variiert zwischen 2 und 21 mm.

B Die für die Bestimmung wichtigen internen Strukturen sind nur auf Röntgenbildern oder Querschnitten zu erkennen. Darum ist es schwierig herauszufinden, wie viele *Orthoceras*-Exemplare eventuell Lamellorthoceratiden sein könnten.

G 10–500 mm.

encrusting worm tubes, dacryoconarid tentaculitoids, bivalves, complete crinoids or their root stumps. The latter arose because the crinoid cover was torn off by dragging and rolling along the seafloor (Seilacher 1961).

The Hunsrück ammonoids are among the earliest ammonites of the world. They were revised in the detailed work of De Baets et al. (2013) based on conch characters (like geometry and ornament) and ontogenetic traits (Fig. 63). Important for the assignment is the umbilicus (the depression enclosed by the last complete whorl on each side of the conch). After calculation of the ratio of the umbilical width-to conch diameter, the umbilical width can be described as:

Narrow to moderately wide:	0.15–0.45
Moderately wide to wide:	0.31–0.60
Wide to very wide:	>0.46

In early Emsian ammonoids, the protoconch is only loosely enveloped by succeeding whorls and leaves an opening (umbilical window). In the more loosely coiled forms, the protoconch (embryonal chamber) does not yet touch the following whorl and the surrounding whorl (open umbilical window), while in more closely coiled forms, the protoconch already touches the enclosing whorl and a small opening within the first whorl remains (enclosed umbilical window). The general increase in coiling is an evolutionary trend, which enhanced swimming and reproductive capabilities of the cephalopods. The fast development and relative short lifetime make ammonoids useful index fossils. The study of De Baets favours a partial Singhofen to Vallendar age for the middle Kaub Formation, although a part might still belong to the Ulmen substage. The ammonoids illustrate that at least a temporary connection with the ocean must have existed. Only the five (most common) genera from the known nine are presented here.

Stürmer (1985) reported the preservation of soft parts of the new teuthid *Eotheuthis* based on an x-radiograph. The structure which he interpreted as a fin is actually a stretched decalcified conch. The Hunsrück Slate might further contain the earliest coleoids (*Protoaulacoceras, Boletzkya* and *Naefiteuthis* (Bandel et al. 1983)). However, all are controversial and many of them have been reinterpreted as orthoconic cephalopods (Bandel & Stanley 1989, De Baets et al. 2013).

Arthrophyllum

N *Arthron* = joint. Was originally described as a rugose coral after the densely packed lamellae (seen in cross-section). Old name: *Eoteuthis*.

C The cylindrical conch is straight, gradually expanding to the living chamber and circular in cross-section. The smooth conch has only faint growth lines. The siphuncular tube penetrates all chambers approximately centrally. The septa run, starting at the central opening for the siphuncular tube, concavely forward. At the point of transition they bend rearwards and somewhat laterally (= suborthochoanitic) (Fig. 64). The chambers of the phragmocone are characterized by irregularly arranged straight to sinuous lamellae, inclined longitudinally.

R About 20 specimens detected.

Si 5–500 mm.

O Mayen. Laubach (quarry Laienkaul, Maria shaft). Gemünden (Kaisergrube).

Nautiloids

Orthoceras (Figs. 65, 66)

N *Orthos* = straight, erect. *Keras* = horn.

C Like *Arthrophyllum*, but without septa in backwards-lateral direction at the point of transition into the siphuncular tube (= orthochoanitic). There are no lamellae in the chambers of the phragmocone.

R Very common.

Sp In the older literature 13 species were described on the basis of conch outline, ornament and construction of the septa. Some species have sharp transverse ribs with intermediate furrows. The height of the chambers varies between 2 and 21 mm.

P The diagnostic internal structures are only evident in x-radiographs or sections. So, it is difficult to determine how many *Orthoceras*-specimens could eventually be lamellorthoceratids.

Si 10–500 mm.

65 *Orthoceras.*

66 Kleine orthocone Nautiloideen. / **66** Small orthoconic nautiloids.

V Birkenfeld (Seitzelbach). Altlay (Schieferabbau der Fa. Theis-Böger). Breitenthal (Grube Schielenberg). Rhaunen (Grube Lingenbach). Rudolfshaus (Grube Altlayenkaul). Bundenbach (Gruben Herrenberg, Eschenbach/Schmiedenberg/Mühlenberg, Au). Woppenroth (Grube Rosengarten). Oberkirn (Grube Karschheck). Gehlweiler (Grube Drei Männer). Gemünden (Kaisergrube). Mayen (Grube Katzenberg). Gering (Grube am Jungenberg). Lütz (Grube Wrede). Kaub (Grube Neue Hoffnung, Erbstollen). Auelsinn bei Weisel (Grube Gottes Segen). Sauerthal (Grube Kreuzberg). Ransel (Hang Ranseler Bach). Bornich (Heimbachtal-Monst). Niederwallmenach (Alt-Kauten (Große) Mühle).

Ammonoideen

Ivoites (Abb. 67)

N Alte Namen: *Anetoceras arduennense*, *A. (Erbenoceras)* sp., *A. hunsrueckianum*.

O Birkenfeld (Seitzelbach). Altlay (slate mine of Fa. Theis-Böger). Breitenthal (Schielenberg quarry). Rhaunen (Lingenbach quarry). Rudolfshaus (Altlayenkaul quarry). Bundenbach (Herrenberg, Eschenbach/Schmiedenberg/Mühlenberg, Au quarries). Woppenroth (Rosengarten quarry). Oberkirn (Karschheck quarry). Gehlweiler (Drei Männer quarry). Gemünden (Kaisergrube). Mayen (Katzenberg quarry). Gering (quarry at the Jungenberg). Lütz (Wrede quarry). Kaub (quarry Neue Hoffnung, Erb tunnel). Auelsinn near Weisel (Gottes Segen quarry). Sauerthal (Kreuzberg quarry). Ransel (slope Ranseler Bach). Bornich (Heimbachtal-Monst). Niederwallmenach (Alt-Kauten (large) mill).

Ammonoids

Ivoites (Fig. 67)

N Old names: *Anetoceras arduennense*, *A. (Erbenoceras)* sp., *A. hunsrueckianum*.

M Diesen Gattungsnamen tragen weniger eng, in loser Spirale aufgerollte Ammonoideen, die im Erwachsenenstadium 1–3 Windungen vollenden. Alle Exemplare bilden frei Windungen zwischen 2 und 2,5 Umgänge bzw. bei einer Größe zwischen 45 und 60 mm. Die feinen, rückwärts geneigten Rippen stehen eng zusammen und feine Wachstumslinien schalten sich parallel dazwischen ein. In dieser Gattung werden Ammonoideen mit gleichartigen Rippenabständen und Aufrollungen zusammengefasst. Insbesondere die Anzahl der vollendeten Windungen, bevor freie Windungen entstehen, ist maßgebend. Der Nabel ist breit bis sehr breit.

H Häufig.

A Die Arten *Ivoites opitzi*, *I. hunsrueckianus* und *I. schindewolfi* lassen sich nur einwandfrei bestimmen wenn mindestens eine halbe Windung vorhanden ist. *I. schindewolfi* ist stärker aufgerollt und hat weniger Rippen (35–55 Rippen pro halbe Windung) als *I. hunsrueckianus* (47–65 Rippen pro halbe Windung). *I. opitzi* hat im Vergleich zu *I. schindewolfi* enger aufgerollte erste und zweite Windungen und vollendet eine dritte Windung, ehe bei einem größeren Durchmesser die freien Windungen entstehen. Die gröbere Berippung beträgt 23–49 pro halbe Windung.

B *Ivoites opitzi* besitzt sog. »Opitzian pits«: ziemlich regelmäßige, spiralige und paarige Löcher auf den Flanken der inneren Windungen (Abb. 68). Die Rippenabstände sind dort größer. Die Ursache könnte ein Parasitenbefall gewesen sein.

G Durchmesser 30–106 mm.

V Birkenfeld (Seitzelbach). Altlay. Breitenthal (Grube Schielenberg). Bundenbach (Gruben Unter- und Obereschenbach, Herrenberg, Schmiedenberg/Mühlenberg). Gehlweiler (Grube Drei Männer). Gemünden (Kaisergrube).

Erbenoceras (Abb. 69)

N *Keras* = Horn. *Advolvens* = in Einrollung begriffen. *Solitarius* = einzeln. Alter Name: *Anetoceras*.

M Die Windungen, des in loser Spirale aufgerollten Gehäuses, berühren aber umklammern sich nicht in den mittleren Windungen. Diese sind am meisten aufgerollt. Die Verzierung besteht aus groben, rückwärts geneigten Rippen (15–28 pro halbe Windung) und groben Anwachslinien. Die Nabelweite ist breit bis sehr breit. Das Nabelfenster ist groß und offen.

H Selten.

A Von *Erbenoceras advolvens* gibt es nur ein Exemplar aus Bundenbach, das sich schon bei kleinerem Durchmesser (ab 60 mm) entrollt. *E. solitarium* hat gröbere, weitständige Rippen (15–22 pro halbe Windung) und die letzte Windung verliert den Kontakt mit der vorangehenden bei einem Durchmesser ab 90 mm.

G Durchmesser 60–110 mm.

V Breitenthal (Grube Schielenberg). Bundenbach (Grube Untereschenbach).

Mimosphinctes (Abb. 70)

N *Tripartitus* = aus drei Teilen bestehend. *Primigenus* = zuerst mit Bezug auf die älteste bekannte Art der Gattung.

67 *Ivoites*.

C This genus name is reserved for more loosely spirally-coiled ammonoids, which in adults complete 1–3 whorls. All specimens uncoil between 2 and 2.5 whorls or between 45 and 60 mm diameter. The fine backward inclined ribs are densely spaced and fine growth lines run intermediate and parallel to the ribs. In this genus ammonoids with similar rib spacing and coiling are classified. Particularly the number of completed whorls, before free whorls arise, is significant. The umbilicus is wide to very wide.

R Common.

Sp The species *Ivoites opitzi*, *I. hunsrueckianus* and *I. schindewolfi* can only be indisputably assigned if at least a half-whorl still exists. *I. schindewolfi* is more closely coiled and has fewer ribs (35–55 ribs per half-whorl) than *I. hunsrueckianus* (47–65 ribs per half-whorl). Compared to *I. schindewolfi*, *I. opitzi* has more closely coiled first and second whorls and completes a third whorl, with the free whorls arising at a larger diameter. The coarser ribbing is 23–49 per half-whorl.

P *Ivoites opitzi* possesses so-called "Opitzian pits": quite regularly spaced, spirally arranged and paired holes on the flanks of the inner whorls (Fig. 68). The rib distances are larger there. A possible cause could be parasitism.

Si Diameter 30–106 mm.

O Birkenfeld (Seitzelbach). Altlay. Breitenthal (Schielenberg quarry). Bundenbach (Unter- and Obereschenbach, Herrenberg, Schmiedenberg/Mühlenberg quarries). Gehlweiler (Drei Männer quarry). Gemünden (Kaisergrube).

Erbenoceras (Fig. 69)

N *Keras* = Horn. *Advolvens* = to be in the process of coiling. *Solitarius* = solitary. Old name: *Anetoceras*.

68 *Ivoites* mit »Opitzian pits«. / **68** *Ivoites* with "Opitzian pits".

69 *Erbenoceras.*

M Die Windungen berühren einander kaum. Die groben Hauptrippen (14–19 pro halbe Windung) sind gerade oder biegen nach hinten um. Die zwischengeschalteten Nebenrippen beschränken sich auf die Ränder und überqueren den äußeren Rand. Der Nabel ist einigermaßen breit bis breit. Das Nabelfenster ist klein und umgehend.

H Selten.

A Die Arten *Mimosphinctes tripartitus* und *M. primigenitus* (ein Exemplar bekannt) unterscheiden sich durch ihre groben zweigeteilten oder dreigeteilten Rippen bzw. feinere zwischengeschalteten Rippen.

G 48–93 mm.

V Bundenbach (Grube Eschenbach). Gemünden (Kaisergrube).

Gyroceratites heinricherbeni (Abb. 71)

N *Gyrus* = Kreis, schlängelnd. *Keras* = Horn.

M Das Gehäuse ist klein und scheibenförmig. Die innerste (halbe) Windung berührt die nächste nicht. Die Verzierung besteht aus weit auseinander stehenden, nach vorne gebogenen, konkav-konvex gewölbten Wachstumslinien. Der Nabel ist schmal bis einigermaßen breit mit einem kleinen offenen Nabelfenster.

H Sehr selten.

B Funde von Ammonoideen aus dem Unteremsium sind erst vor kurzem in der rheinischen Fazies von Belgien und der Eifel nachgewiesen worden. Der Fund von Lütz ist der erste aus dem Oberemsium.

G 16–47 mm.

V Bundenbach (Grube Obereschenbach). Lütz (Grube Wrede).

Mimagoniatites fecundus (Abb. 72)

N *Fecundus* = reichlich, ausgiebig. Alter Name: *Mimagoniatites falcistria*.

M Die Schale ist abgeplattet und scheibenförmig. Die inneren Windungen berühren aber umklammern sich nicht und werden von den äußeren Windungen umgeben. Die Windungshöhe nimmt insbesondere ab der zweiten Windung zu. Die Verzierung besteht aus 10–25 Rippen pro halbe Windung und Anwachslinien. Deren Verlauf ist bikonvex mit einem prominenten Fortsatz nach außen/seitwärts und einer tiefen Randfurche. Der Nabel ist schmal bis einigermaßen breit. Das Nabelfenster ist sehr klein und umgehend.

H Sehr häufig, insbesondere im Taunus, am Mittelrhein und in Gemünden.

G Durchmesser 32–145 mm.

V Buhlenberg (SO-Hang des Hombergs). Bundenbach (Gruben Obereschenbach, Herrenberg). Gemünden (Kaisergrube). Weisel (Gruben Gottes Segen, Kreuzberg). Kaub (Wilhelm Erbstollen).

70 *Mimosphinctes.*

C The whorls of the loosely spirally-coiled conch touch but not enclose the middle whorls. Those are most coiled. The ornament consists of coarse backward inclined ribs (15–28 per half-whorl) and coarse growth lines. The umbilicus is wide to very wide. The umbilical window is large and open.

R Rare.

Sp Only one specimen of *Erbenoceras advolvens* from Bundenbach exists, which already enrols at a smaller diameter (at 60 mm). *E. solitarium* has coarser wide-apart ribs (15–22 per half-whorl) and the terminal whorl loses contact with the subterminal one starting at a diameter of 90 mm.

Si Diameter 60–110 mm.

O Breitenthal (Schielenberg quarry). Bundenbach (Untereschenbach quarry).

Mimosphinctes (Fig. 70)

N *Tripartitus* = consisting of three parts. *Primigenus* = first of all according to the oldest species of the genus.

C The whorls barely touch one another. The coarse primary ribs (14–19 per half-whorl) are straight or incline backwards. The intercalated secondary ribs are restricted to the lateral sides and cross the venter. The umbilicus is moderately wide to wide. The umbilical window is small and enclosed.

R Rare.

71 *Gyroceratites.*

72 *Mimagoniatites.*

Sp The species *Mimosphinctes tripartitus* and *M. primigenitus* (one specimen known) differ in their coarse bifurcating to trifurcating ribs or rather finer intercalating ribs.

Si 48–93 mm.

O Bundenbach (Eschenbach quarry). Gemünden (Kaisergrube).

Gyroceratites heinricherbeni (Fig. 71)

N *Gyrus* = circle, coiling. *Keras* = Horn.

C The conch is small and discoid in outline. The innermost (half-) whorl does not touch the following whorl. The ornament consists of widely spaced, forwards inclined, concavo-convex growth lines. The umbilicus is narrow to moderately wide with a small open umbilical window.

R Very rare.

P Finds of lower Emsian ammonoids have only recently been detected from the Rhenish facies of Belgium and the Eifel region. The find from Lütz is the first one from the upper Emsian.

Si 16–47 mm.

O Bundenbach (Obereschenbach quarry). Lütz (Wrede quarry).

Mimagoniatites fecundus (Fig. 72)

N *Fecundus* = abundant, plentiful. Old name: *Mimagoniatites falcistria*.

C The shell is flattened and discoid shaped. The inner whorls touch but do not enclose and the outer whorls surround them. The whorl height increases markedly from the second whorl on. The ornament is composed of 10–25 ribs per half-whorl plus growth lines. Their course is biconvex with a prominent ventrolateral projection and a deep ventral sinus. The umbilicus is narrow to moderately wide. The umbilical window is very small and enclosed.

R Very common, especially in the Taunus region, at the middle Rhine and Gemünden.

Si Diameter 32–145 mm.

O Buhlenberg (SE-slope of the Homberg). Bundenbach (Obereschenbach, Herrenberg quarries). Gemünden (Kaisergrube). Weisel (Gottes Segen, Kreuzberg quarries). Kaub (Wilhelm Erb tunnel).

Literatur / Literature

De Baets, K., C. Klug, D. Korn, C. Bartels & M. Poschmann (2013): Emsian Ammonoidea and the age of the Hunsrück Slate (Rhenish Mountains, Western Germany). – Palaeontographica, A 299 (1–6): 1–113.

Bandel, K. & G. D. Stanley (1989). Reconstruction and biostratinomy of Devonian cephalopods (Lamellorthoceratidae) with unique cameral depositis. – Senckenbergiana lethaea 69 (5/6): 391–437 (*Arthrophyllum*).

Bandel, K., J. Reitner & W. Stürmer (1983): Coleoids from the Lower Devonian Black Slate (»Hunsrück-Schiefer«) des Hunsrück (Westdeutschland). – N. Jb. Geol. Paläont. Abh. 165 (3): 397–417 (*Protoaulacoceras, Boletzkya, Naefiteuthis*).

Baumiller, T. K. (2002): Multi-snail infestation of Devonian crinoids and the nature of platyceratid-crinoid interactions. – Acta Palaeontol. Pol. 47 (1): 133–139 (*Platyceras*).

Beushausen, L. (1895): Die Lamellibranchiaten des rheinischen Devon mit Ausschluss der Aviculiden. – Abh. kgl. preuss. geol. L.-Amt N.F. 17: 514 S. und 1 Atlas mit 38 Tafeln (*Ctenodonta, Palaeoneilo, Cypricardella, Crassatellopsis, Paracyclas, Praecardium, Buchiola*).

Cox, L. R., N. D. Newell, C. C. Branson, R. Casey, A. Chavan, A. H. Coogan, C. Dechaseaux, C. A. Fleming, F. Haas, L. G. Hertlein, A. M. Keen, A. LaRocque, A. L. McAlester, B. F. Perkins, H. S. Puri, L. A. Smith, T. Soot-Ryen, H. B. Stenzel, R. D. Turner & J. Weir (1969): Bivalvia. – Treatise on Invertebrate Paleontology. Moore, R. C. (ed.), Part N, Mollusca 6 (1): N225–N868. Univ. Kansas Press and Geol. Soc. Amer., Lawrence, Kansas.

Fuchs, A. (1915): Der Hunsrückschiefer und die Unterkoblenzschichten am Mittelrhein (Loreleigegend). I. Teil. Beitrag zur Kenntnis der Hunsrückschiefer- und Unterkoblenzfauna der Loreleigegend. – Abh. preuß. geol. L.-A., N.F. 79: 1–81 (*Bembexia, Murchisonia, Platyceras, Cypricardinia, Leptodomus, Orthoceras, Mimagoniatites*).

Knight, J. B., L. R. Cox, A. M. Keen, A. G. Smith, R. L. Batten, E. L. Yochelson, N. H. Ludbrook, R. Robertson, C. M. Yonge & R. C. Moore (1960): Mollusca. Treatise on Invertebrate Paleontology. Moore, R. C. (ed.), Part I. Mollusca 1: I169–I339. Univ. Kansas Press and Geol. Soc. Amer., Lawrence, Kansas.

Kutscher, F. (1933): Fossilien aus dem Hunsrückschiefer I. – Jb. Preuss. Geol. L.-A. 54: 628–641 (*Loxonema, Ctenodonta, Orthoceras, Ivoites, Cyrtoceratites, Mimagoniatites*).

– (1966): Beiträge zur Sedimentation und Fossilführung des Hunsrückschiefers, 13: Lamellibranchiaten des Hunsrückschiefers. – Notizbl. hess. L.-Amt Bodenforsch. 94: 27–39.

– (1967): Beiträge zur Sedimentation und Fossilführung des Hunsrückschiefers, 17: Ein *Orthoceras*-Gehäuse mit angehefteten Puellen. – Notizbl. hess. L.-Amt Bodenforsch. 95: 9–12 (*Praecardium*).

– (1969): Beiträge zur Sedimentation und Fossilführung des Hunsrückschiefers. 24. Die Ammonoideen-Entwicklung im Hunsrückschiefer. – Notizbl. hess. L.-Amt Bodenforsch. 97: 46–64.

– (1979): Beiträge zur Sedimentation und Fossilführung des Hunsrückschiefers, 51: Gastropoden und Tentaculiten im Hunsrückschiefer. – Geol. Jb. Hessen 107: 5–12.

Nützel, A. (2002): An evaluation of the recently proposed Palaeozoic gastropod subclass Euomphalomorpha. – Palaeontology 45 (2): 259–266 (*Euomphalus*).

La Rocque, A. (1950): Pre-traverse Devonian pelecypods of Michigan. – Contributions from the Museum of Paleontology. University of Michigan. University of Michigan Press. Ann Arbor 7 (10): 271–366 (*Cornellites*).

Sandberger, F. (1889): Über die Entwicklung der unteren Abtheilung des devonischen Systems in Nassau, verglichen mit jener in anderen Ländern. Nebst einem palaeontologischen Anhang. – Jb. Ver. Naturk. Nassau 42: 1–107 (*Orthoceras, Phragmoceras*).

Sandberger, G. & F. (1850–1856): Die Versteinerungen des rheinischen Schichtensystems in Nassau. – Kreidel & Niedner, Wiesbaden, XV Tafeln und 564 S. (*Loxonema, Orthoceras*).

Seilacher, A. (1961): Ein Füllhorn aus dem Hunsrückschiefer. – Natur und Volk 91 (1): 15–19 (Seelilienwurzeln auf *Orthoceras*).

Stürmer, W. (1985): A small coleoid cephalopod with soft parts from the Lower Devonian discovered using radiography. – Nature 318 (6041): 53–55 (*Eoteuthis*).

Südkamp, W. (1999): Die Muscheln und Brachiopoden des Hunsrückschiefers. Teil I: Muscheln. – Fossilien 16 (2): 111–116.

Tong-Dzuy, T., A. J. Boucot, J. Y. Rong & Z. J. Fang (2001): Late Silurian marine shelly fauna of Central and Northern Vietnam. – Geobios 34 (3): 315–338 (*Modiomorpha*).

6. Tentakuliten

Die ausgestorbenen Tentakuliten sind kleine, länglich-konische Schalen, die aus Kalk bestehen. Die Skulptur, falls vorhanden, besteht aus Querringen und Längsrippchen (gestreift). Das schmale Ende der Schale ist bei den größeren, dickschaligen Tentaculitida konisch zugespitzt; die kleineren, dünnschaligen Dacryoconarida haben dort eine wulst- oder tränenförmige Struktur, die als Anfangskammer interpretiert wird.

Tentakuliten sind die am meisten kontrovers diskutierten Fossilien des Hunsrückschiefers. Die meisten Autoren haben sie als Flügelschnecken, Röhrenwürmer oder Kopffüßer gedeutet. Letzteres basierte auf der vermuteten Anwesenheit von Tentakeln in der Mündung und einer gradlinigen siphonalartigen Struktur, was sich später als Fehldeutungen der Röntgenbilder herausstellte. Der Siphon ist eine Röhre, die die Kammern des hinteren Gehäuses miteinander verbindet und den Wasserhaushalt reguliert (für den Auftrieb). Ähnlichkeiten in der Mikrostruktur der Schale von *Tentaculites* und rhynchonelliden Brachiopoden und der wulstartige Röhrenursprung belegen eine lophophorate Verwandtschaft (Taylor et al. 2010). Die Lophophoraten-Gruppe vereinigt alle Wirbellosen, die über eine Lophophore (Nahrungsapparat) verfügen. Die vorgeschlagene Lebensweise der Tentakuliten reicht von benthisch bis planktonisch. Sie bedecken die Schieferplatten oft massenhaft in willkürlichen Orientierungen (eingeschwemmt?), bzw. besiedeln Substrate in eingeregelten Positionen. Wichtige Funde im Hunsrückschiefer von Dacryoconariden auf Muscheln und Nautiloideen beweisen ihren (gelegentlichen) Lebensstil auf hartem Untergrund (Abb. 73). Erwachsenen Dacryoconariden wird unterstellt (Drapatz 2010) über dem Substrat zu kriechen, die Schale hinter sich herziehend.

Dacryoconariden sind wichtige Leitfossilien. Sie haben zu erheblichen Fortschritten bei der biostratigraphischen Korrelation der unterdevonischen rheinischen, mit der herzynischen oder »böhmischen« Fazies (Tschechien) geführt.

Die Literatur über Tentakuliten ist verstreut und die Autoren sind sich nicht einig darüber, welche Taxa im Hunsrückschiefer vorkommen. Außerdem ist die Artbestimmung schwierig. Unter den Dacryoconariden sind vier Arten von *Nowakia* (Abb. 74A), *Viriatellina* (Abb. 74B) und möglicherweise *Styliolina*, der ziemlich glattschalig ist, vertreten. Tentaculitiden (*Tentaculites*) haben ihr alleiniges Vorkommen in der rheinischen Fazies.

6. Tentaculitoids

Extinct tentaculitoids are small elongate conical shells consisting of calcium carbonate. The ornamentation, if present, consists of transversal rings and longitudinal ribs (striated). The bigger thick-walled Tentaculitida have conical tips at the narrow end of the shells; the smaller thin-walled Dacryoconarida a bulb- or teardrop-like structure there, interpreted as the initial chamber.

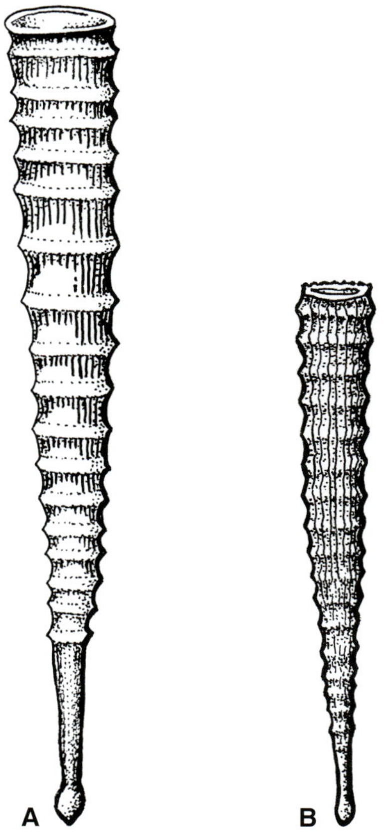

74 A, *Nowakia;* B, *Virtiallina.*

73 Orthoconer Nautilide mit zahlreichen auf der Schale aufgesiedelten *Viriatellina*. Zu beachten ist, dass die Tentakuliten die Besiedlung der Schale in Längsrichtung bevorzugen.

73 Orthoconic nautiloid with numerous *Viriatellina* attached to the shell. Note that the tentaculitoids favour attachment on the shell in a lengthwise direction.

75 *Nowakia.*

Dacryoconarida

Nowakia (Abb. 58, 74A, 75)

N *Praecursor* = Vorläufer.

M Diese Tentakuliten haben gerade Röhren von konischer Gestalt und sind am breiteren Ende fast zylindrisch. Scharfe Querringe, von unterschiedlicher Höhe und Breite, prägen die Oberfläche. Ausgeprägte Längsringe und Furchen unterschiedlicher Form bilden die Oberflächenskulptur. Die Anfangskammer ist tränenförmig und deutlich von der eigenen Schale abgesetzt.

H Sehr häufig.

A Die Arten sind *Nowakia praecursor*, *N. zlichovensis*, *N. barrandei* und *N. elegans*. *N. zlichovensis* und *N. praecursor* sind die schlankeren Arten (Länge bis 3 mm, bzw. 3,5 bis 4 mm). *N. zlichovensis* hat enger stehende und feinere Längsrippchen (25–40) als *N. praecursor* (8–10 im mittleren Teil; gezählt pro Halbumfang (Halbkreis)). *N. barrandei* ist größer, hat eine Maximallänge von 4–6 mm und ist meist mit *N. praecursor* verwandt. *N. elegans* hat Knötchen an den Überkreuzungsstellen der Längsrippchen mit den Ringen und ebenfalls Knötchen auf den Ringen an der Mündung der Schale.

G 3–6 mm.

V Buhlenberg (nähe Homberg). Breitenthal (Grube Schielenberg). Bundenbach (Gruben Unter- und Obereschenbach, Schmiedenberg/Mühlenberg, Au/Königsberg). Gehlweiler (Grube Drei Männer). Gemünden (Kaisergrube). Geroldstein & Laukenmühle bei Nastätten im Taunus.

Viriatellina fuchsi (Abb. 73, 74B)

M Die Ringe von *Nowakia* sind schärfer, anstatt niedrig und breit wie bei *Virtiallina*. Die Schale ist spitz-kegelförmig. Die Skulptur der breiten Ringe mit unterschiedlichen Zwischenräumen wird zum breiten Ende hin undeutlicher. Charakteristisch sind die vier Längsrippchen, die die Ringe ohne Knötchen überqueren. Die Anfangskammer ist winzig und länglich.

H Sehr häufig.

A *Viriatellina fuchsi* ist der ältere, gültige Name für *V. gemuendina*. *V. hercynica* ist ein Nachfolger davon und größer (5 mm) als *V. fuchsi* und zeigt 3–5 Ringe pro mm; im Gegensatz zu 5–6 Ringen bei *V. fuchsi*.

G 3 mm.

Tentaculitoids are the most controversial debated fossils of the Hunsrück Slate. Most authors regarded them as pteropod gastropods, tube worms or cephalopods. The latter interpretation is based on the supposed presence of tentacles in the aperture and a linear siphuncle-like structure that was later identified as misinterpretations of the x-radiographs. A siphuncle or siphon is a tube which connects the rear chambers of the shell and regulates the water balance (for buoyancy). Similarities in the shell microstructure of *Tentaculites* and rhynchonelliformean brachiopods and the bulb-like tube origin are evidence for a lophophorate affinity (Taylor et al. 2010). The lophophorate group unites all invertebrates having a lophophore (feeding apparatus). The proposed mode of life of tentaculitoids ranges from benthic to planktonic. Usually they densely cover slabs in random orientations (washed into?) or alternatively are attached to substrates in well-ordered positions. Important finds in the Hunsrück Slate of dacryoconarids on bivalves and nautiloids prove their (occasional) lifestyle on hard grounds (Fig. 73). Adult dacryoconarids are suggested (Drapatz 2010) to have crawled on the substrate dragging their shell behind.

Dacryoconarids are important index fossils. They have allowed considerable progress in the biostratigraphic correlation of the Lower Devonian Rhenish and Hercynian or "Bohemian" facies (Czech Republic).

The literature about tentaculitoids is scattered and authors do not agree which taxa occur in the Hunsrück Slate. Moreover, the assignment on species level is difficult. Among the dacryoconarids are four species of *Nowakia* (Fig. 74A), *Viriatellina* (Fig. 74B), and possibly *Styliolina* with a rather smooth shell surface. Tentaculitids (*Tentaculites*) have their exclusive occurrence in the Rhenish facies.

Dacryoconarida

Nowakia (Figs. 58, 74A, 75)

N *Praecursor* = forerunner.

C These tentaculitoids have straight shells of conical shape and are distally almost cylindrical. Sharp transversal rings are present on the surface of varying height and width. Distinct longitudinal ribs and furrows of different density shape the surface sculpture. The initial chamber is teardrop-shaped and clearly separated from the shell itself.

76 *Tentaculites*.

V Sulzbach (Franzendell quarry). Bundenbach (Eschenbach, Schmiedenberg/Mühlenberg quarries). Oberkirn (Karschheck quarry). Woppenroth (Rosengarten quarry). Gehlweiler (Drei Männer quarry). Gemünden (Kaisergrube). Blatt Nastätten in the Taunus.

Tentaculitida

Tentaculites (Abb. 76)

M Die große Schale ist konisch bis etwa zylindrisch am breiteren Ende. Die Skulptur besteht aus deutlichen Ringen, die senkrecht oder schräg zur Mittelachse ausgerichtet sind. Die Ringe nehmen allmählich an Größe und Fläche zur Mündung hinzu. Es gibt feinere sekundäre Ringe in den Zwischenräumen und auf den Ringen. Die Anfangskammer ist konisch, geht ohne Einschnürung in die Hauptschale über und bildet eine längliche embryonale Röhre an deren unteren Ende.

H Selten.

A Bartels et al. (1998: fig. 80) bestimmten die zwei Tentaculitiden-Arten als *Tentaculites grandis* und *T. schlotheimi*. Laut Drapatz (2010) ist diese Bestimmung zweifelhaft und es existieren Ähnlichkeiten zu *Tentaculites straeleni*. *T. straeleni* hat 8–12 Querringe pro 10 mm im mittleren Schalenbereich.

G 10–60 mm.

V Birkenfeld (Schemelsbach). Lütz (Grube Wolf). Geroldstein (in der Nähe der Grube Wilhelm) und Bereich Ransel-Wollmerschied bei Nastätten im Taunus.

R Very common.

Sp The species are *Nowakia praecursor*, *N. zlichovensis*, *N. barrandei* and *N. elegans* *N. zlichovensis* and *N. praecursor* are the more slender ones (respectively length up to 3 mm, and 3.5 to 4 mm). *N. zlichovensis* has denser and finer longitudinal ribs (25–40) than *N. praecursor* (8–10 in the middle part counted per semi-circumference (half-circuit)). *N. barrandei* is larger, has a maximum length of 4–6 mm and is most closely related to *N. praecursor*. *N. elegans* has nodes at the intersections of the longitudinal ribs with the rings and also nodes on the rings near the aperture of the shell.

Si 3–6 mm.

O Buhlenberg (near Homberg). Breitenthal (Schielenberg quarry). Bundenbach (Unter- and Obereschenbach, Schmiedenberg/Mühlenberg, Au/Königsberg quarries). Gehlweiler (Drei Männer quarry). Gemünden (Kaisergrube). Geroldstein & Laukenmühle near Nastätten in the Taunus.

Viriatellina fuchsi (Figs. 73, 74B)

C The rings in *Nowakia* are sharper than the low and broad rings in *Virtiallina*. The shell is pointed conical. The sculpture of the broad rings with variable interspaces gets vaguer towards the wider end. Typically the four longitudinal ribs cross the rings without forming nodes. The initial chamber is minute and elongated.

R Very common.

Sp *Virtiallina fuchsi* is a senior synonym of *V. gemuendina*. *V. hercynica* is a descendant of and larger (5 mm) than *V. fuchsi* and shows 3–5 rings per mm in contrast to 5–6 rings in *V. fuchsi*.

Si 3 mm.

O Sulzbach (Franzendell quarry). Bundenbach (Eschenbach, Schmiedenberg/Mühlenberg quarries). Oberkirn (Karschheck quarry). Woppenroth (Rosengarten quarry). Gehlweiler (Drei Männer quarry). Gemünden (Kaisergrube). Blatt Nastätten in the Taunus.

Tentaculitida

Tentaculites (Fig. 76)

C The large shell is conical to subcylindrical at the distal end. The sculpture consists of distinct rings, perpendicular to the middle axis or oblique. The rings gradually increase in size and spacing towards the aperture. There are finer secondary rings in the interspaces and on the rings. The initial chamber is conical and passes over into the main shell without narrowing; it forms an elongated larval tube proximally.

R Rare.

Sp Bartels et al. (1998: fig. 80) assigned the two tentaculitid species to *Tentaculites grandis* and *T. schlotheimi*. According to Drapatz (2010) this assignment is dubious, and there are similarities with *Tentaculites straeleni*. *T. straeleni* has 8–12 transversal rings per 10 mm in the middle region of the shell.

Si 10–60 mm.

O Birkenfeld (Schemelsbach). Lütz (Wolf quarry). Geroldstein (near Wilhelm quarry) and area Ransel-Wollmerschied near Nastätten in the Taunus.

Literatur / Literature

Alberti, G. K. B. (1982): Nowakiidae (Dacryoconarida) aus dem Hunsrückschiefer von Bundenbach (Rheinisches Schiefergebirge). – Senckenbergiana Lethaea, 63(5/6): 451–463 (*Nowakia*).

– (1993): Dacryoconaride und homoctenide Tentaculiten des Unter- und Mittel-Devons I. – Cour. Forschungsinst. Senckenb. 158: 1–229 (*Nowakia*).

Bouček, B. (1964): The Tentaculites of Bohemia; their morphology, taxonomy, ecology, phylogeny and biostratigraphy. – Publ. House Czechoslovak Acad, Sci., Prague, 215 pp. (*Nowakia, Viriatellina*).

Drapatz, H. (2010): Palaeobiology of the Tentaculitoids from the Lower Devonian Hunsrück Slate (Germany). – Diplomarbeit zur Erlangung des Grades einer Diplom-Biologin der Mathematisch-Naturwissenschaftlichen Fakultät der Rheinischen Friedrich-Wilhelms-Universität Bonn, Bonn, 141 S.

Kutscher, F. (1963): Beiträge zur Sedimentation und Fossilführung des Hunsrückschiefers 5. Pteropoden-Vorkommen im Hunsrückschiefer des Hunsrücks und Taunus. – Notizbl. hess. L.Amt Bodenforsch. 91: 366–371.

Runzheimer, H. (1932): *Novakia gemündina* n. sp., ein Pteropod aus dem Hunsrückschiefer (Unterdevon) des Rheinischen Schiefergebirges. – Senckenbergiana 14(1/2): 87–91 (*Viriatellina*).

Taylor, P. D., O. Vinn & M. A. Wilson (2010). Evolution of biomineralization in lophophorates. – Palaeontology 84: 317–333.

7. Brachiopoden

Wegen ihrer Ähnlichkeit mit antiken etruskischen Lampen wurden die Brachiopoden im Volksmund auch »Lampenmuscheln« genannt. Der Name Armfüßer ist irreführend: er beruht auf dem (spiraligen) Nahrungsapparat (Lophophore), den man ursprünglich für Fangwerkzeuge oder Fühler in Analogie zu den Schnecken und Kopffüßern hielt. Brachiopoden haben zweiseitig symmetrische Schalen. Die meist kleinere, obere »armtragende« Klappe heißt demnach Armklappe; die untere und größere Stielklappe. Aus ihr ragt an der Hinterseite durch die Stielöffnung der fleischige Stiel, der zur Befestigung im Untergrund dient, heraus. Der gegenüberliegende Rand ist die Vorderseite. Hier öffnen sich die Klappen ein wenig zur Nahrungsaufnahme; bleiben aber am hinteren Schlossrand in Kontakt mittels Zähnen und Grübchen bei den artikulaten und mittels Muskelpaaren bei den inartikulaten Brachiopoden. Letztere haben eine phosphatische Schale und sind besser erhalten als die artikulaten Brachiopoden, deren Schale aus Kalk besteht. Die Kalkschalen wurden während der Pyritisierung weitestgehend durch Schwefelsäure aufgelöst. Die Stielklappe hat bei vielen Gattungen in der Mittellinie eine muldenförmige Einsenkung, Sinus genannt. Die Armklappe zeigt eine entsprechende Aufwölbung (= Sattel).

Im Devon kam eine große Artenvielfalt vor. Heute sind jedoch die Lebensräume der Brachiopoden größtenteils von den Muscheln übernommen worden. Die dickschaligen, grob gerippten Brachiopoden, wie *Euryspirifer*, *Oligoptycherhynchus* und *Plebejochonetes* erlauben eine stabilere Position gegen Meeresströmungen und lebten im Küstenbereich. Dagegen gab es den flacheren, feinrippigen *Chonetes* in eher tieferem, ruhigerem Wasser. Die Anpassungen an den Lebensraum (Fazies) spiegeln eine große innerartliche Varietät wider. So sind Vertreter der bekannten, flügelförmigen, früheren Gattung *Spirifer* heute in den Gattungen *Alatiformia*, *Brachyspirifer*, *Euryspirifer*, *Arduspirifer*, *Sollispirifer* und *Incertia* untergebracht worden und wurden von den Wissenschaftlern viele Unterarten aufgestellt.

In diesem Kapitel werden für die Bestimmung insbesondere die Schalenform, das Längsprofil und die Skulptur herangezogen. Die weiteren, wichtigen, inneren Strukturen können, erhaltungsbedingt im Hunsrückschiefer, leider meist nicht ermittelt werden (Ausnahme: Steinkerne). Man muss man darauf achten, dass auf diesen Steinkernen meist einige Rippen weniger zu erkennen sind als auf der Schalenoberfläche. Die Rippenzahl wird pro Flanke (= die Hälfte der Schale) und pro 5 mm angegeben.
Unter den Brachiopoden befinden sich wichtige Leitfossilien, wie die kurzlebigen und weit verbreiteten Spiriferen.

In der rheinischen Fazies (Kirschweiler, Oberkirn, Lütz) kommt eine größere Vielfalt an Brachiopoden vor. Die Bestimmung beruht auf der sehr zerstreuten Literatur aus mehreren Jahrhunderten. Insbesondere das Forschungsinstitut Senckenberg in Frankfurt am Main (Struve und Jansen) hat die Brachiopoden aus dem rheinischen Devon systematisch bearbeitet. Neuerdings hat der Geologe Mittmeyer (2008) einige neue Taxa (Gattung *Sollispirifer*, Gattung und Art *Incertia* und Unterarten von *Oligoptycherhynchus* und *Euryspirifer*) aufgestellt. Diese Beschreibungen stimmen nicht mit den internationalen Regeln überein, sind deswegen wissenschaftlich ungültig und werden hier als vorläufig in Betracht gezogen.

Inartikulate Brachiopoden

Lingulider Brachiopode

N *Lingula* = kleine Zunge.

M Die kleine Schale ist etwa gerundet-rechteckig, dreieckig bis länglich-oval. Die beinahe gleichen Klappen sind zweiseitig gewölbt (bikonvex) und der hintere Teil der Schalen (Wirbel genannt) ist zugespitzt und gewölbt. Der relativ lange Stiel ragt aus den Schalen heraus und kommt ohne Stielöffnung aus. Das Stielende hat keine wulstartige Verdickung.

H Sehr selten. Aus Bundenbach (Bartels & Poschmann 2002) ist nur eine Platte mit drei linguliden Brachiopoden mit erhaltenen Stielen bekannt geworden (Abb. 77).

7. Brachiopods

Due to their resemblance to ancient Etruscan lamps, brachiopods are also called in the vernacular "lamp shells". The name brachiopod is misleading: it is based on the (spiral) food collecting mechanism (lophophore), which was originally believed to be the catching apparatus or antennae in analogy to the snails and cephalopods. Brachiopods have bilaterally symmetric shells. The generally smaller upper "arm bearing" valve is therefore known as the brachial valve; the lower and bigger one, the pedicle valve. The fleshy pedicle, which serves as a hold to the substrate, emerges at the posterior end of the pedicle opening. The opposite margin is the anterior end. Here the valves open slightly during feeding, but remain in contact along the posterior hinge line by means of teeth and sockets in articulate brachiopods, and by means of pairs of muscles in inarticulate forms. The latter have phosphatic shells which are better preserved than the calcareous shells of the articulate brachiopods. Calcareous shells are mostly dissolved by sulphuric acid formed during pyritization. In a lot of genera the pedicle valve has a hollow depression, called the sulcus. The brachial valve shows a corresponding swelling (= fold).

During the Devonian there was an abundance of species. Today, however, the habitat of the brachiopods is taken over by the bivalves for the most part. The thick shelled coarse ribbed brachiopods like *Euryspirifer*, *Oligoptycherhynchus* and *Plebejochonetes* permit a more stable position against ocean currents and lived in the coastal region. On the other hand, the smooth fine ribbed *Chonetes* preferred rather deeper more calm water. The adaptations to the habitat (facies) produced a great interspecific variation. Representatives of the well-known wing-like superseded genus *Spirifer* are today assigned to the genera *Alatiformia*, *Brachyspirifer*, *Euryspirifer*, *Arduspirifer*, *Sollispirifer* and *Incertia*, and scientists have erected a lot of subspecies.

In this chapter the assignment is particularly based on shell form, length profile and sculpture. The additional important inner structures can, due to the preservational circumstances, unfortunately mostly not be determined (exception: internal moulds). One must note that these moulds mostly reveal fewer ribs than the shell surface. The number of ribs is given per flank (= half of the shell) and per 5 mm.
Among brachiopods there are important index fossils, like the short-living and widespread spiriferids.

In the Rhenish facies (Kirschweiler, Oberkirn, Lütz) the brachiopods show a greater diversity. The assignment is founded on the very scattered literature of several ages. In particular the Forschungsinstitut Senckenberg at Frankfurt am Main (Struve and Jansen) has described the brachiopods from the Rhenish Devonian systematically. Recently the geologist Mittmeyer (2008) erected a few new taxa (genus *Sollispirifer*, genus and species *Incertia* and subspecies of *Oligoptycherhynchus* and *Euryspirifer*). These descriptions are scientifically invalid, as they do not match the requirements of the international rules, and are here considered as preliminary.

Inarticulate brachiopods

Lingulid brachiopod

N *Lingula* = small tongue.

C The small shell is rather rounded-rectangular, triangular to elongate oval. The almost equal valves are biconvex and the rear part of the valves, called the umbo, is pointed and domed. The relatively long pedicle emerges between the valves, and so does not need a pedicle opening. The posterior part of the pedicle shows no bulb-like swelling.

R Very rare. From Bundenbach there is only one slab (Bartels & Poschmann 2002) with three lingulid brachiopods with preserved pedicles known (Fig. 77).

Sp Fuchs (1915) described *"Lingula" hunsrueckiana* with a pentagonal outline and concentric growth lines from the Hunsrück Slate of the Taunus region.

Si The width is 6–20 mm.

P The genus *Lingula* is today reserved for forms which appeared no earlier than the Cretaceous, and therefore is written between quotes

77 Lingulider Brachiopode mit körperlich erhaltenem Stiel. / **77** Linguloid brachiopod with preserved pedicle.

A Fuchs (1915) beschrieb »*Lingula*« *hunsrueckiana*, mit einem fünfseitigen Umriss und konzentrischen Anwachsstreifen aus dem Hunsrückschiefer des Taunus.

G Die Breite beträgt 6–20 mm.

B Die Gattung *Lingula* ist heute für die Formen, die ab der Kreidezeit vorkommen, reserviert und wird oben deswegen in Anführungszeichen aufgeführt. Lingulide Brachiopoden werden als »lebende Fossilien« betrachtet, da diese bis heute überlebt haben und sich über längere Zeit kaum oder nicht körperlich verändert haben (Abb. 78). Die hydrodynamische, löffelförmige Schale eignet sich zum Graben. Sie leb(t)en infaunal in vertikalen Wohnröhren und werden vielleicht deswegen so selten im Hunsrückschiefer gefunden.

V Rechter Hang des Watzelhainer Tals direkt südlich Watzelhain im Taunus. Bundenbach (Grube Obereschenbach).

»*Orbiculoidea*« *mediorhenana* (Abb. 28, 189)

N *Orbiculus* = kleine Scheibe. Alter Name: *Discina*.

M Der Wirbel der annähernd runden Schalen liegt in der Mitte (Stielklappe) und in Randnähe (Armklappe). Die Stielklappe ist stark konisch; die Armklappe flach bis mäßig gewölbt. Die Skulptur besteht aus konzentrischen, feinen Anwachslinien, deren Zwischenabstand während des Wachstums zunimmt. Deren Zahl beträgt bei kleinen Exemplaren etwa 22–30 und bei den größeren 3–4. Es gibt zwischengeschaltete, schwächere Linien. Die runde Stielöffnung befindet sich am hinteren Ende eines langen, schmalen Schlitzes, der vom Wirbel der Stielklappe nach außen/hinten verläuft, aber nicht den Rand erreicht. Der kurze Stiel verschmälert sich allmählich und endet mit einem Wulst (Abb. 79).

H Häufig. Exemplare mit erhaltenen Stielen (Südkamp 1997) sind äußerst rar.

A Die Schalenform und der Querschnitt meiner Funde weichen von den typischen *Orbiculoidea* ab und die Gattung ist deswegen mit Anführungszeichen versehen. Die größten Exemplare mit deutlich entwickelten Rippen (10–15) und breiteren Zwischenräumen gehören möglicherweise einer anderen Art an (Abb. 80).

G Der Durchmesser beträgt im Allgemeinen 6–19 mm. Die beachtlich größeren Exemplare haben einen Durchmesser von 40–60 mm.

B Die Gattung *Discina* ist heute für die noch lebenden Formen reserviert. Der Wulst am Stielende diente zur Verankerung (Gegengewicht) im Sediment. Bei einigen Exemplaren sind die Bürstenhaare (Setae) am vorderen Schalenrand zu erkennen. Diese strudelten die Nahrung heran und vermieden Verstopfungen durch grobe Fremdkörper (wie Sandkörner). Die Lebensweise war semi-epifaunal, also teilweise im Meeresboden lebend. Ein Anzeichen dafür sind die groben Rippen, die im Querschnitt wie konkave Schichtstufen aussehen und so im Sediment greifen konnten.

V Lütz (Grube Herrenfeld). Gondershausen (Grube Schorfeld). Breitenthal (Grube Schielenberg). Bundenbach (Gruben Eschenbach, Schmiedenberg/Mühlenberg, Au). Gemünden (Kaisergrube).

78 Der heutige *Lingula* gilt als lebendes Fossil.
78 The extant *Lingula* is known as a living fossil.

above. Lingulid brachiopods are called "living fossils", because they are extant and did not change their morphology (much) (Fig. 78). The hydrodynamic spatulate shell is suitable for burrowing. They live(d) as infauna in vertical burrows, and are maybe therefore found seldom in the Hunsrück Slate.

O Right slope of the Watzelhainer valley straight south of Watzelhain in the Taunus. Bundenbach (Obereschenbach quarry).

79 »*Orbiculoidea*« mit körperlich erhaltenem Stiel. Zu beachten ist der Wulst am Stielende. Siehe auch Abbildung 78.
79 "*Orbiculoidea*" with preserved pedicle. Note the bulb at the end of the pedicle. See also Figure 78.

80 Großes Exemplar von »*Orbiculoidea*« mit Bürstenhaaren. Stielklappe. / **80** Large specimen of "*Orbiculoidea*" with setae. Pedicle valve.

Artikulate Brachiopoden

Leptostrophiella explanata (Abb. 81)

N *Leptos* = klein. *Strophia* = abzweigen, abbiegen. *Explanatus* = deutlich.

M Die große Schale ist wappenförmig und breiter als lang. Am breitesten ist sie etwa auf halber Schalenlänge. Die Stielklappe ist leicht gewölbt; die Armklappe leicht eingesenkt (konkav). Der Schlossrand ist gerade. Die Skulptur besteht aus einer gleichmäßigen, feinen Berippung.

H Sehr selten.

G Die Breite beträgt 50–58 mm.

B Laut Jansen (2001) hat *Leptostrophiella*, im Gegensatz zu *Mesoleptostrophia*, keine zwischengeschalteten Rippchen. Im »Treatise« sind die beiden Gattungen jedoch gleichgestellt. Im Bundenbacher Hunsrückschiefer kommen ähnliche Exemplare vor, die mittelgroß (Breite 21–28 mm) sind und vorerst nur als Strophomeniden bestimmt werden können.

V Birkenfeld (Schemelsbach). Schneppenbach (Aufschluss am Weg zur Schmidtburg). Wispertal (Bereich Hexit-Linesitt).

81 *Leptostrophiella*.

"Orbiculoidea" mediorhenana (Figs. 28, 189)

N *Orbiculus* = small disc. Old name: *Discina*.

C The umbo of the approximately round shells lies in the middle (pedicle valve) and near the margin (brachial valve). The pedicle valve is strongly conical; the brachial valve smooth to moderately convex. The sculpture consists of concentric fine growth lines with an increasing distance during growth between them. Their number among small specimens is around 22–30 and among the largest 3–4. Intercalated weaker lines are present. The round pedicle opening is located at the rear of a long and narrow track, which runs from the umbo of the pedicle valve outwards/posteriorly, but does not reach the margin. The short pedicle diminishes in size gradually and ends with a bulb (Fig. 79).

R Common. Specimens with preserved pedicles (Südkamp 1997) are extremely rare.

Sp Shell form and profile of my finds are in contrast to the tyical *Orbiculoidea*, and the genus is therefore in quotes. The largest specimens with well-developed ribs (10–15) and broader intermediate furrows probably belong to another species (Fig. 80).

Si The diameter is generally 6–19 mm. The significantly larger specimens have a diameter of 40–60 mm.

P The genus *Discina* is nowadays reserved for the living forms. The bulb of the distal pedicle served as a kind of anchoring (counterweight) into the sediment. Some specimens show the brush hairs (setae) at the anterior shell margin. These functioned in food gathering and prevented blockages by foreign coarse bodies (like sand particles). Mode of life was semi-epifaunal, that is to say partly in the sea floor. A sign for this are the coarse ribs, which have a cuesta shaped cross section to have more grip in the sediment.

O Lütz (Herrenfeld quarry). Gondershausen (Schorfeld quarry). Breitenthal (Schielerberg quarry). Bundenbach (Eschenbach, Schmiedenberg/Mühlenberg, Au quarries). Gemünden (Kaisergrube).

Articulate brachiopods

Leptostrophiella explanata (Fig. 81)

N *Leptos* = small. *Strophia* = turning, twisting. *Explanatus* = clear.

C The large valve is shaped like a coat of arms and wider than long. The greatest width is at about half of the valve length. The pedicle valve

82 *Loreleiella* zeigt die Dentikel am Schlossrand und den Schlossfortsatz.
82 *Loreleiella* shows the thorns at the margin of the hinge line and the process of the hinge.

Loreleiella dilatata (Abb. 82)

N *Dilato* = erweitern, vergrößern.

M Die Schale ist quergestreckt und ziemlich groß. Die größte Breite wird am geraden Schlossrand erreicht. Das Längsprofil ist konkav-konvex. Die starke Wölbung der Stielklappe nimmt nach hinten-außen ab. Die Dornen des Schlossrandes sind oft nicht erhalten. Die Skulptur besteht aus feinen Radialrippen (4–5) und zwischengeschalteten Rippchen.

H Sehr selten.

G Die Breite beträgt etwa 40 mm.

V Gondershausen (Grube Schorfeld). Birkenfeld (Schemelsbach).

Chonetes (Abb. 83)

N *Sarcinula* = Päckchen, Bündelchen. *Semiradiatus* = halb strahlenförmig.

M Die kleine, dünne Schale hat einen plan- bis konkav-konvexen Umriss und ist halbkreisförmig. Die Skulptur besteht aus feinen, strahlenförmig verlaufenden Rippchen, die teilweise von schwächeren Anwachslinien gekreuzt werden. Am Vorderrand vermehren sich die Rippchen.

H Häufig.

A Racheboeuf & Fuchs (1988) unterschieden die Untergattungen *Plebejochonetes* und *Chonetes* auf Basis der größeren (40°) beziehungsweise kleineren (15°) Winkel, unter denen die Rippen vom Hinterrand ausgehen. Dies wird als evolutionäre Tendenz gesehen. Im Hunsrückschiefer kommen *Chonetes (Chonetes) sarcinulatus* (Synonym: *C. oblonga*) und *C. (Plebejochonetes) semiradiatus* vor. Diese unterscheiden sich in der Rippenzahl (30–50 = schmalrippig bzw. 15–28 = breitrippig). Außerdem ist letztere mehr gewölbt.

G Die Breite beträgt 3,5–17 mm.

B Es gibt eine große Varietät zwischen den Arten, die sich auf die Form der Schale, das Querprofil und die Rippenzahl beziehen.

V Wispertal (Grube Wilhelm und Bereich Hexit-Linesitt). Lütz (Gruben Herrenfeld, Friedhof, Weinsberg). Birkenfeld (Schemelsbach). Kirschweiler. Bundenbach (Gruben Eschenbach/Schmiedenberg/Mühlenberg). Gemünden (Kaisergrube).

83 *Chonetes.*

is moderately convex; the brachial valve moderately concave. The hinge line is straight. The ornament consists of a uniform fine ribbing.

R Very rare.

Si The width is 50–58 mm.

P According to Jansen (2001) *Leptostrophiella* has, opposite to *Mesoleptostrophia*, small intermediate riblets. In the "Treatise" both genera are the same however. In the Hunsrück Slate of Bundenbach similar specimens occur which are of medium size (width 21–28 mm) and can for the time being only be described as strophomenids.

O Birkenfeld (Schemelsbach). Schneppenbach (outcrop at the road to the Schmidtburg). Area Hexit-Linesitt in the Wispertal.

Loreleiella dilatata (Fig. 82)

N *Dilato* = to expand, to enlarge.

C The valve is transversally elongated and quite large. The greatest width is at the straight hinge line. The length profile is concavo-convex. The strong curvature of the pedicle valve diminishes rearwards-laterally. The spinelets of the hinge line are often not preserved. The ornament consists of fine radial ribs (4–5) and intermediate riblets.

R Very rare.

Si The width is about 40 mm.

O Gondershausen (Schorfeld quarry). Birkenfeld (Schemelsbach).

Chonetes (Fig. 83)

N *Sarcinula* = small pack or bundle. *Semiradiatus* = half radially arranged.

C The small, thin shell has a plano- or concavo-convex outline and is semi-circular shaped. The sculpture is composed of fine, radially arranged riblets, which are partly crossed by weaker growth lines. The riblets increase at the anterior margin.

R Common.

Sp Racheboeuf & Fuchs (1988) distinguished the subgenera *Plebejochonetes* and *Chonetes* on the basis of the bigger (40°) or smaller (15°) angle respectively, at which the ribs start from the posterior margin. This is seen as an evolutionary trend. In the Hunsrück Slate *Chonetes (Chonetes) sarcinulatus* (synonym: *C. oblonga*) and *C. (Plebejochonetes) semiradiatus* occur. These are distinguished by the number of the ribs (respectively 30–50 = narrow-ribbed and 15–28 = broad-ribbed). The latter is also more convex.

Si The width is 3.5–17 mm.

P There is a great intraspecific variation in the outline of the shell, length profile and the number of ribs.

84 *Iridistrophia.*

Iridistrophia (Flabellistrophia) hipponyx (Abb. 84)

N *Iridi* = unzählbar. *Flabellum* = Fächer. *Strophia* = abzweigen, abbiegen.

M Der Umriss ist annähernd elliptisch. Die Stielklappe ist etwa flach; die Armklappe mäßig gewölbt. Der Schlossrand ist gerade und die größte Breite der Schale liegt etwas davor. Die Oberfläche ist mit feinen, radialstrahlig verlaufenden Rippen versehen.

H Sehr selten.

G Die Breite beträgt 40 mm.

V Lütz (Grube Wrede). Gondershausen (Grube Schorfeld).

Platyorthis circularis (Abb. 85)

N *Platy* = flach. *Orthos* = gerade mit Bezug auf den geraden Schlossrand. *Circularis* = rund.

M Der mittelgroße *Platyorthis* hat einen schildförmigen Umriss und das Längsprofil ist annähernd plankonvex. Der Schlossrand ist gerade (Name!). Die Armklappe besitzt manchmal einen seichten Sinus. Sehr charakteristisch ist das Innere der Stielklappe. Es besteht aus zwei vom Schlossrand ausgehenden und im Winkel von etwa 60° divergierenden Zahnstützen, den dazwischenliegenden seichten Muskeleindrücken und ein in der Mitte liegendes, etwa 2/3 der Schalenlänge einnehmendes Septum. Das Medianseptum ist eine kräftig entwickelte Mittelwand, die als Muskelansatzstelle dient. Entsprechend der Steinkernerhaltung sind die Zahnstützen und das Medianseptum als Furchen ausgebildet. Die feine, radiale Berippung ist in diesem Fall nur undeutlich ausgeprägt und tritt nur am Rand scharf hervor.

H Selten.

A Die kleinen Schalen von *Orthis nocheri* (Fuchs 1915) sind vielleicht Jungtiere von *Platyorthis circularis*.

G Die Breite beträgt 16–21 mm.

V Weggabelung zur Rhein- und Geiershalle bei Bornich. Wispertal (Bereich Hexit/Linesitt und Herrmannssteg-Laukenmühle). Breitenthal (Grube Schielenberg). Oberkirn (Grube Karschheck). Bundenbach (Gruben Obereschenbach, Schmiedenberg/Mühlenberg). Gehlweiler (Grube Drei Männer).

O Wispertal (Wilhelm quarry and area Hexit-Linesitt). Lütz (Herrenfeld, cemetery, Weinsberg quarries). Birkenfeld (Schemelsbach). Kirschweiler. Bundenbach (Eschenbach/Schmiedenberg/Mühlenberg quarries). Gemünden (Kaisergrube).

Iridistrophia (Flabellistrophia) hipponyx (Fig. 84)

N *Iridi* = uncountable. *Flabellum* = fan. *Strophia* = turning, twisting.

C The outline is approximately elliptic. The pedicle valve is almost flat; the brachial valve moderately convex. The hinge line is straight and the greatest width of the valve lies somewhat in front of the hinge. The surface is covered with fine radial ribs.

R Very rare.

Si The width is 40 mm.

O Lütz (Wrede quarry). Gondershausen (Schorfeld quarry).

Platyorthis circularis (Fig. 85)

N *Platy* = flat. *Orthos* = straight according to the straight hinge line. *Circularis* = round.

C The medium-sized *Platyorthis* is shaped like a coat of arms and is in length profile approximately planoconvex. The hinge line is straight (name). The brachial valve sometimes has a shallow sulcus. The interior of the pedicle valve is very characteristic. It is composed of two dental plates which protrude from the hinge line and diverge at an angle of about 60°, intermediate shallow muscle scars, and a medially positioned septum which fills up roughly 2/3 of the shell length. The median septum is a strongly turned out middle wall, which serves as a muscle starting point. According to the internal mould type, the dental plates and the median septum are developed as furrows. In this case, the fine radial ribbing is only poorly revealed and is emphasized only strongly at the margin.

R Rare.

Sp The small shells of *Orthis nocheri* (Fuchs 1915) are maybe juveniles from *Platyorthis circularis*.

Si The width is 16–21 mm.

O Road fork to the Rhein- and Geiershalle near Bornich. Wispertal (area Hexit-Linesitt and Herrmannssteg-Laukenmühle). Breitenthal (Schielenberg quarry). Oberkirn (Karschheck quarry). Bundenbach (Obereschenbach, Schmiedenberg/Mühlenberg quarries). Gehlweiler (Drei Männer quarry).

Tropidoleptus carinatus rhenanus (Fig. 86)

N *Tropido* = keel. *Leptus* = thin, slender. *Carinatus* = ridged.

C The small shell is about half-elliptical in outline, wider than long and has a long straight hinge line. The pedicle valve is moderately convex; the brachial valve flat or moderately concave. The dental complexes are strong, short and completely separated from the hinge line by deep furrows. The surface is covered with simple strong radial ribs.

85 *Platyorthis* mit Zahnstützen. Armklappe.
85 *Platyorthis* with dental plates. Brachial valve.

86 *Tropidoleptus.*

Tropidoleptus carinatus rhenanus (Abb. 86)

N *Tropido* = Kiel. *Leptus* = dünn, schmal. *Carinatus* = geriffelt.

M Die kleine Schale ist im Umriss etwa halb-elliptisch, breiter als lang und hat einen langen, geraden Schlossrand. Die Stielklappe ist leicht konvex; die Armklappe flach oder leicht konkav. Die Zahnkomplexe sind kräftig, kurz und vollständig durch tiefe Rinnen vom Schlossrand getrennt. Die Oberfläche ist mit einfachen, kräftigen Radialrippen bedeckt.

H Sehr selten.

G Die Breite beträgt 7–9 mm.

V Kirschweiler.

Rhynchonellide indet. (Abb. 87)

N *Rhygchos* = Schnauze, Schnabel.

M Bartels et al. (1998: Figur 81) und Bartels & Brassel (1990: Abb. 72b) bildeten einen nicht näher bestimmten Brachiopoden ab. Seine kugelige Form mit Sattel und Sinus versehene Schale und sein kräftig gefalteter Vorderrand deuten auf eine Rhynchonellide hin. Der Schlossrand und der Wirbel sind kurz.

H Sehr selten.

G Die Breite beträgt 19–29 mm.

V Bundenbach (Grube Obereschenbach).

Oligoptycherhynchus daleidensis (Abb. 88)

N *Oligos* = wenig. *Ptyche* = Falte. *Rhyngchos* = Zunge, Schnauze. Alter Name: *Terebratula*.

M Der mittelgroße *Oligoptycherhynchus* ist herzförmig. Die Armklappe ist stark gewölbt; die Stielklappe flach. Sattel und Sinus sind gut ausgebildet. Der Sinus erweitert sich nach vorne. Man zählt 7–10 grobe, dachförmige Rippen; drei weitere Rippen verteilen sich auf dem Sinus.

H Zwei Exemplare bekannt.

G Die Breite beträgt 17 mm.

B Mittmeyer (2008) beschrieb die neue Art *Oligoptycherhynchus prodaleidensis*. Dieser Vorläufer von *O. daleidensis* ist von ähnlicher Größe und hat einen schwächer geprägten Sinus. Sartenaer (2010) bezeichnete die Bestimmung Mittmeyers als falsch und beschränkte das Vorkommen von *O. daleidensis* vorerst auf Daleiden in der Eifel.

V Birkenfeld (Schemelsbach).

87 Rhynchonellide. / **87** Rhynchonelloid.

R Very rare.

Si The width is 7–9 mm.

O Kirschweiler.

Rhynchonelloid indet. (Fig. 87)

N *Rhygchos* = snout, beak.

C Bartels et al. (1998: figure 81) and Bartels & Brassel (1990: Abb. 72b) depicted a brachiopod with no further taxonomic assignment. Its sphere-like outline with fold and sulcus on the shell and its strong folded anterior margin point to a rhynchonelloid. The hinge line and umbo are short.

R Very rare.

Si The width is 19–29 mm.

O Bundenbach (Obereschenbach quarry).

Oligoptycherhynchus daleidensis (Fig. 88)

N *Oligos* = few. *Ptyche* = fold. *Rhyngchos* = snout. Old name: *Terebratula*.

C The medium sized *Oligoptycherhynchus* is heart-shaped. The brachial valve is strongly convex; the pedicle valve flat. Fold and sulcus are well marked. The sulcus is widening anteriorly. It has 7–10 coarse roof-like

88 *Oligoptycherhynchus.*

89 *Atrypa.*

Atrypa lorana (Abb. 89)

M *Atrypa lorana* hat rundliche bis länglich-ovale Schalen. Die Stielklappe ist ein wenig konvex, flacht aber in Richtung Vorderrand ab. Die Armklappe ist stärker gewölbt. Der Wirbel ist kaum gekrümmt. Der Hinterrand ist gebogen oder gerade. Die Oberfläche ist mit groben Radialrippen, die sich nach vorne verzweigen, bedeckt. Die markanten Anwachslinien verlaufen in breiteren, ziemlich regelmäßigen Abständen. Wo diese die Radialrippen kreuzen, erscheinen sie verdickt und zerlegen so die Skulptur in ein gitterartiges Netzwerk, das wie ein Ziegeldach aussieht.

H Unikat.

G Die Breite beträgt 11 mm.

B Der bekannte *Atrypa reticularis* aus dem Silur ist feinrippig. Der hier vorgestellte Fund bestätigt die breitrippige *A. lorana* von Fuchs (1915).

V Birkenfeld (Schemelsbach). Moselsürsch.

90 *Anoplotheca.*

ribs; three further ribs are spread out over the sulcus.

R Two specimens known.

Si The width is 17 mm.

P Mittmeyer (2008) described the new species *Oligoptycherhynchus prodaleidensis*. This ancestor of *O. daleidensis* is of similar size and has a weaker marked sulcus. Sartenaer (2010) called the assignment of Mittmeyer erroneous and reduced the occurrence of *O. daleidensis* to Daleiden in the Eifel region for the moment.

O Birkenfeld (Schemelsbach).

Atrypa lorana (Fig. 89)

C *Atrypa lorana* has rounded to elongate oval shells. The pedicle valve is a little convex, but tends to level out toward the anterior margin. The brachial valve is more strongly convex. The umbo is hardly curved. The posterior margin is curved or straight. The surface is covered with coarse radial ribs that split further out anteriorly. The prominent growth lines are wider spaced at about regular distances. Where they cross the radial ribs, they seem thicker and decompose the ornament in a grid-like network, which has the appearance of a clay tile roof.

R Unique specimen.

Si The width is 11 mm.

P The well-known Silurian *Atrypa reticularis* has more and finer ribs. The find presented here confirms the wider ribbed *A. lorana* of Fuchs (1915).

O Birkenfeld (Schemelsbach). Moselsürsch.

Anoplotheca venusta (Fig. 90)

N *Venustus* = tempting.

C *Anoplotheca* has a circular outline with the exception of the hinge area. The valves reach their greatest width directly after it and are moderately to strongly convex. The pedicle valve bears a slender furrow-like sinus, which widens rapidly without becoming deeper. The umbo bends over the hinge line. The valves are finely folded or striped.

R Common.

Si The width is 8–15 mm.

O Area Hexit-Linesitt in the Wispertal. Lütz (Wrede, Herrenfeld, Weinsberg quarries). Gondershausen (Schorfeld quarry).

Athyris (Fig. 91)

C *Athyris* has a smooth biconvex shell of heart-like outline that is wider than long. The posterior margin is curved. The pedicle valve has a narrow sulcus in the middle part, while the brachial valve shows a flat bulge there. The umbo is mostly somewhat pointed because of the round pedicle opening. The shell may bear lamellar growth lines.

R Common.

Si The width varies between 15–26 mm.

O Breitenthal (Schielenberg quarry). Bundenbach (Franzendell, Eschenbach, Schmiedenberg/Mühlenberg quarries). Area Hexit-Linesitt in the Wispertal.

Alatiformia (Fig. 92)

N *Alatus* = winged. *Serus* = late, belated according to the youngest well ascertainable *Alatiformia*-species. Old name: *Spirifer*.

C *Alatiformia* has a weakly to strongly transverse shell with a deep sulcus which widens quickly, and a flattened fold with a median depression. The pedicle valve is more convex than the flattened brachial valve. The muscle platform of the pedicle valve is small, tapered and barely projects beyond the hinge line. The 10–12 ribs are sharply revealed particularly at the anterior end and next to the fold. The ribs are strong and twist in profile. The concentric growth lamellae are curving backwards, at least on the fold.

R Very rare.

Si The width is 21–56 mm.

Sp Fuchs (1909) described *Alatiformia mediorhenana* from the Lower Emsian; Becker & Jansen (1998) *A.* cf. *sera* from the upper Emsian. Both are distinguished from the type species *A. alatiformis* by a narrower sulcus

Anoplotheca venusta (Abb. 90)

N *Venustus* = verführerisch.

M *Anoplotheca* hat, den Bereich des Schlossrandes ausgenommen, einen runden Umriss. Die Schalen sind gleich hinter dem Schlossrand am breitesten und mäßig bis stark gewölbt. Die Stielklappe trägt einen schmalen, rinnenförmigen Sinus, der sich rasch erweitert, ohne tiefer zu werden. Der Wirbel ist über dem Schlossrand gekrümmt. Die Schalen sind fein gefaltet oder gestreift.

H Häufig.

G Die Breite beträgt 8–15 mm.

V Wispertal (Bereich Hexit-Linesitt). Lütz (Gruben Wrede, Herrenfeld, Weinsberg). Gondershausen (Grube Schorfeld).

Athyris (Abb. 91)

M *Athyris* hat eine glatte, bikonvexe Schale von herzförmigem Umriss, die breiter als lang ist. Der Hinterrand ist gebogen. Die Stielklappe ist im mittleren Teil mit einem schmalen Sinus versehen, während die Armklappe dort einen flachen Wulst aufweist. Der Wirbel ist meist durch die runde Stielöffnung etwas zugespitzt. Die Schale kann lamellare Anwachslinien zeigen.

H Häufig.

G Die Breite schwankt zwischen 15–26 mm.

V Breitenthal (Grube Schielenberg). Bundenbach (Gruben Franzendell, Eschenbach, Schmiedenberg/Mühlenberg). Wispertal (Bereich Hexit-Linesitt).

Alatiformia (Abb. 92)

N *Alatus* = geflügelt. *Serus* = spät, verspätet mit Bezug auf die jüngste, gut erfassbare *Alatiformia*-Art. Alter Name: *Spirifer*.

M *Alatiformia* hat eine mäßig bis stark quergestreckte Schale mit tiefem Sinus, die sich rasch erweitert und einen abgeflachten Sattel mit mittlerer Einsenkung. Die Stielklappe ist mehr gewölbt als die abgeflachte Armklappe. Der Muskelzapfen der Stielklappe ist klein, spitz und überragt den Schlossrand kaum. Die 10–12 Rippen sind besonders an der Vorderseite und neben dem Sattel scharf ausgeprägt. Die Rippen sind kräftig und im Querschnitt winklig. Die konzentrischen Anwachslamellen sind zumindest auf dem Sattel nach hinten gebogen.

H Sehr selten.

G Die Breite beträgt 21–56 mm.

A Fuchs (1909) beschrieb *Alatiformia mediorhenana* aus dem Unteremsium; Becker & Jansen (1998) *A.* cf. *sera* aus dem obersten Oberemsium.

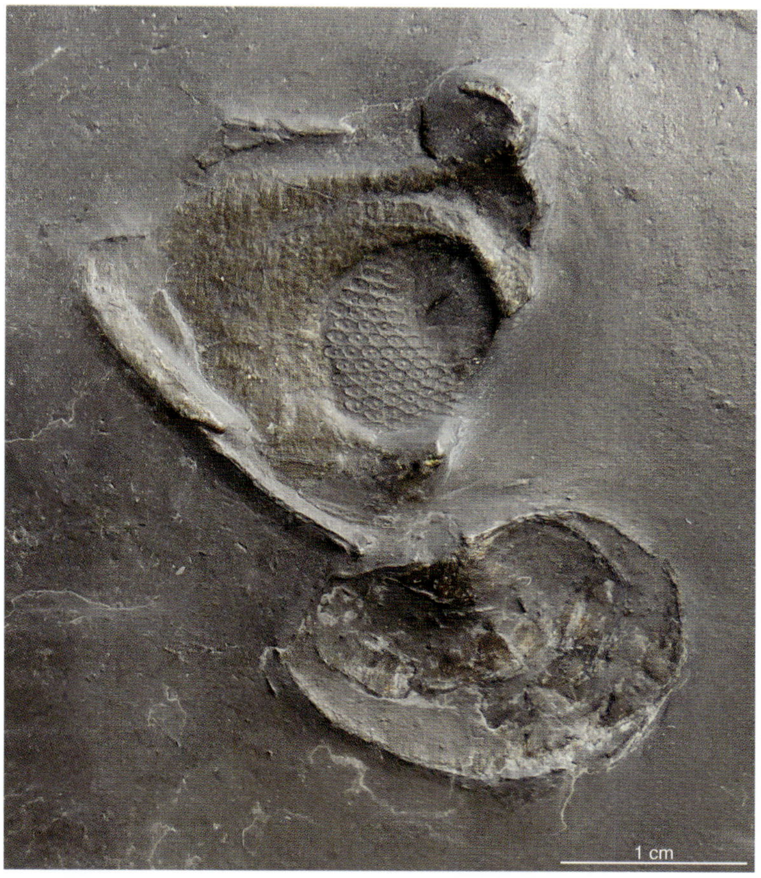

91 *Athyris* mit schizochroalem Auge des Trilobiten *Chotecops*.
91 *Athyris* with schizochroal eye of the trilobite *Chotecops*.

and fold (width about 3 to 4, and alternatively 4 to 7 bordering ribs). The amount of ribs of the smaller *A. mediorhenana* is less (5–7) than on the medium sized *A.* cf. *sera* (about 10).

O Lütz (Herrenfeld and Wrede quarries, NE Lützer cemetery). Engelport and Moselsürsch. Vogelsang near Weisel, Ski jump near Lippern and Heimbachtal near Bornich. Kirschweiler.

Brachyspirifer explanatus

N *Brachy* = short. *Explanatus* = explained, flattened. Old name: *Spirifer*.

C *Brachyspirifer* is medium sized and moderately biconvex. The outline looks like an escutcheon and is wider than long. The hinge line is slightly

92 *Alatiformia*. Stielklappe. / **92** *Alatiformia*. Pedicle valve.

93 *Brachyspirifer*. Armklappe. Zu beachten ist das innere spiralige Armgerüst links vom gestreiften Sinus.
93 *Brachyspirifer*. Brachial valve. Note the inner spiralia of the lophophore to the left of the striated sinus.

Beide unterscheiden sich von der Typusart *A. alatiformis* durch einen schmaleren Sinus und Sattel (Breite etwa 3 bis 4 bzw. 4 bis 7 angrenzende Rippen). Die Rippenzahl vom kleineren *A. mediorhenana* ist geringer (5–7) als vom mittelgroßen *A.* cf. *sera* (etwa 10).

V Lütz (Gruben Herrenfeld und Wrede, nordöstlich Lützer Friedhof). Engelport und Moselsürsch. Vogelsang bei Weisel, Schanze bei Lippern und Heimbachtal bei Bornich. Kirschweiler.

Brachyspirifer explanatus

N *Brachy* = kurz. *Explanatus* = erklärt, abgeflacht. Alter Name: *Spirifer.*

M *Brachyspirifer* ist mittelgroß und mäßig gewölbt. Der Umriss ist schildförmig und breiter als lang. Der Schlossrand ist etwas kürzer als die maximale Schalenbreite. Der V-förmige Sinus ist zumindest so breit wie drei benachbarte Rippen und verbreitert sich allmählich nach vorne. Beiderseits davon liegen 17 kräftige, runde, ungeteilte Radialrippen. Besonders im Sinus treten leicht gebogene Anwachsstreifen (8) hervor. Die weitere Schale trägt zickzackförmig-wellige Anwachslinien (18), die nach der Höhe der Rippen zurückspringen.

H Selten.

G Die Breite beträgt 26,5–60 mm.

B Bei einem Exemplar fehlt die Schale teilweise, sodass dort das spiralige Armgerüst (Lophophore, Futterapparat) sichtbar wird (Abb. 93).

V Wispergebiet im Taunus (Grube Wilhelm, Bereich Hexit-Linesitt). Ransel (Grube Charlottenberg im Herrnsbach-Tal). Rhaunen (Grube Lingenbach). Oberkirn (Grube Karschheck).

Euryspirifer assimilis (Abb. 94)

N *Eurys/latissimus* = breit. *Assimilis* = ziemlich ähnlich. Alter Name: *Spirifer.*

M *Euryspirifer* ist großwüchsig, gleichmäßig gewölbt und der Umriss ist stark quergestreckt. Auf der Oberfläche sind 10–25 kräftige Rippen ausgebildet. Der Sinus besitzt meist eine Medianrippe und bei *E. assimilis* sind die Grenzrippen mit in den Sinus einbezogen. Der Muskelzapfen überragt den Schlossrand deutlich nach hinten. Die Anwachslamellen haben geringes Relief (Jansen 2001).

H Selten.

A *Euryspirifer assimilis* besitzt eine geringere Rippenzahl und gedrungenere Form als die Typusart der Gattung. Mittmeyers (2008) aufgestellte Unterart *E. a. assimilis* kennzeichnet sich durch eine geringe Breite, relativ grobe Rippen (9–11) und etwas stumpfe, nur schwach ausgezogene Flügel. *E. a. latissimus* Mittmeyer (2008) hat relativ breite, nicht seitlich ausgezogene Flügel und 12 oder mehr Rippen auf Steinkernen.

G Die Breite beträgt meist über 50–92 mm.

V Wispergebiet im Taunus (Bereich Hexit-Linesitt, Dachschiefergrube SW Geroldstein). Birkenfeld (Schemelsbach). Kirschweiler. Bundenbach (Grube

94 *Euryspirifer*. Armklappe. / **94** *Euryspirifer*. Brachial valve.

shorter than the maximum width. The V-like sulcus is at least as wide as three neighbouring ribs and widens gradually to the front. There are 17 strong round undivided radial ribs at both sides. Slightly bent growth lines (8) protrude especially in the sulcus. The rest of the shell shows zigzag-undulated growth lines (18), which bend posteriorly towards the height of the ribs.

R Rare.

Si The width is 26.5–60 mm.

P One specimen is missing the layers of the shell in some areas and, thus, the spiralia of the lophophore (feeding organ) are visible there (Fig. 93).

O Wisper area in the Taunus (Wilhelm quarry, area Hexit-Linesitt). Ransel (Charlottenberg quarry in the Herrnsbach-Tal). Rhaunen (Lingenbach quarry). Oberkirn (Karschheck quarry).

Euryspirifer assimilis (Fig. 94)

N *Eurys/latissimus* = wide. *Assimilis* = quite similar. Old name: *Spirifer.*

C *Euryspirifer* is large, equally biconvex, and the outline is strongly transverse. The number of strong ribs on the surface is 10–25. The sulcus has mostly a median ridge, and among *E. assimilis* the bordering ribs are included into the sinus. The muscle platform projects the hinge line clearly to the rear. The growth lamellae have low relief (Jansen 2001).

R Rare.

Sp *Euryspirifer assimilis* has fewer ribs and a stockier outline than the type species of the genus. Mittmeyer's (2008) set-up subspecies *E. a. assimilis* is characterized by a low width, relatively coarse ribs (9–11) and somewhat blunt only weak projecting wings. *E. a. latissimus* Mittmeyer (2008) has relatively wide not sideward extending wings and 12 or more ribs on moulds.

Si The width is mostly above 50–92 mm.

O Wisper area in the Taunus (area Hexit-Linesitt, Roof-slate quarry SW Geroldstein). Birkenfeld (Schemelsbach). Kirschweiler. Bundenbach (Eschenbach quarry). Schneppenbach (lower part of the way to the Schmidtburg). Rudolfshaus near Hipp(e)lau quarry. Oberkirn (Karschheck quarry).

Arduspirifer arduennensis (Figs. 95, 96)

N *Arduus* = steep height. *Latestriatus* = with wide furrows. *Antecedens* = previous. Old names: *Spirifer*, *Acrospirifer*.

C *Arduspirifer arduennensis* has small to medium sized shells and is moderately transverse. The outline is almost wide-semi elliptical. The pedicle valve is more convex than the brachial valve. The number of ribs on moulds is between 5 and 7. The ribs are moderately strong to very strong. The sulcus is roughly flat and without a median ridge. The clearly contrasting muscle platform projects to varying degrees backwards beyond the hinge line. The growth lamellae are strong and often produce pronounced steps (Jansen 2001).

R Rare.

95 *Arduspirifer*. Stielklappe. Links. / **95** *Arduspirifer*. Pedicle valve. Left.

Eschenbach). Schneppenbach (Unterer Weg zur Schmidtburg). Rudolfshaus in der Nähe der Grube Hipp(e)lau. Oberkirn (Grube Karschheck).

Arduspirifer arduennensis (Abb. 95, 96)

N *Arduus* = steile Höhe. *Latestriatus* = mit breiten Furchen versehen. *Antecedens* = vorherig. Alte Namen: *Spirifer, Acrospirifer.*

M *Arduspirifer arduennensis* besitzt kleine bis mittelgroße Schalen und ist mäßig quergestreckt. Der Umriss ist etwa breit-semielliptisch. Die Stielklappe ist gewölbter als die Armklappe. Die Rippenzahl auf Steinkernen beträgt zwischen 5 und 7. Die Rippen sind mäßig stark bis sehr kräftig. Der Sinus ist annähernd glatt und besitzt keine Medianrippe. Der deutlich abgesetzte Muskelzapfen überragt den Schlossrand unterschiedlich weit nach hinten. Die Anwachslamellen sind kräftig und bilden oft deutliche Stufen (Jansen 2001).

H Selten.

A Im Hunsrückschiefer kommen die Unterarten *Arduspirifer arduennensis prolatestriatus* und *A. a. antecedens* vor. Letztere ist gedrungener und besitzt einen ausgeprägten kantigen Muskelzapfen, der einen deutlichen Wölbungsknick nach vorn bildet und nach hinten weit über den Schlossrand hinausreicht. Die Rippen sind weniger kräftig als bei *A. a. prolatestriatus*.

G Die Breite beträgt 20–40 mm.

V Mayen (Gruben Katzenberg, Mosellaschacht). Trimbs (Gruben Margaretha, Wilbert). Düngenheim (Grube Antonius). Kehrig (Grube Bausberg). Wispergebiet im Taunus (Bereiche Ransel-Wollmerschied, Hexit-Linesitt und Geroldstein). Birkenfeld (Schemelsbach). Kirschweiler. Bundenbach (Grube Eschenbach). Schneppenbach (Unterer Weg zur Schmidtburg). Rudolfshaus in der Nähe der Grube Hipp(e)lau. Oberkirn (Grube Karschheck).

Sollispirifer mosellanus dahmeri (Abb. 97)

N Alte Namen: *Arduspirifer, Hysterolites (Acrospirifer), Spirifer*.

M *Sollispirifer mosellanus dahmeri* ist mittelgroß und stark querverlängert. Die Stielklappe ist mäßig bis stark gewölbt; die Armklappe flacher gewölbt. Der Umriss ist stumpf-halb oval bis halbkreisförmig. Der flache Sinus ist ziemlich schmal (1½-fache Breite der benachbarten Rippen) und besitzt meist eine Medianrippe. Die Rippenzahl beträgt meist 7, auf Steinkernen hingegen nur 5. Die Rippen sind flach und gerundet. Die inneren Rippen sind deutlich; die äußeren Rippen nur schwach entwickelt. Der Muskelzapfen ist ebenso lang wie breit, flach, zweigeteilt und überragt vorne den Schlossrand kaum.

H Selten.

G Die Breite beträgt 30–50 mm.

B Mittmeyer (2008) hat *Arduspirifer mosellanus* in *Sollispirifer mosellanus* umbenannt.

V Lütz (Lützer Friedhof, Gruben Wrede und Herrenfeld).

96 *Arduspirifer*. **A**, Stielklappe; **B**, Armklappe. Mit konzentrischen Anwachslamellen und fimbriater (= dorniger) Mikroskulptur im Sinus.
96 *Arduspirifer*. **A**, Pedicle valve; **B**, Brachial valve. With concentric growth lamellae and fimbriate (= thorny) micro sculpture in the sinus.

Sp In the Hunsrück Slate the subspecies *Arduspirifer arduennensis prolatestriatus* and *A. a. antecedens* occur. The latter is more compact and has a pronounced angular muscle platform, which curves distinctly forwards, and extends far to the rear over the hinge line. The ribs are less strong than in *A. a. prolatestriatus*.

Si The width is 20–40 mm.

O Mayen (Katzenberg, Mosellaschacht quarries). Trimbs (Margaretha, Wilbert quarries). Düngenheim (Antonius quarry). Kehrig (Bausberg quarry). Wisper area in the Taunus (areas Ransel-Wollmerschied, Hexit-Linesitt and Geroldstein). Birkenfeld (Schemelsbach). Kirschweiler. Bundenbach (Eschenbach quarry). Schneppenbach (lower way to the Schmidtburg). Rudolfshaus near Hipp(e)lau quarry. Oberkirn (Karschheck quarry).

Sollispirifer mosellanus dahmeri (Fig. 97)

N Old names: *Arduspirifer, Hysterolites (Acrospirifer), Spirifer*.

C *Sollispirifer mosellanus dahmeri* is medium sized and strongly transverse. The pedicle valve is moderately to strongly convex; the brachial valve smoother convex. The outline is blunt-semi-oval to semi-circular. The shallow sulcus is markedly narrow (1½-times the width of the neighbouring ribs) and mostly has a median rib. The number of ribs is mostly 7, but on moulds only 5. The ribs are smooth and rounded. The inner ribs are prominent; the outer ones are poorly developed. The muscular platform is as long as wide, smooth, divided into two parts, and protrudes barely in front of the hinge line.

97 *Sollispirifer*. Stielklappe. / **97** *Sollispirifer*. Pedicle valve.

98 *Incertia.*

Incertia incertissima (Abb. 98)

N *Incertus* = unsicher. Alte Namen: *Spirifer incertus* und *S. incertissumus*.

M *Incertia* umfasst mittelgroße, halbkreisförmige bis mäßig verbreiterte, bikonvexe Spiriferen. Der Hinterrand ist gebogen. Die Zahnstützen schneiden zwischen der 3. und 4. Rippe ein. Die Oberfläche ist mit 16 bis 18 Rippen versehen.

H Unikat.

G Die ganze Breite betrug etwa 42 mm.

B Godefroid et al. (2002) führten den neuen Namen *Spirifer incertissimus* ein, der von Mittmeyer (2008) in *Incertia incertissima* geändert wurde.

V Kirschweiler.

Martinia (Abb. 99)

M *Martinia* hat bikonvexe, etwa gleichgroße, gerundete Schalen. Falte und Sinus sind gut entwickelt. Der Schlossrand ist kurz. Die Skulptur besteht aus schwachen Radialrippen, die auch ganz fehlen können und konzentrischen Anwachslamellen.

H Selten.

G Die Breite beträgt 13,5–33 mm.

V Breitenthal (Grube Schielenberg). Bundenbach (Gruben Eschenbach, Schmiedenberg/Mühlenberg).

Terebratulide indet. (Abb. 100)

N *Terebratus* = durchbohrt.

M Es handelt sich um länglich ovale oder tropfenförmige Schalen, die an der äußeren Hinterseite zugespitzt und an der Vorderseite gerundet sind. Der Schlossrand ist kurz. Die Stielklappe zeigt am Wirbel eine runde Stielöffnung, die Schalenoberfläche ist meist glatt.

H Selten.

G Die Breite beträgt 17–26 mm.

V Bundenbach (Gruben Eschenbach, Schmiedenberg/Mühlenberg). Gehlweiler (Grube Drei Männer).

Meganteris ovata (Abb. 101)

N *Megas* = groß. *Ovata* = eiförmig.

M Die große Schale hat eine kurz-ovale Form (Name!). Die Klappen sind flach gewölbt und die Oberfläche ist fast glatt. Der Wirbel der Stielklappe ragt nur wenig hervor.

H Sehr selten.

G Die Breite beträgt 36–62 mm.

V Birkenfeld (Schemelsbach). Wispertal (Bereich Hexit-Linesitt).

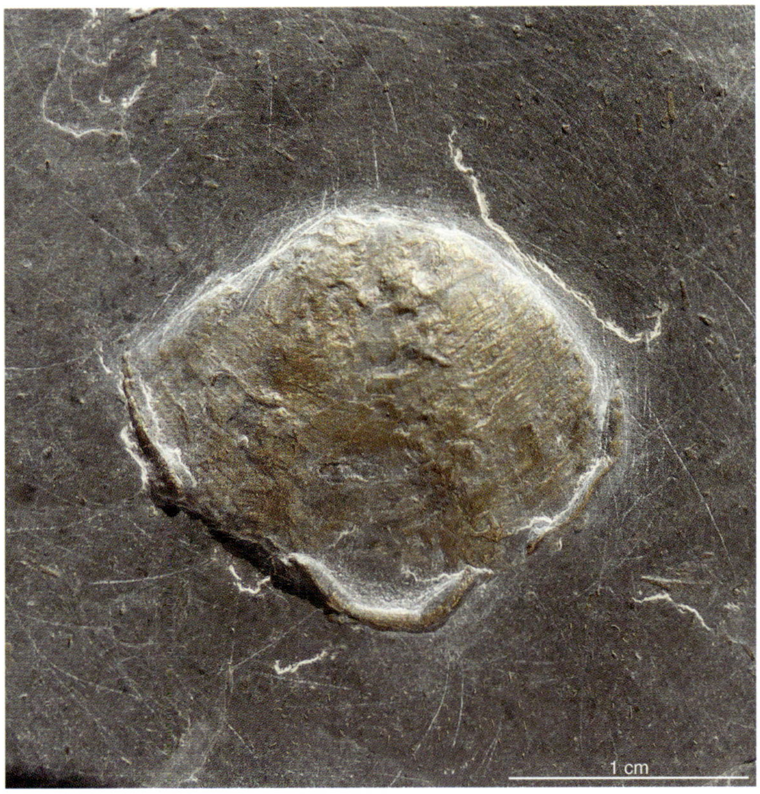

99 *Martinia.*

R Rare.

Si The width is 30–50 mm.

P Mittmeyer (2008) renamed *Arduspirifer mosellanus* as *Sollispirifer mosellanus*.

O Lütz (Lützer cemetery, Wrede and Herrenfeld quarries).

Incertia incertissima (Fig. 98)

N *Incertus* = uncertain. Old names: *Spirifer incertus* and *S. incertissimus*.

C *Incertia* compromises medium sized, semi-circular to moderately widened, biconvex spiriferids. The posterior margin is curved. The dental plates engrave between the 3rd and 4th rib. The surface is supplied with 16 to 18 ribs.

R Unique specimen.

Si The complete width was about 42 mm.

P Godefroid et al. (2002) introduced the new name *Spirifer incertissimus*, which was changed by Mittmeyer (2008) to *Incertia incertissima*.

O Kirschweiler.

Martinia (Fig. 99)

C *Martinia* has biconvex, approximately equidimensional, rounded shells. Fold and sulcus are distinct. The hinge line is short. The sculpture consists of weak radial ribs, sometimes absent, and concentric growth lamellae.

R Rare.

Si The width is 13.5–33 mm.

O Breitenthal (Schielenberg quarry). Bundenbach (Eschenbach, Schmiedenberg/Mühlenberg quarries).

Terebratuloid indet. (Fig. 100)

N *Terebratus* = pierced.

C These are elongate-oval or drop shaped shells, which are pointed at the outward posterior end and rounded at the anterior end. The hinge line is short. The pedicle valve shows a round pedicle opening at the umbo, the shell surface is mostly smooth.

R Rare.

Si The width is 17–26 mm.

O Bundenbach (Eschenbach, Schmiedenberg/Mühlenberg quarries). Gehlweiler (Drei Männer quarry).

100 Terebratulide. / **100** Terabratuloid.

101 *Meganteris* mit Schlossfortsatz. Armklappe.
101 *Meganteris* with hinge process. Brachial valve.

Meganteris ovata (Fig. 101)

N *Megas* = large. *Ovata* = oval.

C The large shell has a short-oval outline (name). The valves are flat convex and the surface is more or less smooth. The umbo of the pedicle valve protrudes only a little.

R Very rare.

Si The width is 36–62 mm.

O Birkenfeld (Schemelsbach). Area Hexit-Linesitt in the Wispertal.

Literatur / Literature

Bartels, C. & M. Poschmann (2002): Linguloid brachiopods with preserved pedicles: Occurrence and taphonomy (Hunsrück Slate, Lower Emsian, Hunsrück, SW Germany). – Metalla 9 (2): 123–130 (Lingulid brachiopod).

Becker, G. & U. Jansen (1998): Solle's »Hunsrück-Insel«: Eine küstennahe Fauna (Ostracoden, Brachiopoden, Trilobiten) aus Rotsedimenten des Ober-Emsium (Unterdevon) der Moselmulde (Linksrheinisches Schiefergebirge). – Senck. leth. 77 (1/2): 195–221 (*Iridistrophia*, *Alatiformia*, *Arduspirifer*, *Sollispirifer*).

Godefroid J., P. Stainier & G. Trost (2002): Two new spinocyrtiid brachiopods (Spiriferida) from the Pragian and the Lower Emsian of Belgium. – Bulletin de l'institut royal des Sciences naturelles de Belgique, Sciences de la Terre 72: 25–41 (*Incertia*).

Fuchs, A. (1915): Der Hunsrückschiefer und die Unterkoblenzschichten am Mittelrhein (Loreleigegend). I. Teil. Beitrag zur Kenntnis der Hunsrückschiefer- und Unterkoblenzfauna der Loreleigegend. – Abh. preuß. geol. L.-A. N.F. 79: 1–81 (»*Lingula*«, »*Orbiculoidea*«, *Platyorthis*, *Chonetes*, *Atrypa*, *Brachyspirifer*, *Eurysprifer*).

Jansen, U. (2001): Morphologie, Taxonomie und Phylogenie unter-devonischer Brachiopoden aus der Dra-Ebene (Marokko, Prä-Sahara) und dem Rheinischen Schiefergebirge (Deutschland). – Abh. Senckenberg. Naturforsch. Ges. 554: 1–389 (*Platyorthis*, *Tropidoleptus*, *Leptostrophiella*, *Euryspirifer*, *Arduspirifer*).

– (2016): Brachiopod faunas, facies and biostratigraphy of the Pridolian to lower Eifelian succession in the Rhenish Massif (Rheinisches Schiefergebirge, Germany). – In: Becker, R. T., P. Königshof & C. E. Brett (eds.): Devonian Climate, Sea Level and Evolutionary Events. Geological Society, London, Special Publications 423 (*Iridistrophia*).

Kutscher, F. (1933): Fossilien aus dem Hunsrückschiefer I. – Jb. preuss. geol. L.-A. 54: 628–641 (»Orbiculoidea«, *Chonetes sarcinulatus*, *C. oblonga*, *Brachyspirifer*).

Mittmeyer, H. G. (2008): Unterdevon der Mittelrheinischen und Eifeler Typ-Gebiete (Teile von Eifel, Westerwald, Hunsrück und Taunus). Deutsche Stratigraphische Kommission (Hrsg.): Stratigraphie von Deutschland VIII. Devon. – Schriftenr. Dtsch. Ges. Geowiss. 52: 139–203 (*Euryspirifer*, *Arduspirifer*, *Sollispirifer*, *Incertia*, *Oligoptycherhynchus*).

Racheboeuf, P. R. & G. Fuchs (1988): Chonetaces (Brachiopodes) du Dévonien d'Allemagne. 1ère partie: Révision des espèces du Siegenien et de l'Emsien inférieur de l'Eifel, de la vallée du Rhin, du synclinal de la Moselle, du Taunus et du Bergisches Land. – Paleontographica. A 200 (4/6): 163–188 (*Loreleilla*, *Chonetes*).

Sartenaer, P. (2010): Re-examination of the Late Emsian rhynchonellid (brachiopod) *Terebratula Daleidensis* Roemer, 1844 from the Eifel area, and of some related species. – Bulletin de l'institut royal des Sciences naturelles de Belgique, Sciences de la Terre 80: 47–84 (*Oligoptycherhynchus*).

Schnur, J. (1853): Zusammenstellung und Beschreibung sämtlicher im Uebergangsgebirge der Eifel vorkommenden Brachiopoden nebst Abbildungen derselben. – Palaeontographica 3: 169–254 (*Anoplotheca*, *Chonetes*, *Plebejochonetes*).

Solle, G. (1953): Die Spiriferen der Gruppe *arduennensis*-*intermedius* im Rheinischen Devon. – Abh. hess. L.-Amt Bodenforsch. 5: 1–156 (*Sollispirifer*).

– (1971): *Brachyspirifer* und *Paraspirifer* im Rheinischen Devon. – Abh. hess. L.-Amt Bodenforsch. 59: 1–163 (*Brachyspirifer*).

Spriestersbach J. & A. Fuchs (1909): Die Fauna der Remscheider Schichten. – Abh. kgl. preuß. geol. L.-A. N.F. 58: 1–81 (*Chonetes oblonga*, *Incertia*, *Alatiformia*).

Struve, W. (1964): Beiträge zur Kenntnis devonischer Brachiopoden, 4: Über *Alatiformia*-Arten und andere, äußerlich ähnliche Spiriferacea. – Senck. leth. (1/4): 325–346 (*Alatiformia*).

Südkamp, W. H. (1997): Discovery of soft parts of a fossil brachiopod in the »Hunsrückschiefer« (Lower Devonian, Germany). – Paläont. Z. 71 (1/2): 91–95 (»*Orbiculoidea*«).

– (2007): An atypical fauna in the Lower Devonian Hunsrück Slate of Germany. – Paläont. Z. 81: 181–204 (*Brachyspirifer*, *Euryspirifer*, *Arduspirifer*).

Suess, E. (1855): Über *Meganteris*, eine neue Gattung von Terebratuliden. – Sitzungsber. d. kaiserl. Akad. d. Wissensch. in Wien math.-naturw. Cl. 38 (1): 51–63 (*Meganteris*).

Williams, A., C. H. C. Brunton & S. J. Carlson (2000–2006): Treatise on Invertebrate Paleontology. Part H, Brachiopoda Revised 2–5: H1–H2320. – Univ. Kansas Press and Geol. Soc. Amer., Lawrence, Kansas.

8. Moostierchen

Moostierchen (Bryozoen) sind koloniebildende Tierchen, die aus Einzelindividuen (Zooiden) bestehen. Diese filtern Nahrung mittels einer Lophophore, die aus dem offenen Ende der Röhre herausragt und ihre enge Verwandtschaft mit den Brachiopoden und phoronoiden Würmern belegt. Phoroniden (Hufeisenwürmer) sind wurmartige Tiere, die in Röhren leben. Die Moostierchenkolonie (Zoarium) besteht aus röhren- oder kastenartigen Kammern (Zoözien). Die Kolonie ist die Form und Größe anbelangend sehr variabel. Die Zoarien können frei auf dem Meeresboden wie ein filigranes Netz stehen oder harten Untergrund, inklusive anderer Organismen oder deren Reste, besiedeln.

Moostierchen sehen wie Korallen aus, leben in demselben Biotop und können deswegen einfach miteinander verwechselt werden. Ihr Vorkommen ist ein wichtiger Indikator für seichtes, küstennahes, lichtdurchflutetes Wasser.

Die Moostierchen sind, mit Ausnahme von *Hederella* von Brassel (1977), nicht systematisch beschrieben worden. *Hederella* wird heute als Hufeisenwurm betrachtet (Taylor et al. 2010).

Fenestella (Abb. 102)

N *Fenestra* = Fensteröffnung mit Bezug auf die große Anzahl Öffnungen.

M *Fenestella* ist ein weit verbreitetes Moostierchen im Devon und Perm. Die Kolonie ist fächer- oder trichterförmig und zusammengesetzt aus einem Netz von schmalen, parallel verlaufenden Zweigen, die aus zwei Reihen von Zoözien bestehen. Die Zweige sind durch Querbalken miteinander verbunden. Dazwischen befinden sich die Fensterchen.

H Selten. In der rheinischen Fazies häufiger.

B Nicht alle Fossilien zeigen die reihenweise Anordnung, werden aber trotzdem vorläufig unter dieser Gattung vereint, solange eine genaue Untersuchung aussteht. Es handelt sich möglicherweise um eine andere Art. Die besiedelten Oberflächen sind eine Conularie, ein orthoconer Nautiloid und ein Brachiopode.

V Breitenthal (Grube Schielenberg). Rhaunen (Grube Lingenbach). Bundenbach (Gruben Obereschenbach/Schmiedenberg/Mühlenberg). Oberkirn (Grube Karschheck). Lütz (Grube Wrede). Mayen (Grube Katzenberg). Kehrig (Grube Bausberg II).

8. Bryozoans

Bryozoans (polyzoa) are small colonial animals consisting of individual zooids. They filter feed using a lophophore emerging from the open end of the tube, an attribute that demonstrates their close relationship to brachiopods and phoronid worms. Phoronids (horseshoe worms) are worm-like animals living in tubes. The bryozoan colony (zoarium) consists of tubular or box-like chambers (zooecia). The zoarium shows a considerable range in form and size. The colonies may be free standing on the surface of the sea floor as a delicate branching network or they may encrust hard substrates, including other organisms or their remains.

Bryozoans have the appearance of corals, live in the same biotope, and therefore can be easily confused with each other. Their occurrence is an important indicator for shallow near-shore waters flooded with sunlight.

The bryozocns are not systematically described with the exception of *Hederella* by Brassel (1977). *Hederella* is now considered to be a phoronid (Taylor et al. 2010).

Fenestella (Fig. 102)

N *Fenestra* = window opening, corresponding to the large number of apertures.

C *Fenestella* has a common occurrence in the Devonian and Permian. The colony is fan- or funnel-shaped consisting of a network of slender, parallel running branches, composed of two rows of zooecia. The branches are united by cross-beams. In between are small windows.

R Rare. In the Rhenish Facies more common.

P Not all fossils show a row-like arrangement, but are nevertheless united in this genus until more research is undertaken. Possibly, they belong to another species. The encrusted surfaces are a conulariid, orthoconic nautiloid and a brachiopod.

O Breitenthal (Schielenberg quarry). Rhaunen (Lingenbach quarry). Bundenbach (Obereschenbach/Schmiedenberg/Mühlenberg quarries). Oberkirn (Karschheck quarry). Lütz (Wrede quarry). Mayen (Katzenberg quarry). Kehrig (Bausberg II quarry).

102 *Fenestella*.

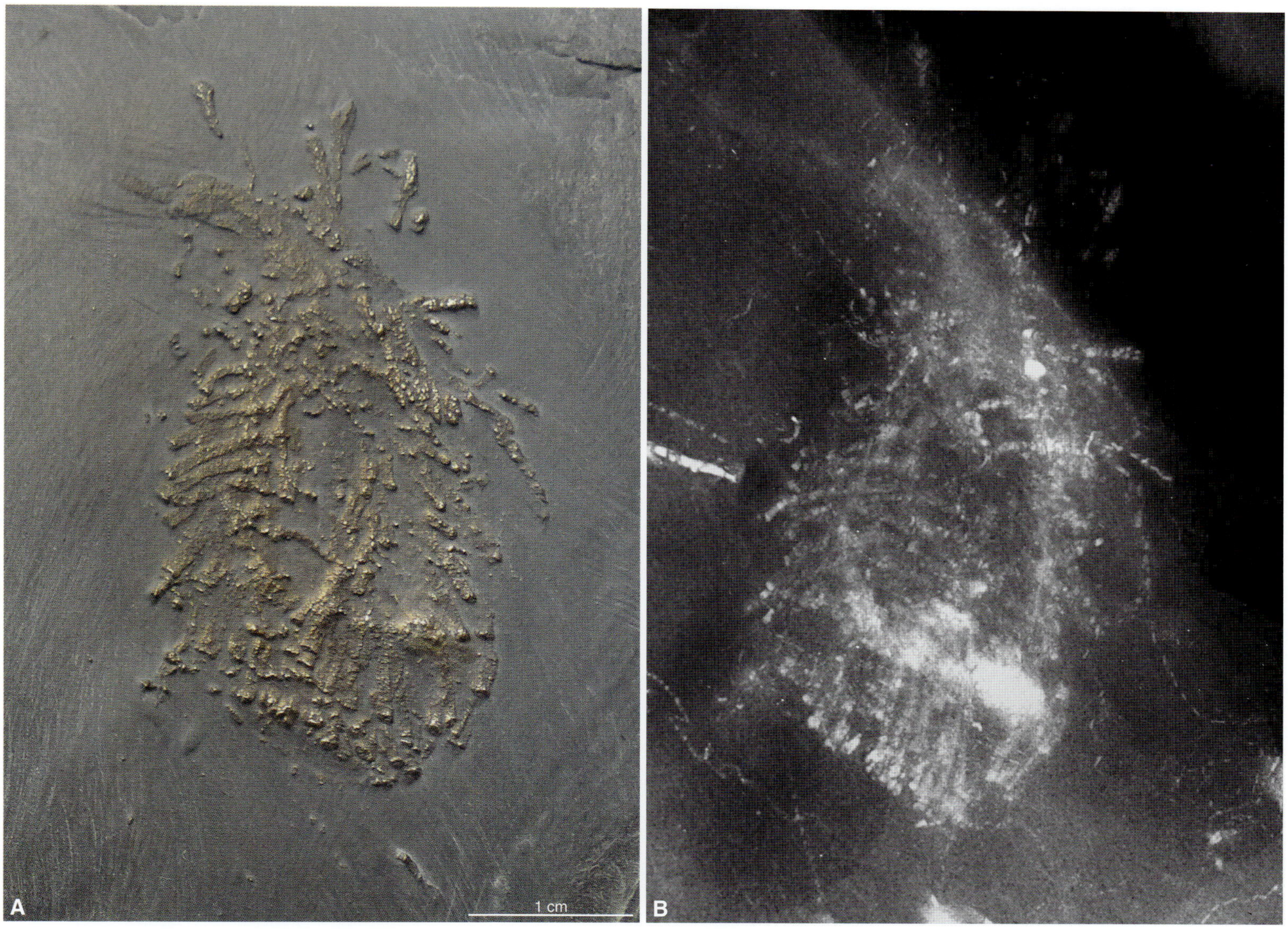

103 A, Das dritte Exemplar von *Hederella*. B, Röntgenbild. / **103** A, The third specimen of *Hederella*. B, X-ray.

Hederella (Abb. 103)

N *Hedera* = Efeu.

M Die ersten Zooiden, aus denen die buschartige Kolonie entsteht, haben einen wulstartigen Ursprung. Aus den kürzeren Achsen, im Zentrum der Kolonie, verzweigen sich je zwei bis drei auffällig lange Seitenachsen. Die Achsen verdicken sich zu ihrem Ende hin keulenartig. Die wurmartigen Zoözien gehen alternierend links und rechts der Seitenachse auseinander.

H Nur Kolonien auf zwei Platten bekannt.

B Die Kolonien besiedelten, nach dem Tod des Gastgebers, die Innenschale eines Ammonoiden und die Außenseite zu Lebzeiten.

V Breitenthal (Grube Schielenberg). Bundenbach (Grube Schmiedenberg/Mühlenberg). Bereich Hexit-Linesitt im Wispertal.

Hederella (Fig. 103)

N *Hedera* = ivy.

C The initial zooids that produced the bush-like colonies have a bulb-like origin. The shorter axes in the centre of the colony each give rise to two or three remarkably long, lateral branches. The axes extend distally into a club-like termination. The vermiform zooecia diverge alternately to left and right of the branch axis.

R Only colonies on two slabs are known.

P The colonies encrusted inside the shell of an ammonoid after the host's death and on the shell during lifetime.

O Breitenthal (Schielenberg quarry). Bundenbach (Schmiedenberg/Mühlenberg quarry). Area Hexit-Linesitt in the Wispertal.

Literatur / Literature

Brassel, G. (1977): Beiträge zur Sedimentation und Fossilführung des Hunsrückschiefers, 48: Der erste Fund von Hederelloideen (Bryozoa) im Hunsrückschiefer von Bundenbach (Unterdevon, Rheinisches Schiefergebirge). – Geol. Jb. Hessen 105: 41–45 (*Hederella*).

Stilkerich, J., T. Smrecak & K. De Baets (2016): 3D-Analysis of a non-planispiral ammonoid from the Hunsrück-Slate: natural or pathological variation? – PeerJ Preprints. https://doi.org/10.7287/peerj.preprints.2479v1 (hederelloids).

Taylor, P. D., O. Vinn & M. A. Wilson (2010): Evolution of biomeralization in lophophorates. – Palaeontology 84: 317–333 (phoronids, hederelloids).

9. Ringelwürmer

9. Annelids

Ringelwürmer besitzen einen runden, langgestreckten, in vorwiegend gleichartige Segmente gegliederten Körper. Der Kopf, einige vordere Segmente und das letzte Segment unterscheiden sich in der Regel von den dazwischen liegenden Segmenten. Diese sind seitlich mit zweiästigen Stummelfüßchen (Parapodien) versehen, die der Fortbewegung dienen. Die Parapodien bestehen aus einem Rücken- (Notopodium) und Bauchpaddel (Neuropodium) mit je einem ungleichen Borstenbündel.

Lange Zeit waren nur die Spuren wurmartiger Organismen aus dem Hunsrückschiefer bekannt. Würmer bestehen fast ganz aus Weichteilen und sind deshalb nur unter außergewöhnlichen Einbettungsbedingungen überliefert. Erst in den 1990er Jahren wurden deren Körperfossilien, insbesondere im Wingertsheller Lager in der Grube Obereschenbach (Bundenbach), entdeckt. Die sieben Arten im Hunsrückschiefer sind Vielborster (Borstenwürmer), einer in einer Röhre wohnender wurmartiger *Microconchus* und ein Machaeridier (eine ausgestorbene Gruppe mit einem Panzer). Das Außenskelett der Machaeridae besteht aus einer beidseitigen Reihe von Kalkplatten. Lepidocoloide Machaeridier haben keine Gliedmaßen. Dies entspricht ihrer infaunalen Lebensweise, wobei die skulpturierten Platten, während ihrer peristaltischen Grabungsweise, Halt im Sediment finden konnten (Högstrom et al. 2009). Es ist üblich, dass paläozoische Spirorbiformen fälschlicherweise als Röhrenwurm »*Spirorbis*« determiniert werden. Studien der Mikrostruktur des Skeletts (Taylor et al. 2010) haben jedoch beachtliche Unterschiede aufgezeigt. Alle »*Spirorbis*«-Fossilien vor der Kreidezeit werden jetzt als Microconchiden betrachtet. Diese gehören wahrscheinlich zu den Lophophoraten (Wirbellose, wie Brachiopoden, die über einen gewimperten Nahrungsapparat, Lophophore genannt, verfügen). Rezente(re) spirorbiforme Röhren sind Borstenwürmer und tragen ihren Namen *Spirorbis* zu Recht.

Briggs & Bartels (2010) behaupteten, dass die Borstenwürmer aus dem Hunsrückschiefer grabende Formen waren. Die Anwesenheit von Mandibeln in *Hunsrueckochaeta* und die epifaunalen Kriechspuren von Würmern (siehe auch das Spurenkapitel) deuten darauf hin, dass diese Borstenwürmer sich zumindest zeitweise bei der Nahrungssuche auf dem Meeresboden fortbewegten. Außerdem würde man erwarten grabende

Annelids have a round elongate body, predominantly divided in segments. The head, some anterior segments and the most posterior segment usually distinguish from the segments between them. These bear side-wards biramous paddle-like stubby feet (parapodia), which are used in locomotion. The parapodia are composed of a dorsal (notopodium) and a ventral paddle (neuropodium) each with a bundle of unequal bristles (chaetae).

For a long time, only trails of wormlike organisms were known in the Hunsrück Slate. Annelids are almost completely soft-bodied, and thus are just preserved under unusual depositional conditions. Only in the 1990s were their body fossils discovered in the Wingertshell Member of the Obereschenbach quarry (Bundenbach). The seven species in the Hunsrück Slate are bristle worms (polychaetes), one species of the spirorbiform dwelling tube *Microconchus*, and a machaeridian (an extinct group with armour). The exoskeleton of Machaeridae consists of serially arranged calcareous plates. Lepidocoleid machaeridians lack appendages. This is consistent with their infaunal lifestyle where the sculptured plates were used to gain purchase on the sediment during peristaltic burrowing (Högstrom et al. 2009). It is still commonplace to find Palaeozoic spirorbiforms incorrectly identified as the tube worm "*Spirorbis*". However, studies of skeletal microstructure (Taylor et al. 2010) showed significant differences. Thus, all pre-Cretaceous "*Spirorbis*" fossils are now known to be microconchids and seem to belong to the lophophorates (invertebrates, like brachiopods, which possess a ciliated feeding apparatus called a lophophore). More recent spirorbiform tubes are polychaete annelids and bear their name *Spirorbis* rightly.

Briggs & Bartels (2010) argued the polychaetes from the Hunsrück Slate were burrowing forms. The presence of jaws in *Hunsrueckochaeta* and the epifaunal trackways of worms (see also the trails chapter) suggest that at least periodically these bristle worms were searching for food moving on the sea floor. Moreover, one would aspect to find burrowing individuals associated with sinusoidal curved trails typical for a lateral undulating movement, as in the case of *Lepidocoleus*, but no such trail has even been found.

104 *Bundenbachochaeta*.

9. Annelids

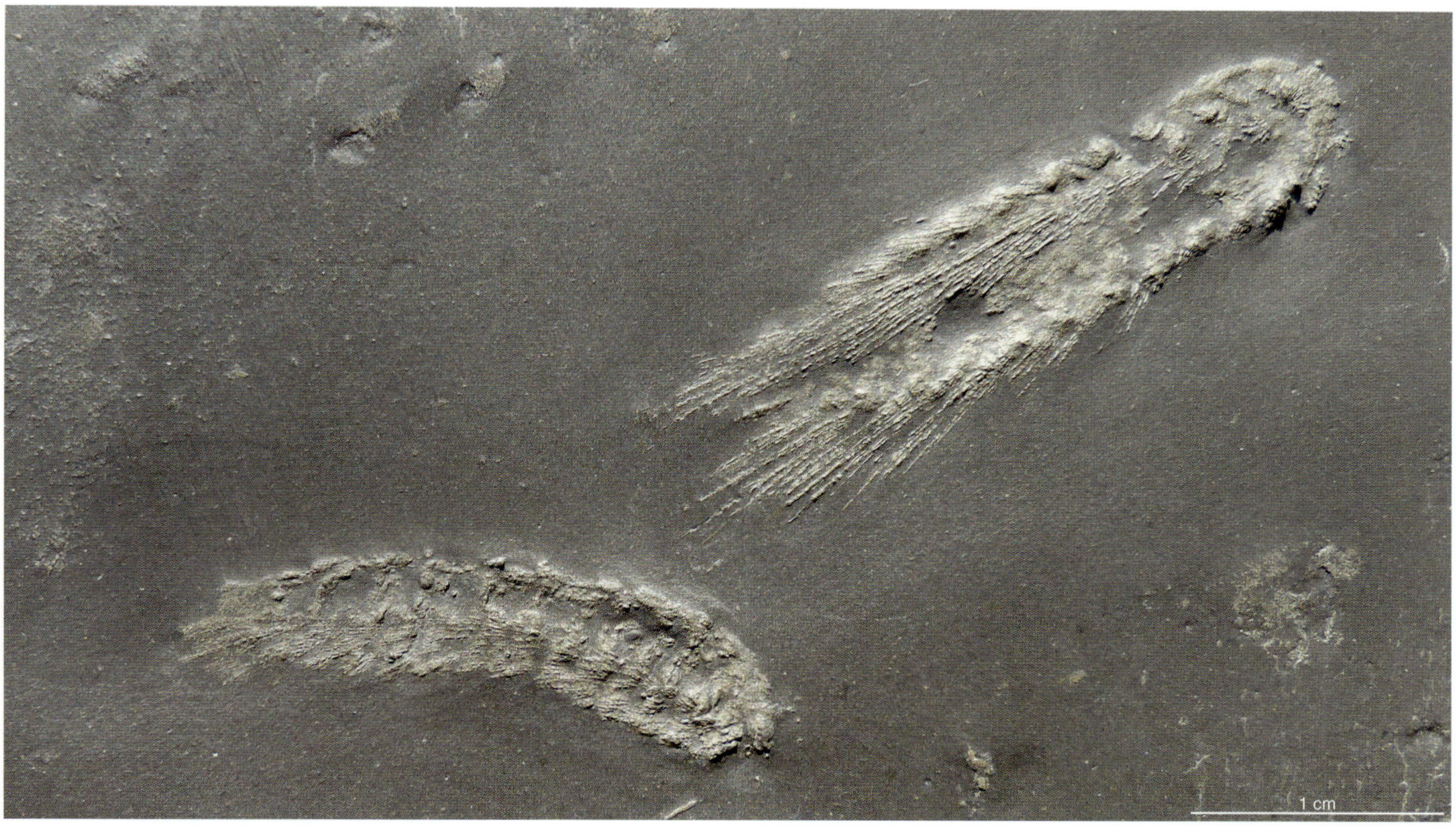

105 *Hunsrueckochaeta.*

Individuen, zusammen mit ihren sinusförmig gebogen Spuren zu finden, aber eine derartige Spur ist nie entdeckt worden. Bei *Lepidocoleus* ist eine derartige Spur typisch für eine seitwärts wellenartige Bewegungsweise.

Bundenbachochaeta eschenbachensis (Abb. 104)

N *Chaeta* = Borsten.

M Der Körper ist bilateralsymmetrisch, langgestreckt und verschmälert sich vorne und hinten. Der rundliche Kopf trägt ein Paar kräftige Anhänge undeutlicher Funktion. Der Körper besteht aus etwa 20 Paaren Parapodien. Die dorsalen Notopodien und ventralen Neuropodien unterscheiden sich in Länge und Anzahl der Borsten (40 bzw. 10).

H Sehr selten.

G Länge 19–100 mm.

B Das Röntgenbild des Holotyps zeigt Teile des Magen-Darm-Trakts in der Längsmitte und linienartige Strukturen, die von den Parapodien in den Körper hineinreichen. Diese Strukturen werden als Aciculae (Chitinborsten), die als Unterstützung für die Fortbewegungsmuskeln dienten, interpretiert.

V Bundenbach (Gruben Unter- und Obereschenbach).

Hunsrueckochaeta hohensteini (Abb. 105, 192)

N *Chaeta* = Borsten.

M Der Borstenwurm ist bilateralsymmetrisch und von länglich-ovaler Form. Der Kopf ist klein und rundlich. Einige Exemplare zeigen etwas Gelenkigkeit bis hin zu einer starken Krümmung auf. Es sind 12 oder 13 paarige Parapodien, die kurz und gedrungen scheinen, vorhanden. Die Notopodien tragen 20 kurze Borsten. Die Neuropodien sind sehr lang und sind mit 10 Borsten gerüstet. Die Größe der Parapodien und die Borstenlänge nehmen allmählich von vorne nach hinten zu. Überraschenderweise, da Mandibeln vorhanden sind, gibt es keinen Nachweis für Aciculae. Siehe auch unter *Bundenbachocheata*.

H Selten.

G Die Länge variiert zwischen 14–27 mm.

B Die Röntgenbilder zeigen paarig gekrümmte Strukturen im Kopfbereich, die symmetrisch um die Achse liegen und als Mandibeln interpretiert werden. Um diesen Wurm herum befinden sich oft Pyrithäufchen, was als Kot gedeutet werden könnte.

V Bundenbach (Grube Obereschenbach).

Bundenbachochaeta eschenbachensis (Fig. 104)

N *Chaeta* = bristle.

C The body is bilaterally symmetrical, elongate and tapers both anteriorly and posteriorly. The rounded head bears a pair of stout appendages of uncertain function. The trunk bears c. 20 pairs of parapodia. The dorsal notopodia and ventral neuropodia differ in length and number of chaetae (40 and 10, respectively).

R Very rare.

Si Length 19–100 mm.

P The X-radiograph of the holotype shows parts of the gut trace about the mid-length and linear structures extending from the parapodia into the body. These structures are interpreted as aciculae (chitinous bristles), serving as an attachment for the muscles used in locomotion.

O Bundenbach (Unter- and Obereschenbach quarries).

Hunsrueckochaeta hohensteini (Fig. 105, 192)

N *Chaeta* = bristle.

C The bristle worm is bilaterally symmetrical and the outline is elongate oval. The head is small and subcircular. Some specimens display some flexibility to strong flexure. There are 12 or 13 pairs of parapodia, which appear to be short and stubby in outline. The notopodia bear 20 short chaetae. The neuropodia are very long bearing 10 chaetae. The size of the parapodia and the length of the chaetae increase gradually from anterior to posterior. Surprisingly, despite the presence of jaws, there is no evidence for aciculae. See also under *Bundenbachochaeta*.

R Rare.

Si Length varies from 14–27 mm.

P The X-radiographs show a pair of curved structures in the head region, symmetrically arranged around the axis, which are interpreted as the jaws. Around this worm there are often pyrite heaps, which could be excrement.

O Bundenbach (Obereschenbach quarry).

106 *Crocancistrius*. Bauchseite. / **106** *Crocancistrius*. Oral side.

Crocancistrius lutzi (Abb. 106)

N *Kroke* = Faden und *ankistrion* = kleiner Haken mit Bezug auf die Körperform bzw. die stark gekrümmten Anhänge der Parapodien.

M Der Körper ist lang, schmal und verschmälert sich allmählich im hinteren Drittel. Der Kopf ist rund. Es gibt ungefähr 80 Parapodien. In Längsrichtung verläuft eine axiale Rille, die an jeder Seite von einer Rippe begrenzt wird. Die Neuropodien tragen maximal 20 kurze Borsten, die deutlicher als die Notopodien hervortreten. Die Notopodien sind mit einer hakenförmigen Struktur versehen.

H Nur der Holotypus.

G Die Länge beträgt zumindest 84 mm.

V Bundenbach (Grube Obereschenbach).

Scopyrites magnus (Abb. 107)

N *Scoparius* = Kehrer, mit Bezug auf die bürstenähnliche Erscheinung der Borstenbündel; *pyrites* = das Mineral; *magnus* = groß.

M Die Segmente von diesem Fragment eines großen Borstenwurms tragen mediale »Knoten«, deren Art unbekannt ist. Die Parapodien unterscheiden sich beachtlich hinsichtlich ihrer Größe. Die Notopodien und Neuropodien tragen 20 Borsten. Letztere sind länger, robuster und fächern von der Achse der Gliedmaßen aus.

H Nur der Holotypus.

107 *Scopyrites*. Brustteil. / **107** *Scopyrites*. Fragment of trunk.

Crocancistrius lutzi (Fig. 106)

N *Kroke* = thread and *ankistrion* = small hook, referring to the shape of the body anc the strongly curved parapodial branchiae, respectively.

C The body is long and slender and tapers gradually in the posterior third. The head is circular. There are approximately 80 parapodia. An axial groove, bounded on each side by a ridge, runs along the length. The neuropodia bear up to 20 short chaetae and are more prominent than the notopcdia. The notopodia bear a hook-like structure.

R Only the ho otype.

Si Length at least 84 mm.

O Bundenbach (Obereschenbach quarry).

Scopyrites magnus (Fig. 107)

N *Scoparius* = sweeper, referring to the brush-like appearance of the bundles of chaetae; *pyrites* = the mineral; *magnus* = large.

C The segments of this fragment of a large bristle worm bear median "nodes"; their rature is unknown. The parapodia differ significantly in size. The notopodia and neuropodia bear 20 chaetae. The latter are longer, more robust and fan out of the axis of the appendages.

R Only the holotype.

Si The maximum width is 30 mm.

O Bundenbach (Obereschenbach quarry).

Ewaldips feyi (Fig. 108)

N *Ips* = worm.

C This bristle worm is bilaterally symmetrical and displays striking flexibility. The outline is elongate and tapers gradually posteriorly. The prominent head bears two pairs of long curved slender appendages, which may be the palps. The serially repeated structures of the trunk (parapodia) delineate 29 to 60 segments. The parapodia bear bundles of short chaetae, at least 7 in number.

R Very rare.

Si The length ranges from 15–90 mm.

O Bundenbach (Unter- and Obereschenbach quarries).

Lepidocoleus hohensteini

N *Lepis* = scale.

C These biseriate machaeridians are characterized by a narrow dorsal depression and a functioning hinge allowing plates to meet ventrally. The total number of rugae is at least 30–35 on the mature midbody sub-rectangular plates. The rugae are nearly straight anteriorly and have an increased curvature towards the posterior end. The terminal plates are triangular. There is no evidence of parapodia or chaetae.

R Very rare.

Si The length varies between 16.5–24 mm.

P Until recently, the systematic position of the machaeridians has been a matter of controversy. They have been allied with barnacles, echinoderms, molluscs or annelids until a plumulitid machaeridian with paired parapodia and chaetae was found in the Ordovician of Morocco (Vinther & Briggs 2009). One individual of *L. hohensteini* is associated with a trail (fig. 109; see also that chapter).

O Bundenbach (Obereschenbach quarry).

G Die maximale Breite ist 30 mm.

V Bundenbach (Grube Obereschenbach).

Ewaldips feyi (Abb. 108)

N *Ips* = Wurm.

M Der Borstenwurm ist bilateralsymmetrisch und zeigt eine bemerkenswerte Flexibilität. Die Form ist länglich und verschmälert sich allmählich nach hinten. Der auffällige Kopf trägt zwei Paare lange, gebogene, schlanke Gliedmaßen, die die Tastorgane sein könnten. Die serienmäßig sich wiederholenden Strukturen des Körpers (Parapodien) zeigen Begrenzungen auf 29 bis 60 Segmente. Die Parapodien tragen kurze Borstenbündel; zumindest 7 in Anzahl.

H Sehr selten.

G Die Länge variiert zwischen 15–90 mm.

V Bundenbach (Gruben Unter- und Obereschenbach).

Lepidocoleus hohensteini

N *Lepis* = Schale, Schuppe.

M Diese aus zwei Plattenreihen bestehenden Machaeridier haben eine charakteristische schmale dorsale Vertiefung und ein funktionierendes Gelenk, damit die Platten an der Ventralseite zusammenstoßen können. Die Gesamtzahl der Rippen, auf den etwa rechteckigen Platten von ausgewachsenen Exemplaren, ist in der Körpermitte zumindest 30–35. Die Rippen verlaufen vorne ungefähr gerade und haben zum hinteren Ende hin eine zunehmende Krümmung. Die Endplatten sind dreieckig. Es gibt keine Hinweise für Parapodien oder Borsten.

H Sehr selten.

G Die Länge variiert zwischen 16,5–24 mm.

B Bis vor kurzem war die systematische Zuordnung der Machaeridier umstritten. Sie wurden mit Rankenfüßern, Stachelhäutern, Mollusken oder Würmern in Verbindung gebracht, bis ein plumulitider Machaeridier mit paarigen Parapodien und Borsten im Ordovizium von Marokko gefunden wurde (Vinther & Briggs 2009). Ein Exemplar von *L. hohensteini* ist zusammen mit seiner Spur erhalten (Abb. 109; siehe auch dieses Kapitel).

V Bundenbach (Grube Obereschenbach).

108 *Ewaldips*.

109 A, *Lepidocoleus* mit S-förmiger Spur. B, Holotype (Sammlung Südkamp). Linke Seite.
109 A, *Lepidocoleus* with trail with a sinusoidal curve. B, Holotyp (Collection Südkamp) in left lateral view.

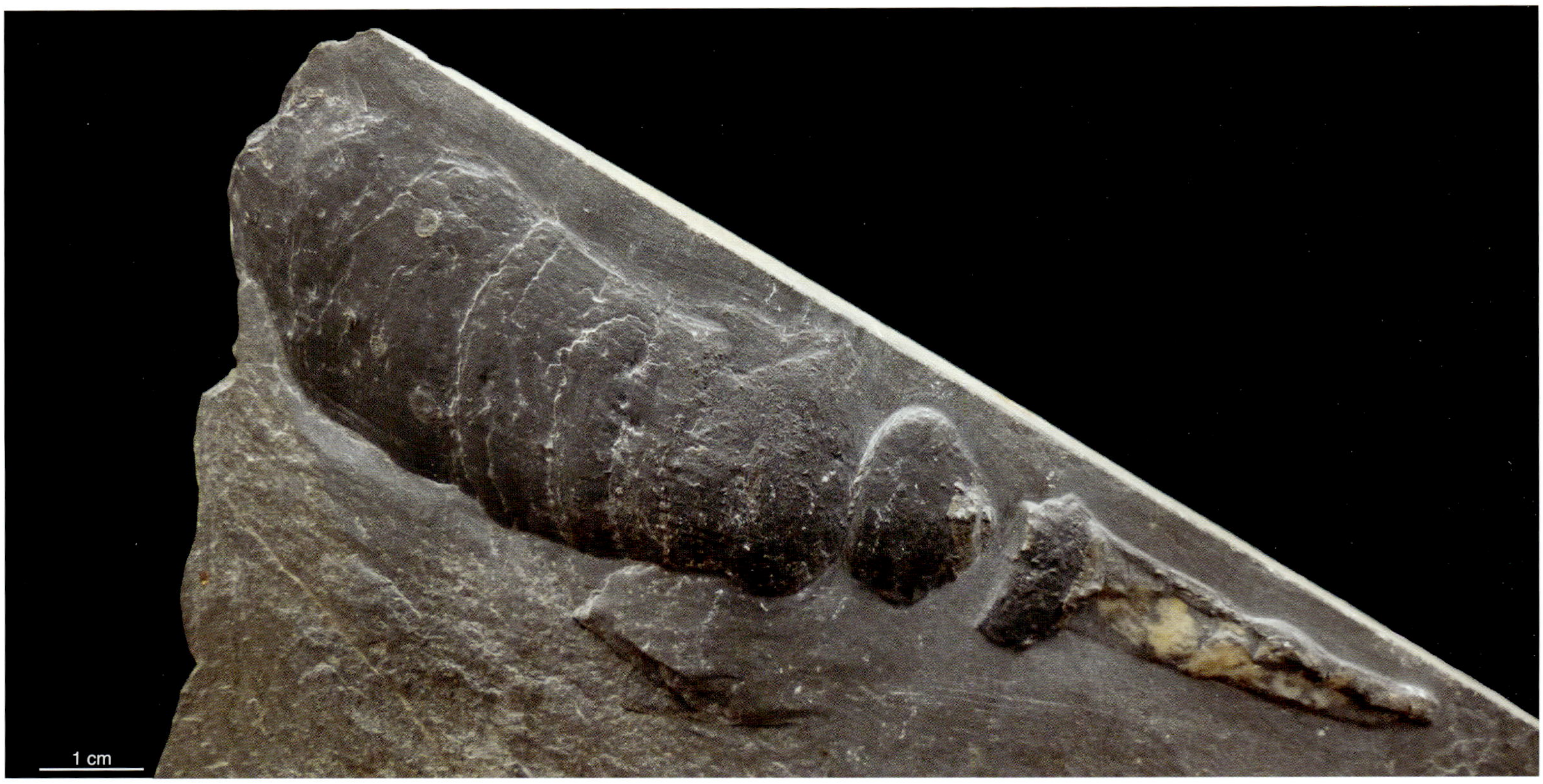

110 *Microconchus* aufgewachsen auf einem orthoconen Nautiliden. Zu beachten ist, dass die Würmer die vordere Wohnkammer bevorzugen und mit ihrer Öffnung nach vorne orientiert sind.

110 *Microconchus* attached on an orthoconic nautiloid. Note, that the worms prefer the anterior living chamber and are oriented with their openings to the anterior.

Microconchus

N *Mikros* und *conch* = kleine, röhrenförmige Schale. Alter Name: *Spirorbis*. *Spira* = Windung; *orbis* = Kreis.

M Microconchiden unterscheiden sich von den in Röhren lebenden Borstenwürmern durch ihre lamellare Mikrostruktur des Skeletts und ihre kugelige (statt offene) Röhrenbasis. Die kleine, schneckenhausartige, runde Schale ist flach oder ein wenig spiralig gewunden. Die Oberfläche ist entweder ohne Skulptur oder mit Querbändern und/oder Längsrippen verziert.

H Sehr selten.

B Die bekannten Microconchiden aus dem Hunsrückschiefer sind auf einer Conularie, der problematischen *Maucheria* und orthoconen Nautiloideen gewachsen. Im letzten Fall befinden sich die Röhren auf der Wohnkammer und sind mit ihren Öffnungen nach vorne orientiert, sodass sie Teile der Nahrung der Kopffüßer abfangen konnten (Abb. 110). »*Spirorbis*« muss sich also zu Lebenszeiten angesiedelt haben (Südkamp 2007).

G Durchmesser 2–5 mm.

V Rhaunen (Grube Lingenbach). Bundenbach. Oberkirn (Grube Karscheck). Gemünden (Kaisergrube).

Microconchus

N *Mikros* and *conch* = small tubicolous shell. Old name: *Spirorbis*. *Spira* = curve; *orbis* = circle.

C Microconchids are distinguished from tubicolous polychaetes by their lamellar skeletal microstructure and bulb-like (rather than open) tube origin. The small snail-like round shell is flat or low-spired coiled. The surface is without sculpture or alternatively bears transverse bands and/or longitudinal ridges.

R Very rare.

P The known microconchids from the Hunsrück Slate are attached to a conulariid, the problematic *Maucheria* and orthoconic nautiloids. In the last case, the tubes are situated on the living chamber and oriented with their openings anteriorly, so that they can catch parts of the food of the cephalopod (Fig. 110). So, "*Spirorbis*" must have settled during its lifetime (Südkamp 2007).

Si Diameter 2–5 mm.

O Rhaunen (Lingenbach quarry). Bundenbach. Oberkirn (Karschheck quarry). Gemünden (Kaisergrube).

Literatur / Literature

Bartels, C. & W. Blind (1995): Röntgenuntersuchung pyritisch vererzter Fossilien aus dem Hunsrückschiefer (Unter-Devon, Rheinisches Schiefergebirge). – Metalla (Bochum) 2.2: 79–100 (*Bundenbachochaeta*).

Briggs, D. E. G. & C. Bartels (2010): Annelids from the Lower Devonian Hunsrück Slate (Lower Emsian, Rhenish Massif, Germany). – Palaeontology 53(1): 215–232.

Högstrom, A. E. S., D. E. G. Briggs & C. Bartels (2009): A pyritized lepidocoleid machaeridian (Annelida) from the Lower Devonian Hunsrück Slate, Germany. – Proc. R. Soc. B: 276: 1981–1986 (*Lepidocoleus*).

Kutscher, F. 1965: Beiträge zur Sedimentation und Fossilführung des Hunsrückschiefers. 11. Röhrenbildende Würmer auf Hunsrückschieferfossilien. – Notizbl. hess. L.-Amt Bodenforsch. 93: 331–333 (»*Spirorbis*«).

Südkamp, W. H. (2007): An atypical fauna in the Lower Devonian Hunsrück Slate of Germany. – Paläontologische Zeitschrift 81(2): 181–204 (»*Spirorbis*«).

Taylor, P. D. & O. Vinn (2006): Convergent morphology in small spiral worm tubes ('Spirorbis') and its palaeoenvironmental implications. – Journal of the Geological Society 163: 225–228 (»*Spirorbis*«).

Taylor, P. D., O. Vinn & M. A. Wilson (2010): Evolution of biomineralization in lophophorates. – Palaeontology 84: 317–333 (»*Spirorbis*« = *Microconchus*).

Vinther, J. & D. E. G. Briggs (2009): Machaeridian locomotion. – Lethaia 42: 357–364 (*Lepidocoleus*).

10. Gliederfüßer

Die Gliederfüßer (Arthropoden) gehören zu den spektakulärsten und vielfältigsten Fossilien des Hunsrückschiefers. Diese Wirbellosen, unter ihnen Verwandte der lebenden Meeresspinnen, Kieferklauenträger (Cheliceraten) und Krebse, sind zweiseitig symmetrisch. Die Aufgliederung der Beine in bewegliche Segmente (Podomere), denen die Gliederfüßer ihren Name verdanken, ist die notwendige Folge des starren, hauptsächlich aus Chitin aufgebauten Außenskeletts. Der Körper ist in die ungleichen Segmente Kopf (Cephalon), Rumpf und Hinterleib (Abdomen) aufgeteilt. Kopf und Rumpf können verschmolzen sein und werden Prosoma oder Cephalosoma genannt. Bei den Kieferklauenträgern folgt auf das Prosoma ein schmalerer Körperteil (Opisthosoma), der aus einem vorderen fußtragenden (Mesosoma) und einem hinteren fußlosen Teil (Metasoma) besteht und manchmal in einem Schwanzstachel (Telson) hinter dem Anus endet. Die Körperteile der Trilobiten in Längsrichtung werden Cephalon, Thorax und Pygidium genannt (Abb. 111). Quer betrachtet ist der Körper in eine Spindel (Achse) und zwei Randfelder (Pleuren) gegliedert. Einige Gliederfüßer, wie der Trilobit, die marellomorphen *Mimetaster* und *Vachonisia*, *Cheloniellon* und *Bundenbachiellus*, haben zweiästige Brustbeine, die aus einem inneren segmentierten Laufbein (Endopodit) und einem lamellenartigen Außenast (Exopodit) bestehen (Abb. 112). Für die Bestimmung sind Körperform, Segmentierung und insbesondere Anzahl und Form der Kopfanhänge wichtig. Bei der Trilobitenbestimmung ist die Oberseite des Außenskeletts maßgebend. Wichtige Merkmale sind Größe und Form des Cephalons und Pygidiums, ihre Skulptur und eventuell vorhandene Knoten und Stacheln.

Beim Determinieren der Fossilien muss man Folgendes beachten: Obwohl diese manchmal außergewöhnlich gut erhalten sind (die feinen Strukturen sind in allen Einzelheiten pyritisiert), kommt es vor, dass einige Details stark pyritisiert oder phosphatisiert sind und somit die morphologischen Einzelheiten verbergen (Beispiel: Teil des oberen Mesosomas von *Palaeoscorpius*; siehe Seite 81, Abb. 126). Auch können die Organismen, abhängig von dem Verwesungszustand vor der Sedimentbedeckung, zerbrochen oder auseinander gefallen sein. Außerdem führen unterschiedliche Einbettungslagen leicht zu Fehldeutungen. Das erstaunlichste Beispiel ist *Devonohexapodus*, als neues Landinsekt(!) beschrieben, welches sich als ein seitlich eingebettetes Exemplar von *Wingertshellicus* entpuppte. Ein anderes Beispiel ist der Räuber *Schinderhannes* mit seinen großen Anhängen, die unter dem Kopf zurückgeschlagen sind, statt sich nach vorne zu erstrecken. Letztendlich waren die Fossilien der Verfestigung (Abflachung) ausgesetzt und diagenetische Prozesse können zu einer

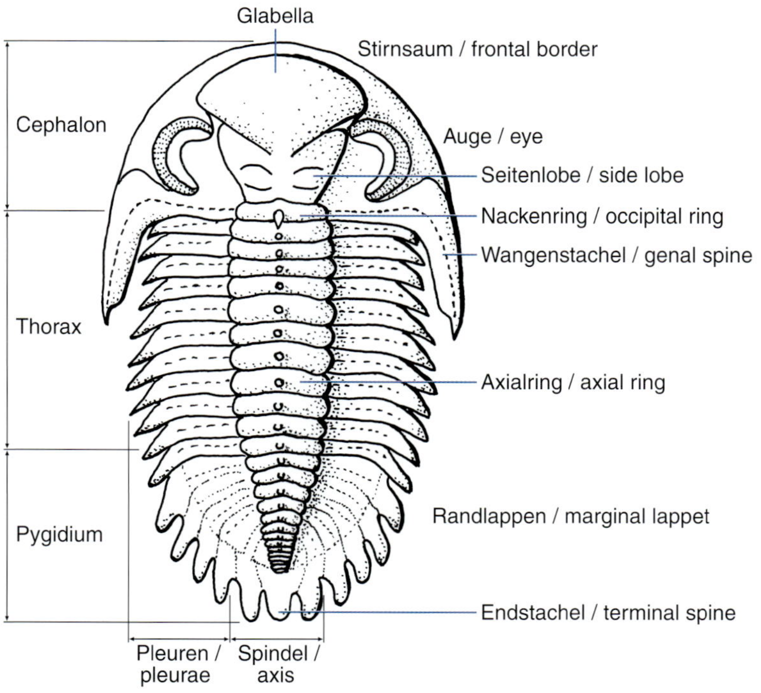

111 Der Trilobit *Rhenops* mit den wichtigsten Bezeichnungen des Außenskeletts. – Umgezeichnet nach Bergström & Brassel (1984).

111 The trilobite *Rhenops* labelled with the most important terms of the exoskeleton. – Redrawn after Bergström & Brassel (1984).

10. Arthropods

The arthropods are among the most spectacular and highly diverse fossils from the Hunsrück Slate. These invertebrates, among them relatives of the living sea spiders, chelicerates and crustaceans, are bilaterally symmetrical. The subdivision of the limbs into articulating segments (podomeres), which give the arthropods their name, is a necessary consequence of the stiff, predominantly chitinous exoskeleton. The body is divided into the unequal segments head (cephalon), trunk and abdomen. Head and trunk can be melded together and are called prosoma or cephalosoma. In chelicerates, the prosoma is followed by a narrower part of the body (opisthosoma), which consists of an anterior part carrying limbs (mesosoma) and a posterior part (metasoma) without limbs, sometimes terminating in a tail spine (telson) behind the anus. The longitudinal body parts of trilobites are called cephalon, thorax and pygidium (Fig. 111). Across them the body is divided into an axis (rachis) and two lateral regions (pleurae). Some arthropods, like the trilobite, marellomorphs *Mimetaster* and *Vachonisia*, *Cheloniellon* and *Bundenbachiellus*, have bifurcated thoracic limbs consisting of an inner segmented walking branch (endopod) and a filamentous outer branch (exopod) (Abb. 112). Important for the taxonomic assignment are the outline of the body, their segmentation and the number and shape especially of the head appendages. Determining trilobites, the dorsal exoskeleton is significant. Important features are size and form of the cephalon and pygidium, their ornament, and when present nodes and spines.

Assigning the fossils one must be aware of the following: Although they are sometimes in an exceptional state of preservation (fine structures pyritized in every detail), some details could be more heavily pyritized or phosphatized concealing the morphological details (example: part of the dorsal mesosoma of *Palaeoscorpius;* see page 81, Fig. 126). Also, the organisms can be fragmented or disarticulated depending on the state of decay before burial. Furthermore, differences in the embedding position can lead to misinterpretations. The most remarkable example is *Devonohexapodus*, described as new terrestrial insect (sic!), which turned out to be a laterally embedded specimen of *Wingertshellicus*. Another example is the predator *Schinderhannes* with its great appendages bending rearwards under the head, instead of extending in front of it. Finally, the fossils have undergone compaction (flattening) and can be distorted by diagenetic processes. Examples are the variation of the dorsal shield (carapace) of the phyllocarid crustaceans, ranging from narrow to more deepened valves, and the trilobite *Rhenops* having sometimes a pointed cephalon anteriorly that originally was rounded.

The body organisation is adaptable and members are found in every ecological niche. So, the habitat of the Hunsrück Slate arthropods ranges from burrowing into the seabed (the trilobite *Wenndorfia*, *Nahecaris* and *Oryctocaris*), errant on the seabed surface (the spider *Palaeoisopus*, horse-shoe crab *Weinbergina* and *Cheloniellon*, euarthropods like *Mimetaster*, *Vachonisia* and *Captopodus* and most of the trilobites), to free swimming in the water column (*Schinderhannes* and all phyllocarid

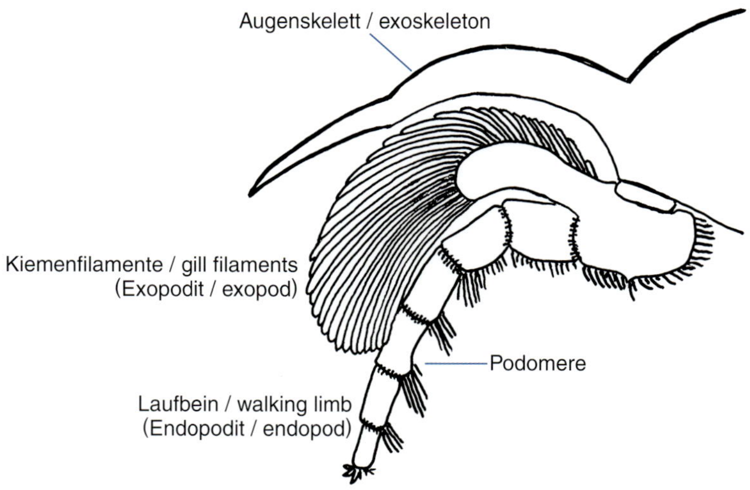

112 Rekonstruktion der zweiästigen Brustbeine von *Chotecops*, von vorn gesehen. Umgezeichnet nach Bruton & Haas (1999).

112 Reconstruction of the bifurcate thoracic limbs of *Chotecops* seen from the anterior. – Redrawn after Bruton & Haas (1999).

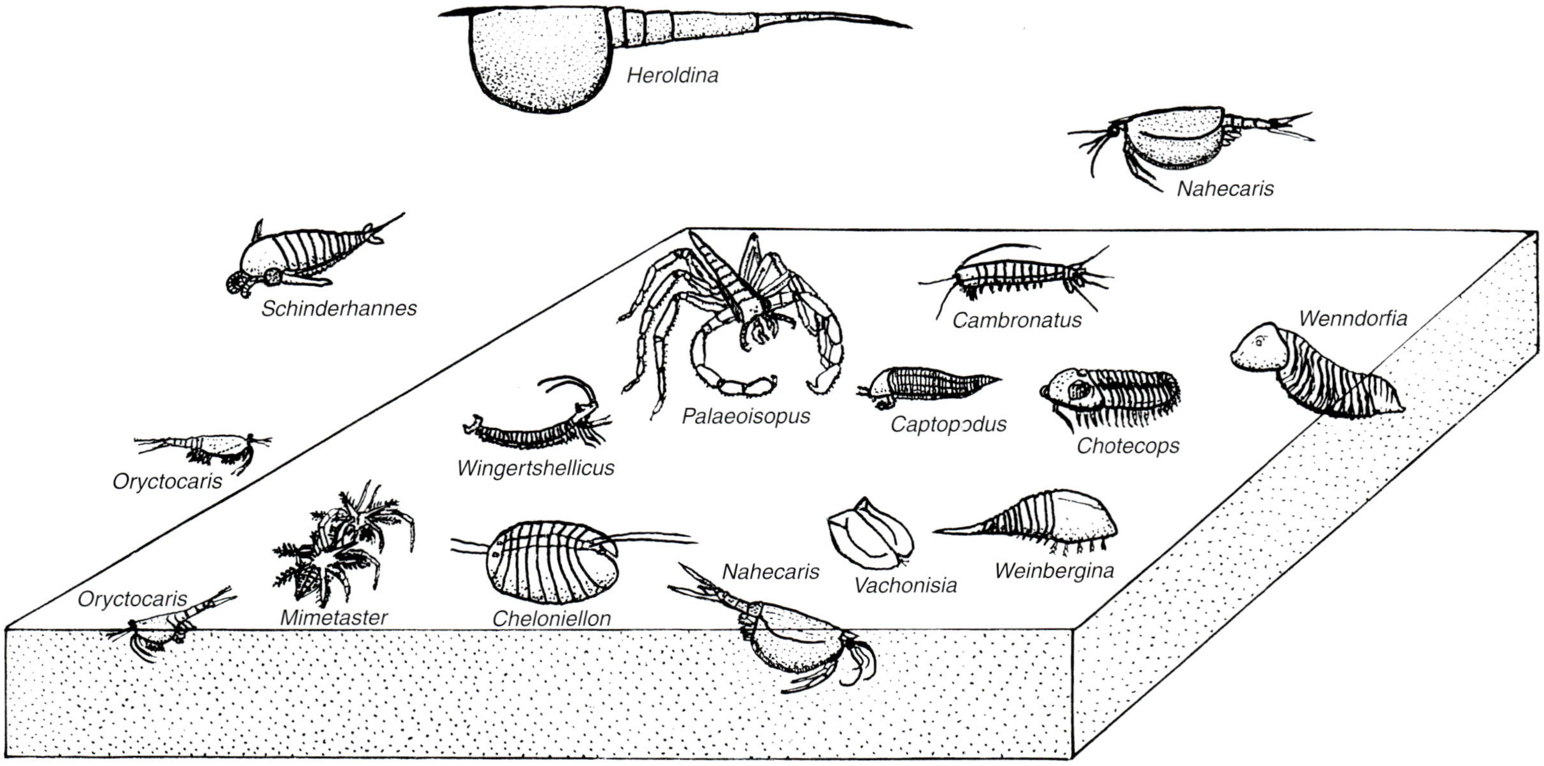

113 Rekonstruktion von Lebensgemeinschaft und -raum der Gliederfüßer des Hunsrückschiefers. Umgezeichnet und abgeändert nach Rust et al. (2016).
113 Reconstruction of the community and habitat of the Hunsrück Slate arthropods. – Redrawn and revised after Rust et al. (2016).

Verzerrung geführt haben. Beispiele sind Schwankungen im Rückenschild (Carapax) der Blattkrabben, die schmale bis tiefere Schalen aufweisen und der Trilobit *Rhenops*, der vorne manchmal ein zugespitztes Cephalon hat, welches ursprünglich jedoch rundlich gewesen ist.

Die Körperzusammenstellung ist anpassungsfähig und die Vertreter werden in fast jeder ökologischen Nische angetroffen. So sind die Gliederfüßer des Hunsrückschiefers grabend im Meeresboden (Trilobit *Wenndorfia*, *Nahecaris* und *Oryctocaris*), umherziehend auf der Oberfläche des Meeresbodens (Spinne *Palaeoisopus*, Pfeilschwanzkrebs *Weinbergina* und *Cheloniellon*, Euarthropoda wie *Mimetaster*, *Vachonisia* und *Captopodus* und die meisten Trilobiten), bis freischwimmend im Wasser (*Schinderhannes* und alle Blattkrabben) vertreten (Abb. 113). Die freischwimmenden Tiere waren normalerweise imstande den sedimentbeladenden Wolken zu entfliehen, worauf wahrscheinlich auch ihre Seltenheit beruht (Rust et al. 2016).

Eines der bedeutendsten Merkmale der Gliederfüßer des Hunsrückschiefers ist das Vorkommen von Körperbauplänen primitiverer Art, die an Formen, die sonst nur aus dem Kambrium bekannt sind, erinnern. Solche Baupläne waren bei *Mimetaster* und *Vachonisia* schon länger bekannt und werden anderswo nur durch *Marella* im mittelkambrischen Burgess Shale von Britisch Kolumbien (Kanada) repräsentiert. Das neue Fossil *Schinderhannes* zeigt Merkmale der großen Greifarmgliederfüßer *Anomalocaris* aus dieser Gegend und erweitert die stratigrafische Reichweite dieser Gliederfüßer um etwa 100 Millionen Jahre. Die Euarthropoda aus dem Hunsrückschiefer belegen also, dass Baupläne, die heute nicht mehr vorhanden sind, zumindest vom Mittelkambrium bis zum Unterdevon, fortbestanden. Ein anderer evolutionärer Trend ist der sehr verringerte Körper der modernen Asselspinnen. Die Hunsrückschiefer-Gattungen *Palaeoisopus* und *Palaeopantopus* sind von besonderem Interesse, da sie längere segmentierte Rümpfe haben.

Die Nachforschungen über die Gliederfüßer (Trilobiten ausgenommen) aus dem Hunsrückschiefer fanden hauptsächlich in den letzten dreißig Jahren statt und werden in diesem Jahrhundert von der Arbeitsgruppe Hunsrückschiefer an der Bonner Universität (Rust, Kühl & Bergmann) weitergeführt. Die internationale Zusammenarbeit der Wissenschaftler bestand schon im letzten Jahrhundert (Stürmer & Bergström [Schweden]; Bruton [Norwegen] & Haas). Wichtige Beiträge wurden von Briggs (zuerst University Bristol, jetzt Yale University [USA]) und Poschmann (Asselspinnen) verfasst. Die neuesten Beschreibungen der Trilobiten sind von Bergström & Brassel (1984), Struve (1985) und Wenndorf (1990). All diese Arbeiten wurden in Beiträgen, weit zerstreut in vielen wissenschaftlichen Zeitschriften, publiziert und so existiert keine Monografie über die Gliederfüßer des Hunsrückschiefers. Eine Übersicht der Trilobiten gab Südkamp (2008).

crustaceans) (Fig. 113). The free-swimming animals were usually able to escape from sediment-loaded clouds, which likely explains their rarity (Rust et al. 2016).

One of the most significant features of the Hunsrück Slate arthropods is the occurrence of body plans of more ancient aspect, reminiscent of morphologies otherwise known only from the Cambrian. Such morphologies have long been known in *Mimetaster* and *Vachonisia*, represented elsewhere only by *Marella* in the Middle Cambrian Burgess Shale of British Columbia (Canada). The new fossil *Schinderhannes* shows features of the great appendage arthropod *Anomalocaris* of this locality and extends the stratigraphic range of these arthropods by about 100 million years. Thus, the Hunsrück Slate euarthropods demonstrate that morphologies that are not present today persisted at least from the Middle Cambrian until the Lower Devonian. Another evolutionary trend is the extremely reduced body of the modern sea spiders. The Hunsrück Slate genera *Palaeoisopus* and *Palaeopantopus* are of particular interest in that they have longer segmented trunks.

The investigation of Hunsrück Slate arthropods (exclusive of trilobites) dates predominantly from the last thirty years and in this century is done by the working group Hunsrück Slate of Bonn University (Rust, Kühl & Bergmann). The international cooperation of scientists was already established in the last century (Stürmer & Bergström [Sweden]; Bruton [Norway] & Haas). Important contributions were made by Briggs (firstly University of Bristol; now Yale University [USA]) and Poschmann (sea spiders). The most recent descriptions of trilobites are by Bergström & Brassel (1984), Struve (1985) and Wenndorf (1990). All the work has been published in papers that are widespread over many scientific journals and there is no monograph of Hunsrück Slate arthropods. An overview of the trilobites was given by Südkamp (2008).

Si The length of the body is measured from the anterior of the body to the posterior end of the abdomen or tip of the telson. Head appendages and the posterior fork (furca) are excluded.

Euarthropoda

Mimetaster hexagonalis (Fig. 114)

N *Hexagonon* = having six edges in response to the star-like head shield. Old name: *Mimaster*.

C The prominent head shield bears six spine-like elongations that have shorter transverse spines. Orally, the head bears three pairs of uniramous

G Die Körperlänge wird von der Vorderseite des Körpers bis zum hinteren Ende des Abdomens oder Spitze des Telsons gemessen. Die Kopfanhänge und die hintere Gabel werden nicht mitgerechnet.

Euarthropoda

Mimetaster hexagonalis (Abb. 114)

N *Hexagonon* = Sechseck wegen seines sternförmigen Kopfschildes. Alter Name: *Mimaster*.

M Das auffällige Kopfschild trägt sechs stachelartige Fortsätze, die mit schrägen kürzeren Stacheln besetzt sind. Der Kopf trägt an der Unterseite drei Paar einästige Anhänge (Stielaugen, lange schlanke Antennen und kräftige Laufbeine) und ein großes Mundschild (Hypostom). Das erste Bein ist fast doppelt so lang und dick wie das zweite und beide bestehen aus sieben Podomeren unterschiedlicher Länge. Der Rumpf zählt bis zu 32 Segmente und an jedem davon befinden sich paarige zweiästige Gliedmaßen, die allmählich nach hinten an Größe abnehmen. Die Endopoditen des Rumpfes bestehen aus sieben Podomeren mit Lappen an jedem Äußeren. Die Exopoditen bestehen aus einem Hauptzweig mit fadenförmigen Borsten.

H Sehr häufig (die Trilobiten ausgenommen).

G Durchmesser 24–59 mm.

B *Mimetaster* lebte wahrscheinlich in Gruppen. Außerdem ist ein Zusammenleben mit Schwämmen (Tarnung) und Tentakuliten (gelegentliche Ernährungsweise) offensichtlich (Kühl & Rust 2010, Drapatz 2010).

V Breitenthal (Grube Schielenberg). Bundenbach (Gruben Unter- und Obereschenbach/Herrenberg).

Vachonisia rogeri (Abb. 115)

N Alter Name: *Vachonia*.

M Das Rückenschild überdeckt die gesamte Körperlänge des Tieres. Die Vorderseite ist gerundet und hat in der Mitte eine Einbuchtung; die Hinterseite ist etwa gerade. Von vorne nach hinten verläuft ein mittlerer Rücken. Die äußere Umrandung ist verstärkt. Zum Kopf gehören ein subovales Hypostom, ein paar kurze, kräftige Antennen und vier weitere Beinpaare. Die ersten drei sind zweiästig und tragen je einen Endopodit und Exopodit. Die vorderen zwei Endopoditen besitzen an ihrem Ende eine Schere. Das hintere vierte Paar ist fadenförmig. Der Rumpf weist 50 bis 80 zweiästige paarige Gliedmaßen auf, die zusammen eine Kegelform bilden und ansonsten ziemlich ähnlich wie bei *Mimetaster* gebaut sind.

H Selten.

G Die Breite beträgt 6,3–56 mm.

B Das Schild der Jungtiere war rundlich und die Anzahl der Rumpfanhänge noch gering (etwa 20 Paar).

V Bundenbach (Gruben Unter- und Obereschenbach).

Captopodus poschmanni (Abb. 116)

N *Capto* = Griff mit Bezug auf die Greifanhänge am Kopf. *Podus* = Gliedmaße.

M Der längliche Körper ist in einen Kopf, die Brust und eine kleine Analpartie gegliedert. Der große Kopf ist ungeteilt und trägt je zwei vordere Gliedmaßen und Greifanhänge mit fingerartigen Verlängerungen. Der Rumpf besteht aus bis zu 80 kleinen Segmenten, eine seitliche Unterteilung in eine mittlere Achse und zwei Randgebiete an jeder Seite ist erkennbar. Die letzten fünf oder sechs Rumpfsegmente sind ohne Gliedmaßen, während die vorderen mit je einem Paar Gliedmaßen ausgerüstet sind. Diese bestehen aus einer Beinachse mit zwei abgeflachten Zweigen. Der Durchmesser des Rumpfes und der Gliedmaßen nimmt nach hinten ab.

H Sehr selten.

G Die Länge beträgt 51–100 mm.

B Die Raubanhänge dienten wahrscheinlich dem Nahrungstransport zum Mund.

V Bundenbach (Gruben Unter- und Obereschenbach).

114 *Mimetaster*. Bauchseite. / **114** *Mimetaster*. Oral side.

(unbranched) appendages (eyes on segmented stalks, long slender antennae and robust walking legs) and a large hypostome (mouth shield). The first leg is nearly twice as long and thick as the second and both are composed of seven podomeres of varying lengths. The trunk consists of up to 32 small segments each with one pair of biramous (two-branched) appendages gradually decreasing in size posteriorly. The trunk endopods consist of seven podomeres with lobes at each distal one. The exopods consist of a main branch with filamentous setae.

R Very common (trilobites excluded).

Si Diameter 24–59 mm.

P *Mimetaster* was probably living in groups. Additionally, associations with sponges (camouflage) and tentaculitoids (occasional feeding mode) are evident (Kühl & Rust 2010; Drapatz 2010).

O Breitenthal (Schielenberg quarry). Bundenbach (Unter- and Obereschenbach/Herrenberg quarries).

115 *Vachonisia*. Bauchseite. / **115** *Vachonisia*. Oral side.

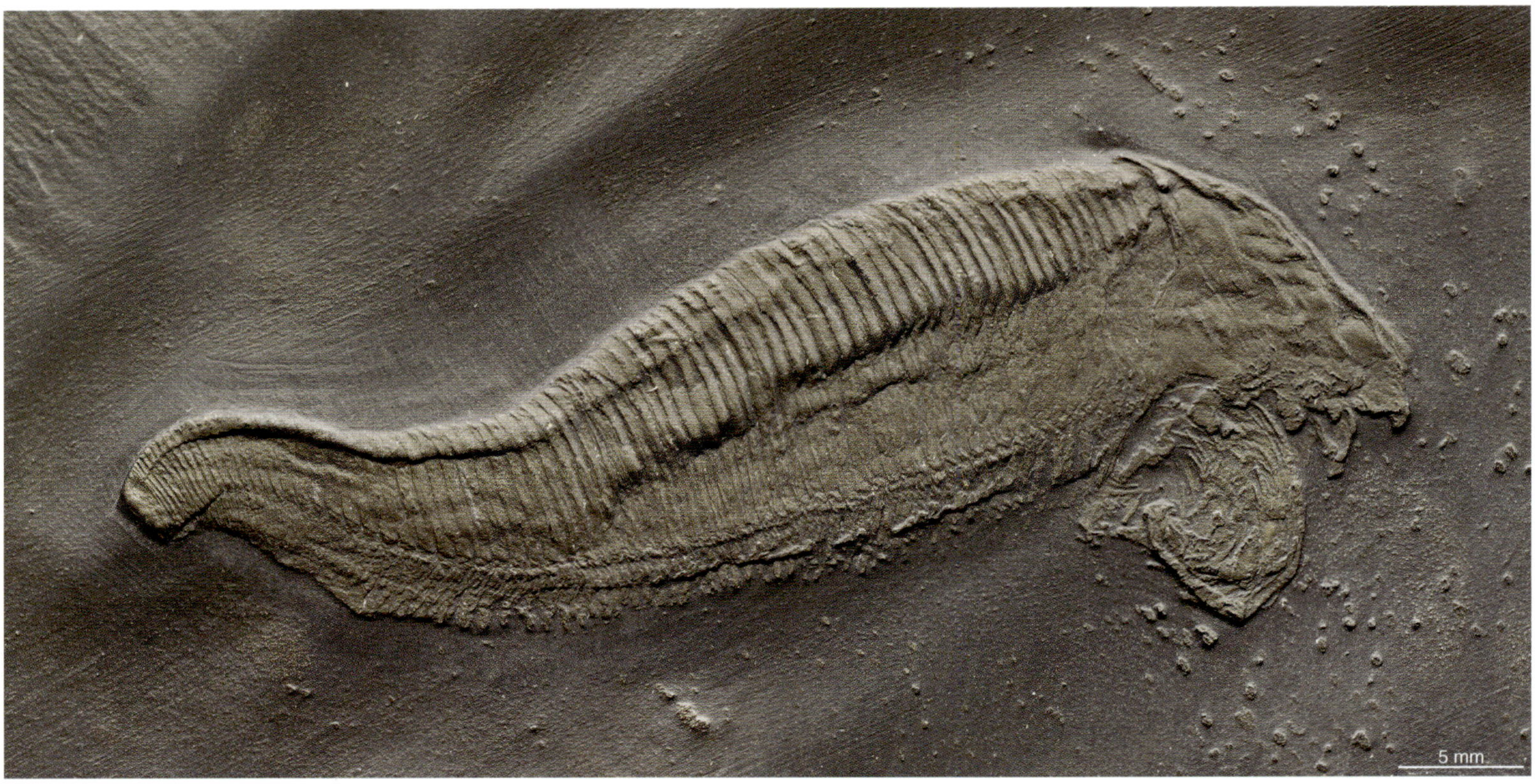

116 *Captopodus*. Seitenansicht. / **116** *Captopodus*. Lateral view.

Schinderhannes bartelsi (Abb. 117)

N *Schinderhannes* = mit Bezug auf den Räuber aus dem Hunsrück im 18. Jh.

M Der Körper ist in einen Kopf und Rumpf unterteilt. Der Kopf trägt vor dem Mund zwei große Gliedmaßen, einen runden Mund, riesige gestielte Augen und hinten ein Paar große, dreieckige, flügelartige Anhänge. Der Rumpf besteht aus 12 Segmenten, wovon die ersten 10 je ein Paar zweiästige Gliedmaßen tragen. Segment 11 trägt ein Paar randliche, walschwanzförmige Anhänge. Segment 12 hat keinen Anhang. Der Rumpf endet in einem langen Schwanzstachel.

117 *Schinderhannes*. Bauchseite. / **117** *Schinderhannes*. Oral side.

Vachonisia rogeri (Fig. 115)

N Old name: *Vachonia*.

C The dorsal shield covers the full length of the body. The anterior part is rounded with a median indentation; the posterior part almost straight. From the anterior a median ridge runs to the rear. The outer margin is strengthened. The head possesses a sub-oval hypostome, one pair of short and stout antennae and four additional limb pairs. The first three are biramous and each have an endopod and exopod. The anterior two endopods bear a terminal chela. The posterior most fourth pair is filamentous. The trunk has 50 to 80 biramous appendage pairs; the whole set forming a cone and otherwise are very similar to those of *Mimetaster*.

R Rare.

Si Width is 6.3–56 mm.

P The shield of juvenile animals was rounded and the number of trunk appendages still low (about 20 pairs).

O Bundenbach (Unter- and Obereschenbach quarries).

Captopodus poschmanni (Fig. 116)

N *Capto* = grasp, referring to the grasping appendages of the head. *Podus* = appendage.

C The elongate body is divided into a head, trunk and small anal portion. The large head is undivided and bears one pair of frontal and grasping appendages with finger-like elongations. The trunk consists of up to 80 small segments and a lateral tripartite subdivision with a median rachis and two lateral areas on each side is obvious. The terminal five or six trunk segments are without limbs, whereas the preceding are each equipped with one pair of appendages. These consist of a limb stem with two flattened branches. The diameter of the trunk and the appendages decreases posteriorly.

R Very rare.

Si Length is 51–100 mm.

P The raptorial appendages were probably used for transporting the food to the mouth.

O Bundenbach (Unter- and Obereschenbach quarries).

Schinderhannes bartelsi (Fig. 117)

N *Schinderhannes* = referring to the 18th-century bandit in the Hunsrück area.

118 *Palaeoisopus*. Oberseite. Zu beachten ist der Borstensaum am Hinterleib. Mit Schwamm links.
118 *Palaeoisopus*. Dorsal side. Note the fringe of setae around the abdomen. With sponge to the left.

H Unikat.

G Die Länge beträgt 98 mm.

B Die mehrfach gegliederten Greifanhänge und der mit runden Platten versehene Mund sind typisch für die Anomalocariden, die bisher nach dem Mittelkambrium unbekannt waren.

V Bundenbach (Grube Untereschenbach).

Kieferklauenträger

Palaeoisopus problematicus (Abb. 119)

N *Palaios* = alt. *Isos* und *podus* = Gleichfüßer/Assel. *Problema* = Problem.

M *Palaeoisopus* ist die größte Asselspinne des Hunsrückschiefers. Der Körper besteht aus einem vorderen Teil (Cephalosoma), der Brust und einem fußlosen Hinterleib. Das Cephalosoma trägt ganz vorne die Proboscis (Saugrüssel; meist nach hinten umgebogen) und drei bis vier Paar Gliedmaßen: die großen Scheren, Palpen (Tastorgane) und (manchmal) Ovigera, sowie die ersten Schreitbeine. Die Eierträger gehen von der Unterseite aus und sind nach hinten gerichtet. Die großen Schreitbeine bestehen aus acht Podomeren und enden in einer deutlichen hakenartigen Klaue. Die drei paarigen Brustbeine sind aus neun Podomeren zusammengesetzt. Sie sind mit einer stattlichen Reihe Borsten besetzt. Der Hinterleib besteht aus fünf Segmenten und trägt einen Borstensaum (Abb. 118). Die Unterteilung zwischen dem letzten Segment und dem lanzettförmigen Telson ist durch die Lage des Afters gekennzeichnet. Die Basis der Beine ist mit vier bis fünf Tuberkelringen verziert. Aber auch andere Körperteile tragen Leisten und Tuberkelreihen, sodass das ganze Tier wie eine Ritterrüstung aussieht.

H Häufig.

G Die Körperlänge beträgt 40–142 mm. Die Spannweite des ersten Beinpaares erreicht bis zu 320 mm.

B Die großen Scheren und das gelegentliche Vorkommen in der Nähe von Seelilien deuten darauf hin, dass *Palaeoisopus* sich räuberisch davon ernährt haben könnte. Abgeschnittene Arme des Schlangensterns *Furcaster* lassen vermuten, dass diese auch Teil der Nahrung gewesen sein könnten. Bergström et al. (1980) beobachteten kugelförmige Strukturen in der Nähe der Brutbeine und interpretierten diese als Eier. Dies konnte

C The body is divided into a head and a trunk. The head bears a pair of preoral great appendages, a circular mouth, huge stalked eyes and a pair of large, triangular, flap-like appendages at the rear. The trunk consists of 12 segments of which the first 10 bear a pair of biramous appendages. Segment 11 bears a pair of lateral fluke-like limbs. Segment 12 lacks an appendage. The trunk terminates in a long tail spine.

R Unique specimen.

Si Length is 98 mm.

P The multisegmented raptorial appendage and circular plated mouth are typical features of the anomalocaridids, which were previously unknown after the Middle Cambrian.

O Bundenbach (Untereschenbach quarry).

Chelicerates

Palaeoisopus problematicus (Fig. 119)

N *Palaios* = old. *Isos* and *podus* = with the same legs (isopod). *Problema* = problem.

C *Palaeoisopus* is the largest sea spider of the Hunsrück Slate. The body consists of an anterior part (cephalosoma), thorax and a limbless abdomen. The cephalosoma bears anterior-most the proboscis (feeding organ; commonly folded back) and three to four pairs of appendages: the large chelifores, palps (tactile organ) and (sometimes) identical ovigers and the first walking legs. The egg carrying limbs insert on the oral side and are directed posteriorly. The large walking limbs consist of eight podomeres and terminate in a pronounced hooked claw. The three paired limbs of the thorax are composed of nine podomeres. These are armed with an array of setae. The abdomen consists of five segments and bears a fringe of setae (Fig. 118). The division between the last of these and the lanceolate telson is marked by the position of the anus. The bases of the legs are ornamented with four to five rings of tubercles. But also other parts of the body bear ridges and rows of tubercles, so that the whole animal has the appearance of a knight's armour.

R Common.

Si Body length is 40–142 mm. The first limb span reaches up to 320 mm.

119 *Palaeoisopus*. Bauchseite. / **119** *Palaeoisopus*. Oral side.

durch weitere ähnliche Beobachtungen bestätigt werden (Südkamp 2001; Abb. 120).

V Bundenbach (Gruben Unter- und Obereschenbach, Schmiedenberg/Mühlenberg).

Palaeopantopus maucheri (Abb. 121)

N *Palaios* = alt. *Pantos* = alles, ganz und *podos* = Fuß mit Bezug auf das äußere Bild dieses Tieres, das aussieht wie nur aus Beinen bestehend.

M Der kleine Körper dieser Asselspinne gleicht einer abgeflachten ovalen Scheibe. Der Kopf trägt eine Proboscis, kleine Scheren, schmale Palpen

121 *Palaeopantopus*.

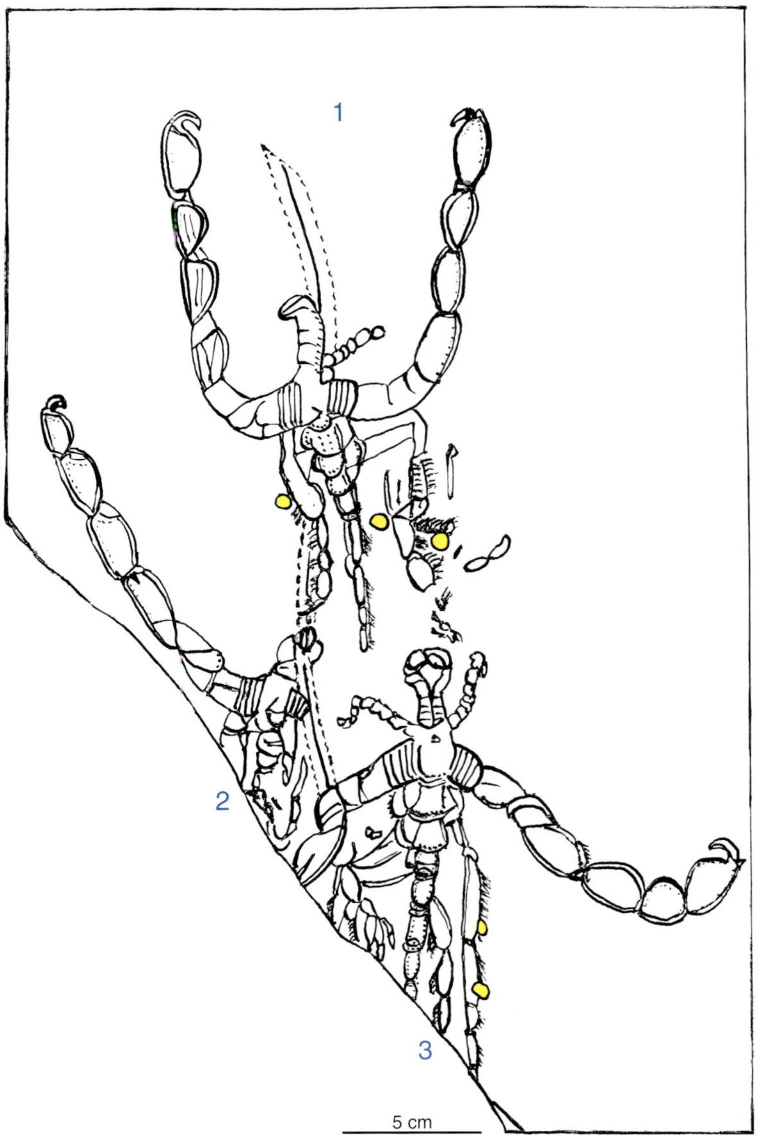

120 Drei Exemplare von *Palaeoisopus*. Exemplar 1 und 3 tragen Eier (gelb) an den Beinen. Ein Pflanzenrest ist gestrichelt.
120 Three specimens of *Palaeoisopus*. Specimen 1 and 3 bear eggs (yellow) at their legs. Remains of a plant drawn as a broken line.

P The large chelifores and the occasional occurrence near crinoids suggest that *Palaeoisopus* could have preyed on them. Cut-off arms of the brittle star *Furcaster* suggest that they too may have been part of the diet. Bergström et al. (1980) observed spherical structures near the ovigers and interpreted these as eggs. This could be confirmed by further similar observations (Südkamp 2001; Fig. 120).

O Bundenbach (Unter- and Obereschenbach, Schmiedenberg/Mühlenberg quarries).

Palaeopantopus maucheri (Fig. 121)

N *Palaios* = old. *Pantos* = all, whole & *podos* = limb referring to the outline of the organism, which appears to consist of limbs only.

C The small body of this sea spider is a flattened oval disc. The head bears a proboscis, small chelifores and slender palps and ovigers. The long slender legs of the cephalosoma and thorax are of equal size, and taper distally to a point. The bases of the legs show annulated markings with three or four rounded rings. The limbless abdomen has three segments.

R Very rare.

Si The span between the extended appendages does not exceed 140 mm.

P Like *Palaeoisopus*, the multi-segmented body is a primitive feature.

O Bundenbach (Untereschenbach quarry).

und Eierträger. Die langen, schlanken Beine vom Cephalosoma und der Brust sind von gleicher Größe und verschmälern sich auswärts zu einer Spitze. Die Basen der Beine zeigen gekörnte Markierungen in drei oder vier runden Ringen. Der fußlose Hinterleib hat drei Segmente.

H Sehr selten.

G Die Spannweite zwischen den ausgestreckten Gliedmaßen beträgt maximal 140 mm.

B Wie bei *Palaeoisopus* ist der aus mehreren Segmenten aufgebaute Körper ein primitives Merkmal.

V Bundenbach (Grube Untereschenbach).

Pentapantopus vogteli (Abb. 122)

N *Penta* = fünf. *Pantopodi* = nur Beine.

M Das auffälligste Merkmal der kleinen *Pentapantopus* sind fünf Paar Schreitbeine. Der Körper ist langgestreckt. Die Proboscis ist lang und nach hinten gerichtet. Die Beine bestehen aus acht Podomeren plus einer Klaue am Ende. Die Scheren sind groß und zwei Palpen sind vorhanden. Der kurze Hinterleib ist ohne Segmente.

H Es sind vier inkomplette Asselspinnen auf einer Platte in einer Lebensgemeinschaft mit der Seelilie *Parisangulocrinus* bekannt.

G Die Körperlänge beträgt 12 mm.

B *Pentapantopus* könnte seine lange Proboscis genutzt haben, um Futter von den Ambulakralplatten der Seelilien zu rauben. Da überwiegend kleine Asselspinnen zusammen mit Seelilien vorkommen, könnten diese auch Schutz für kleinere Individuen geboten haben (Kühl et al. 2013, Rust et al. 2016).

V Bundenbach (Grube Obereschenbach).

Flagellopantopus blocki (Abb. 123)

N *Flagellum* = Geißel mit Bezug auf die Form des Schwanzanhanges. *Pantopodi* = nur Beine.

M Das Cephalosoma trägt eine breite, sackartige Proboscis, die nach vorne weist, schmale Palpen, Eierträger und keine Scheren. Es gibt vier Paar schlanke Schreitbeine und zwei oder drei etwa rechteckige Rumpfendsegmente, an die sich eine kürzere, buckelartige Region anschließt. Letztere trägt möglicherweise das geißelartige, lange, dünne, segmentierte Telson.

H Ein Exemplar.

G Die Körperlänge beträgt 92 mm; davon entfallen 66 mm auf das Telson.

B Der schlanke Schwanzanhang ist einzigartig unter den Asselspinnen und diente wahrscheinlich der Orientierung auf dem schlammigen Meeresboden.

V Bundenbach (Grube Obereschenbach).

122 *Pentapantopus*. Vier Exemplare (a–d) neben der Krone der Seelilie *Parisangulocrinus*.

122 *Pentapantopus*. Four specimens (a–d) next to the crown of the crinoid *Parisangulocrinus*.

Pentapantopus vogteli (Fig. 122)

N *Penta* = five. *Pantopodi* = only limbs.

C The most conspicuous character of the small *Pentapantopus* is five pairs of walking legs. The body is elongate. The proboscis is long and directed backwards. The legs consist of eight podomeres plus a terminal

123 *Flagellopantopus*.

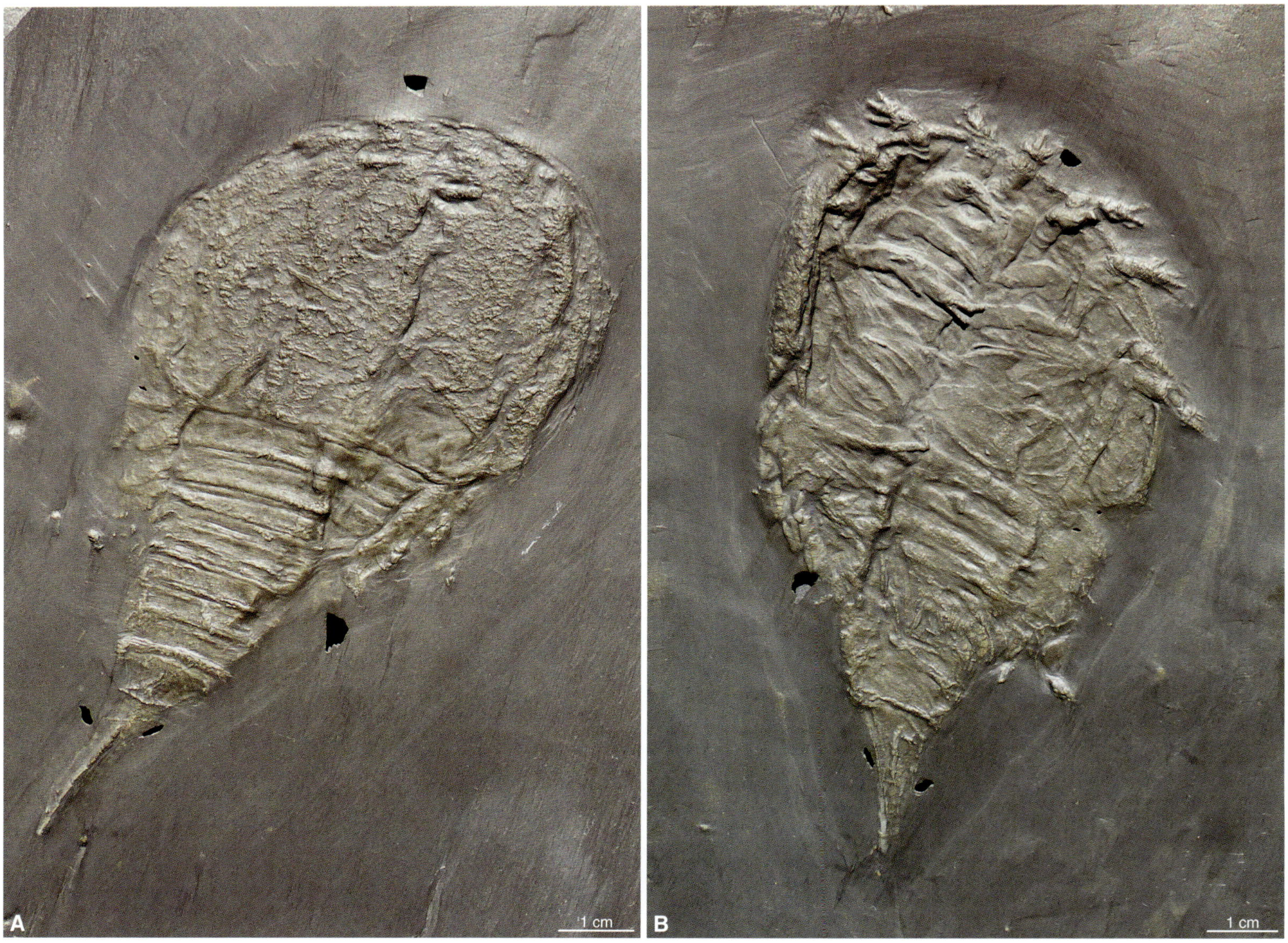

124 *Weinbergina*. A, Oberseite; B, Bauchseite. / **124** *Weinbergina*. A, Dorsal side; B, Oral side.

Weinbergina opitzi (Abb. 124)

M Der Körper dieses Schwertschwanzkrebses ist in ein Prosoma, das durch ein großes rundliches Schild bedeckt wird, ein Opisthosoma und einen Schwanzstachel unterteilt. Das Prosoma ist im zentralen Gebiet mit Rippen und Furchen ornamentiert und trägt sieben Paar Anhänge, von denen der Letztere der Größte ist. Die ersten kleinen Anhänge befinden sich vorne in der Mitte, werden als Scheren gedeutet und von sechs Schreitbeinen gefolgt. Das Opisthosoma besteht aus sieben vorderen Segmenten (Mesosoma), die sich nach hinten verschmälern und drei hinteren (Metasoma) von etwa gleicher Länge. Die Pleuren enden seitlich in stumpfen Stacheln. Es sind auf allen Segmenten Knotenreihen in der Mittellinie vorhanden und Randknoten, die die ersten sieben flankieren. Die sechs Segmente des Mesosomas tragen an der Unterseite längliche Streifen (Kiemen). Der dornige Schwanzstachel ist kurz und mit einer mittleren Rippe versehen.

H Sehr selten.

G Die Körperlänge beträgt 73–105 mm.

B Der Körperbau ist dem des lebenden Pfeilschwanzkrebses *Limulus* sehr ähnlich. Die Beinspitzen von *Weinbergina* enden jedoch in einer stattlichen Borstenreihe, sind dem Laufen auf dem schlammigen Boden (Schneeschuhe) angepasst und weniger zum Graben geeignet (Stürmer & Bergström 1981; Rust et al. 2016).

V Bundenbach (Grube Untereschenbach).

Cheloniellon calmani (Abb. 125)

N *Chela* = Klaue.

M Der Körperumriss ist oval. Das Rückenschild besteht aus zwölf gekörnten Segmenten. Das Erste bedeckte den Kopf, die nächsten neun die Brust und die letzten zwei, erheblich kleiner, den Schwanzanhang. An der Unterseite umsäumt eine schmale Dublüre den Rand des Schildes. Der

claw. The chelifores are large and a pair of palps is present. The short abdomen is unsegmented.

R Four incomplete sea spiders on one slab, living together with the crinoid *Parisangulocrinus*, are known.

Si Body length is 12 mm.

P *Pentapantopus* may have used its long proboscis to rob food from the ambulacrals of crinoids. As predominantly small sea spiders are associated with crinoids, they may also have provided shelter for smaller individuals (Kühl et al. 2013, Rust et al. 2016).

O Bundenbach (Obereschenbach quarry).

Flagellopantopus blocki (Fig. 123)

N *Flagellum* = lash corresponding with the form of the telson. *Pantopodi* = only limbs.

C The cephalosoma bears a broad, sac-liked proboscis directed anteriorly, slender palps and ovigers and no chelifores. There are four pairs of slender walking legs, two or three subrectangular trunk end segments, followed by a shorter boss-like region. The latter possibly bears the flagellate, long, thin, segmented telson.

R One specimen.

Si Body length is 92 mm; 66 mm of it is occupied by the telson.

P Unique among sea spiders is the slender telson, that most likely facilitated orientation on the muddy seafloor.

O Bundenbach (Obereschenbach quarry).

Weinbergina opitzi (Fig. 124)

C The body of this xiphosuran is divided into a prosoma covered by a large semi-circular shield, an opisthosoma and a tail spine. The prosoma is sculptured with ridges and furrows in the central area and bears seven

125 *Cheloniellon*. Bauchseite. / **125** *Cheloniellon*. Oral side.

Kopf trägt ein Antennenpaar, ein zweites Paar Tastanhänge ohne Klauen und drei Paar Nahrungsanhänge mit Klauen, die in Größe nach hinten zunehmen. Die Brustsegmente haben strahlenförmig angeordnete Pleuren und tragen neun doppelästige, klauenlose Beinpaare. Der Endopodit endet in einem Ring winziger Stacheln. Der Exopodit hat am Ende ein kleines ovales Podomer, das von kurzen Stacheln umsäumt wird. Die letzten zwei Brustsegmente sind von den Fortsätzen der Vorangehenden umgeben und unterscheiden sich von den Anderen. Das neunte zylindrische Segment trägt ein Paar längliche gegabelte Zweige. Das letzte Segment ist eine konische telsonartige Struktur ohne Gliedmaßen.

H Sehr selten.

G Die Körperlänge beträgt 50–110 mm.

B Die Röntgenbilder zeigen ein längliches Band in der Mittellinie und pyritisierte Schnuren in den äußeren Podomeren. Stürmer & Bergström (1978) interpretierten diese Strukturen als den Verdauungstrakt bzw. Muskeln. Van Roy (2006) hielt es für möglich, dass der zweite Kopfanhang zweiästig ist. Über die stammesgeschichtliche Position gibt es unterschiedliche Meinungen. Die neuesten Erkenntnisse weisen auf ein Schwestergruppenverhältnis zu den Kieferklauenträgern hin (Legg et al. 2013).

V Bundenbach (Gruben Untereschenbach, Schmiedenberg/Mühlenberg).

Palaeoscorpius devonicus (Abb. 126)

N *Palaios* = alt. *Scorpius* = Skorpion. *Devon* = Zeitalter des Paläozoikums.

M Der Skorpion besteht aus einem Prosoma, Opisthosoma und Schwanzende (nicht erhalten). Das Prosoma hat sechs Paar Anhänge. Die Ersten, die kleinen Scheren, konnten nicht beobachtet werden. Die folgenden Pedipalpen enden in riesigen Scheren (Chelae). Hinten gibt es vier kurze Laufbeine, die je in paarigen gekrümmten Klauen enden. Ihre Länge nimmt nach hinten ab. Es sind sieben bis acht Podomere, die in Länge variieren, vorhanden. Das Opisthosoma besteht aus 13 Segmenten. Das

126 *Palaeoscorpius*. Bauchseite. / **126** *Palaeoscorpius*. Oral side.

pairs of appendages of which the last is the largest. The first small appendages occur anteromedially, are identified as chelates (pincer-like limbs), and are followed by six walking legs. The opisthosoma consist of seven anterior segments (mesosoma) that taper to the rear and three posterior ones (metasoma) of subequal length. The pleura end laterally in blunt spines. There are rows of nodes in the mid-line present on all segments and lateral nodes flanking the first seven. The six mesosomal segments bear longitudinal striations (gills) orally. The thorny tail spine is short with a median ridge.

R Very rare.

Si Body length is 73–105 mm.

P The gross morphology is very similar to that of the living horse-shoe crab *Limulus*. However, the tips of the legs of *Weinbergina* terminate in an array of bristles, were adapted for walking on the muddy bottom (snow-shoes) and less for burrowing (Stürmer & Bergström 1981; Rust et al. 2016).

O Bundenbach (Untereschenbach quarry).

Cheloniellon calmani (Fig. 125)

N *Chela* = pincer.

C The body outline is oval. Twelve segments form the dorsal shield, which is ornamented with tubercles. The first one covered the head, the following nine the trunk, and the last two, reduced considerably in size, the abdomen. A narrow doublure extends around the oral margin of the shield. The head bears one pair of antennae, a second pair of non-chelate sensory appendages and three pairs of feeding limbs with claws, increasing in size backwards. The trunk segments have radially arranged pleurae and carry nine pairs of biramous clawless limbs. The endopod

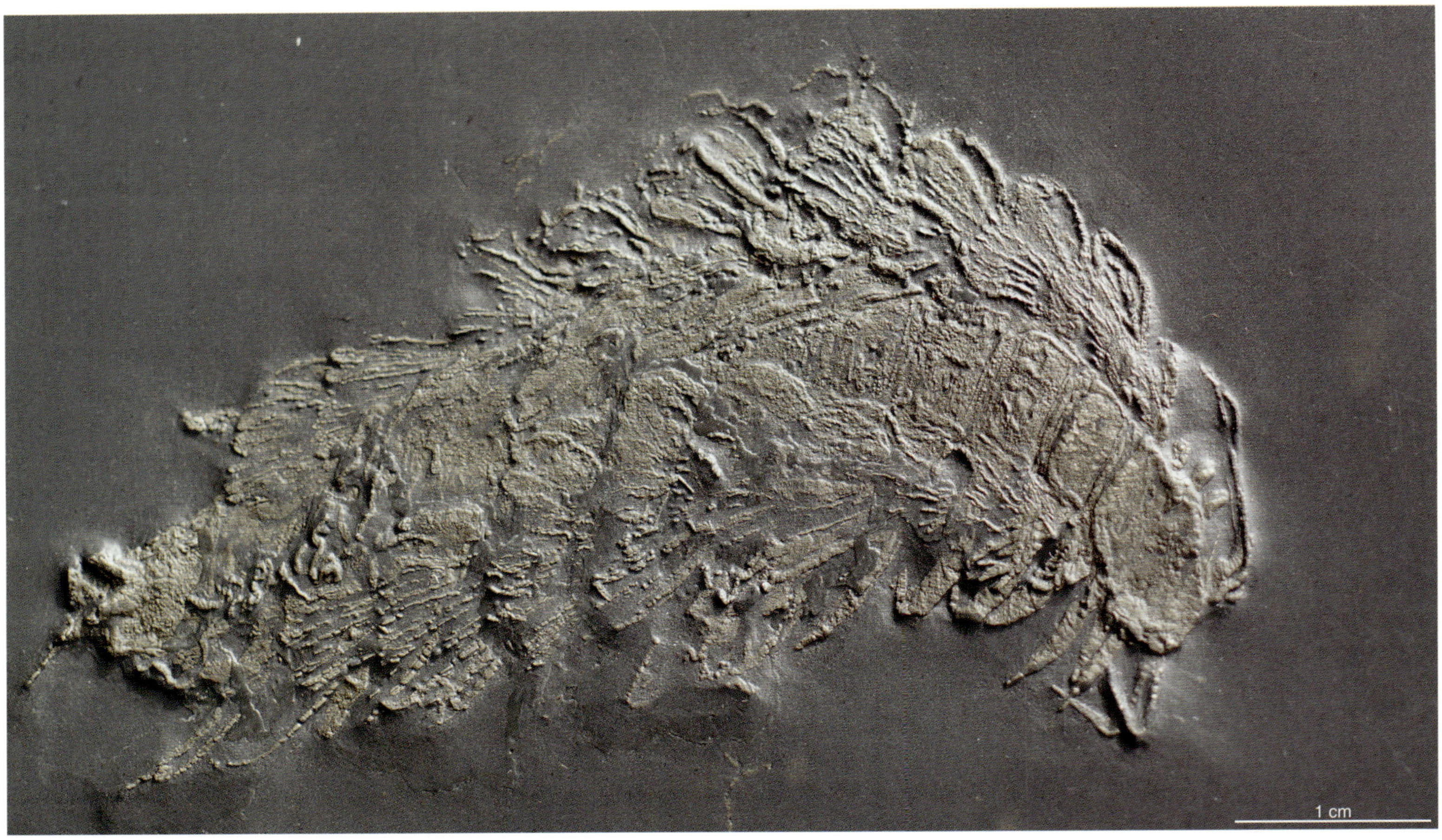

127 *Bundenbachiellus.*

Mesosoma hat sieben breite Segmente; das Metasoma sechs schlankere. An der Unterseite ist eine Ornamentierung vorhanden, die aus zwei Paar länglichen Leisten auf den metasomalen Segmenten und dem letzten mesomalen Segment besteht.

H Nur der Holotypus.

G Die Körperlänge ist 121 mm.

B Es wird angenommen, dass *Palaeoscorpius* ein auf dem Land lebender Skorpion gewesen ist, der von einer nahegelegenen Küste ins Hunsrückmeer eingeschwemmt wurde. Dies wird durch das Vorhandensein von ausgezeichnet erhaltenen fossilen Landpflanzen bestätigt, die auf ziemlich kurze Transportwege hinweisen, was auch auf den Skorpion zutreffen könnte. Weiterhin werden die inneren mesosomalen Organe als Buchlungen für Luftatmung interpretiert (Kühl et al. 2012).

V Bundenbach (Grube Untereschenbach).

Krebsartige

Bundenbachiellus giganteus (Abb. 127)

N *Giganteus* = riesig. Synonym: *Eschenbachiellus*. Alte Namen: *Megadactylus*, *Cheloniellon* (Münchener Holotypus BSPG 1929 II 34).

M Der kurze, aber mit großen Gliedmaßen versehene Gliederfüßer *Bundenbachiellus* hat einen ungefähr runden Kopf, eine lange schmale Brust, die aus 11 Segmenten besteht und ein Segment ohne Beine. Der Kopf trägt eine ungegabelte und eine lange zweiästige Antenne, sowie drei Paar Gliedmaßen. Diese bestehen aus einem Zweig mit etwa sechs Podomeren; nur der letzte Zweig trägt jedoch Fäden. Jedes Körperelement trägt ein Paar seitwärts herausragender zweiästiger Gliedmaßen, die aus einem langen Endopodit mit 6 oder 7 Podomeren und einem Exopodit, der etwa 20 blätterartige Fäden trägt, besteht. Die ersten fünf werden länger und die Gliedmaßen der übrigen Brust sind von gleicher Größe. Das letzte Element trägt ein Paar Stacheln und gegabelte antennenartige Anhänge.

H Zwei Exemplare.

G Die Körperlänge ist 63–228 mm.

V Bundenbach (Grube Obereschenbach).

terminate in a ring of tiny spines. The exopod has distally a small oval podomere fringed by short spines. The last two trunk segments are surrounded by extensions of the segments in front of them, and they differ from the rest. The ninth cylindrical segment carries a pair of elongate furcal branches. The last segment is a conical telson-like structure without appendages.

R Very rare.

Si Body length 50–110 mm.

P The radiographs show a longitudinal band in the midline and pyritized strands in the distal podomeres. Stürmer & Bergström (1978) interpreted these structures as the intestine and muscles respectively. Van Roy (2006) suggested that the second head appendage is biramous. The phylogenetic placement is controversially debated. The newest knowledge indicates a sister-group relationship to the chelicerates (Legg et al. 2013).

O Bundenbach (Untereschenbach, Schmiedenberg/Mühlenberg quarries).

Palaeoscorpius devonicus (Fig. 126)

N *Palaios* = alt. *Scorpius* = scorpion. *Devon* = period of the Palaeozoic.

C The scorpion is divided into a prosoma, opisthosoma and a tail end (not preserved). The prosoma consists of six pairs of appendages. The first, the small chelicera, could not be observed. The following pedipalps end in massive claws (chelae). Posteriorly, there are four short walking limbs each with paired curved claws at the end. Their length is increasing backwards. There are seven to eight podomeres that vary in length. The opisthosoma consists of 13 segments. The mesosoma has seven broad segments and the metasoma six more slender ones. Orally, ornamentation is present, consisting of two pairs of longitudinal strips on the metasomal segments and the last mesomal segment.

R Only the holotype.

Si Body length is 121 mm.

P *Palaeoscorpius* is assumed to be a terrestrial scorpion, washed into the Hunsrück Sea from a nearby coastline. This is supported by the presence of excellent preserved fossil land plants, suggesting rather short transport distances, which might apply to the scorpion too. Furthermore, internal mesosomal organs are interpreted as book lungs for air breathing (Kühl et al. 2012).

O Bundenbach (Untereschenbach quarry).

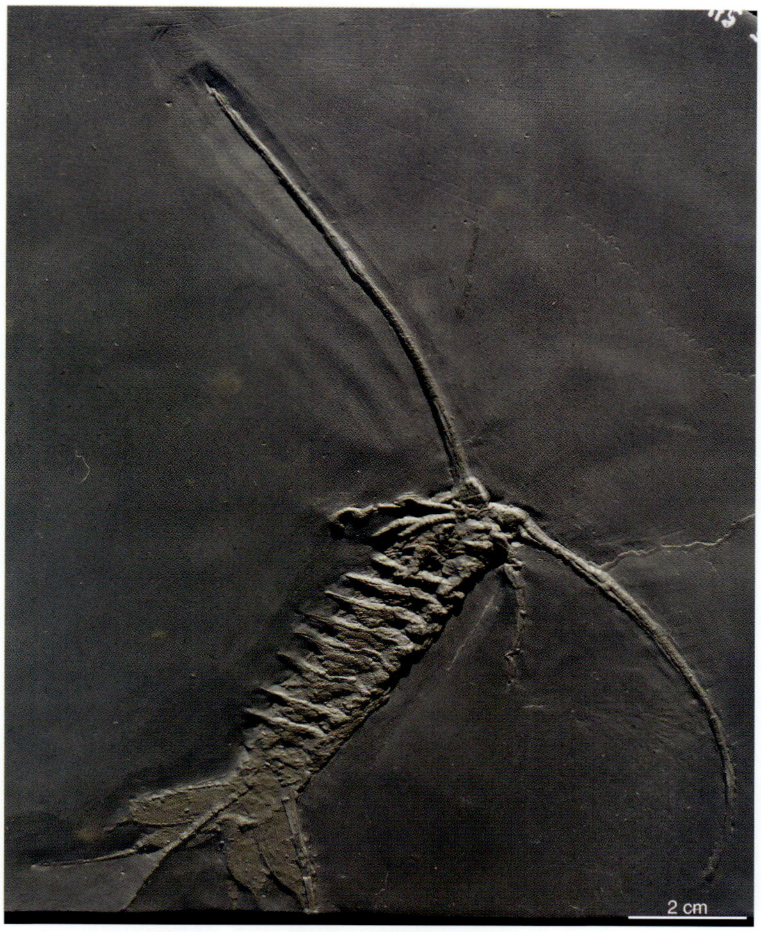

128 *Cambronatus*. Bauchseite. / **128** *Cambronatus*. Oral side.

Cambronatus brasseli (Abb. 128)

N *Kambrium* = Erste Periode des Paläozoikums mit Bezug auf das unübliche Aussehen, was unterstellt, dass dies ein Überlebender einer der typischen kambrischen Gruppen ist.

M Das Kopfschild ist länger als breit. Es trägt vier Paar langen, zweiästigen Antennen und fünf Paar unverzweigte Gliedmaßen mit nach innen hervorragenden Stacheln. Der Rumpf umfasst 11 Segmente, wovon die ersten acht ein Paar unverzweigte lappenartige Gliedmaßen, die von Borsten umsäumt werden, tragen. Das elfte Brustsegment bildet einen dreimal verzweigten Schwanzfächer, der aus zwei schaufelförmigen Zweigen und einer langen geißelartigen Struktur besteht. Das Telson ist halbrund und trägt am Ende ein Paar geißelartige Strukturen, die denjenigen des letzten Brustsegments ähneln.

H Zwei Exemplare.

G Die Körperlänge ist 72–90 mm.

B Die langen, unbeweglichen Gliedmaßen am Telson und das letzte Brustsegment sind denjenigen von *Cheloniellon* ähnlich und könnten an der räumlichen Orientierung oder dem Aufspüren von Räubern beteiligt gewesen sein (Rust et al. 2016). Die schaufelförmigen Anhänge dienten wahrscheinlich nicht dem Antrieb, sondern boten Auftrieb am Ende des Gliederfüßers und fungierten so als Stabilisierung und Steuerung (Briggs und Bartels 2001).

V Bundenbach (Grube Obereschenbach).

Höhere Krebse

Blattkrabben

Nahecaris stuertzi (Abb. 129, 130)

N *Nahe* = Nebenfluss des Rheins. *Caris* = Garnele, Krabbe.

M *Nahecaris* ist, abgesehen von den Trilobiten, der häufigste Gliederfüßer. Das große zweiklappige Schild (Carapax) bedeckt den Kopf, die Brust und die vorderen Segmente des Hinterleibs. Auf der Rückenseite trennen eine kurze vordere Rostralplatte und eine längere, hintere, mittlere Platte

Crustaceanomorpha

Bundenbachiellus giganteus (Fig. 127)

N *Giganteus* = gigantic. Synonym: *Eschenbachiellus*. Old names: *Megadactylus*, *Cheloniellon* (Munich's holotype BSPG 1929 II 34).

C The short great appendage arthropod *Bundenbachiellus* has a semi-circular head, a long narrow trunk compromising 11 elements and a final one without legs. The head bears a uniramous and a long biramous antenna and three pairs of appendages. They consist of a branch of about six podomeres; only the last, though, bears a branch with filaments. Each trunk element bears a pair of laterally projecting biramous appendages comprising a long endopod of 6 or 7 podomeres and an exopod bearing about 20 leaf-like filaments. The first five increase in length, and the appendages in the rest of the trunk are similar in size. The final element bears a pair of spines and bifurcated antenna-like appendages.

R Two specimens.

Si Body length is 63–228 mm.

O Bundenbach (Obereschenbach quarry).

Cambronatus brasseli (Fig. 128)

N *Cambrian* = First period of the Palaeozoic referring to the unusual morphology, which suggests that it is a survivor of one of the groups typical of the Cambrian.

C The head shield is longer than wide. It bears two pairs of long biramous antennae and five pairs of uniramous appendages with inwardly projecting spines. The trunk is comprised of 11 segments, of which the first eight bear a pair of uniramous lobe-like appendages fringed by setae. The eleventh trunk segment forms a three branched tail fan, consisting of two large paddle-shaped branches and a long flagellate structure. The telson is semi-circular and bears terminally a pair of flagellate structures, similar to those on the last trunk segment.

R Two specimens.

Si Body length is 72–90 mm.

Pe The long, non-flexible appendages on the telson and the last segment of the trunk are similar to those of *Cheloniellon* and could have been involved in spatial orientation or the detection of predators (Rust et al. 2016). The wing-shaped appendages are unlikely to have been used for propulsion, but would have provided lift at the rear of the arthropod and thus functioned in stabilizing and steering (Briggs and Bartels 2001).

O Bundenbach (Obereschenbach quarry).

Malacostraca

Phyllocarid crustaceans

Nahecaris stuertzi (Figs. 129, 130)

N *Nahe* = tributary of the Rhine. *Caris* = shrimp, crab.

C *Nahecaris* is the most common non-trilobite arthropod. The large bivalved shield (carapace) covers the head, thorax, and anterior segments of the abdomen. Dorsally, a short anterior rostral plate and a longer posterior median plate separate the valves. The carapace shape (deep and rounded or long and narrow) and ornamentation (generally fine ridges parallel to the oral border) varies. A strengthened rim along the margin forms a doublure. The head bears a pair of large, club-shaped, stalked eyes, and two pairs of biramous antennae, the second much larger than the first. The thoracic segments each bear a pair of biramous slender limbs (thoracopods) that decrease in size posteriorly. Mostly, the endopods are curved downward so that they form a cone-shaped feeding basket. The abdomen consists of seven cylindrical segments, of which only up to four are visible. The first five bear biramous limbs (pleopods) made up of flap-like branches. The seventh abdominal segment is twice to three times longer than the others. The abdomen terminates with a median telson spine, flanked by two much longer, and coarser, lateral furcal branches. The ornament of abdomen and telson is similar to that of the carapace.

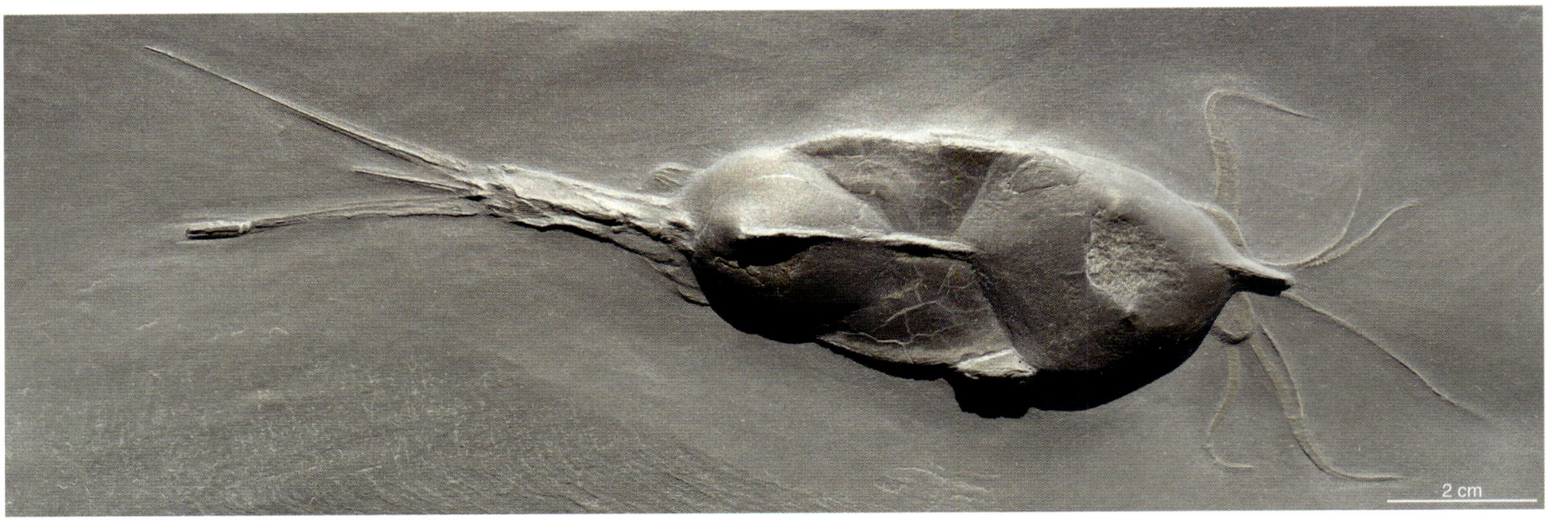

129 *Nahecaris*. Oberseite. / **129** *Nahecaris*. Dorsal view.

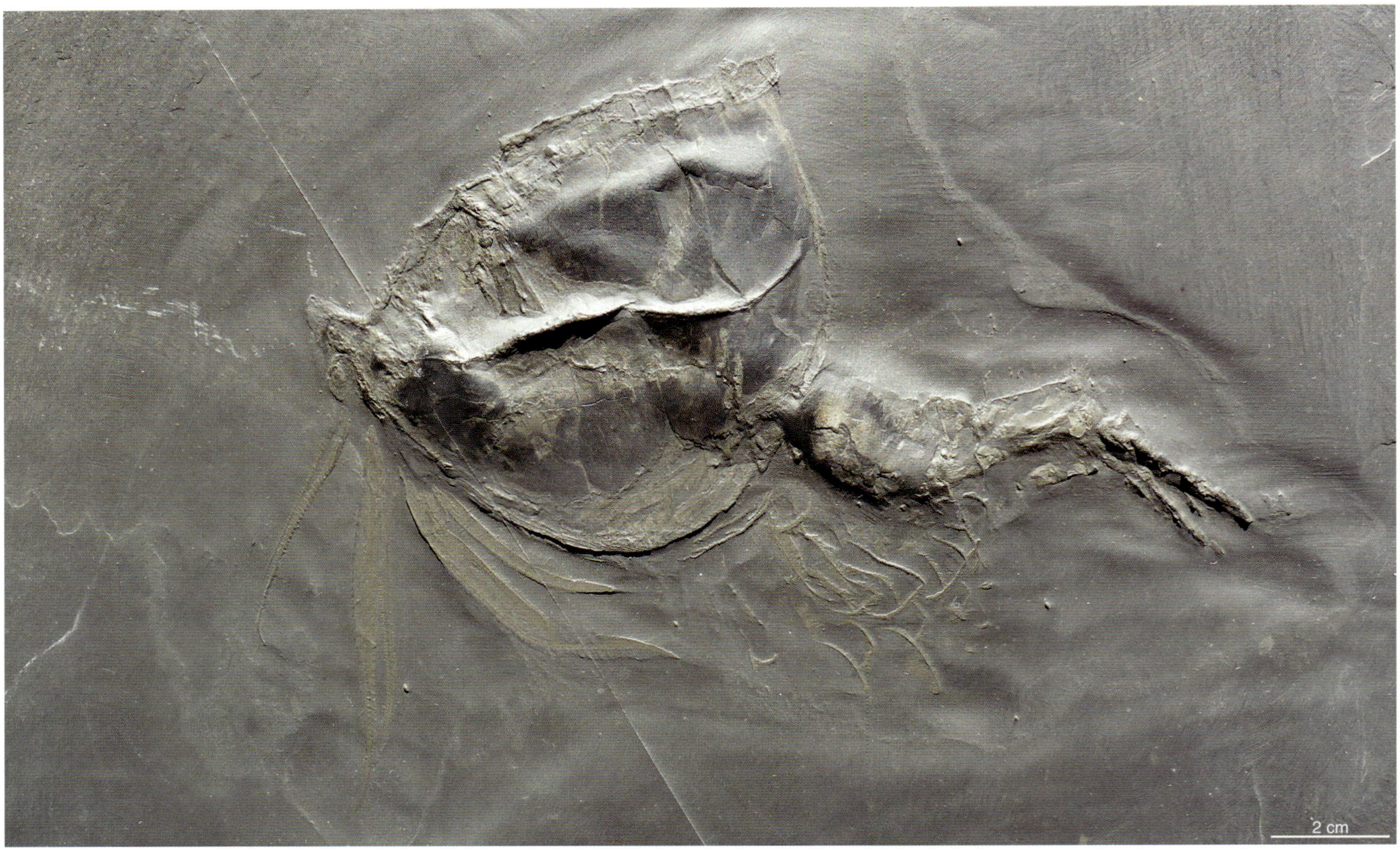

130 *Nahecaris*. Seitenlage. Zu beachten sind die lappenartigen Pleopoden am vorderen Hinterleib.
130 *Nahecaris*. Lateral view. Note the flap-like pleopods at the anterior abdomen.

die Klappen. Die Form des Carapaxes (breit und gerundet oder lang und schmal) und Ornaments (im Allgemeinen feine Rippen parallel zum Unterrand) variiert. Der gestärkte Rand tritt als Dublüre hervor. Der Kopf trägt ein Paar große, knüppelartige Stielaugen und zwei Paar zweiästige Antennen, deren Zweite viel größer als die Erste ist. Die Brustsegmente tragen je ein Paar zweiästige schlanke Beine (Thorakopoden), die nach hinten an Größe abnehmen. Meist sind die Endopoditen nach unten gebogen um einen kegelförmigen Fangapparat zu bilden. Der Hinterleib besteht aus sieben zylindrischen Segmenten, von denen nur höchstens vier zu sehen sind. Die ersten fünf tragen zweiästige Beine (Pleopoden), die aus lappenartigen Zweigen bestehen. Das siebte Hinterleibsegment ist zwei bis dreimal so lang wie die Anderen. Der Hinterleib endet in einem mittleren Schwanzstachel, der von zwei viel längeren und gröberen, seitlichen, gabelartigen Zweigen flankiert wird. Das Ornament von Hinterleib und Telson ist dem des Carapaxes ähnlich.

H Sehr häufig (die Trilobiten ausgenommen).

G Die Körperlänge ist höchstens 150–200 mm.

R Very common (trilobites excluded).

Si Body length is up to 150–200 mm.

Pe Like *Cheloniellon*, the intestine is seen in many specimens, extending as a narrow tube from the base of the telson up to the thorax. Further single phyllocarid specimens have been found, which were identified as *Montecaris?*, and representatives of the suborder Ceratiocarina and family Rhinocarididae (Bergström et al. 1989) (Fig. 131). *Montecaris?* is very large (incomplete specimen of 230 mm, consisting of five abdominal segments and a broader and more leaf-like telson and furca). The ceratiocarinid has short and long furcal branches and seems to have no telson. The rhinocaridid (length 86 mm) has a distinctive telson, bearing about 15 coarse tubercles on their lateral margins.

O Bad Schwalbach (Hohe Straße between Rachelbach and the Hohe Wald). Kaub (Erb tunnel). Birkenfeld (Schemelsbach). Breitenthal (Schielenberg quarry). Bundenbach (Untereschenbach, Herrenberg, Schmiedenberg/Mühlenberg quarries). Oberkirn (Karschheck quarry). Kaisergrube (Gemünden).

B Wie bei *Cheloniellon* ist der Verdauungstrakt, der als eine schmale Röhre von der Basis des Telsons bis in die Brust reicht, bei vielen Exemplaren zu erkennen. Es sind weitere Einzelexemplare von Blattkrabben, die als *Montecaris*? und Vertreter der Unterordnung Ceratiocarina und Familie Rhinocarididae bestimmt wurden, gefunden worden (Bergström et al. 1989) (Abb. 131). *Montecaris*? ist sehr groß (inkomplettes Exemplar von 230 mm, bestehend aus fünf Hinterleibsegmenten und einem breiteren und mehr blattartigen Telson, sowie einer Gabel). Ceratiocarina hat kurze und lange gabelartige Zweige und scheint kein Telson gehabt zu haben. Die Familie der Rhinocarididae (Länge 86 mm) hat ein unverwechselbares Telson, das etwa 15 grobe Tuberkel an dessen Rändern trägt.

V Bad Schwalbach (Hohe Straße zwischen Rachelbach und Hohe Wald). Kaub (Erbstollen). Birkenfeld (Schemelsbach). Breitenthal (Grube Schielenberg). Bundenbach (Gruben Untereschenbach, Herrenberg, Schmiedenberg/Mühlenberg). Oberkirn (Grube Karschheck). Kaisergrube (Gemünden).

Oryctocaris balssi (Abb. 132)

N *Orycto* = Fossil, Mineral. *Caris* = Garnele, Krabbe. Alter Name: *Nahecaris*.

M *Oryctocaris* ist kleiner als *Nahecaris*. Der Carapax ist in seitlicher Ansicht halb oval bis oval und ist von einem kräftigen Rand umgeben, eine Rostralplatte fehlt. Der konvexe Hinterrand des Rückenschildes endet in einer konkaven Einstülpung in Richtung der gut entwickelten Scharnierlinie. Meist ist der Carapax mit einer feinen, parallel verlaufenden Längsriefung verziert. Der Kopf trägt große, gerundete Stielaugen. Die ersten und zweiten Antennenpaare sind zweiästig. Die Brust trägt acht Paar lange und schlanke Thorakopoden, von denen in der Regel nur die äußeren Enden zu sehen sind. Die sieben zylindrischen Segmente des Abdomens werden nach hinten hin größer. Nur die ersten fünf tragen ein Paar zweiästige Pleopoden, die in breiten, flachen, ovalen Stücken enden. Das Telson besteht aus einem Stück, das in einen mittleren Stachel, mit zwei gabelartigen Zweigen versehen, übergeht. Am hinteren Rand befinden sich kleine Stachel, die in Länge zunehmen und sich zur Spitze hin krümmen.

H Selten.

G Der Mittelwert beträgt 45 mm und das größte Exemplar ist 74 mm lang.

B Die zweite kräftige Antenne könnte, wie bei *Nahecaris*, nach hinten gebogen gewesen sein. Möglicherweise wurde sie als eine Stütze, während des Ausruhens auf dem Meeresboden, gebraucht (Bergström et al. 1987; Bergmann & Rust 2013).

V Bundenbach (Grube Obereschenbach).

Heroldina rhenana (Abb. 133)

M *Heroldina* war der wahrscheinlich größte Gliederfüßer des Hunsrückschiefers. Er hat einen großen parabolischen Carapax ohne mittlere Rückenplatte und eine große Rostralplatte, die sich zu einer scharfen Spitze

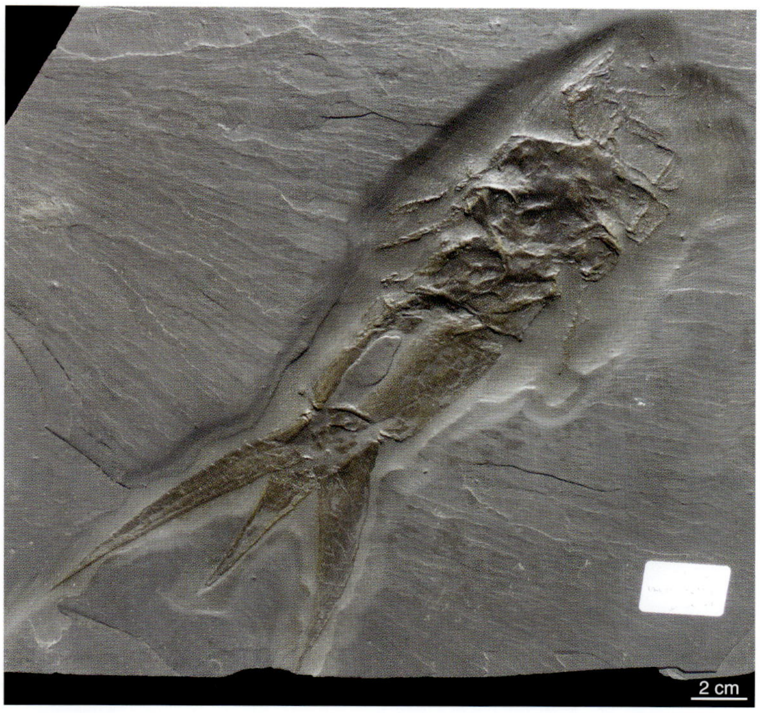

131 *Montecaris*?

Oryctocaris balssi (Fig. 132)

N *Orycto* = fossil, mineral. *Caris* = shrimp, crab. Old name: *Nahecaris*.

C *Oryctocaris* is smaller than *Nahecaris*. The carapace is semi-oval to oval in lateral view, lacks a rostral plate and is surrounded by a strengthened margin. The convex posterior margin terminates with a concave invagination towards the dorsal well-developed hinge line. Mostly, the carapace bears fine parallel striations which run longitudinally. The head bears large, rounded, stalked eyes. The first and second pair of antennae are biramous. The thorax bears eight pairs of long and slender thoracopods of which usually only the distal part is visible. The seven cylindrical segments of the abdomen increase in size posteriorly. Only the first five bear a pair of biramous pleopods terminating in broad, flat, oval portions. The telson consists of a head, which passes into a median spine that bears two furcal branches. Distally smaller spines, that increase in length and become more curved towards the tip, are arranged along the margin.

R Rare.

Si The mean size is 45 mm, and the largest specimen is 74 mm in length.

Pe The second sturdier antennae may have been bent backwards as in *Nahecaris*. This would allow it to have served as a brace while resting on the sea floor (Bergström et al. 1987 Bergmann & Rust 2013).

O Bundenbach (Obereschenbach quarry).

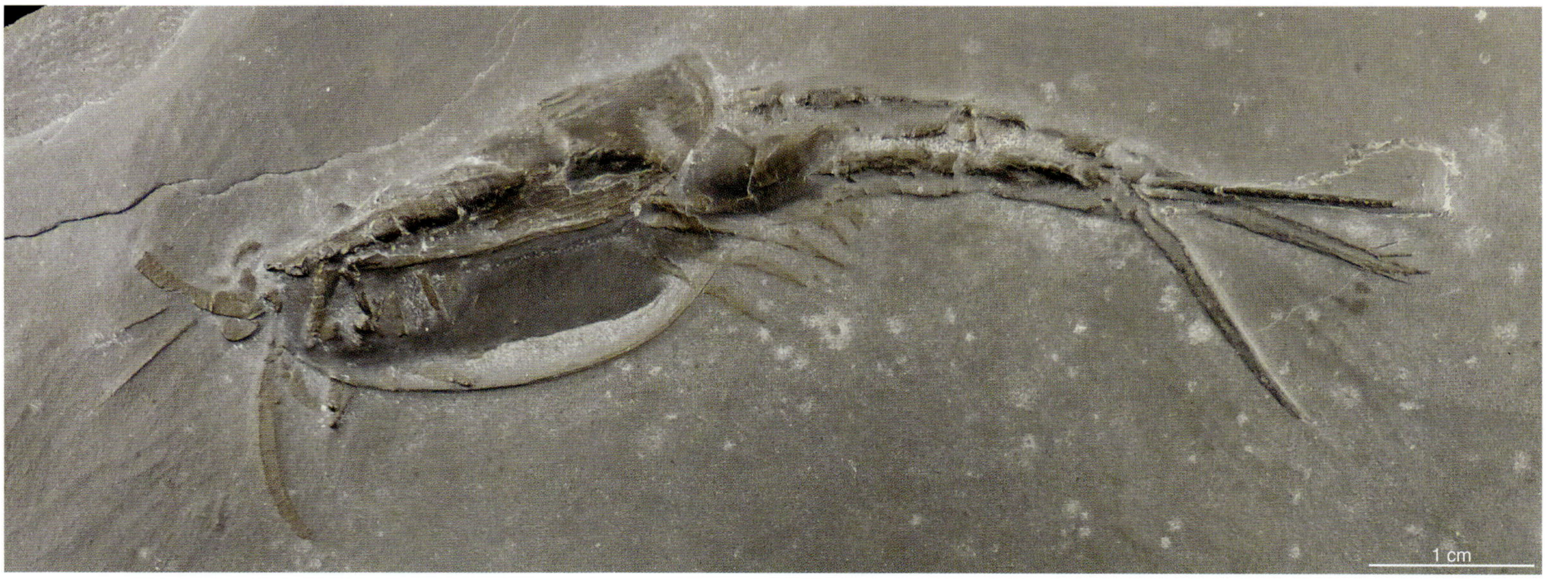

132 *Oryctocaris*. Seitenlage. / **132** *Oryctocaris*. Lateral view.

133 *Heroldina*. Seitenlage. / **133** *Heroldina*. Lateral view.

verschmälert. Zwei Brust- und drei kurze Abdominalsegmente ragen hinter dem Carapaxrand heraus. Das folgende, außergewöhnlich lange Segment ist wahrscheinlich das siebte. Das Abdomen war intensiver ornamentiert (parallele dünne Rippen) als der Carapax. Das letzte Abdominalsegment trägt einen sehr langen Schwanzstachel. Die gabelartigen Zweige sind entweder kleiner oder nicht vorhanden.

H Selten.

G Die Körperlänge kann bis über 600 mm reichen. Das Exemplar in der Sammlung Beicht (Bundenbach) hat eine Länge von 186 mm.

B *Heroldina* und *Nahecaris* haben Rostralplatten, die Teilchen abwehrten und die Augen und den Kopf beim Graben gegen das Sediment schützten (Rust et al. 2016).

V Mayen (Grube Katzenberg). Bundenbach. Gemünden (Kaisergrube).

Mit Eumalacostraca verwandtes Krebstier

Hohensteiniella engeli (Abb. 134)

M Der kleine *Hohensteiniella* hat ein garnelenartiges Aussehen. Das kleine Kopfschild bedeckt die vordere Brust nicht. Es trägt große Stielaugen, eine prominente, zweigeißelige erste Antenne und eine zweite

134 *Hohensteiniella*. Seitenlage. / **134** *Hohensteiniella*. Lateral view.

Heroldina rhenana (Fig. 133)

C *Heroldina* was probably the largest arthropod of the Hunsrück Slate. It has a large parabolic carapace without a median dorsal plate and a large rostrum tapering to a sharp tip. Two thoracic and three short abdominal segments protrude behind the carapace margin succeeded by an exceptionally long one, which is presumably the seventh. The abdomen is more strongly ornamented (parallel thin ridges) than the carapace. The last abdominal segment carries a very long telson spine. The furcal rami are reduced in size or missing.

R Rare.

Si Body length can be over 600 mm. The specimen in the Beicht collection (Bundenbach) measures 186 mm.

Pe *Heroldina* and *Nahecaris* have rostral plates acting as particle-diverting structures, which protected the eyes and head against sediment while digging (Rust et al. 2016).

O Mayen (Katzenberg quarry). Bundenbach. Gemünden (Kaisergrube).

Crustacean with eumalacostracan affinities

Hohensteiniella engeli (Fig. 134)

C The small-sized *Hohensteiniella* has a shrimp-like habitus. The small head shield does not cover the anterior thorax. It bears large stalked eyes, a prominent biflagellate antennula and a second antenna. The trunk consists of eight shorter (thorax) and six longer segments (abdomen), and possibly a telson. A series of at least five slender thoracopods can be recognized. At the second abdominal segment a pronounced bend is apparent.

R Unique specimen.

Si Body length is about 21 mm if outstretched.

Pe *Hohensteiniella* represents one of the oldest records of the shrimp-like modern-looking forms. The spherical pyritized structures in association with the arthropod are interpreted as eggs and could indicate a kind of brood care (Haug et al. 2016).

O Bundenbach (Obereschenbach quarry).

Antenne. Der Körper besteht aus acht kürzeren (Brust) und sechs längeren Segmenten (Hinterleib) und möglicherweise einem Telson. Es sind zumindest fünf paarige schlanke Thorakopoden vorhanden. Am zweiten Hinterleibssegment ist eine deutliche Krümmung zu erkennen.

H Unikat.

G Die Körperlänge beträgt in ausgestreckter Form etwa 21 mm.

B *Hohensteiniella* stellt eines der ältesten Dokumente der garnelenartigen, modern aussehenden Formen dar. Die kugelförmigen pyritisierten Strukturen in der Nähe des Gliederfüßers werden als Eier gedeutet und könnten auf eine Art Brutpflege hinweisen (Haug et al. 2016).

V Bundenbach (Grube Obereschenbach).

Euarthropoda unsicherer Zuordnung

Wingertshellicus backesi (Abb. 135, 136)

N *Wingertshell*-Formationsglied = das Niveau in der Grube Obereschenbach in Bundenbach, aus dem die Exemplare gesammelt wurden. Synonym: *Devonohexapodus*.

M Der Körper ist länglich und zigarrenförmig. Der Kopf verschmälert sich nach vorne und trägt ein Paar lange, kräftige, unverzweigte Antennen, sechs zusätzliche Gliedmaßen und große, ovale Stielaugen. Die Kopfgliedmaßen hinter den Antennen nehmen nach hinten an Länge ab. Der Rumpf besteht aus 36–40 gleichförmigen Segmenten, die je ein Paar zweiästige Gliedmaßen, mit einem kurzen Endopodit und lange lappenartige Exopoditen, tragen. Die Exopoditen sind am auffälligsten und strecken sich normalerweise außerhalb der Seitenränder aus. Das Hinterende trägt ein Paar große, seitwärts stehende, walschwanzartige Anhänge, die in peitschenartigen Strukturen enden.

H Sehr selten.

G Die Körperlänge ist 62–101 mm.

B Der längliche Körper, die großen Exopoditen der Brust und das walschwanzartige Schwanzende deuten auf eine schwimmende Lebensweise hin (Kühl et al. 2009).

V Bundenbach (Grube Obereschenbach).

Euarthropoda of uncertain affinity

Wingertshellicus backesi (Figs. 135, 136)

N *Wingertshell* Member = the level in the Upper Eschenbach quarry at Bundenbach, from which the specimens were collected. Synonym: *Devonohexapodus*.

C The body is elongate and cigar-shaped. The head tapers anteriorly and bears a pair of long stout uniramous antennae, six additional

135 *Wingertshellicus*. Oberseite. / **135** *Wingertshellicus*. Dorsal view.

136 *Wingertshellicus*. Seitenlage. / **136** *Wingertshellicus*. Lateral view.

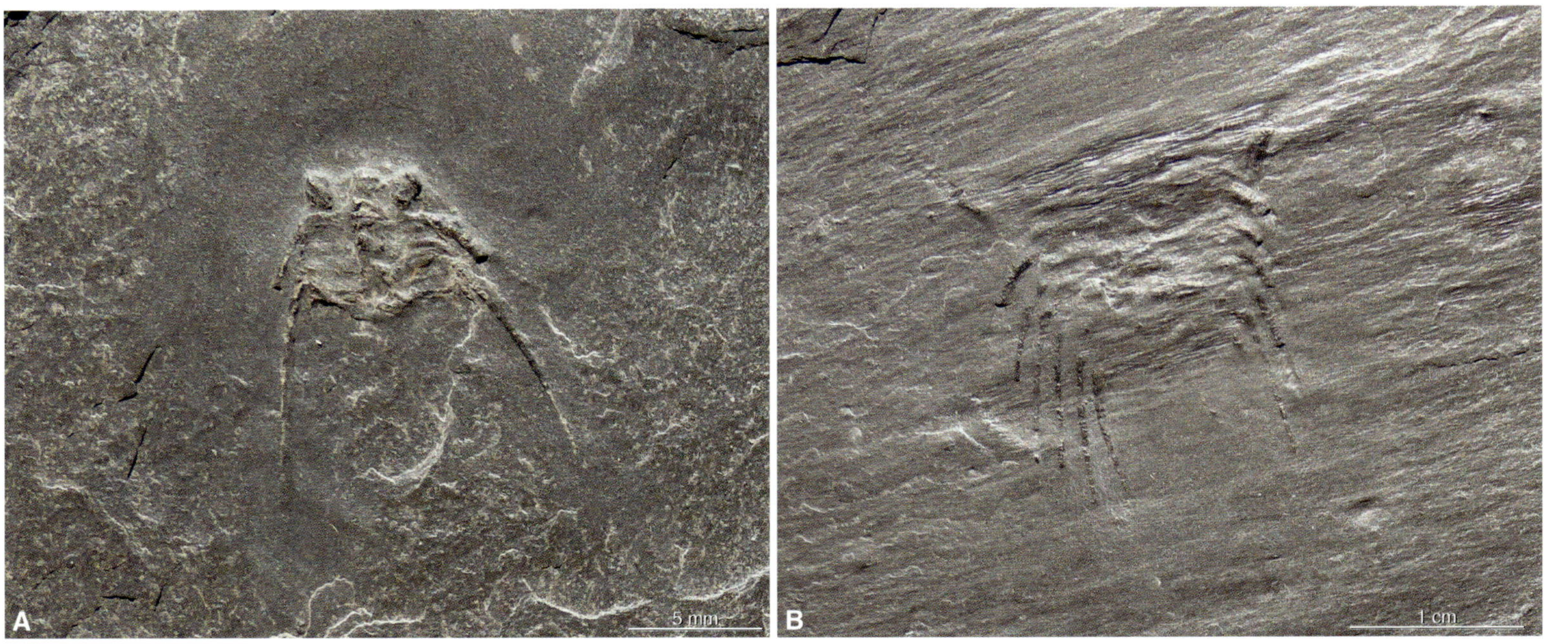

137 Odontopleuriden. **A**, Cephalon und Thorax; **B**, Pygidium. / **137** Odontopleurids. **A**, cephalon and thorax; **B**, pygidium.

Trilobiten

Odontopleuridae (Abb. 137)

N *Leon* = Löwe. Alter Name: *Ceratocephala*.

M Zur Familie der Odontopleuridae gehören sehr kleine Trilobiten, die am ganzen Körper stark bestachelt sind. Die Augen sind hochgestellt und rund bis ovalförmig. Die hinteren Ecken des Cephalons sind zu langen Wangenstacheln ausgezogen. Der Thorax ist acht- bis zehngliedrig mit extremen Pleuralstacheln. Das Pygidium ist klein und hat nur drei Pleuren, die in Stacheln auslaufen.

H Sehr selten.

G Die Länge des Cephalons ist 2–5 mm; des Thoraxes 5–10 mm.

B Basse & Müller (2004) nahmen an, dass es sich beim Thorax von *Ceratocephala* aus Bundenbach um *Kettneraspis* oder *Leonaspis* handelt.

V Bundenbach (Gruben Unter- und Obereschenbach, Schmiedenberg/Mühlenberg).

Digonus ornatus (Abb. 138)

N *Digon* = Zweieck mit Bezug auf die Form des mittleren vorderen Kopfschildes. *Ornatus* = geschmückt. Alter Name: *Homalonotus*.

M Das Cephalon ist trapezförmig und der mittlere Stirnrand ist leicht zugespitzt (Name!). Die Glabella (mittlerer Abschnitt des Cephalons) ist ebenso trapezförmig und deutlich von dem breiten vorderen Feld abgesetzt. Der Thorax zählt dreizehn Segmente und verschmälert sich nach hinten. Die Pleuren sind kantig nach unten umgeschlagen. Die Verzierung der Spindel besteht aus Querreihen an Knoten. Das Pygidium ist (etwa) dreieckig, hat eine breite Spindel und umfasst zwölf oder dreizehn Axialringe. Letztere sind nach hinten sägezahnartig ausgeprägt. Die Verzierung der Axialringe und Pleuralrippen besteht aus in Reihen angeordneten Knötchen auf deren Kanten. Der Schwanzstachel ist sehr lang und am Ende gerundet.

H Zwei Exemplare.

G Die Körperlänge ist 205 mm.

V Bundenbach (Gruben Untereschenbach, Kammerberg I).

Wenndorfia planus planus (Abb. 139, 140)

N *Planus* = flachgedrückt wegen dem Aussehen des Pygidiums. Alte Namen: *Parahomalonotus* und *Homalonotus*.

M Das Cephalon und der Vorderrand der Glabella haben eine gerundete Form. Die Seiten der Glabella verlaufen gerade, parallel und sind (einigermaßen) konkav. Die kleinen, runden bis elliptischen Augen liegen weit hinten. Die Spindel des 13-teiligen Thoraxes ist sehr breit. Die Pleurenenden sind gerundet. Glabella und Thorax tragen Knötchen. Das Pygidium ist parabelförmig mit gerundeter Spitze oder dreieckig mit

appendages, and large oval stalked eyes. The post-antennal head appendages diminish in length posteriorly. The trunk comprises 36–40 uniform segments, each bearing a pair of biramous appendages with a short endopod and a long flap-like exopod. The exopods are the most prominent and usually extend beyond the lateral margins. The rear end carries a pair of large, laterally projecting, fluke-like appendages with distal flagellate structures.

R Very rare.

Si Body length is 62–101 mm.

Pe The elongated body, large exopods of the trunk and the terminal fluke-like tail indicate a swimming mode of life (Kühl et al. 2009).

O Bundenbach (Obereschenbach quarry).

Trilobites

Odontopleuridae (Fig. 137)

N *Leon* = lion. Old name: *Ceratocephala*.

C These very small trilobites, part of the family Odontopleuridae, are very spiny all along their body. The eyes are high domed and rounded to oval-shaped. The posterior edges of the cephalon extend into long genal spines. The thorax has eight to ten elements with extreme pleural spines. The pygidium is small and has only three pleura that end in spines.

R Very rare.

Si Length of the cephalon is 2–5 mm; thorax 5–10 mm.

Pe Basse & Müller (2004) suggested that the thorax of *Ceratocephala* from Bundenbach could belong to *Kettneraspis* or *Leonaspis*.

O Bundenbach (Unter- and Obereschenbach, Schmiedenberg/Mühlenberg quarries).

Digonus ornatus (Fig. 138)

N *Digon* = biangle, referring to the outline of the median frontal area. *Ornatus* = decorated. Old name: *Homalonotus*.

C The cephalon is trapezoidal in outline and the median frontal area is slightly sharpened (name). The glabella (median part of the cephalon) is also trapezoid-shaped and stands out clearly from the broad anterior field. The thorax counts thirteen segments and diminishes in size posteriorly. The pleurae are angularly turned down. The ornament of the rachis consists of transverse rows of nodes. The pygidium is (almost) triangular, has a wide rachis and is composed of twelve or thirteen axial rings. The last appear saw tooth-like posteriorly. The ornament of the axial rings and pleural ribs consists of rows of granules at their edges. The terminal pygidial spine is very long and rounded at the end.

138 *Digonus*. Seitenlage. / **138** *Digonus*. Laterally.

zugespitztem Ende. Die Berippung ist sehr flach bis verschwommen. Die Spindel ist breit, verschmälert sich rasch und erreicht den Rand nicht. Das Pygidium ist von einem Rand umsäumt.

H Sehr häufig in der rheinischen Fazies (Eifel, Taunus). In Bundenbach sind komplette Exemplare sehr selten.

G Die Körperlänge ist 70–122 mm.

B Homalonotiden bevorzugten sandigere Sedimente. Das flache, »ausgelöschte« Außenskelett wurde als Hinweis zum Graben gedeutet. Ihre

R Two specimens.

Si Body length is 205 mm.

O Bundenbach (Untereschenbach, Kammerberg I quarries).

Wenndorfia planus planus (Figs. 139, 140)

N *Planus* = flat, corresponding to the appearance of the pygidium. Old names: *Parahomalonotus* and *Homalonotus*.

139 *Wenndorfia*. Thorax und Pygidium. / **139** *Wenndorfia*. Thorax and pygidium.

140 *Wenndorfia*. Cephalon.

Lebensweise könnte auch ihre Seltenheit bei Bundenbach und die Tatsache, dass keine Beine und Weichteile erhalten blieben, erklären (Bartels et al. 1998). Ein »*Parahomanolotus*« aus dem spanischen Iberoschiefer zeigt jedoch auf einem Röntgenbild seinen Darmtrakt (Südkamp 2008; Abb. 141).

V Weisel (Gruben Kreuzberg, Wilhelmsberg). Nauroth (Grube Rosit). Mayen (Gruben Katzenberg, Mosellaschacht, Glückauf). Trimbs (Gruben Margaretha, Wilbert). Düngenheim (Grube Antonius). Kehrig (Grube Bausberg). Gering (Grube am Jungenberg). Polch-Ruitsch (Grube Müller). Müllenbach (Grube Maria Schacht). Kaub (Gruben Ludwig, Jakobsberg). Buhlenberg (Homberg). Birkenfeld (Schemelsbach). Bollenbach (Gruben Frühberg, Franzendell). Bundenbach (Gruben Unter- und Obereschenbach, Schmiedenberg/Mühlenberg). Oberkirn (Grube Karschheck). Gehlweiler (Grube Drei Männer).

Burmeisterella (Abb. 142)

N *Armata* = bewaffnet. *Aculeatus* = stachelig. Alte Namen: *Homalonotus*, *Burmeisteria*.

M Groß wie *Wenndorfia*, mit kleinen runden Augen, nach hinten verschmälerndem Thorax, Thorax-Spindel breiter als Pleuren und etwa gleich großes Cephalon und Pygidium. Das Cephalon ist halb oval bis gerundet dreieckig, mit Saumspitze. Die Glabella ist trapezförmig und gewölbt. Mindestens die beiden hinteren Seitenloben tragen ein Stachelpaar. Auf den Freiwangen sitzt jeweils ein Stachel unterhalb der Augenplattform und auf den Wangenecken jeweils ein Seitenstachel. Der Thorax trägt paarige Stachelreihen, von denen zwei auf der Spindel und zwei am Außenrand sitzen. Das Pygidium ist gerundet und dreieckig. Die Spindel ist nach hinten zunehmend zylindrisch gewölbt und besitzt einen Endstachel, der den deutlichen Saum am Rand überragt. Einige Pleuralrippen sind bestachelt.

H Sehr selten.

G Länge 118–240 mm.

A Die Arten aus dem Hunsrückschiefer sind *Burmeisterella armata* und *B. aculeata*. *B. armata* hat mehr Stacheln auf der Glabella, kräftigere Loben und ein breiteres Pygidium. Die Bestachelung des Thoraxes ist unregelmäßiger und lückenhaft.

V Bundenbach (Grube Untereschenbach). Buhlenberg (Homberg).

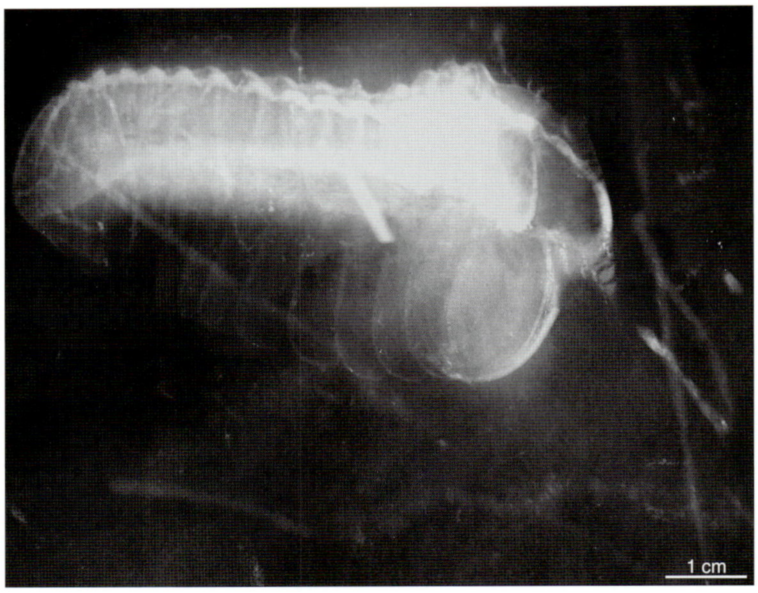

141 »*Parahomalonotus*«. Seitenansicht. Röntgenbild. Zu beachten ist der Darmtrakt im Thorax und Pygidium.
141 *"Parahomalonotus"*. Lateral view. X-ray. Note the intestine in thorax and pygidium.

C The cephalon and anterior margin of the glabella have a rounded outline. The sides of the glabella are straight, parallel and (somewhat) concave. The small, round to elliptic eyes are positioned wide to the rear. The rachis of the 13-piece thorax is very broad. The ends of the pleurae are rounded. Glabella and thorax bear granules. The pygidium is parabolic-shaped with rounded tip or triangular with pointed tip. The ribs are very smooth to vague. The rachis is wide, tapers very strongly and does not reach the margin. There is a borderline around the pygidium.

R Very common in the Rhenish facies (Eifel, Taunus). Complete specimens at Bundenbach are very rare.

Si Body length is 70–122 mm.

Pe Homalonotids preferred sandier sediments. The smooth, effaced exoskeleton has been interpreted as an indication that they were burrowing forms. Their way of living could also explain their rarity around Bundenbach, and the fact that no limbs and soft tissues were preserved (Bartels et al. 1998). However, one *"Parahomalonotus"* from the Spanish Iberoslate shows its intestine on the radiograph (Südkamp 2008; Fig. 141).

O Weisel (Kreuzberg, Wilhelmsberg quarries). Nauroth (Rosit quarry). Mayen (Katzenberg, Mosellaschacht, Glückauf quarries). Trimbs (Margaretha, Wilbert quarries). Düngenheim (Antonius quarry). Kehrig (Bausberg quarry). Gering (quarry at the Jungenberg). Polch-Ruitsch (Müller quarry). Müllenbach (Maria Schacht quarry). Kaub (Ludwig, Jakobsberg quarries). Buhlenberg (Homberg). Birkenfeld (Schemelsbach). Bollenbach (Frühberg, Franzendell quarries). Bundenbach (Unter- and Obereschenbach, Schmiedenberg/Mühlenberg quarries). Oberkirn (Karschheck quarry). Gehlweiler (Drei Männer quarry).

Burmeisterella (Fig. 142)

N *Armata* = armoured. *Aculeatus* = spiny. Old names: *Homalonotus*, *Burmeisteria*.

C Like *Wenndorfia* large, with small round eyes, posteriorly tapering thorax, thorax-rachis broader than the pleurae and with cephalon and pygidium of about the same size. The cephalon is semi-oval to round-triangular, with frontal process. The glabella is trapezoid and domed. At least both posterior lateral lobes bear a pair of spines. On the librigena (field in front of the eye) is a spine below each palpebral (eye) lobe and each of the posterior borders bear a lateral spine. The thorax bears pairs of spine rows, of which two are located on the rachis and two are at the outer margin. The pygidium is rounded and triangular in outline. The rachis is increasing cylindrically-domed to the rear and has a terminal spine, that projects over the distinct border. Some pleural ribs are spiny.

R Very rare.

Si Length 118–240 mm.

Sp The Hunsrück Slate species are *Burmeisterella armata* and *B. aculeata*. *B. armata* is different in the larger number of spines on the glabella, the

142 *Burmeisterella.*

Chotecops (Abb. 91, 143, 144, 211)

N *Chot* = Gemahl. Alter Name: *Phacops.*

M Der kleine bis mittelgroße *Chotecops* ist der am weitesten verbreitete Gliederfüßer des Hunsrückschiefers. Cephalon und Pygidium sind etwa doppelt so breit wie lang. Die große gewölbte Glabella verbreitert sich nach vorne und ist mit Knoten, die in unterschiedlichen Mustern auf der Oberfläche verteilt sind, skulptiert. Das Cephalon trägt ein Paar lange Antennen, denen sich drei Paar zweiästige Beine, wie diejenigen unter dem Rest des Körpers, anschließen. Die großen nierenförmigen Augen sind schizochroal (die Linsen sind voneinander getrennt) und in Vertikalreihen angeordnet. Der Thorax hat 11 Axialringe und die Spindel ist durch deutliche Furchen und starke Knotenreihen abgesetzt. Die Pleuren sind am Seitenrand gerundet. Die Beine bestehen aus einem Endopodit (Laufbein) aus sieben Podomeren, die alle durch Borsten umgeben sind und einem Exopodit (Kiemenast) mit einem fadenartigen Rand. Das Pygidium hat sieben bis neun Axialringe und einen Hintersaum.

H Sehr häufig.

G Länge 11–130 mm.

A Struve (1985) beschrieb zwei neue Arten und eine Menge anderer Formen, die auf einer Reihe Messungen und dem Skulpturmuster auf der Glabella basieren. Spätere Autoren (Bartels et al. 1998, Basse 2003) waren damit nicht einverstanden, weil einige Merkmale einfach eine unterschiedliche Erhaltung widerspiegeln. Die namensgebende Art *Chotecops ferdinandi* ist größer (nicht verdrückt bis 120 mm) als *C. opitzi* (bis 80 mm). *C. opitzi* und *C. sterzeli* haben eine dichtere und ungleiche Verteilung der Knoten auf der Glabella. Das Pygidium von *C. sterzeli* hat eine breitere Spindel und deutliche (hintere) Seitenloben auf der Glabella (Abb. 145).

B Ausgezeichnet erhaltene Exemplare von *Chotecops* sind traditionelle Studienobjekte für die Anhänge und Weichteilerhaltung (Stürmer & Bergström 1973; Bruton & Haas 1999). Es wurden Spuren der Verdauungsorgane (Magen im Cephalon und Darmkanal im Thorax und Pygidium) entdeckt. Weiterhin sind die Nerven von den Augen zum Gehirn (»Ommatidia« von Stürmer & Bergström 1973 genannt) vor kurzem bestätigt worden (Schoenemann & Clarkson (2013).

V Mayen (Gruben Katzenberg, Mosellaschacht). Kaub (Grube Neue Hoffnung; Blüchertal). Weisel (Grube Kreuzberg). Vogelsang (Grube Eckert). Nauroth (Grube Rosit). Huppert. Lütz (Gruben Wrede, Weinsberg). Gondershausen (Grube Schorfeld). Abentheuer. Birkenfeld (Schemelsbach). Breitenthal (Grube Schielenberg). Bollenbach (Grube Franzendell).

143 *Chotecops*. Oberseite. / **143** *Chotecops*. Dorsal side.

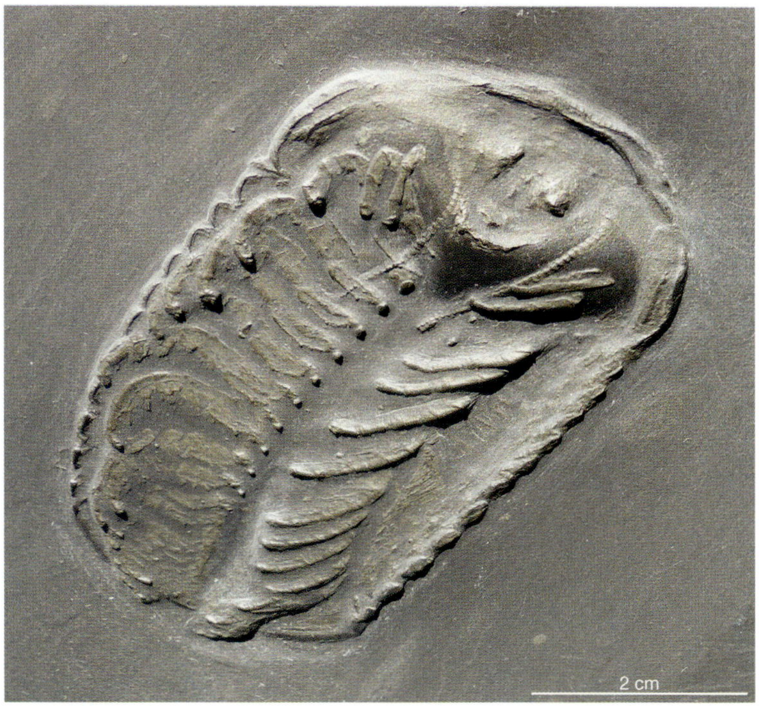

144 *Chotecops*. Unterseite, den Magen im Kopf, beiderseits zurückgeschlagene Antennen, dazwischen die zackige Mundplatte (Hypostom) und die zweiästigen Beine, zeigend.

144 *Chotecops*. Oral side, showing the stomach in the cephalon, antennae turned back at both sides, in between the jagged mouth plate (hypostome) and the bifurcated legs.

stronger lobes and broader pygidium. The spines of the thorax are more irregular and fragmentary.

O Bundenbach (Untereschenbach quarry). Buhlenberg (Homberg).

Chotecops (Figs. 91, 143, 144, 211)

N *Chot* = spouse, consort. Old name: *Phacops.*

C The small to medium-sized *Chotecops* is the most abundant arthropod of the Hunsrück Slate. Cephalon and pygidium are twice as broad as long. The large domed glabella expands anteriorly, with tubercles arranged in various patterns on the surface. The cephalon bears a pair of long antennae, followed by three pairs of biramous limbs like those beneath the rest of the body. The large kidney-shaped eyes are schizochroal (the lenses are separated from each other) and arranged in vertical rows. The thorax has 11 axial rings and the rachis is defined by pronounced

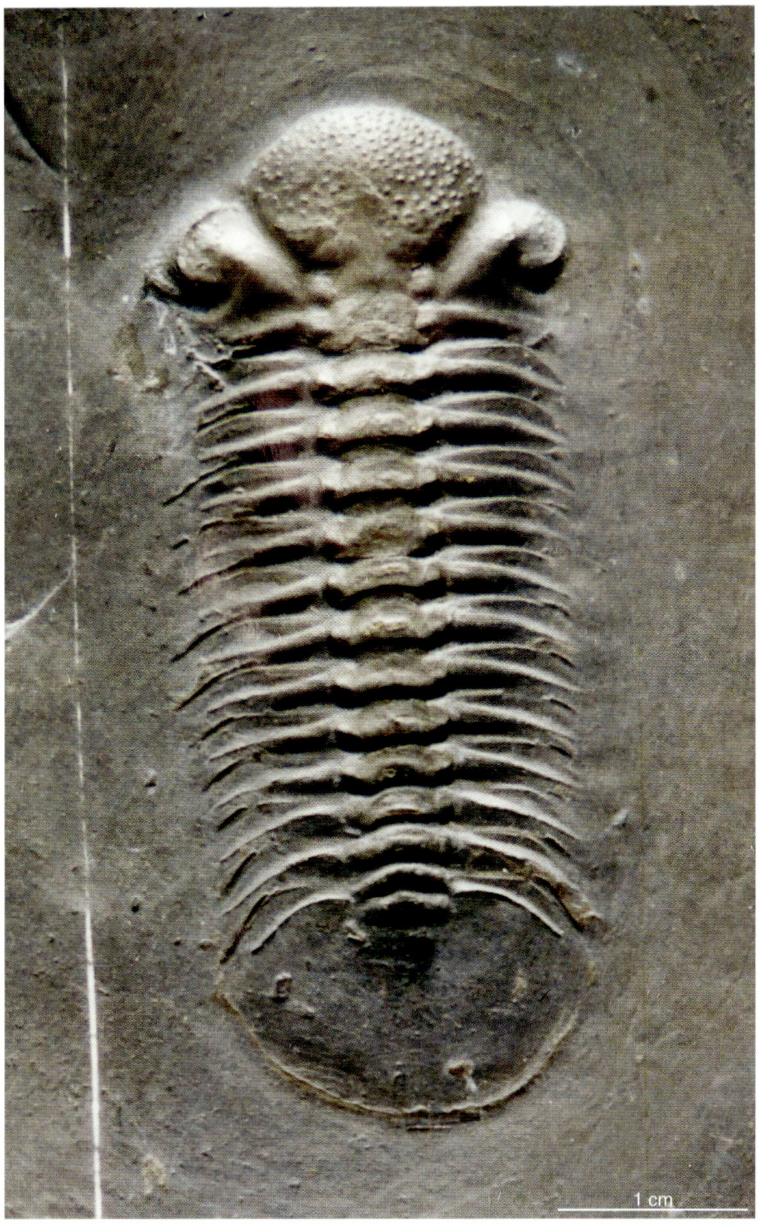

145 *Chotecops*. Exemplar mit Seitenloben auf der Glabella.
145 *Chotecops*. Specimen with side lobes on the glabella.

Oberkirn (Grube Karschheck). Rhaunen (Grube Lingenbach). Bundenbach (Gruben Unter- und Obereschenbach, Herrenberg, Schmiedenberg/Mühlenberg, Sinsenbach, Au). Woppenroth (Grube Rosengarten). Gehlweiler (Grube Drei Männer). Rudolfshaus (Gruben Altlayenkaul, Hipplau). Gemünden (Kaisergrube).

Zlichovaspis (Zlichovaspis) rhenanus (Abb. 146)

N *Zlichovium* = Tschechisches Zeitalter, das etwa mit dem Unteremsium übereinstimmt. *Aspis* = Rundschild in der griechischen Antike. Alte Namen: *Dalmanites*, *Odontochile*, *Spinodontochile*.

M *Zlichovaspis* ist ein großer Trilobit, der meist inkomplett gefunden wird. Das Außenskelett ist länglich und etwa doppelt so lang wie breit. Das Cephalon ist (einigermaßen) dreieckig mit einem parabolischen Vorderrand. Die langen Wangenstacheln erstrecken sich bis zum Pygidium. Die Säume von Cephalon und Pygidium sind schmal. Wie bei anderen Vertretern der Unterfamilie Asteropyginae (*Rhenops*, *Treveropyge*, *Paragryphaeus*) ist die hintere Glabella in drei paarige Seitenloben, die durch Furchen getrennt sind, unterteilt. Die großen schizochroalen Augen erreichen beinahe den Hinterrand. Der Thorax besteht aus 11 Axialringen. Das große, (gerundete), etwa dreieckige Pygidium hat eine schmale Spindel mit 16 bis 21 Axialringen, die sich nach hinten in einen langen Stachel fortsetzt. Die vorderen Pleuren sind gebogener und breiter als die hinteren.

H Sehr selten.

G Länge 154–223 mm.

V Kaub. Bundenbach (Gruben Untereschenbach, Schmiedenberg/Mühlenberg).

furrows flanked by a row of strong tubercles. The pleurae are rounded at the lateral border. The limbs consist of an endopod (walking leg) of seven podomeres, all surrounded by bristles, and an exopod (gill branch) with a fringe of filaments. The pygidium has seven to nine axial rings and a posterior border.

R Very common.

Si Length 11–130 mm.

Sp Struve (1985) described two new species and a lot of other forms based on a range of measurements, and on the pattern of sculpture on the glabella. Later authors (Bartels et al. 1998; Basse 2003) did not agree, because some of the features simply reflect differences in preservation. The nominate species *Chotecops ferdinandi* is larger (undistorted up to 120 mm) than *C. opitzi* (up to 80 mm). *C. opitzi* and *C. sterzeli* have a more packed and uneven distribution of the tubercles on the glabella. The pygidium of *C. sterzeli* has a broader axis and distinct (posterior) side lobes on the glabella (Fig. 145).

Pe Excellent preserved specimens of *Chotecops* are the traditional study objects for the appendages and soft tissues (Stürmer & Bergström 1973, Bruton & Haas 1999). Traces of the digestive organs (stomach in the cephalon and intestine tube in thorax and pygidium) were discovered. Furthermore, the nerves from the eyes to the brain (called "ommatidia" by Stürmer & Bergström 1973) were recently confirmed by Schoenemann & Clarkson (2013).

O Mayen (Katzenberg, Mosellaschacht quarries). Kaub (Neue Hoffnung quarry; Blüchertal). Weisel (Kreuzberg quarry). Vogelsang (Eckert quarry). Nauroth (Rosit quarry). Huppert. Lütz (Wrede, Weinsberg quarries). Gondershausen (Schorfeld quarry). Abentheuer. Birkenfeld (Schemelsbach). Breitenthal (Schielenberg quarry). Bollenbach (Franzendell quarry). Oberkirn (Karschheck quarry). Rhaunen (Lingenbach quarry). Bundenbach (Unter- and Obereschenbach, Herrenberg, Schmiedenberg/Mühlenberg, Sinsenbach, Au quarries). Woppenroth (Rosengarten quarry). Gehlweiler (Drei Männer quarry). Rudolfshaus (Altlayenkaul, Hipplau quarries). Gemünden (Kaisergrube).

146 *Zlichovaspis*.

147 *Rhenops.*

Rhenops cf. *anserinus* (Abb. 147)

N *Anserinus* = nach der gänsehautartigen Körnung. Alte Namen: *Cryphaeus*, *Asteropyge*.

M Cephalon und Pygidium sind halbkreisförmig und gleich lang. Die Glabella ist flach gewölbt, breiter als lang und pilzförmig. Der breite Stirnrand ist gerundet und davor befindet sich ein deutlicher Saum. Die großen, nierenförmigen, schizochroalen Augen sind wenig vom Vorderrand, jedoch weit vom Hinterrand entfernt. Die Wangenstacheln sind zweigeteilt, kräftig und plump und reichen vom sechsten bis zum achten Thoraxsegment. Sie schnüren sich an ihrer Spitze sprunghaft ein und enden in einem dünneren Stachel. Der Thorax besteht aus 11 Axialringen, die nicht ganz die Breite einer Pleure erreichen. Die Pleurenenden laufen in breiten sichelartigen Fortsätzen aus. Das sich nach hinten verschmälernde Pygidium hat ca. 13 Ringe und fünf leistenartige, schwach gebogene Rippenpaare. Die Rippen setzten sich über den Saum fort. Die wenig gebogenen Randlappen sind so breit wie die Zwischenräume. Die Spitzen der Lappen sind stumpf. Der Endlappen ist etwas breiter und kürzer als die paarigen Randlappen. Nackenring, Thorax und Pygidium tragen Mittelknötchen.

H Häufig.

G Länge 32–54 mm.

A Die Unterscheidung der Arten ist schwierig, da die Erstbeschreibungen auf nur einzelnen inkompletten und wenig aussagekräftigen Exemplare beruhten. Basse (2003) stellte zwei morphologisch verschiedene Gruppen auf: zum einen der Formenkreis um *Rhenops anserinus* und zum anderen Formen nahe an *R. index*, die weniger Relief haben. *R. index* hat einen Endlappen, der länger ist als die übrigen Lappen des Pygidiums und unterscheidet sich so von *R. anserinus*. Ich folge Bergström & Brassel (1984), die das beschriebene Bundenbacher Exemplar als *R.* cf. *anserinus* bestimmten. Cf. (konform), da gut erhaltene Exemplare Mittelknötchen

Zlichovaspis (Zlichovaspis) rhenanus (Fig. 146)

N *Zlichovium* = Czech age, more or less corresponding with the Lower Emsian. *Aspis* = round shield of Greek antiquity. Old names: *Dalmanites*, *Odontochile*, *Spinodontochile*.

C *Zlichovaspis* is a large trilobite mostly found incomplete. The exoskeleton is elongate and about twice as long as broad. The cephalon is (moderately) triangular with a parabolic anterior margin. Long genal spines extend back to the pygidium. The borders of cephalon and pygidium are narrow. Like other representatives of the subfamily Asteropyginae (*Rhenops*, *Treveropyge*, *Paragryphaeus*) the posterior glabella is divided into three paired side lobes, separated by furrows. The large schizochroal eyes almost reach the posterior border. The thorax comprises 11 axial rings. The large (rounded) subtriangular pygidium has a narrow axis with 16 to 21 axial rings that prolongs into a long spine posteriorly. The anterior pleural bands are more vaulted and broader than the posterior ones.

R Very rare.

Si Length 154–223 mm.

O Kaub. Bundenbach (Untereschenbach, Schmiedenberg/Mühlenberg quarries).

Rhenops cf. *anserinus* (Fig. 147)

N *Anserinus* = referring to the goose pimple-like granulation. Old names: *Cryphaeus*, *Asteropyge*.

C Cephalon and pygidium are semi-circular in outline and of the same length. The glabella is flat-domed, broader than long and mushroom-shaped. The wide margin of the glabella is anteriorly rounded and in front of it there is a clear border. The large, kidney-shaped, schizochroal eyes are located near the anterior border, and far away from the posterior margin. The genal spines are divided, strong and plump and extend to the sixth up to the eight thoracic segment. They constrict at their tip rapidly and end into a thinner spine. The thorax composes 11 axial rings that do not reach the width of pleurae. The pleurae terminate in wide sickle-shaped processes. The posteriorly tapering pygidium has ca. 13 rings and five strip-like, weakly-curved pairs of ribs. The ribs continue over the border. The somewhat curved marginal lappets are of the same

148 *Rhenops.* Röntgenbild. Siehe für Erläuterung Abbildung 144.
148 *Rhenops.* X-ray. See for explanation Figure 144.

149 »*Treveropyge*«.

auf der Spindel haben und der Endlappen sich nicht ganz in Form und Größe den Seitenlappen anschließt.

B Bei *Rhenops* wurden an der Unterseite Anhänge, die *Chotecops* ähneln, entdeckt (Abb. 148).

V Kaub. Birkenfeld (Schemelsbach). Breitenthal (Grube Schielenberg). Bollenbach (Grube Franzendell). Bundenbach (Gruben Unter- und Obereschenbach).

Treveropyge? hunsrueckensis (Abb. 149, 150)

N *Treveri* = germanischer Volksstamm. *Pyge* = Hinterteil.

M Cephalon und Pygidium sind gleich lang und breit dreieckig. Das Cephalon trägt vorne eine mittlere Saumspitze. Die Glabella ist länglich pentagonal und etwa so lang wie breit. Die großen, rundlichen, schizochroalen Augen sind weit vom Vorder- und Hinterrand entfernt. Die Wangenstacheln sind sehr kurz und spitz dreieckig. Glabella, Thorax und Pygidium tragen Körnchen und Doppelknoten. Der Thorax besteht (erhaltungsbedingt) aus 12 Ringen. Die vorderen fünf Axialringe sind nach vorne; die hinteren fünf dagegen rückwärts geneigt. Die fünf kurzen bis mäßig langen Randlappen sind sanft nach hinten gebogen. Der Endlappen ist breit dreieckig und kurz.

H Sehr selten.

G Die Länge beträgt 70–100 mm.

A Die Bestimmung als *Treveropyge* oder *Dunopyge* ist fraglich. Auch lassen sich die vorliegenden Pygidien den beiden Gattungen nicht zuordnen.

V Hunsrück. Kaub (Victoriastollen). Lahnmulde (Niedererbach bei Hadamar, Braunfels nahe Wetzlar). Nauroth (Grube Rosit).

150 »*Treveropyge*«. Pygidium.

width as the space between them. The tips of the lappets are blunt. The terminal lappet is a little wider and shorter than the paired lateral lappets. Occipital ring, thorax and pygidium bear axial nodes.

R Common.

Si Length 32–54 mm.

Sp The identification of the species is difficult, because the first descriptions were only based on single incomplete and less sound specimens. Basse (2003) made up two different morphologic groups: on the one hand the forms clustering around *Rhenops anserinus* and on the other hand other forms near *R. index*, which have less relief. *R. index* has a terminal lappet that is longer than the remaining lappets of the pygidium, being distinguished in that way from *R. anserinus*. I follow Bergström & Brassel (1984), who assigned the described Bundenbach specimen to *R.* cf. *anserinus*. Cf. (conform) because good preserved specimens have median nodes on the rachis, and the terminal lappet does not match exactly the form and size of the lateral lappets.

Pe *Rhenops'* oral side appendages, like those of *Chotecops*, were discovered (Fig. 148).

O Kaub. Birkenfeld (Schemelsbach). Breitenthal (Schielenberg quarry). Bollenbach (Franzendell quarry). Bundenbach (Unter- and Obereschenbach quarries).

Treveropyge? hunsrueckensis (Figs. 149, 150)

N *Treveri* = Germanic tribe. *Pyge* = posterior part of the body.

C Cephalon and pygidium are of equal length and wide triangular in outline. The cephalon bears a median frontal process. The glabella is elongate pentagonal, about as long as wide. The large, rounded, schizochroal eyes are moved far away from the anterior and posterior border. The genal spines are very short and triangular-pointed. Glabella, thorax and pygidium bear nodes and double knots. The thorax consists of (caused by preservation) 12 rings. The anterior five axial rings are directed forwards; against it the five posterior ones incline backward. The five short to moderate long lateral lappets are gently curved to the rear. The terminal lappet is wide triangular and short.

R Very rare.

Si Length is 70–100 mm.

Sp The identification as *Treveropyge* or *Dunopyge* is doubtful. Also, the available pygidia cannot be assigned to either genera.

O Hunsrück. Kaub (Victoria tunnel). Lahnmulde (Niedererbach near Hadamar, Braunfels near Wetzlar). Nauroth (Rosit quarry).

151 *Paragryphaeus*. Pygidium auf dem Nesseltier *Conularia*.
151 *Paragryphaeus*. Pygidium on the cnidarian *Conularia*.

Paragryphaeus (Abb. 151)

N *Para* = neben mit Bezug auf die Stellung neben *Pseudogryphaeus*. *Hercyniae* = nach dem Auftreten der Art in der herzynischen (böhmischen) Fazies. Alter Name: *Cryphaeus*.

M Der Endanhang von *Paragryphaeus* ist wesentlich für die Bestimmung. Das Pygidium hat einen länglich dreieckigen Umriss, einen kurzen bis mittellangen, leicht kantigen Seitenlappen und einen schlanken, oft tropfenförmig gestalteten Endlappen. Die Spindel hat 8–12 Ringe und etwa die Breite einer Pleure.

H Ein Pygidium bekannt.

G Die Länge beträgt 18 mm (ohne Endlappen).

A Die beiden Arten *Paragryphaeus jonesi* (mittleres Siegenium bis frühes Unteremsium) und *P. hercyniae* (frühes Oberemsium) stimmen meist mit diesem Fossil überein. Es könnte sich auch um eine Übergangsform handeln.

V Oberkirn (Grube Karschheck).

Sculptoproetus hunsrueckianus (Abb. 152)

N *Sculpo* = (heraus)gemeißelt, geformt. Alter Name: *Proetus (Cornuproetus)*.

M Dieser kleine Trilobit hat ein großes Cephalon. Die beinahe rechteckige, etwa geigenförmige Glabella berührt den wulstigen Vordersaum, der beiderseits in einen langen Wangenstachel ausläuft, nicht. Die mittelgroßen, nierenförmigen Augen liegen weit hinten. Der Nackenring ist sehr breit und trägt ein Mittelknötchen. Der Thorax besteht aus neun Axialringen, die gleich breit oder breiter als die Pleuren sind. Das kleine, halb ovale Pygidium hat vier bis fünf breite Ringe, die bis an den deutlichen Hintersaum reichen.

H Sehr selten.

G Die Länge beträgt 10 bis 24 mm.

V Bundenbach (Grube Untereschenbach).

152 *Sculptoproetus*.

Paragryphaeus (Fig. 151)

N *Para* = next, corresponding to the position beside *Pseudogryphaeus*. *Hercyniae* = after the occurrence of the species in the Hercynian (Bohemian) facies. Old name: *Cryphaeus*.

C The posterior lappet of *Paragryphaeus* is fundamental for the assignment. The pygidium has a long triangular outline, lateral slight angular lappets of short to medium length and a slender, mostly teardrop-shaped, posterior lappet. The rachis has 8–12 rings and is about the width of pleurae.

R A single pygidium known.

Si Length is 18 mm (without terminal lappet).

Sp Both Spanish species, *Paragryphaeus jonesi* (Mid-Siegenian to early Lower Emsian) and *P. hercyniae* (early Upper Emsian) match this fossil most closely. It may also be an intermediate Form.

O Oberkirn (Karschheck quarry).

Sculptoproetus hunsrueckianus (Fig. 152)

N *Sculpo* = carved, sculpted. Old name: *Proetus (Cornuproetus)*.

C This small trilobite has a large cephalon. The nearly rectangular, somewhat fiddle-shaped glabella does not reach the bulging anterior border that extends into a long genal spine. The median-sized, kidney-shaped eyes are positioned far backward. The occipital ring is very wide and bears a median node. The thorax comprises nine axial rings, which are as wide or wider than the pleurae. The small, semi oval pygidium has four to five wide rings that extend up to the clear posterior border.

R Very rare.

Si Length is 10 to 24 mm.

O Bundenbach (Untereschenbach quarry).

Literatur / Literature

Basse, M. (2003): Eifel-Trilobiten 2. Phacopida 1. – Edition Goldschneck im Quelle & Meyer Verlag, Wiebelsheim (*Treveropyge*, *Dunopyge*, *Rhenops*).

Basse, M. & P. Müller (2004): Eifel-Trilobiten III. Corynexochida, Proetida (2), Harpetida, Phacopida (2), Lichida. – Edition Goldschneck im Quelle & Meyer Verlag, Wiebelsheim (*Kettneraspis*, *Leonaspis*, *Burmeisterella*).

Becker, G. & U. Jansen (1998): SOLLE's »Hunsrück-Insel«: Eine küstennahe Fauna (Ostracoden, Brachiopoden, Trilobiten) aus Rotsedimenten des Ober-Emsium (Unterdevon) der Moselmulde (Linksrheinisches Schiefergebirge). – Senck. leth. 77 (1/2): 195–221 (*Treveropyge*, *Dunopyge*).

Bergmann, A. & J. Rust (2013): Morphology, palaeobiology and phylogeny of *Oryctocaris balssi* gen. nov. (Arthropoda), a phyllocarid from the Lower Devonian Hunsrück Slate (Germany). – J. Syst. Palaeontol. 4: 427–444 (*Oryctocaris*).

Bergström, J. & G. Brassel (1984): Legs in the trilobite *Rhenops* from the Lower Devonian Hunsrück Slate. – Lethaia 17: 67–72 (*Rhenops*).

Bergström, J., W. Stürmer & G. Winter (1980): *Palaeoisopus*, *Palaeopantopus* and *Palaeothea*, pycnogonid arthropods from the Lower Devonian Hunsrück Slate, West Germany. – Paläont. Z. 54 (1/2): 7–54 (*Palaeoisopus*, *Palaeopantopus*).

Bergström, J., D. E. G. Briggs, E. Dahl, W. D. I. Rolfe & W. Stürmer (1987): *Nahecaris stuertzi*, a phyllocarid crustacean from the Lower Devonian Hunsrück Slate. – Paläont. Z. 61 (3/4): 273–298 (*Nahecaris*).

Bergström, J., D. E. G. Briggs, E. Dahl, W. D. I. Rolfe & W. Stürmer (1989): Rare phyllocarid crustaceans from the Devonian Hunsrück Slate. – Paläont. Z. 63 (3/4): 319–333 (*Heroldina*, a ceratiocaridid, rhinocaridid, *Montecaris*?, *Oryctocaris*, *Nahecaris*).

Briggs, D. E. G. & C. Bartels (2001): New arthropods from the Lower Devonian Hunsrück Slate (Lower Emsian, Rhenish Massif, Western Germany. – Palaeontology 44 (2): 275–303 (*Cambronatus*, *Wingertshellicus*, *Bundenbachiellus*).

Bruton, D. L. & W. Haas (1999): The anatomy and functional morphology of *Phacops* (Trilobita) from the Hunsrück Slate (Devonian). – Palaeontographica A 253 (1–3): 29–75 (*Chotecops*).

Budil, P., F. Hörbinger & R. Mencl (2008): Lower Devonian dalmanitid trilobites of the Prague Basin (Czech Republic). Earth and Environm. – Sci. Trans. Royal Soc. Edinb. 99: 61–100 (*Zlichovaspis*).

Drapatz, H. (2010): Palaeobiology of the Tentaculitoids from the Lower Devonian Hunsrück Slate (Germany). – Diplomarbeit zur Erlangung des Grades einer Diplom-Biologin der Mathematisch-Naturwissenschaftlichen Fakultät der Rheinischen Friedrich-Wilhelms-Universität Bonn, Bonn (*Mimetaster*).

Flick, H. & W. Struve (1984): Beiträge zur Kenntnis der Phacopina (Trilobita), 11: *Chotecops sollei* und *Chotecops ferdinandi* aus devonischen Schiefern des Rheinisches Gebirges. – Senck. leth. 65 (1/3): 137–163 (*Chotecops*).

Gandl, J. (1972): Die Acastavinae und Asteropyginae (Trilobita) Keltiberiens (NE-Spanien). – Abh. senckenberg. naturforsch. Ges. 530: 1–184 (*Rhenops*, *Paragryphaeus*).

Harrington, H. J., G. Henningsmoen, B. F. Howell, V. Jaanusson, C. Lochman-Balk, R. C. Moore, C. Poulsen, F. Rasetti, E. Richter, R. Richter, H. Schmidt, K. Sdzuy, W. Struve, L. Størmer, C. J. Stubblefield, R. Tripp, J. M. Weller & H. B. Whittington (1959): Part O, Arthropoda 1 (Trilobitomorpha). – Pp. O1–O560 in Moore, R. C. (ed.): Treatise on Invertebrate Paleontology. – Univ. Kansas Press and Geol. Soc. Amer., Lawrence, Kansas.

Haug, J. T., M. Poschmann, M. K. Hörnig & H. Lutz (2016): A crustacean with eumalacostracan affinities from the Early Devonian Hunsrück Slate (SW Germany). – Papers in Palaeontology: 1–9. doi:10.1002/spp2.1070 (*Hohensteiniella*).

Kühl, G. & J. Rust (2009): *Devonohexapodus bocksbergensis* is a synonym of *Wingertshellicus backesi* (Euarthropoda) – no evidence for marine hexapods living in the Devonian Hunsrück Sea. – Organisms, Divers. & Evol. 9: 215–231 (*Wingertshellicus*).

Kühl, G. & J. Rust (2010): Re-investigation of *Mimetaster hexagonalis*: a marrellomorph arthropod from the Lower Devonian Hunsrück Slate (Germany). – Paläont. Z. 84 (3): 397–411 (*Mimetaster*).

Kühl, G. & J. Rust (2012): *Captopodus poschmanni* gen. et spec. nov. a new stemgroup arthropod from the Lower Devonian Hunsrück Slate (Germany). – Arthropod Struct. Dev. 41: 609–622 (*Captopodus*).

Kühl, G., J. Bergström & J. Rust (2008): Morphology, palaeobiology and phylogenetic position of *Vachonisia rogeri* (Arthropoda) from the Lower Devonian Hunsrück Slate (Germany). – Palaeontographica A 286 (4–6): 123–157 (*Vachonisia*, *Mimetaster*).

Kühl, G., D. E. G. Briggs & J. Rust (2009): A great-appendage arthropod with a radial mouth from the Lower Devonian Hunsrück Slate, Germany. – Science 323: 771–773 (*Schinderhannes*).

Kühl, G., M. Poschmann & J. Rust (2013): A ten-legged sea spider (Arthropoda: Pycnogonida) from the Lower Devonian Hunsrück Slate (Germany). – Geol. Mag. 150: 556–564 (*Pentapantopus*).

Kühl, G., A. Bergmann, J. Dunlop, R. J. Garwood & J. Rust (2012): Redescription and palaeobiology of *Palaeoscorpius devonicus* Lehmann, 1944 from the Lower Devonian Hunsrück Slate of Germany. – Palaeontology 55 (4): 775–787 (*Palaeoscorpius*).

Kutscher, F. (1965): Beiträge zur Sedimentation und Fossilführung des Hunsrückschiefers 8. *Phacops ferdinandi* Kayser und sein Verbreitungsgebiet in der Hunsrückschieferfazies. – Notizbl. hess. L.-Amt Bodenforsch. 93: 19–37 (*Chotecops*).

– (1971): Beiträge zur Sedimentation und Fossilführung des Hunsrückschiefers 31. Die Verbreitung der Crustaceengattung *Nahecaris* Jaekel im Hunsrückschiefer-Meer. – Notizbl. hess. L.-Amt Bodenforsch. 99: 30–42 (*Nahecaris*, *Oryctocaris*).

Legg, D. A., M. D. Sutton & G. D. Edgecombe (2013): Arthropod fossil data increase congruence of morphological and molecular phylogenies. – Nat. Commun. 4: 2485. doi: 10.138/ncomms3485.

Moore, R.A., D.E.G. Briggs & C. Bartels (2005): A new specimen of *Weinbergina opitzi* (Chelicerata: Xiphosura) from the Lower Devonian Hunsrück Slate, Germany. – Paläont. Z. 79 (3): 399–408 (*Weinbergina*).

Moore, R. A., D. E. G. Briggs & C. Bartels (2008): The arthropod *Bundenbachiellus giganteus* from the Lower Devonian Hunsrück Slate, Germany. – Paläont. Z. 82 (1): 31–39 (*Bundenbachiellus*, *Cheloniellon*).

Poschmann, M. (2004): Neue Funde aus dem Devon des Hunsrücks. – Fossilien 21 (6): 351–357 (*Flagellopantopus*).

Poschmann, M. & J. A. Dunlop (2006): A new sea spider (Arthropoda: Pycnogonida) with a flagelliform telson from the Lower Devonian Hunsrück Slate, Germany. – Palaeontology 49 (5): 983–989 (*Flagellopantopus*).

Richter, E. (1936): Ein *Proetus* im Hunsrückschiefer (Tril., Devon). – Senckenbergiana 18: 79–82 (*Sculptoproetus*).

Richter, R. & E. Richter (1943): Studien im Paläozoikum der Mittelmeer-Länder. 4a. Trilobiten aus dem Devon von Marokko (mit einem Anhang über Arten des Rheinlands). – Senckenbergiana 26 (1/3): 116–199 (*Rhenops*).

Rust, J., A. Bergmann, C. Bartels, B. Schoenemann, S. Sedlmeyer & G. Kühl (2016): The Hunsrück biota: A unique window into the ecology of Lower Devonian arthropods. – Arthropod Struct. Dev. 45 (2): 140–151 (*Cambronatus*).

Sandford, A. C. (2005): Homalonotid trilobites from the Silurian and Lower Devonian of south-eastern Australia and New Zealand (Arthropoda: Trilobita: Homalonotidae). – Memoirs of Museum Victoria 62 (1): 1–66 (*Digonus*, *Wenndorfia*).

Schoenemann, B. & E. N. K. Clarkson (2013): Discovery of some 400 million year-old sensory structures in the compound eyes of trilobites. – Sci. Rep. 3, 1429. doi: 10.1038/screp01429 (*Chotecops*).

Struve, W. (1958): Beiträge zur Kenntnis der Phacopacea (Trilobita), 3: *Treveropyge* n. gen. und *Comura* (*Delocare*) n. subgen. (Asteropyginae). – Senck. leth. 39 (3/4): 227–234 (*Treveropyge*).

– (1985): Beiträge zur Kenntnis der Phacopina (Trilobita), 14: Phacopinae aus den Hunsrück-Schiefern (Unter-Devon des Rheinischen Gebirges. – Senck. leth. 66 (6): 393–432 (*Chotecops*).

Stürmer, W. & J. Bergström (1973): New discoveries on trilobites by X-rays. – Paläont. Z. 47 (1/2): 104–141(*Chotecops*, *Rhenops*).

Stürmer, W. & J. Bergström (1976): The arthropods *Mimetaster* and *Vachonisia* from the Devonian Hunsrück Shale. – Paläont. Z. 50 (1/2): 78–111 (*Mimetaster*, *Vachonisia*).

Stürmer, W. & J. Bergström (1978): The arthropod *Cheloniellon* from the Devonian Hunsrück Shale. – Paläont. Z. 52 (1/2): 57–81 (*Cheloniellon*).

Stürmer, W. & J. Bergström (1981): *Weinbergina*, a xiphosuran arthropod from the Devonian Hunsrück Slate. – Paläont. Z. 55 (3/4): 237–255 (*Weinbergina*).

Südkamp, W. (2001): Eine Urspinne mit Eiern. – Fossilien 18 (3): 177–182 (*Palaeoisopus*).

– (2008): Die Trilobiten des Hunsrückschiefers. – Fossilien 25 (3): 158–172.

Van Roy, P. (2006): Non-trilobite arthropods from the Ordovician of Morocco. – Ph.D. theses Ghent University, Proxess Document Management, Brussels and Ghent (*Cheloniellon*).

Wenndorf, K.-W. (1990): Homalonotinae (Trilobita) aus dem Rheinischen Unter-Devon. – Palaeontographica A 211 (1–6): 1–184 (*Digonus*, *Burmeisterella*, *Wenndorfia*).

11. Stachelhäuter

Echinodermen (Stachelhäuter) sind wirbellose im Meer lebende Tiere, deren Außenskelett aus Calcitplatten besteht. Viele davon haben Stacheln, die auf den Platten gelenken und somit beweglich sind. Die meisten Stachelhäuter kennzeichnen sich durch eine fünfstrahlige Anordnung der Körperteile aus. Die primäre Symmetrie ist zweiseitig. Es gibt keinen Kopf.

30 % aller Hunsrückschiefergattungen gehören zu den Stachelhäutern (Abb. 1). Unter denen sind die Seelilien und Sterntiere die meistbekannten und häufigsten. Sie fallen aufgrund ihrer Vollständigkeit auf, da an anderen Fundstellen meistens nur die losen Platten gefunden werden.

In den folgenden Kapiteln werden die Hauptgruppen Flachtiere, Beutelstrahler, Knospenstrahler, Seelilien, Sternkissentiere, Sterntiere, Seeigel und Seegurken vorgestellt.

Flachtiere

Die Flachtiere (Mitraten und Soluten) stimmen einerseits mit ihrem Körper, der aus Kalkplatten besteht, mit den Stachelhäutern überein, andererseits fehlt bei ihnen die charakteristische fünfstrahlige Symmetrie. Die Anordnung der Körperplatten ist maßgebend für die Bestimmung. Über die verwandtschaftliche Beziehungen (Stachelhäuter oder primitive Chordatiere) und Orientierung dieser merkwürdigen Stachelhäuter wurde jahrzehntelang kontrovers wissenschaftlich diskutiert. Als Konsens kann man behaupten, dass die meisten Wissenschaftler die Flachtiere heute zu den Stachelhäutern rechnen und dass der flexible Körperanhang (Aulacophor bei den Mitraten, Stele bei den Soluten) einen dreiteiligen ähnlichen Bau aufweist. Er diente zur Fixierung am Meeresboden und zur beschränkten Fortbewegung. Bei den Mitraten war er vielleicht auch an der Nahrungsversorgung beteiligt. Die Orientierung (Ober-, Unter-, Vorder- oder Rückseite) ist noch nicht eindeutig geklärt. An der gegenüberliegenden Seite des Körperanhangs befindet sich eine Öffnung, die oft durch mehrere zahnartige Platten umschlossen wird. Diese wird, abhängig von der Interpretation des Körperanhangs (Nahrungsarm oder Bewegungsorgan), entweder als Anus bzw. Mund interpretiert. Die Mitraten kennzeichnen sich durch ihren zweiseitig-symmetrischen annähernd flachen Körper aus. Die Soluten sind asymmetrischer gebaut und unterscheiden sich durch einen vorderen ambulakralen Arm (für die Ernährung). Die Lebensweise war entweder (teilweise) infaunal oder epibenthonisch.

Die Originalarbeiten von Dehm, mit drei Arten aus dem Hunsrückschiefer, stammen aus den 1930er Jahren. *Rhenocystis* und *Dehmicystis* sind vor kurzem neu bearbeitet worden.

Anatifopsis styloidea (Abb. 153, 154, 222)

N *Stylos* = Säule (schmaler, zugespitzter Anhang) mit Bezug auf den Stylokon. Alter Name: *Mitrocystites? styloideus*.

M Der Körper hat eine etwa halbrunde Form. Er besteht auf der Unterseite aus zwei großen dünnen Platten, die sich beinahe vollständig auf der Oberseite überlappen. Der Rand in der Nähe des Aulacophors ist manchmal gebogen und trägt in der Mitte dessen schmalen Ansatz. Daneben stehen auf der Unterseite kurze schräge Rippchen, die zum Aulacophor ausgerichtet sind. Auf der Oberseite sind an den Längsrändern Knoten angereiht. Der lange Aulacophor trägt Stacheln, die zum Ende hin kleiner werden. Das größere vordere Knöchelchen (Stylokon) sieht wie ein Hahnenfuß aus. Am gegenüberliegenden Körperende befindet sich ein kräftiger Stachel, der aber bei den meisten Exemplaren fehlt.

H Häufig.

G Die Körperbreite beträgt zwischen 5 und 20 mm.

B *Anatifopsis* lebte auf dem Meeresboden oder zumindest teilweise eingegraben im Sediment (Lefebvre 2003).

V Bundenbach (Gruben Unter- und Obereschenbach, Schmiedenberg/ Mühlenberg). Breitenthal (Grube Schielenberg). Gehlweiler (Grube Drei Männer).

11. Echinoderms

Echinoderms (spiny skinned animals) are invertebrate marine animals having an outer skeleton of calcite plates. Many of them bear spines, which articulate on the plates and thus are movable. Most echinoderms have a pentaradial arrangement of the body parts, and the basic symmetry is bilateral. There is no head.

30 % of all Hunsrück Slate genera belong to the echinoderms (Fig. 1). Among them the crinoids and starfishes are most familiar and abundant. They are remarkable for their completeness, because at other occurrences mostly only the isolated plates are found.

In the next paragraphs the major groups – homolazoans, cystoids, blastoids, crinoids, edrioasteroids, asterozoans, echinoids and holothurians – are presented.

Homolazoans

The homolazoans (mitrates and solutes) share on the one hand their skeletal structure (theca), consisting of calcareous plates, with the echinoderms. On the other hand, they lack their typical pentaradiate morphology. The arrangement of the body plates is significant for taxonomic assignment. Phylogenetic relationships (echinoderms or ancestral chordates) and orientation of these unusual echinoderms was a controversial topic of scientific discussion for decades. As a consensus, most scientists nowadays assign the homolazoans to the echinoderms. Furthermore, the flexible appendage (aulacophore in mitrates, stele in solutes) has homologous three-part morphology. It functioned as attachment and for limited movement on the sea bottom. Maybe it also served in mitrates in food gathering. The orientation (dorsal or oral and anterior or posterior) has not been resolved unequivocally. A body opening is located at the opposite end of the appendage and is often enclosed by multiple tooth-like plates. This is taken as the anus or the mouth, depending on the interpretation of the appendage (feeding arm or alternatively locomotory organ). The mitrates are characterized by their bilateral-symmetrical flattened body. The solutes are more asymmetrical and have on the contrary an anterior feeding arm (ambulacrum). Mode of life was (partly) infaunal or alternatively epibenthic.

The original work of Dehm, with three species from the Hunsrück Slate, dates from the nineteen thirties. *Rhenocystis* and *Dehmicystis* were revised recently.

153 *Anatifopsis*. Oberseite. / **153** *Anatifopsis*. Dorsal side.

154 *Anatifopsis* mit Stachel und dem Schlangenstern *Bundenbachia* (Oberseite).
154 *Anatifopsis* with spine and the brittle star *Bundenbachia* (Dorsal surface).

Rhenocystis latipedunculata (Abb. 155, 256)

N *Lati pedunculatus* = breit gestielt.

M Der Körper ist nur wenig länger als breit. Die Ränder sind in Längsrichtung etwas gebogen. Die Oberseite besteht aus 11 Rand- und zwei Zentralplatten; die Unterseite aus 20 Platten, die in fünf Querreihen angeordnet sind. Die Platten sind dick. Die Skulptur der beiden Seiten besteht in der Nähe des Aulacophors aus weit auseinander stehenden wellenförmigen Rippen. Der eine Rand wird in ganzer Breite vom Ansatz des Aulacophors eingenommen; an dem gegenüberliegenden, etwa geraden Körperrand, gelenkt an den Ecken je ein Stachel. Der lange Aulacophor verjüngt sich am Körperrand rasch und trägt lange Stacheln. Meistens ist der Aulacophor über den Körper gekrümmt.

155 *Rhenocystis*. Unterseite. / **155** *Rhenocystis*. Oral side.

Anatifopsis styloidea (Figs. 153, 154, 222)

N *Stylos* = pillar (slender, pointed process) corresponding to the stylocone. Old name: *Mitrocystites? styloideus*.

C The theca is roughly semicircular. It consists of two large thin plates on the oral surface, which nearly completely overlap the dorsal surface. The margin in the neighbourhood of the aulacophore is sometimes arcuate and bears medially the slender insertion of the aulacophore. Next to it, on the oral surface, short transverse riblets can be seen, which are directed to the aulacophor. The lateral margins of the dorsal surface bear a row of knots. The elongate aulacophore bears spines, which taper to the end. The anterior large ossicle (stylocone) has the appearance of a buttercup. At the other edge of the body a strong spine is attached, but is missing in most specimens.

R Common.

Si The width of the body is between 5 and 20 mm.

P *Anatifopsis* lived on the seabed or at least partly infaunal (Lefebvre 2003).

O Bundenbach (Unter- and Obereschenbach, Schmiedenberg/Mühlenberg quarries). Breitenthal (Schielenberg quarry). Gehlweiler (Drei Männer quarry).

Rhenocystis latipedunculata (Figs. 155, 256)

N *Lati pedunculatus* = wide stemmed.

C The theca is roughly rectangular. The lateral margins are slightly arcuate longitudinally. The dorsal surface is composed of 11 marginal and two central plates; the oral surface consists of 20 plates, which are arranged in five transverse rows. The plates are thick. The sculpture of both surfaces close to the aulacophore consists of widely spaced, wavy ridges. One margin is entirely occupied by the insertion of the aulacophore; at the opposite roughly straight margin one spine articulates per corner. The elongate aulacophore tapers rapidly at the body margin and bears long spines. In most cases the aulacophore is curved over the theca.

R Common.

Si The width of the body is between 9.5 and 15.5 mm.

156 Mehrere Exemplare von *Dehmicystis*. / **156** Some specimens of *Dehmicystis*.

H Häufig.

G Die Körperbreite beträgt zwischen 9,5 und 15,5 mm.

B Rezent entdeckte Spurenfossilien im Zusammenhang mit *Rhenocystis* belegen, dass das Tier sich, mit Hilfe regelmäßiger Bewegungen des Aulacophors, durch das Sediment bewegen konnte. Siehe auch das Spurenkapitel.

V Bollenbach (Grube Franzendell). Bundenbach (Gruben Unter- und Obereschenbach, Schmiedenberg/Mühlenberg). Gemünden (Kaisergrube).

Dehmicystis globulus (Abb. 156)

N *Globus* = Kugel. Alter Name: *Dendrocystites*.

M Der asymmetrische Körper hat eine kugelige Gestalt. Er ist aus zahlreichen, mehreckigen Platten zusammengesetzt. Der große runde Anus befindet sich in der Nähe des Ansatzpunktes der Stele. Der vordere Arm ist nicht allzu lang, wird nach vorne dünner und besteht aus alternierenden Plattenreihen. Die Stele ist etwas länger als der Körper, am Körperende breit und das längste Teil am Ende besteht aus paarigen kurzen Knöchelchen.

H Es gibt nur vier Exemplare.

G Der Körperdiameter beträgt etwa 70 mm.

B *Dehmicystyis* lebte auf dem Meeresboden und filtrierte mit seinem Arm Nahrungspartikel aus dem Wasser.

V Bundenbach (Grube Eschenbach).

P Recently discovered trace fossils in association with *Rhenocystis* confirm that the animal, by means of regular movements of the aulacophore, could move through the sediment. See also the traces chapter.

O Bollenbach (Franzendell quarry). Bundenbach (Unter- and Obereschenbach, Schmiedenberg/Mühlenberg quarries). Gemünden (Kaisergrube).

Dehmicystis globulus (Fig. 156)

N *Globus* = sphere. Old name: *Dendrocystites*.

C The asymmetrical theca is irregularly rounded in outline. The body is composed of numerous, polygonal plates. The large circular anus is situated near the insertion of the stele. The front arm is moderately long, tapers distally and consists of alternating serial plates. The stele is somewhat longer than the body, proximally broad and the distal longest part is composed of pairs of short ossicles.

R There are only four specimens known.

Si The diameter of the body is approximately 70 mm.

P *Dehmicystyis* used its arm as a suspension feeder and lived on the sea floor.

O Bundenbach (Eschenbach quarry).

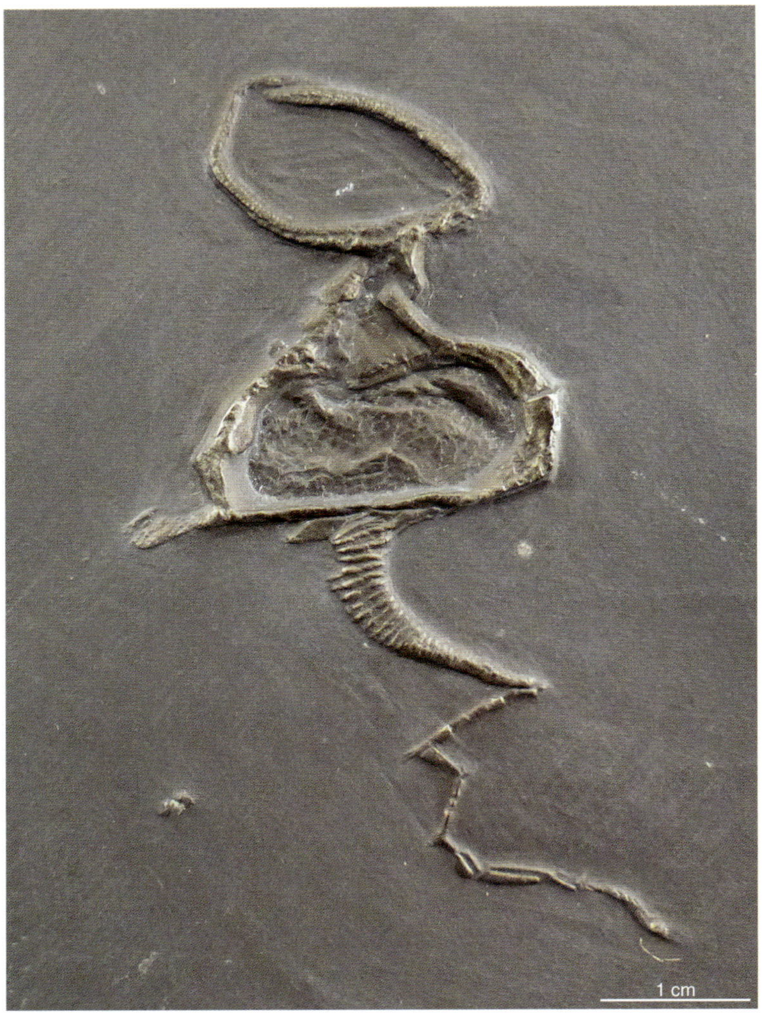

157 *Regulaecystis*.

Cystoids

Cystoids belong, like the blastoids, to an extinct group of stemmed, mainly sessile representatives of the echinoderms. They are distinguished from the other echinoderms by rows of rhomb-shaped respiratory pores, which were encased in the theca. Cystoids have an ovoid or spheroidal body composed of five plate circles. The mouth is at the upper pole of the body, with the opposite end attached to the substratum, often by a stem. Two biserial brachioles project from the anterior end of the theca. After the descriptions of Dehm (1934, 1941) two further species of *Regulaecystis* from the Middle Devonian of Devon (Great Britain) and the Eifel were erected (Nardin & Bohatý 2013).

Regulaecystis pleurocystoides (Fig. 157)

N *Regula* = Leiste; *pleuro* = to the side, lateral.

C The flattened theca is angular and trapezoidal in outline. The large angular anal field is positioned in the centre of one side of the theca (the anal), allowing it to be distinguished from the other (the abanal). The delicate plates are organized in large arcs across the abanal side. The peripheral rim is flat. The stem is very long. The body-oriented part consists of alternating simple and large collar ring-like elements. The more elongate distal elements are barrel-shaped. The long and slender uniserial brachioles are the exothecal projections for food-gathering.

R Rare.

Si The height of the body is between 18 and 39 mm.

Sp There is a further species which is distinguished by atypical features, such as the more round pear-shaped theca and the raised peripheral rim. It was described under open nomenclature (Nardin & Bohatý 2013).

P Mode of life is usually interpreted as follows: The animal lay with its anal side flat on the sea floor and moved forward slowly, similar to the homolazoans, using sluggish wagging movements of the stem.

O Bundenbach (Untereschenbach quarry). Gemünden (Kaisergrube).

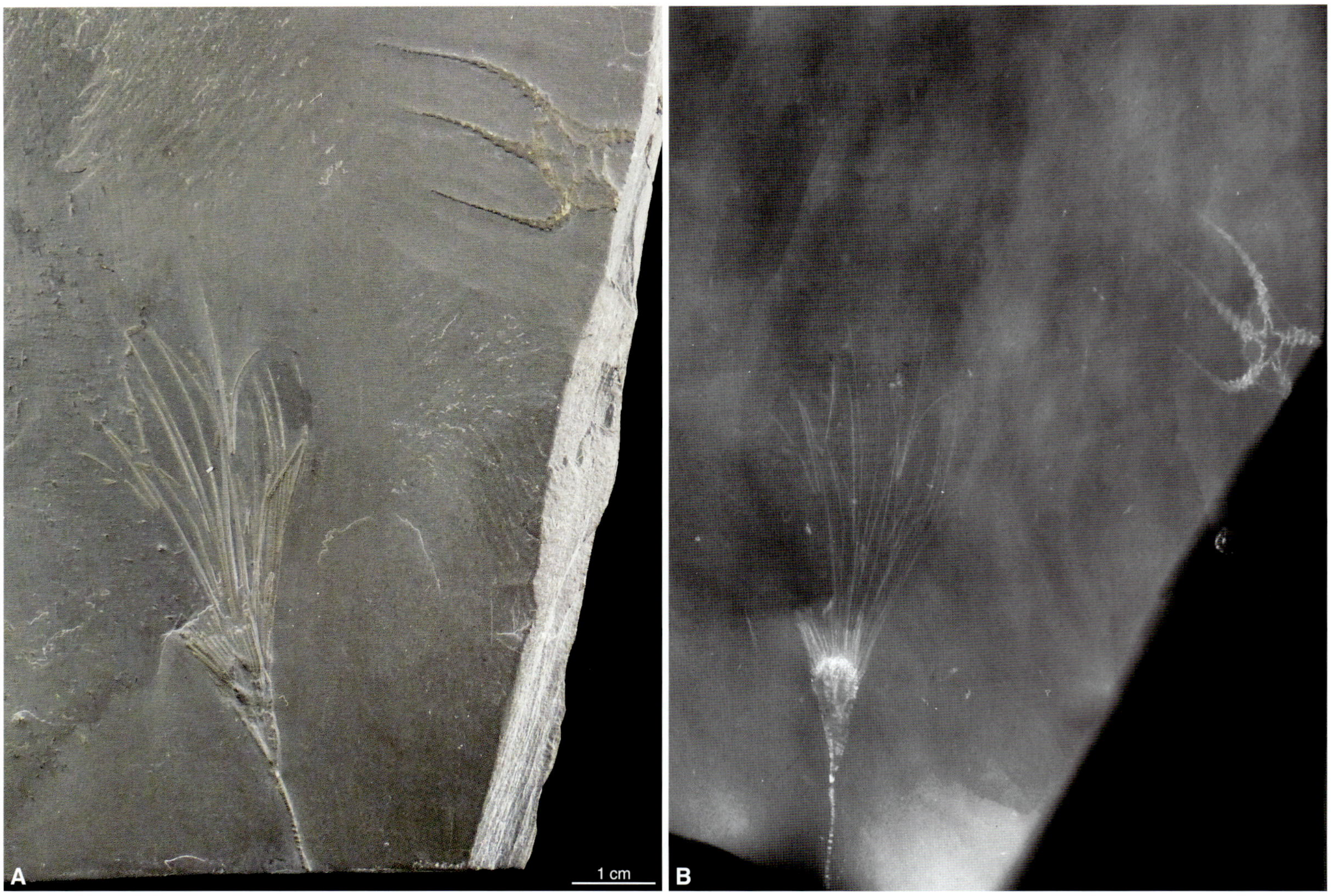

158 A, *Pentremitidea* und der Schlangenstern *Ophiurina*; B, Röntgenbild. / **158** A, *Pentremitidea* with the brittle star *Ophiurina*; B, X-ray.

Beutelstrahler

Die Beutelstrahler oder Cystoideen gehören, wie die Knospenstrahler, zu einer ausgestorbenen Gruppe gestielter, überwiegend festsitzender Vertreter der Stachelhäuter. Sie unterscheiden sich von den anderen Stachelhäutern durch Reihen von rautenförmigen Poren, die im Körper eingelassen waren und der Atmung dienten. Die Beutelstrahler haben einen runden bis kugeligen Körper, der aus fünf Plattenkränzen besteht. Der Mund liegt an der oberen Spitze des Körpers und das gegenüberliegende Ende ist am Untergrund angeheftet, offen mit einem Stiel. Zwei zweizeilige Arme (Brachiolen) setzen sich am vorderen Ende des Körpers an.

Nach den Beschreibungen von Dehm (1934, 1941) sind zwei weitere Arten von *Regulaecystis* aus dem Mitteldevon der Grafschaft Devon (Großbritannien) und der Eifel bekannt geworden (Nardin & Bohatý 2013).

Regulaecystis pleurocystoides (Abb. 157)

N *Regula* = Leiste; *pleuro* = seitlich.

M Der abgeplattete Körper ist kantig und trapezförmig. Das große kantige Analfeld liegt im Zentrum an einer Seite des Körpers, weshalb zwischen einer Analseite und einer gegenüberliegenden Abanalseite unterschieden wird. Die fragilen Platten sind über der abanalen Seite in Bogen angeordnet. Der Rand ist abgeflacht. Der Stiel ist sehr lang. Das körpernahe Teil besteht aus einfachen und großen kragenringartigen alternierenden Gliedern. Die längeren Endglieder sind tonnenförmig. Die einzeiligen, langen und schlanken Brachiolen sind die außerkörperlichen Fortsätze der Nahrungsversorgung.

H Selten.

G Die Höhe des Körpers beträgt zwischen 18 und 39 mm.

A Eine weitere Art, mit atypischen Merkmalen, wie dem mehr rundlichen birnenförmigen Körper und erhabenen Rand, wurde in offener Nomenklatur beschrieben (Nardin & Bohatý 2013).

B Die Lebensweise wird meist wie folgt interpretiert: Das Tier lag mit seiner Analseite flach auf dem Meeresboden und bewegte sich, ähnlich wie Flachtiere, mit Hilfe träge wackelnder Bewegungen des Stiels langsam vorwärts.

V Bundenbach (Grube Untereschenbach). Gemünden (Kaisergrube).

Knospenstrahler

Die ziemlich kleinen, gestielten Knospenstrahler (Blastoideen) sind durch eine ausgeprägte fünfstrahlige Symmetrie gekennzeichnet. Ihr knospenförmiger Körper besteht aus 18 bis 21 Platten in vier Kränzen. Entlang fünf blütenblattförmiger Trakte (Ambulakralplatten) steht eine große Anzahl an fadenförmigen zweizeiligen Ärmchen (Brachiolen). So sieht das Ganze wie eine buschartige Knospe (Name!) aus. Der Kelch erhebt sich auf einem sehr schlanken kurzen Stiel aus einfachen runden Gliedern.

Pentremitidea medusa (Abb. 158)

N *Pénte* = fünf, *trēma* = Loch.

M *Pentremitidea* ist größer und kräftiger gebaut als *Schizotremites*. Die Kelchform ist hochkonisch. Die Brachiolen sind auf die orale (obere) Fläche des Kelches beschränkt.

H Sehr selten.

B Die ersten vier Exemplare wurden auf der berühmten Platte vom Mittelrhein, mit der Seelilie *Acanthocrinus rex*, von Jaekel (1895) entdeckt. Er nahm an, dass die Blastoideen auf dem eingerollten Stielende von *Acanthocrinus* angesiedelt waren.

V Bundenbach (Grube Untereschenbach). Kaub.

Schizotremites osoleae (Abb. 159)

N *Schízein* = spalten, abspalten; *os oleae* = Olivenkern mit Bezug auf die Kelchform. Alter Name: *Pentremitella*.

M Die Kelchform ist länglich rund. Die Ambulakralplatten, die die langen, schmalen Brachiolen tragen, strecken sich nach unten über den Kelchseiten aus. Der Stiel ist lang und dünn.

H Sehr selten.

V Bundenbach (Grube Eschenbach).

159 *Schizotremites.*

Blastoids

The moderately small stemmed blastoids are characterized by highly developed pentameral symmetry. Their petal-shaped theca consists of 18 to 21 plates in four cycles. Along five petaloid tracts (ambulacrals), arise very numerous thread-like biserial armlets (brachioles). So, the crown has the appearance of a fringed bud (name). The theca is supported by a slender short stem consisting of simple round elements.

Pentremitidea medusa (Fig. 158)

N *Pénte* = five, *trēma* = hole.

C *Pentremitidea* is larger and more robust than *Schizotremites*. The theca is high conical in outline. The brachioles are confined to the oral (upper) surface of the theca.

R Very rare.

P The first four specimens were discovered by Jaekel (1895) on the famous slab, with the crinoid *Acanthocrinus rex*, from the Middle Rhine. He assumed that the blastoids were attached to the enrolled distal stem of *Acanthocrinus*.

O Bundenbach (Untereschenbach quarry). Kaub.

Schizotremites osoleae (Fig. 159)

N *Schízein* = splitting, split away; *os oleae* = olive nut corresponding to the shape of the theca. Old name: *Pentremitella*.

C The theca is elongate oval. The ambulacrals, which bear long, slender brachioles, extend down the sides of the theca. The stem is long and thin.

R Very rare.

O Bundenbach (Eschenbach quarry).

Seelilien

Crinoideen oder Seelilien sehen etwa wie eine Blume (Name!) aus und gehören zu den schönsten und artenreichsten Fossilien des Hunsrückschiefers. Es sind etwa 70 Arten dokumentiert worden, die sich auf 28 Gattungen verteilen. 23 davon werden hier vorgestellt. Die Seelilien des Hunsrückschiefers waren festsitzend, d.h. sie hatten sich mit ihrem Stiel im Meeresboden verankert. Die Stiele konnten bis zu einem Meter lang werden; derartige lange Stiele sind nur bei *Codiacrinus* und *Taxocrinus* bekannt geworden. Vollständig erhaltene Stiele sind dagegen rar, da die Fossilplatten bei der Dachschieferproduktion fragmentiert wurden. An diesen langen Stielen siedelten sich bevorzugt andere Artgenossen an, um in dieser erhöhten Position an mehr Nahrung zu gelangen. Heute gibt es nur noch wenige sessil lebende Gattungen, die meist in der Tiefsee in bis zu 6000 Meter leben und mit einer maximalen Höhe von einem halben Meter wesentlich kleiner bleiben als ihre ausgestorbenen Verwandten. Heute stellen die stiellosen Haarsterne die meisten Arten. Sie leben meist an einem Standort, den sie jedoch wechseln können.

Der Kelch und die Arme einer Seelilie werden zusammen die Krone genannt. Wichtig für die Bestimmung ist die Plattenanordnung im Kelch. Entweder gelenken die Arme auf den oberen Kelchplatten oder die unteren Armplatten sind im Kelch eingebunden. Da bei den meisten Fossilien im Hunsrückschiefer der Kelch relativ klein ist und die Plattengrenzen schlecht zu unterscheiden sind, fällt der Kelchbau meist für die Bestimmung aus. Dafür müssen wir uns mit den Merkmalen der Kelchform, des Armbaus, des Analsacks und dem Bau des Stiels begnügen. Die Arme bestehen aus einer oder zwei Plattenreihen (ein- oder mehrzeilig genannt) (Abb. 160). Meist sind die Arme dichotom (gleichförmig) verzweigt. Diese Gabelung kann gleiche (isotome) oder ungleiche (heterotome) Armlängen entstehen lassen. Die Arme können Seitenarme (Pinnulen) tragen. Der Anus ist entweder im Kelch, etwas erhöht auf einer Pyramide oder hoch über dem Kelch am Ende eines meist schlauchartigen Analsacks gelegen. Der Stiel besteht aus (unterschiedlich großen) Gliedern und ist manchmal mit Wurzelanhängen (sog. Cirren) gerüstet. Der Kelch, die Arme, der Analsack und Stiel können Stacheln tragen, die die Bestimmung erleichtern.

Seelilien sind wahre Überlebenskünstler. Je nach Nahrungsangebot können sie ihre Arme mehrmals gabeln, weit ausbreiten und somit ihre Krone wie einen parabolischer Fächer vergrößern. Er kann gegen die Strömung ausgerichtet werden, um möglichst viel Nahrungspartikel und Kleinstlebewesen einzufangen. Die Stacheln könnten zur Abwehr von Feinden, Nahrungskonkurrenten oder Parasiten gedient haben.

Seelilien bevorzugten bestimmte Lebensräume. Außerhalb des fossilreichen Gebiets um Bundenbach kommen sie auch in der Eifel und im Taunus in der rheinischen Fazies vor. Dies sind insbesondere die gröber gebauten Seelilien (wie *Acanthocrinus*, *Diamenocrinus*, *Ctenocrinus* und *Gastrocrinus*), was vermuten lässt, dass ein hoch-energetischer sandiger Lebensraum bevorzugt wurde. Dagegen überwiegen die mehr zierlicheren Exemplare im Bundenbacher Raum. Beiden Faziesgebieten sind 14 Gattungen gemeinsam; weitere 14 sind nur aus dem Hunsrückschiefer bekannt. Der Fossilinhalt wechselt auch mit dem Horizont und der Grube. So sind zum Beispiel die folgenden Seelilienarten nur aus einzelnen Gruben nachgewiesen: *Acanthocrinus lingenbachensis* (Rhaunen), *Orthocrinus pinnatus* (Oberkirn) und *Rhenocrinus lobatus* (Woppenroth).

Eine gute Übersicht über die Seelilien des Hunsrückschiefers vermitteln die beiden umfangreichen Monografien von Schmidt aus den Jahren 1934 und 1941. Es gibt nur wenige neuere Arbeiten. Ein Beispiel, dass sensationelle Entdeckungen auch im Falle einer sehr häufigen Seelilie noch immer möglich sind, ist *Codiacrinus*. Unter mehreren hundert Exemplaren wurde vor kurzem ein *Codiacrinus* entdeckt, bei dem die Arme noch die Füßchen, die für den Nahrungstransport sorgten, tragen. Dies ist der erste Nachweis dessen unter fossilen Seelilien. Außerdem zeigte ein Exemplar erstmals die Kelchverzierung, die aus fünfeckigen-konzentrischen Linien, wie auf dem Rückenschild einer Schildkröte, besteht.

Acanthocrinus (Abb. 161)

N *Acanthus* = dornig; *rex* = König; *multi* = viel und *spina* = Stachel.

M Der große schüsselförmige Kelch ist unten etwas abgeflacht. Die untersten Armglieder, viele zwischengeschaltete Platten und zwei Armgabelungen sind im Kelch eingebaut. Die untersten Kelchplatten tragen Stacheln und die ersten Armglieder in der Mitte eine breite Rippe. Die dritte dichotome Gabelung erfolgt in unterschiedlicher Armhöhe, sodass insgesamt 40 freie Armenden vorhanden sind. Die Arme sind zweizeilig gebaut und dicht mit Seitenarmen besetzt. Der kräftige Stiel besteht aus

Crinoids

Crinoids or sea lilies look-like a flower (name) and as a group are one of the most beautiful and species-rich fossils of the Hunsrück Slate. About 70 species, spread out over 28 genera, are known. 23 of them are presented here. The crinoids of the Hunsrück Slate were sessile, that is to say they anchored with their stem at the bottom of the sea. The stems rarely exceed a metre in length, and lengths of this order are known in *Codiacrinus* and *Taxocrinus* only. Complete preserved stems, however, are very rare, because the fossil slabs were usually broken during roof-slate production. Other crinoids preferably anchored on these long stems, to catch more food in a higher position. Today there are only a few sessile living genera left, which live mostly in the deep sea up to 6000 metres. With a maximum height of half a metre they are considerably smaller than their extinct relatives. Nowadays the stemless feather stars provide the most species. They live mostly at one site, but are able to move elsewhere.

The cup and the arms of a crinoid are together called the crown. The arrangement of plates in the cup is an important character for their assignment. Alternatively the arms join at the upper cup plates, or the lower brachials are incorporated into the cup. As most of the crinoids of the Hunsrück Slate have a small cup and the boundary of the plates can be poorly distinguished, in most cases the morphology of the cup cannot be used for the assignment. Therefore, we must be satisfied with the characteristics of the cup outline, arm construction, anal sack and the morphology of the stem. The arms consist of one or two rows of brachial plates (i.e. they are uniserial or biserial) (Fig. 160). Mostly, the arms are dichotomously (symmetrical structured) branched. This division could produce equal (isotomous) or inequal (heterotomous) arm sizes. The branches can bear armlets, called pinnules or ramules. Alternatively, the anus is situated in the cup, somewhat higher on a pyramid or high above the cup at the end of a mostly tube-like anal sack. The stem consists of elements (of different sizes) and is sometimes armed with roots (so-called cirri). The cup, the arms, the anal sack and the stem can bear spines, which facilitate the assignment.

Crinoids are real survivors. According to the availability of food they can divide their arms repeatedly, spreading them wide and thus enlarge their crown like a parabolic fan. It can be oriented to face the current to catch as many food particles or microorganisms as possible. The spines could have functioned to ward off enemies, food competitors or parasites.

Crinoids preferred particular habitats. Outside the fossiliferous area around Bundenbach they also occur in the Rhenish facies of the Eifel and Taunus region. These are especially the more robusty built crinoids (like *Acanthocrinus*, *Diamenocrinus*, *Ctenocrinus* and *Gastrocrinus*), suggesting that a higher energy, sandier habitat may have been favoured. Compared with that, the more delicate specimens predominate in the Bundenbach area. Both facies areas have 14 genera in common; a further 14 genera are only known in the Hunsrück Slate. The fossil content also varies per horizon and quarry. And so, the following crinoid species are for instance only known from single quarries: *Acanthocrinus lingen-*

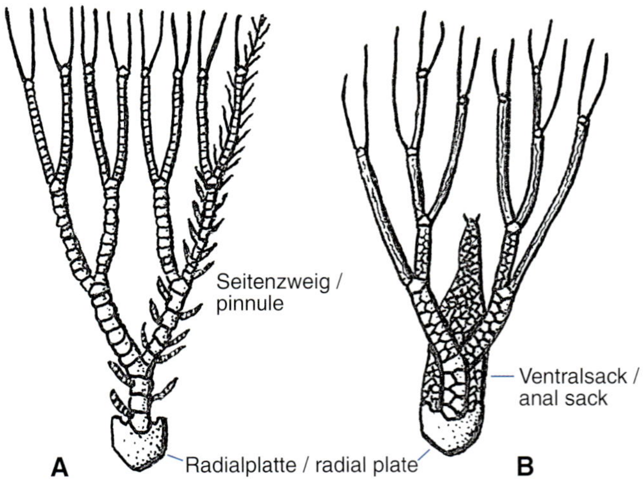

160 Die Armteilung und -ausbildung einiger Seelilien (schematisch). **A**, Dichotom (isotom) und einzeilig; **B**, Heterotom und zweizeilig. – Umgezeichnet nach Ubaghs (1978).

160 Arm branching and arrangement of some crinoids (diagrammatically). **A**, Dichotomous (isotomous) and uniserial; **B**, Heterotomous and biserial. – Redrawn after Ubaghs (1978).

161 *Acanthocrinus.*

Gliedern mit verschiedenen Durchmessern. Auf drei kleinere kürzere folgt ein viel größeres, ringförmig hervortretendes Stielglied mit verdicktem Außenrand. Das Muster der vier Größenordnungen ist 4-1-2-1-3-1-2-1-4.

H Komplette Exemplare sind sehr selten. Kommt insbesondere in der rheinischen Fazies vor.

A Die vier Arten aus dem Hunsrückschiefer, *Acanthocrinus rex*, *A. heroldi*, *A. lingenbachensis* und *A. multispina*, entsprechen einer bestimmten Varietät. Bei *A. rex* ist das Stielende spiralig eingerollt, um sich im Sediment zu verankern. *A. heroldi* und *A. lingenbachensis* haben die letzte Armgabelung in einiger Entfernung vom Kelchrand. *A. heroldi* hat einen breiteren Kelch als *A. rex* und einen Stiel, der mit Tuberkeln besetzt ist. *A. lingenbachensis* hat nur zwei Gabelungen, also höchstens 20 Armenden (Lehmann 1939). Die ersten 11 Armglieder oberhalb der ersten Armgabelung sind einzeilig; die weiteren zweizeilig. Bei dieser Art sind möglicherweise Wurzelanhänge am Stiel vorhanden, die ansonsten atypisch für die Gattung sind. *A. multispina* hat die längsten Stacheln der Gattung (Südkamp 2007, 2014). Außerdem sind die kleinen Stacheln an den Armgliedern, oberhalb der zweiten Gabelung, einzigartig in der Gattung.

B Das Typusexemplar von *A. rex* war eines der bemerkenswertesten Fossilien des Hunsrückschiefers (Name!) und ging leider in Berlin im Zweiten Weltkrieg verloren.

V Bundenbach. Rhaunen (Grube Lingenbach). Oberkirn (Grube Karschheck). Gemünden (Kaisergrube). Birkenfeld (Seitzelbach). Altlay (Schieferabbau der Fa. Theis-Böger). Kaub am Rhein. Preßberg (Grube Charlottenburg) im Herrnsbachtal. Weisel (Gruben Vogelsang und Kreuzberg). Mayen (Gruben Katzenberg, Mosellaschacht). Trimbs (Gruben Margaretha, Wilbert). Düngenheim (Grube Antonius). Kehrig (Grube Bausberg). Gering (Grube am Jungenberg).

bachensis (Rhaunen), *Orthocrinus pinnatus* (Oberkirn) and *Rhenocrinus lobatus* (Woppenroth).

A good overview of the crinoids from the Hunsrück Slate can be found in the two monographs of Schmidt from the years 1934 and 1941. There are only few newer works. An example that sensational discoveries are still possible, even in the case of a very common crinoid, is *Codiacrinus*. Among hundreds of specimens a *Codiacrinus* was discovered recently, in which the arms still bear the tube feet, which took care of the food transport. This is the first evidence of these structures among fossil crinoids. Besides this, one specimen showed for the first time the ornamentation of the cup, which consists of pentagonal-concentric lines and looks like the carapace of a turtle.

Acanthocrinus (Fig. 161)

N *Acanthus* = thorny; *rex* = king; *multi* = many and *spina* = spine.

C The large bowl shaped cup has a slightly oblate base. The lowest brachials, a lot of interprimibrachs and two armdivisions are incorporated into the cup. The lowest cup plates bear spines and the first brachials faint median ridges. The third dichotomous division occurs in different heights, resulting in a total of 40 free branches. The arms are biserial and bear densely spaced pinnules. The robust stem consists of elements of various diameters. After three shorter elements follows a very large, ring-like protruding element with a thicker outer edge. The pattern of the four orders of magnitude is 4-1-2-1-3-1-2-1-4.

R Complete specimens are very rare. Most common in the Rhenish facies.

Sp The four species from the Hunsrück Slate, *Acanthocrinus rex*, *A. heroldi*, *A. lingenbachensis* and *A. multispina*, each correspond to a particular variety. In *A. rex* the distal stem is enrolled in a spiral fashion to anchor in the sediment. *A. heroldi* and *A. lingenbachensis* divide at last in some distance from the edge of the cup. *A. heroldi* has a broader cup than *A. rex* and a stem with tubercles. *A. lingenbachensis* divide only twice, thus giving a maximum of 20 branches (Lehmann 1939). The first 11 secundibrachs are uniserial; the further ones biserial. In this species there are possibly cirri on the stem, which are otherwise atypical for the genus. *A. multispina* has the longest spines of the genus (Südkamp 2007, 2014). Also, the small spines on the secundibrachs are unique in the genus.

P The holotype of *A. rex* was one of the most striking fossils of the Hunsrück Slate (name) and unfortunately was lost in Berlin during the Second World War.

O Bundenbach. Rhaunen (Lingenbach quarry). Oberkirn (Karschheck quarry). Gemünden (Kaisergrube). Birkenfeld (Seitzelbach). Altlay (slate mine of Fa. Theis-Böger). Kaub am Rhein. Preßberg (Charlottenburg quarry) in the Herrnsbachtal. Weisel (Vogelsang and Kreuzberg quarries). Mayen (Katzenberg, Mosellaschacht quarries). Trimbs (Margaretha, Wilbert quarries). Düngenheim (Antonius quarry). Kehrig (Bausberg quarry). Gering (quarry at the Jungenberg).

Diamenocrinus (Fig. 162)

N *Stellatus* = Trimmed with stars due to its cup ornamentation.

C The large cup is globose. The proximal parts of the arms are incorporated into the cup where they form pronounced ridges. The repeated dichotomously branched arms become free above the second division at first. The brachials bear a short pinnule. The characteristic stem is similar to *Acanthocrinus*. The pattern of the elements corresponds to 4-1-1-2-1-1-3-1-1-2-1-1-4. But mostly, only the two largest elements can be seen. The distal stem is enrolled in a spiral fashion.

R Very rare; only 5 specimens are known.

Sp Is a typical representative of the Rhenish facies. *Diamenocrinus stellatus* and *D. opitzi* occur in the Hunsrück Slate. The arms of *D. stellatus* divide one to two times more than *D. opitzi*, which has only three divisions resulting in 40 free arms. In *D. stellatus*, the plates of the cup display a characteristic star-shaped pattern of ridges. *D. opitzi* bears spines on the lower cup.

P Apart from *Acanthocrinus* one of the most beautiful crinoids of the Hunsrück Slate. Unfortunately, the two fossils described by Schmidt (1934), stored in the Berlin collection, have been lost.

O Bundenbach. Oberkirn (Karschheck quarry). Area Hexit-Linesitt in the Wispertal and Sauerthal (Nordberg quarry) in the Taunus.

Diamenocrinus (Abb. 162)

N *Stellatus* = Mit Sternen besetzt wegen der Kelchverzierungen.

M Der große Kelch ist weit und bauchig. Die unteren, in den Kelch eingebauten Armteile, treten als kräftige Leisten hervor. Erst über der zweiten Gabelung werden die mehrfach dichotom gegabelten Arme frei. Die Armglieder tragen einen kurzen Seitenarm. Der charakteristische Stiel ist ähnlich wie bei *Acanthocrinus*. Das Muster der Stielglieder entspricht 4-1-1-2-1-1-3-1-1-2-1-1-4. Meist sind aber nur die zwei größten Glieder sichtbar. Das Stielende ist spiralig eingerollt.

H Sehr selten; es sind nur 5 Exemplare bekannt.

A Ist vor allem typisch in der rheinischen Fazies. Im Hunsrückschiefer kommen *Diamenocrinus stellatus* und *D. opitzi* vor. Die Arme von *D. stellatus* haben eine bis zwei Gabelungen mehr als *D. opitzi*, wobei nur drei Gabelungen vorhanden sind, was in 40 freien Armenden resultiert. Bei *D. stellatus* besitzen die Kelchplatten ein charakteristisches sternförmiges Muster von Leisten. *D. opitzi* trägt Stacheln am unteren Kelch.

B Neben *Acanthocrinus* eine der schönsten Seelilien des Hunsrückschiefers. Leider sind die zwei von Schmidt (1934) beschriebenen Fossilien, untergebracht in der Berliner Sammlung, verschollen.

V Bundenbach. Oberkirn (Grube Karschheck). Wispertal (Bereich Hexit-Linesitt) und Sauerthal (Grube Nordberg) im Taunus.

162 *Diamenocrinus.*

Pterinocrinus ehrlicheri (Abb. 163)

M Der Kelch ist konisch und die Platten sind mit sternförmigen Rippen versehen. Die ersten zwei Armglieder sind im Kelch integriert und gabeln sich darüber in zwei lange, schlanke Arme. Durch eine eventuelle

163 *Pterinocrinus.*

164 *Orthocrinus.*

zweite Gabelung können bis zu 20 freie Armenden gebildet werden. Ein wichtiges Merkmal der Gattung sind die zusammengesetzten Armglieder, die beiderseits dichtgestellte, feingliedrige Seitenarme tragen. Der runde Stiel besteht aus alternierenden, dickeren und schmaleren, niedrigen Gliedern.

H Neben dem abgebildeten Exemplar ist nur der Holotypus bekannt.

A Schmidt (1934) beschrieb die Art *Pterocrinus diensti*. Diese gehört laut Breimer (1962) aber zu *Ptychocrinus*.

V Bundenbach (Grube Eschenbach).

Orthocrinus pinnatus (Abb. 164)

N *Ortho* = gerade, aufrecht; *pinnatus* = gefiedert. Alter Name: *Orthocrinus simplex*.

M Der Kelch ist eichelförmig bis zylindrisch. Die ersten zwei Armglieder sind im Kelch integriert und gabeln sich darüber in zwei lange, robuste, steil aufgerichtete Arme. Diese sind einzeilig und die Glieder scheibenförmig. Die Arme tragen in unterschiedlichen Abständen kleine Stacheln. Jedes Armglied gibt beiderseits einen länglichen Seitenzweig ab. Der runde Stiel ist relativ dünn und besteht aus alternierenden Gliedern.

H Ein Exemplar bekannt.

B *Orthocrinus* kommt mit mehreren Arten in der sandig ausgebildeten rheinischen Fazies vor und wurde erst vor kurzem im Hunsrück gefunden (Südkamp 2007).

V Oberkirn (Grube Karschheck).

Ctenocrinus (Abb. 165)

N *Kteno* = kombinierbare Form; *gracilis* = schlank; *male contractus* = schwach verjüngt mit Bezug auf den Hauptarmstamm.

M Der große spitzkonische Kelch hat sternförmige Kelchplatten. Die unteren Armglieder sind im Kelch eingebunden. Die vier freien Hauptzweige haben sich aneinandergelegt und sind zu einem robusten Hauptarmstamm

Pterinocrinus ehrlicheri (Fig. 163)

C The cup is conical and the plates are ornamented with radial ribs. The first two brachials are incorporated into the cup and divide above it in two elongate slender arms. By means of a possible second division up to 20 free arms can be formed. An important characteristic of the genus are the compound brachials, which bear densely packed slender pinnules on both sides. The round stem is composed of alternating broader and narrower low elements.

R Apart from the illustrated specimen only the holotype is known.

Sp Schmidt (1934) described the species *Pterocrinus diensti*. However, according to Breimer (1962) this is a *Ptychocrinus*.

O Bundenbach (Eschenbach quarry).

Orthocrinus pinnatus (Fig. 164)

N *Ortho* = straight, upright; *pinnatus* = feathered. Old name: *Orthocrinus simplex*.

C The cup is acorn-like to cylindrical. The first two brachials are incorporated into the cup and divide above it in two elongate, stout, erect arms. These are uniserial and the brachials are disc-like. The arms bear small spines at varying distances. Each brachial supplies a long pinnule on both sides. The round stem is relatively thin and consists of alternate elements.

R One specimen known.

P *Orthocrinus* is known with several species from the more sandy Rhenish facies and was found in the Hunsrück only recently (Südkamp 2007).

O Oberkirn (Karschheck quarry).

165 *Ctenocrinus.* Hauptarmstamm mit Resten der Seitenzweige.
165 *Ctenocrinus.* Main trunk with remains of the armlets.

166 *Hapalocrinus.*

mit gegenständigen Gliedern verschmolzen. Der Hauptarmstamm trägt an jedem zweiten Armglied Seitenzweige. Der Analsack ist lang und dünn. Der dicke Stiel ist aus alternierenden Gliedern zusammengesetzt, die im unteren Teil mit einem erhabenen, wahrscheinlich knotigen Mittelring versehen sind.

H Sehr selten.

A Schmidt (1934, 1941) hat zwei Arten (*Ctenocrinus gracilis* und *C. malcontractus*) aus dem Hunsrückschiefer und 13 weitere aus dem rheinischen Unterdevon beschrieben. Im Vergleich zu *C. gracilis* hat *C. malcontractus* eine stark hervortretende Mittelleiste an den Hauptarmstämmen und breitere Seitenzweige.

B Obwohl meist nur Fragmente oder disartikulierte Exemplare dieser Seelilie gefunden wurden, lässt diese sich, anhand des eigenartigen und charakteristischen verschmolzenen Hauptarmstamms leicht erkennen.

V Oberkirn (Grube Karschheck). Breitenthal (Grube Schielenberg). Gemünden (Kaisergrube). Lütz (Grube Weinberg). Lorch am Rhein. Wispertal, Geroldstein und Zorn (Grube Rossit) im Taunus.

Hapalocrinus (Abb. 43, 166)

N *Elegans* = zierlich; *innoxius* = unbewaffnet und *penniger* = befiedert.

M Die einzeiligen Arme gabeln sich zumindest einmal über dem zweiten Armglied. Im unteren Armbereich sitzen die Pinnulen alternierend an jedem zweiten Armglied. Oberhalb der siebten Pinnule trägt jedes Armglied eine Pinnule. *Hapalocrinus* hat quadratische oder rechteckige Armglieder. Der Analsack fehlt oder ist im Anfangsstadium. Der Stiel ist schlank. Am oberen Stiel stehen auf einigen Gliedern gerade Stacheln.

H Sehr häufig.

A Schmidt (1934, 1941) beschrieb fünf Arten: *Hapalocrinus elegans*, *H. frechi*, *H. innoxius*, *H. penniger* und *H. rauffi*. *H. elegans* hat nur zehn Armenden und ist stachellos. *H. frechi* hat, infolge zweier dichotomen Armgabelungen, normalerweise 20 Armenden. Es gibt aber auch Varietäten mit einmaligen oder dreimaligen Gabelungen in einzelnen Radien. *H. frechi* trägt an den Armenden und ebenfalls auf den Radialplatten lange gerade Stacheln. Der kleine Analsack ist ballonförmig. *H. innoxius* unterscheidet sich durch lange Arme und Pinnulen und das Fehlen von Stacheln an Armen und Kelch von den anderen Arten. Der Stiel besteht aus niedrigen Gliedern. *H. penniger* zeichnet sich durch fiederförmige Stacheln an den Enden der Pinnulen aus.

B Die Arten und Varietäten können teilweise erhaltungsbedingt sein und auf unterschiedlichen Lebensbedingungen beruhen. Die Stacheln dienten vielleicht zur Abwehr von Nahrungskonkurrenten. Manchmal hat

Ctenocrinus (Fig. 165)

N *Kteno* = combining form; *gracilis* = slender; *male contractus* = weakly tapered corresponding to the main arm trunk.

C The large narrowly conical cup is ornamented with star-like plates. The lower brachials are incorporated into the cup. The four free main arms are lined up to one another and united in a stout main trunk with opposite brachials. The main trunk bears armlets on every second brachial. The anal sack is elongate and thin. The big stem consists of alternate elements, which are supplied distally with an embossed probably knot-like middle ring.

R Very rare.

Sp Schmidt (1934, 1941) described two species (*Ctenocrinus gracilis* and *C. malcontractus*) from the Hunsrück Slate and 13 further ones from the Rhenish Lower Devonian. Comparing with *C. gracilis*, *C. malcontractus* has a strongly protruding middle strip on the main arm trunks and more broad pinnules.

P Although mostly only fragments or disarticulated specimens of this crinoid were found, it can be easily recognized on the basis of the peculiar and characteristic fused main arm trunk.

O Oberkirn (Karschheck quarry). Breitenthal (Schielenberg quarry). Gemünden (Kaisergrube). Lütz (Weinberg quarry). Lorch am Rhein. Wispertal, Geroldstein and Zorn (Rossit quarry) in the Taunus.

Hapalocrinus (Figs. 43, 166)

N *Elegans* = delicate; *innoxius* = unarmed and *penniger* = feathered.

C The uniserial arms branch at least once above the second brachial. Proximally they bear pinnules on every second brachial. Beyond the seventh of these, a pinnule is attached to every brachial. *Hapalocrinus* has quadrangular or rectangular brachials. The anal tube is absent or incipient. The stem is slender. Some elements of the upper stem bear straight spines.

R Very common.

Sp Schmidt (1934, 1941) described five species: *Hapalocrinus elegans*, *H. frechi*, *H. innoxius*, *H. penniger* and *H. rauffi*. *H. elegans* has only ten slender free arms and no spines. *H. frechi* usually have 20 free arms as a result of branching twice. However, there are also varieties with only one or three bifurcations in some rays. Long and straight spines project from the free arms and also from the radial plates. The small anal sac is balloon-shaped. *H. innoxius* differs from the other species in its long arms and pinnules and lacks spines on both the arms and cup. The stem consists of short elements. *H. penniger* is characterized by feather-shaped spines at the ends of the pinnules.

P The species and varieties may be preservational and can be determined by different life conditions. The spines could have functioned to ward off food competitors. Sometimes *Platyceras* settles on the anal sac. This snail possibly fed on excrement.

O Breitenthal (Schielenberg quarry). Bundenbach (Eschenbach, Schmiedenberg/Mühlenberg quarries). Gemünden (Kaisergrube).

Culicocrinus spinatus (Fig. 167)

N *Spina* = Spine.

C The first armplates are large, upright arranged interprimibrachs incorporated into the cylindrical cup. The radials bear two downward-projecting slender spines. The biserial arms branch twice and have a long slender pinnule on every brachial. The stem is round and consists of elements which are separated by striking dentate sutures. Possibly, the distal elements of the stem are supplied with thorny warts or spines (Jaekel 1895).

R Very rare.

P *Culicocrinus* is a typical Rhenish genus. Only the species *C. spinatus* occurs in the Hunsrück Slate itself.

O Hottenbach. Oberkirn (Karschheck quarry). Gemünden (Kaisergrube). Gondershausen (Schorfeld quarry). Lorch am Rhein. Weisel (Kreuzberg quarry; Taunus).

167 *Culicocrinus.*

sich *Platyceras* auf dem Analsack festgesetzt. Diese Schnecke ernährte sich möglicherweise von Exkrementen.

V Breitenthal (Grube Schielenberg). Bundenbach (Gruben Eschenbach, Schmiedenberg/Mühlenberg). Gemünden (Kaisergrube).

Culicocrinus spinatus (Abb. 167)

N *Spina* = Stachel.

M Die ersten Armplatten sind in Form großer, aufrecht gestellter, zwischengeschalteter Platten in dem zylindrischen Kelch integriert. Die Radialplatten sind mit zwei nach unten gerichteten schlanken Stacheln gerüstet. Die zweizeiligen Arme gabeln sich zweimal und tragen an jedem Glied einen langen, schlanken Seitenarm. Der Stiel ist rund und besteht aus Gliedern, die durch markant gezahnte Nähte voneinander getrennt sind. Möglicherweise sind die unteren Stielglieder mit knotigen Warzen oder Stacheln versehen (Jaekel 1895).

H Sehr selten.

B *Culicocrinus* ist eine typische rheinische Gattung. Im Hunsrückschiefer ist nur die Art *C. spinatus* gefunden worden.

V Hottenbach. Oberkirn (Grube Karschheck). Gemünden (Kaisergrube). Gondershausen (Grube Schorfeld). Lorch am Rhein. Weisel (Grube Kreuzberg; Taunus).

Thallocrinus (Abb. 168, 222)

N *Thallus* = grüner Zweig; *procerus* = schlank, hoch, lang; *acifer*, *acus* = Dolch und *ferre* = tragen mit Bezug auf die Form der beweglichen Stacheln.

Thallocrinus (Figs. 168, 222)

N *Thallus* = green sprig; *procerus* = slender, high, long; *acifer, acus* = knife and *ferre* = to bear, corresponding to the shape of the movable spines.

C The uniserial arms divide into two equal branches. Each bears a relatively short pinnule, projecting alternatively to one side or another. *Thallocrinus* differs from *Hapalocrinus* in the presence of tiny three-pointed articulating spines which are inserted on the oral side of the arms. The stem is long and slender and consists of hour-glass shaped elements, supplied with a median embossed ring in the more distal two-thirds.

R Very common.

Sp The four species are *Thallocrinus hauchecornei*, *T. procerus*, *T. rugosus* and *T. acifer*. The brachials of *T. hauchecornei* are distally more robust and shorter. The extremity of the stem can be coiled into an anchoring spiral. *T. procerus* is more delicate and has elongate and slender brachials. *T. acifer* has knife-like spines, which end in one tip.

O Bundenbach (Unter- and Obereschenbach, Herrenberg, Schmiedenberg/Mühlenberg quarries).

Senariocrinus maucheri (Fig. 169)

N *Senarius* = existing of six parts (arm-like processes).

C The crown is bilaterally symmetrical. The five free arms bear no pinnules, and a stout anal sac that is about twice the thickness of the arms. These result from a twofold division of two arms above the second brachial, plus one that remains unbranched. The 10–16 stout arm-like elements support a larger number of small round calcareous plates of

168 *Thallocrinus.*

169 *Senariocrinus.*

M Über dem zweiten Armglied gabeln sich die einzeiligen Arme in zwei gleiche Hauptzweige. Jedes Armglied trägt einen relativ kurzen Seitenzweig, der abwechselnd nach rechts und links gerichtet ist. Von der Gattung *Hapalocrinus* unterscheidet sich *Thallocrinus* durch winzige dreispitzige Stacheln, die auf der Unterseite der Arme an die Ansatzstellen der Seitenzweige gelenken. Der Stiel ist lang und schlank, seine Glieder sind im mittleren und unteren Bereich sanduhrartig und mit einem mittleren erhabenen Ring versehen.

H Sehr häufig.

A Die vier Arten sind *Thallocrinus hauchecornei*, *T. procerus*, *T. rugosus* und *acifer*. Die Glieder von *T. hauchecornei* sind zu den Armenden hin breiter und gedrungener. Der Stiel kann sich am Ende zu einer Wurzelspirale einrollen. *T. procerus* ist dünngliedriger und hat lange, schlanke Armglieder. *T. acifer* hat dolchartige Stacheln, die in einer Spitze enden.

V Bundenbach (Gruben Unter- und Obereschenbach, Herrenberg, Schmiedenberg/Mühlenberg).

Senariocrinus maucheri (Abb. 169)

N *Senarius* = aus sechs Teilen (armähnlichen Anhängen) bestehend.

M Die Krone ist zweiseitig-symmetrisch. Die fünf freien Arme besitzen keine Anhänge und einen kräftigen Analtubus, der etwa doppelt so breit ist wie die Arme. Sie entstehen dadurch, dass sich zwei Arme über dem zweiten Armglied dichotom gabeln und einer ungeteilt bleibt. Die 10–16 robusten armartigen Glieder unterstützen die größere Anzahl an kleinen runden Kalkplatten des Analtubus. Der zylindrische Stiel ist meist außergewöhnlich kurz und dünn und verjüngt sich nach unten. Es gibt aber auch Exemplare mit einem langen, üblicheren Stiel.

H Selten.

B Der gelenkige Kelch ist außergewöhnlich unter den Seelilien und wird als Anpassung an eine besondere Lebensweise gesehen. Der Stiel war wahrscheinlich nicht kräftig genug, um die große Krone in aufrechter Stellung tragen zu können. Schmidt (1934) nahm an, dass *Senariocrinus* schwimmen konnte, aber seine Lebensweise bleibt unklar.

V Bundenbach (Gruben Untereschenbach, Schmiedenberg/Mühlenberg).

Calycanthocrinus decadactylus (Abb. 170)

N *Decadactylus* = 10 mit Bezug auf die Armzahl, die in der Erstbeschreibung Follmann's verkehrt beobachtet wurde. Wegen ihrer Form,

the anal sac. The cylindrical stem is mostly extremely short and thin and tapers distally. However, there are also specimens with a longer, more usual stem.

R Rare.

P The hinged cup is unusual among crinoids and indicates adaptation to a particular mode of life. The stem does not appear strong enough to have supported the crown in an upright position. Schmidt (1934) suggested that *Senariocrinus* may have been capable of swimming, but its mode of life remains uncertain.

O Bundenbach (Untereschenbach, Schmiedenberg/Mühlenberg quarries).

Calycanthocrinus decadactylus (Fig. 170)

N *Decadactylus* = 10 according to the number of arms, which was misinterpreted in the original description of Follmann. Due to its resemblance to a twig broom and because of its occurrence this crinoid is commonly referred to as the Gemünden broomstick in miners' terms.

C The cup is cone shaped and the crown is slender. The five radials of the cup are augmented by four extra plates, forming a series of three larger and six smaller elements. Each of these plates bears a simply constructed arm, consisting of elements that are two to three times longer than wide, so that a total of nine arms are present in the crown. The arms are unbranched and without pinnules. The stem is round and consists of proximally low and distally convex elements, alternating in width and length. An anal sack is not known.

R Very common in Gemünden. In Bundenbach more rare.

Si The length of the arms varies between 22 and 170 mm.

O Breitenthal (Schielenberg quarry). Bundenbach (Eschenbach quarry). Gemünden (Kaisergrube). Wispertal (Taunus).

Triacrinus (Fig. 171)

N *Tris* = three corresponding to the morphology of the cup; *elongatus* = long.

C The small cup is cone-shaped. The arms are very long, unbranched and without pinnules. They consist of elongate elements. The anal sac is arm-like. The round stem consists of low elements proximally.

R Common.

170 *Calycanthocrinus.*

171 *Triacrinus*, gewachsen auf einem Stiel des Schwammes *Retifungus*.
171 *Triacrinus* attached to the stem of the sponge *Retifungus*.

die an einen Reisigbesen erinnert und ihres Vorkommens, wird diese Seelilie bergmännisch oft »Gemündener Besen« genannt.

M Der Kelch ist kegelförmig und die Krone schlank. Die fünf Radialplatten des Kelches sind mit vier extra Patten aufgestockt worden, sodass eine Serie von drei größeren und sechs kleineren Platten entsteht. Jede dieser Platten trägt einen einfach gebauten Arm, dessen Glieder zwei- bis dreimal so hoch wie breit sind, sodass insgesamt neun Arme in der Krone vorhanden sind. Die Arme sind unverzweigt und nicht pinnuliert. Der Stiel ist rund und besteht aus in Kelchnähe niedrigen und am unteren Ende aus in Breite und Höhe alternierenden gewölbten Gliedern. Ein Analsack ist unbekannt.

H Sehr häufig in Gemünden. In Bundenbach seltener.

G Die Länge der Arme variiert zwischen 22 und 170 mm.

V Breitenthal (Grube Schielenberg). Bundenbach (Grube Eschenbach). Gemünden (Kaisergrube). Wispertal (Taunus).

Triacrinus (Abb. 171)

N *Tris* = drei mit Bezug auf den Bau des Kelches; *elongatus* = langgestreckt.

M Der Kelch ist klein und kegelförmig. Die Arme sind sehr lang, ungeteilt und ohne Seitenzweige. Sie bestehen aus langen Gliedern. Der Analsack ist armähnlich. Der runde Stiel besteht in Kelchnähe aus niedrigen Gliedern.

H Häufig.

Sp The three species are *Triacrinus elongatus*, *T. koenigswaldi* and *T. kutscheri*. *T. elongatus* is distinguished by its high cup with very elongate arms. *T. koenigswaldi* and *T. kutscheri* are, compared with it, characterized by a more truncate conical cup and shorter arms. *T. koenigswaldi* is distinguished by thicker skeletal elements; *T. kutscheri* on the other hand by a more stocky morphology and a very thin stem.

Si The arms of *T. elongatus* can be more than twenty times the height of the cup, whereas this ratio in *T. kutscheri* is seven to eight times.

O Bundenbach (Obereschenbach, Schmiedenberg/Mühlenberg quarries). Gemünden (Kaisergrube).

Gissocrinus vertebrachialis (Fig. 172)

N *Vertebrachialis* = Vertebra-armed.

C The wide cup is bowl shaped. The uniserial nonpinnulated arms branch at least four times isotomously above the first primibrach. The brachials are strongly narrowed medially and are reminiscent of fish vertebra (name) or spindles. The robust short anal sack is composed of longitudinal rows of heavy plates. The broad round stem consists of alternate, low, ring-like elements.

R Very rare.

O Bundenbach (Schmiedenberg/Mühlenberg quarry). Oberkirn (Karschheck quarry).

Codiacrinus schultzei (Fig. 173)

C The large cup is bowl-shaped. The height-to-width ratio varies between 0.54 and 0.87. This ratio decreases with growth, so that the cup becomes lower and wider in adults. Most of the cup is occupied by the two circles of large, pentagonal plates. The upper plates (radials) bear slender, horseshoe-shaped facets for the insertion of the arms. The robust uniserial rounded arms branch isotomously and generally above the third brachial at first; two further higher bifurcations follow. The distal

172 *Gissocrinus*. Armfragment. / **172** *Gissocrinus*. Part of an arm.

173 *Codiacrinus*. Zu beachten sind links die Deckplatten an den Armen.
173 *Codiacrinus*. Note on the left the cover plates on the arms.

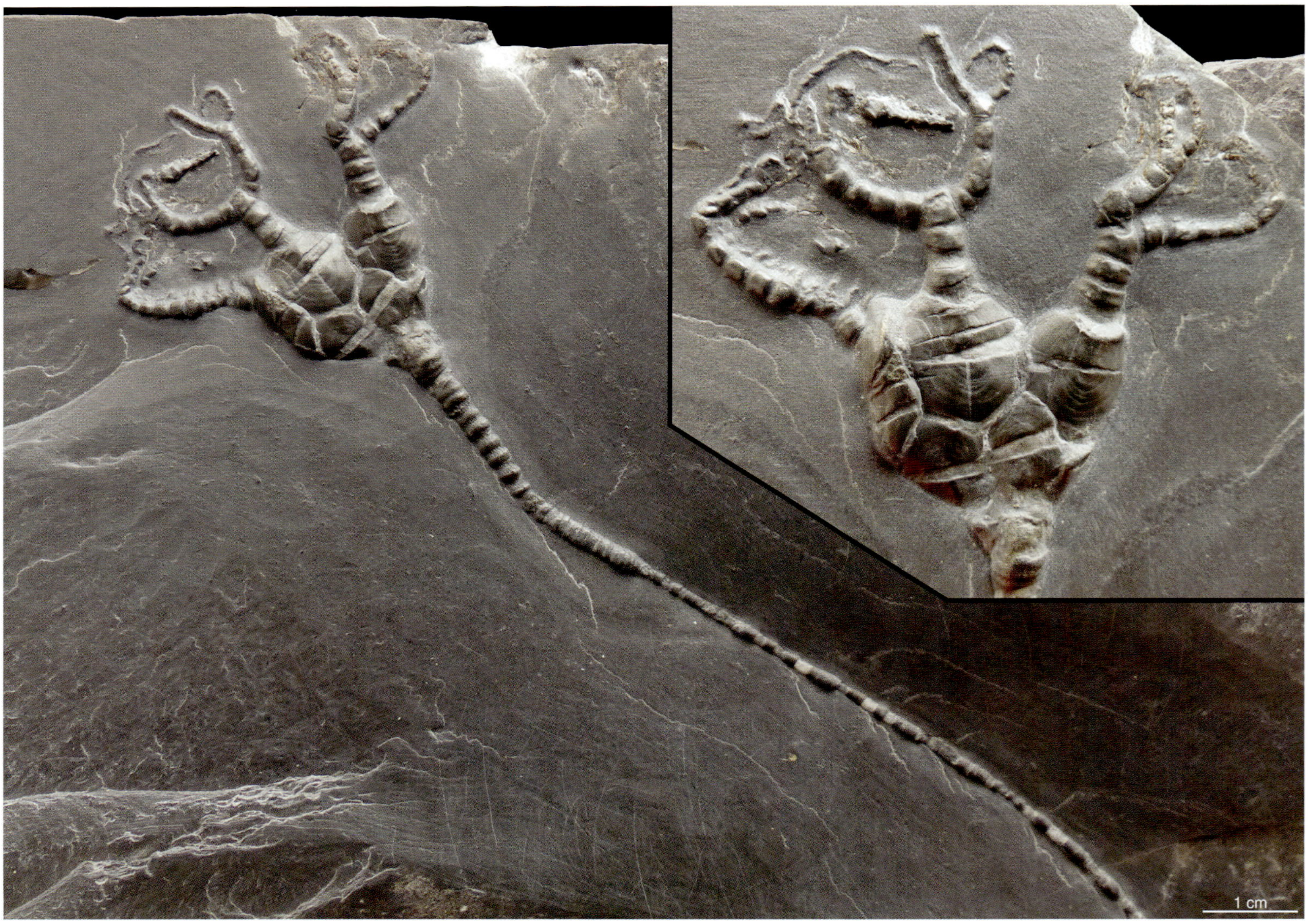

174 *Codiacrinus* mit Kelchverzierung. / **174** *Codiacrinus* with cup ornament.

A Die drei Arten sind *Triacrinus elongatus*, *T. koenigswaldi* und *T. kutscheri*. *T. elongatus* zeichnet sich durch seinen hohen Kelch und sehr lange Arme aus. *T. koenigswaldi* und *T. kutscheri* haben dagegen einen stumpf-kegelförmigen Kelch und kürzere Finger. *T. koenigswaldi* zeichnet sich durch dicke Skelettelemente, *T. kutscheri* dagegen durch einen gedrungenen Bau und einen sehr dünnen Stiel aus.

G Die Arme von *T. elongatus* können die Kelchhöhe bis um das zwanzigfache übertreffen, während dieses Verhältnis bei *T. kutscheri* das sieben- bis achtfache beträgt.

V Bundenbach (Gruben Obereschenbach, Schmiedenberg/Mühlenberg). Gemünden (Kaisergrube).

Gissocrinus vertebrachialis (Abb. 172)

N *Vertebra* = Wirbelknochen; *brachium* = Arm.

M Der breite Kelch ist schüsselförmig. Die einzeiligen unpinnnulierten Arme gabeln sich mindestens viermal isotom über dem ersten Armglied. Die Armglieder sind in der Mitte stark eingeschnürt und erinnern an Fischwirbel (Name!) oder Spindeln. Der robuste kurze Analsack ist aus Längsreihen von groben Platten zusammengesetzt. Der breite runde Stiel besteht aus alternierenden, niedrigen, ringförmigen Gliedern.

H Sehr selten.

V Bundenbach (Grube Schmiedenberg/Mühlenberg). Oberkirn (Grube Karschheck).

Codiacrinus schultzei (Abb. 173)

M Der große Kelch ist schüsselförmig. Das Kelchverhältnis Höhe zu Breite variiert zwischen 0,54 und 0,87. Dieses Verhältnis nimmt im Wachstum ab, sodass der Kelch im Alter niedriger und breiter wird. Der größte Teil des Kelches wird von zwei Plattenkränzen eingenommen, die aus großen fünfeckigen Platten bestehen. Die oberen Radialplatten tragen schmale, hufeisenförmige Gelenkflächen für die Armansätze. Die kräftigen, einzeiligen, rundlichen Arme gabeln sich generell zuerst über dem dritten Armglied isotom; zwei weitere höhere Gabelungen folgen. Die Armenden verjüngen sich allmählich, sind oft perlschnurartig eingerollt und tragen kleine dornartige Stacheln. Bei gut erhaltenen Exemplaren sind die länglichen rechteckigen Deckplatten der Arme zu erkennen. Der runde Stiel besteht in Kelchnähe aus niedrigen, breiten Gliedern und trägt keine Wurzelanhänge. Der sich zum Ende hin verjüngende Stiel, mit kräftig gezahnten Nähten, könnte das Ergebnis tektonischer Verzerrung sein oder als natürlich betrachtet werden.

H Sehr häufig.

B *Codiacrinus* ist die einzige Seelilie, bei der Weichteile (wie die Füßchen an den Armen und Reste des Verdauungstraktes im Kelch) nachgewiesen werden konnten. Die erste Gabelung erfolgt in einem Fall schon nach dem zweiten Armglied. Weitere Unikate sind Exemplare mit erhaltener Kelchverzierung und einem regenerierten Arm (Abb. 174, 175).

G Der Stiel kann ziemlich lang sein (nachgewiesen sind zumindest 530 mm).

V Bundenbach (Gruben Unter- und Obereschenbach, Schmiedenberg/Mühlenberg). Bollenbach (Grube Franzendell). Breitenthal (Grube Schielenberg). Rudolfshaus (Grube Altlayenkaul). Gemünden (Kaisergrube).

Bactrocrinites jaekeli (Abb. 176)

N Früher *Bactrocrinus* genannt. *Trabicus* = aus Balken bestehend (der Kelch).

M Kelch sehr spitz und hoch zylindrisch-kegelförmig. Die langen, schlanken, nicht pinnulierten Arme gabeln sich drei- bis viermal isotom über dem 4. bis 5. Armglied. Der Analsack ist lang und schmal, reicht nicht über die Krone hinaus und besteht aus mehreren Vertikalreihen von gefalteten Platten. Der Stiel ist perlschnurartig, nur nahe der Kelchbasis wird er von niedrigen, fünfkantigen Gliedern gebildet.

H Häufig.

A Die andere Art, *B.? trabicus*, ist sehr selten und nicht verlässlich der Gattung zuzuordnen.

V Breitenthal (Grube Schielenberg). Bundenbach (Gruben Untereschenbach, Herrenberg). Gemünden (Kaisergrube). Kaub am Mittelrhein.

175 *Codiacrinus* mit regeneriertem Arm.
175 *Codiacrinus* with regenerated arm.

arms rejuvenate gradually, are mostly pearl string-like enrolled and bear small, thorn-shaped spines. In case of excellently preserved specimens the elongate rectangular cover plates of the arms can be seen. The circular stem consists proximally of low, broad elements and gives rise to no cirri. The distally tapering stem with strong crenulated sutures might be the result of tectonic distortion or might be natural.

R Very common.

P *Codiacrinus* is the only crinoid where soft parts (such as the tube feet of the arms and rests of the digestive tract) could be detected. The first bifurcation occurs in one case already after the second brachial. Further unique specimens are those with preserved ornamentation of the cup and a regenerated arm (Figs. 174, 175).

Si The stem can be very long (proven at least 530 mm).

O Bundenbach (Unter- and Obereschenbach, Schmiedenberg/Mühlenberg quarries). Bollenbach (Franzendell quarry). Breitenthal (Schielenberg quarry). Rudolfshaus (Altlayenkaul quarry). Gemünden (Kaisergrube).

Bactrocrinites jaekeli (Fig. 176)

N Previous name *Bactrocrinus*. *Trabicus* = consisting of beams (the cup).

C Cup very tall and narrow cylindroconical. The long, slender, non-pinnulated arms divide three to four times isotomously above the fourth to fifth primibrach. The anal sack is narrow and elongate and composed of several vertical rows of plicate plates. The appearance of the stem is reminiscent of a string of pearls. Only the proximal part consists of short, pentagular elements.

R Common.

Sp The other species, *B.? trabicus*, is very rare and not reliably assigned to the genus.

O Breitenthal (Schielenberg quarry). Bundenbach (Untereschenbach, Herrenberg quarries). Gemünden (Kaisergrube). Kaub at the Middle Rhine.

Parisangulocrinus (Figs. 122, 177, 178, 222)

N *Angulus* = edge corresponding to the five-edged stem. *Furca* = forking and *axialis* = reshufflement corresponding to the armdivisions. *Minax* = threatening and *cucumis* = cucumber corresponding to the spined shape of the anal sack.

C Cup small, low and cone-shaped. The long, slender, non-pinnulated arms divide three to four times isotomously above the sixth to ninth primibrach in variable positions. The anal sack is slender and elongate and composed of several vertical rows of plicate plates. The stem is round with pentangular proximal elements.

R Very common.

Sp Five species: *Parisangulocrinus zeaeformis*, *P. minax*, *P. furcaxialis*, *P. schmidti* and *P. cucumis*. *P. zeaeformis* has a relative truncated cup. The anal sack has the appearance of a cob of maize (long and mostly

176 *Bactrocrinites.*

177 *Parisangulocrinus.*

Parisangulocrinus (Abb. 122, 177, 178, 222)

N *Angulus* = Kante mit Bezug auf den fünfkantigen Stiel. *Furca* = gabeln und *axialis* = Neubildung mit Bezug auf die Armgabelungen. *Minax* = drohend und *cucumis* = Gurke mit Bezug auf den stachelbesetzten Analsack.

M Kelch klein, niedrig und trichterförmig. Die langen, schlanken, nicht pinnulierten Arme gabeln sich drei- bis viermal isotom über dem 6. bis 9. Armglied und in unterschiedlichen Abständen. Der Analsack ist lang und schlank und besteht aus mehreren Vertikalreihen von gefalteten Platten. Der Stiel ist rund und in Kelchnähe fünfeckig.

H Sehr häufig.

A Fünf Arten: *Parisangulocrinus zeaeformis*, *P. minax*, *P. furcaxialis*, *P. schmidti* und *P. cucumis*. *P. zeaeformis* hat einen relativ stumpfen Kelch. Der Analsack ist maiskolbenartig (lang und meist gebogen) gestaltet. *P. minax* hat einen breiteren Kelch. Der Analsack überragt die Krone und trägt an der Spitze lange Stacheln, die etwa 1 cm voneinander getrennt stehen. Der Kelch von *P. furcaxialis* ist spitz. *P. cucumis* besitzt nur an der äußeren Spitze des weniger skulptierten Analsackes einige kleine, kurze Stacheln.

V Bundenbach (Gruben Unter- und Obereschenbach, Herrenberg, Schmiedenberg/Mühlenberg). Gemünden (Kaisergrube).

Gastrocrinus (Abb. 178)

N *Giganteus* = riesengroß.

M Der kegelförmige Kelch ist klein im Vergleich zur Gesamtgröße der Seelilie. Es sind 30–40 Armenden vorhanden. Die erste dichotome Gabelung erfolgt relativ spät, d. h. ab zumindest dem achten Armglied. Auf zwei oder drei weiteren heterotomen Gabelungen, zunächst in größeren Abständen voneinander, folgen zu den Armenden hin dichter angesiedelte Seitenzweige. Dadurch sehen die Endbereiche der Arme buschartig aus. Der maiskolbenähnliche Analsack ist groß und lang und besteht aus verschiedenen Vertikalreihen an robusten Kalkplatten mit schiefen Leisten und kleinen Falten. Der oberste Teil ist mit Stacheln versehen. Der Stiel besteht aus alternierenden Gliedern verschiedener Größenordnungen, wobei in regelmäßigen Abständen lange, schlanke Cirren zu fünft ausstrahlen. Diese sind aufwärts zum Kelch hin gerichtet.

H Sehr selten.

A Die Arten sind *Gastrocrinus giganteus* und *G. eupelmatus*. Letztere hat einen höheren und schmaleren Kelch und kleinere Abstände (etwa sieben cirrenlose Glieder statt mehr als 16 in *G. giganteus*) zwischen den Cirrenwirteln. Außerdem sind die kleineren zwischengeschalteten Glieder mit einer randlichen Kerbung versehen.

B Diese Seelilie lässt sich leicht an dem charakteristischen Stiel bestimmen. Ob dieser im Querschnitt rund ist oder fünfeckig, ist nicht eindeutig geklärt. *Gastrocrinus* ist in der rheinischen Fazies besonders häufig.

V Bundenbach (Gruben Eschenbach, Schmiedenberg/Mühlenberg). Bollenbach. Gondershausen (Grube Schorfeld).

Imitatocrinus gracilior (Abb. 179)

N *Imitatus* = Nachahmer; *gracilior* = schlank, schmal.

M Seelilien dieser Gattung lassen sich leicht mit *Hapalocrinus* verwechseln (Name!). Dafür sprechen die – über dem zweiten Armglied – meist einmal gegabelten und dicht mit Seitenarmen besetzten einzeiligen Arme, die zickzackförmig gebogen sind und auswärts stehende kräftige Stacheln tragen. Außerdem gibt es Stacheln am kelchnahen Abschnitt des Stiels. *Imitatocrinus* kommt jedoch ohne Stacheln auf den Radialplatten aus und die Arme sind kräftiger gebaut. Der Analsack ist unbekannt. Der runde Stiel besteht aus niedrigen, alternierend breiteren und schmaleren Gliedern.

H Häufig.

V Bundenbach (Gruben Untereschenbach, Schmiedenberg/Mühlenberg). Gemünden (Kaisergrube). Espenschied, Derscheid, Grube Wilhelm (Wispertal; Taunus).

curved). *P. minax* has a broader cup. The anal sack is higher than the crown and bears long spines at the top, at a distance of about 1 cm from each other. The cup of *P. furcaxialis* is tapered. *P. cucumis* has only some small, short spines at the upper top of the less sculptured anal sac.

O Bundenbach (Unter- and Obereschenbach, Herrenberg, Schmiedenberg/Mühlenberg quarries). Gemünden (Kaisergrube).

Gastrocrinus (Fig. 178)

N *Giganteus* = gigantic.

C The conical cup is small relative to the size of the crinoid. There are 30–40 free arms. The first dichotomous branching is relatively late, that is to say above at least primibrach 8. Following two or three heterotomous divisions, proximally more widely spaced, there are more densely spaced armlets distally resulting in bush-like terminations. The large long anal sac looks like a cob of maize and consists of several vertical rows of robust plates with transverse ridges and small faults. The upper part bears spines. The stem consists of alternate elements of several orders of magnitude, in which at regular intervals five long slender cirri radiate. They are directed obliquely backwards toward the cup.

R Very rare.

Sp The species are *Gastrocrinus giganteus* and *G. eupelmatus*. The last has a higher and more slender cup and smaller intervals (about 7 cirriless stem elements instead of at least 16 ones in *G. giganteus*) between the radiating cirriwhorls. Even so, the smaller intermediate elements are ornamented with a rim-like carving.

P This crinoid can be easily determined by its characteristic stem. It is not clear whether the stem is transversely round or pentagonal. *Gastrocrinus* has a very common occurrence in the Rhenish facies.

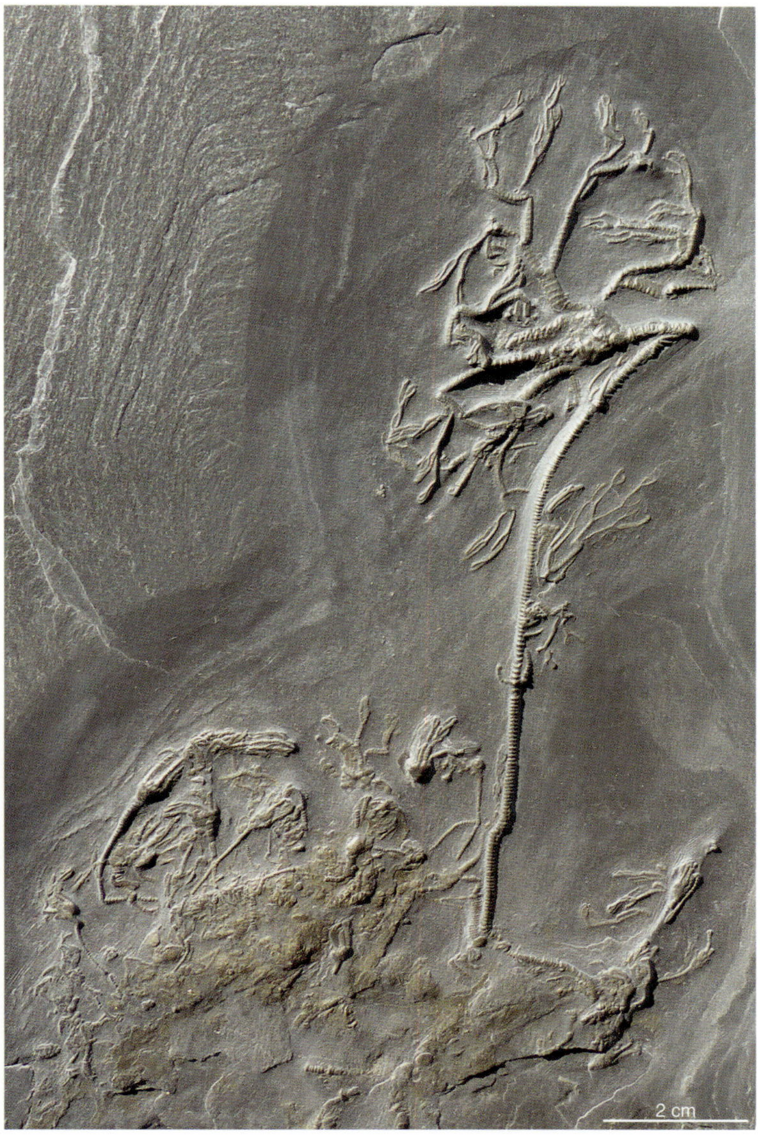

178 *Gastrocrinus*. Neben dem Stiel ein beschädigtes Exemplar von *Parisangulocrinus*.
178 *Gastrocrinus*. Against the stem is a damaged specimen of *Parisangulocrinus*.

179 *Imitatocrinus.*

Rhadinocrinus (Abb. 180)

N *Radinos* = schlank; *dactylus* = Versfuß zur Bezeichnung des Rhythmus der Armgliederung.

M Der kleine Kelch ist stumpf-kegelförmig. Die zehn langen schlanken, weit auseinander stehenden Arme, spalten sich über dem 4. Armglied erstmals in zwei heterotome Hauptzweige. Diese tragen kurze und schlanke Seitenzweige, die entweder dicht oder weit auseinander stehen. Der Analsack ist lang und schlank und oft (mehrmals) gebogen. Der Stiel ist rund.

O Bundenbach (Eschenbach, Schmiedenberg/Mühlenberg quarries). Bollenbach. Gondershausen (Schorfeld quarry).

Imitatocrinus gracilior (Fig. 179)

N *Imitatus* = imitator; *gracilior* = slender.

C Crinoids of this genus show a general similarity to *Hapalocrinus* (name). Even so, the uniserial armlet-bearing arms bifurcate – above the second brachial – generally once, the arms zigzag and bear strong dorsal spines. There are also spines at the proximal part of the stem. In contrast, *Imitatocrinus* has no spines on the radials and the arms are more robust. The anal sac is unknown. The round stem consists of low, alternating wider and slender elements.

R Common.

O Bundenbach (Untereschenbach, Schmiedenberg/Mühlenberg quarries). Gemünden (Kaisergrube). Espenschied, Derscheid, Wilhelm quarry (Wispertal; Taunus).

Rhadinocrinus (Fig. 180)

N *Radinos* = slender; *dactylus* = metrical foot, marking the rhythm of the arm division.

C The small cup has the shape of a truncated cone. The ten, long slender, widely spaced arms divide above the fourth primibrach in two main heterotomous branches. These bear short and slender, densely branched or widely spaced, armlets. The long and slender anal sack is often (repeatedly) curved. The stem is round.

Sp Apart from the common *Rhadinocrinus nanus* there are a few specimens of *R. dactylus* known. The difference between these two species is the more delicate shape of the first one. Moreover, *R. nanus* has only one armlet between two divisions, whereas in *R. dactylus* there are two armlets each.

O Bundenbach (Unter- and Obereschenbach, Schmiedenberg/Mühlenberg quarries).

Bathericrinus (Fig. 181)

N *Hystrix* = porcupine; *ericius* = hedgehog or a beam with spines to defend for enemies; *spaciosus* = widely spaced corresponding to the pinnules; *semipinnulatus* = having half as much pinnules. Old names: *Botryocrinus* and *Dictenocrinus*.

C The small cup is conical. The uniserial arms divide isotomously on primibrachs 4 in two main branches and give rise to alternating armlets. Distally they bear robust spines. The most characteristic feature of this genus is the elongate large anal sac, which bears ca. ten laterally directed long spines at its termination. The anal sac consists of vertical rows of plates, which show strong faults. The stem is pentagonal.

R Rare.

180 *Rhadinocrinus* mit Resten vom Sterntier *Bdellacoma*. / **180** *Rhadinocrinus* with remains of the asterozoan *Bdellacoma*.

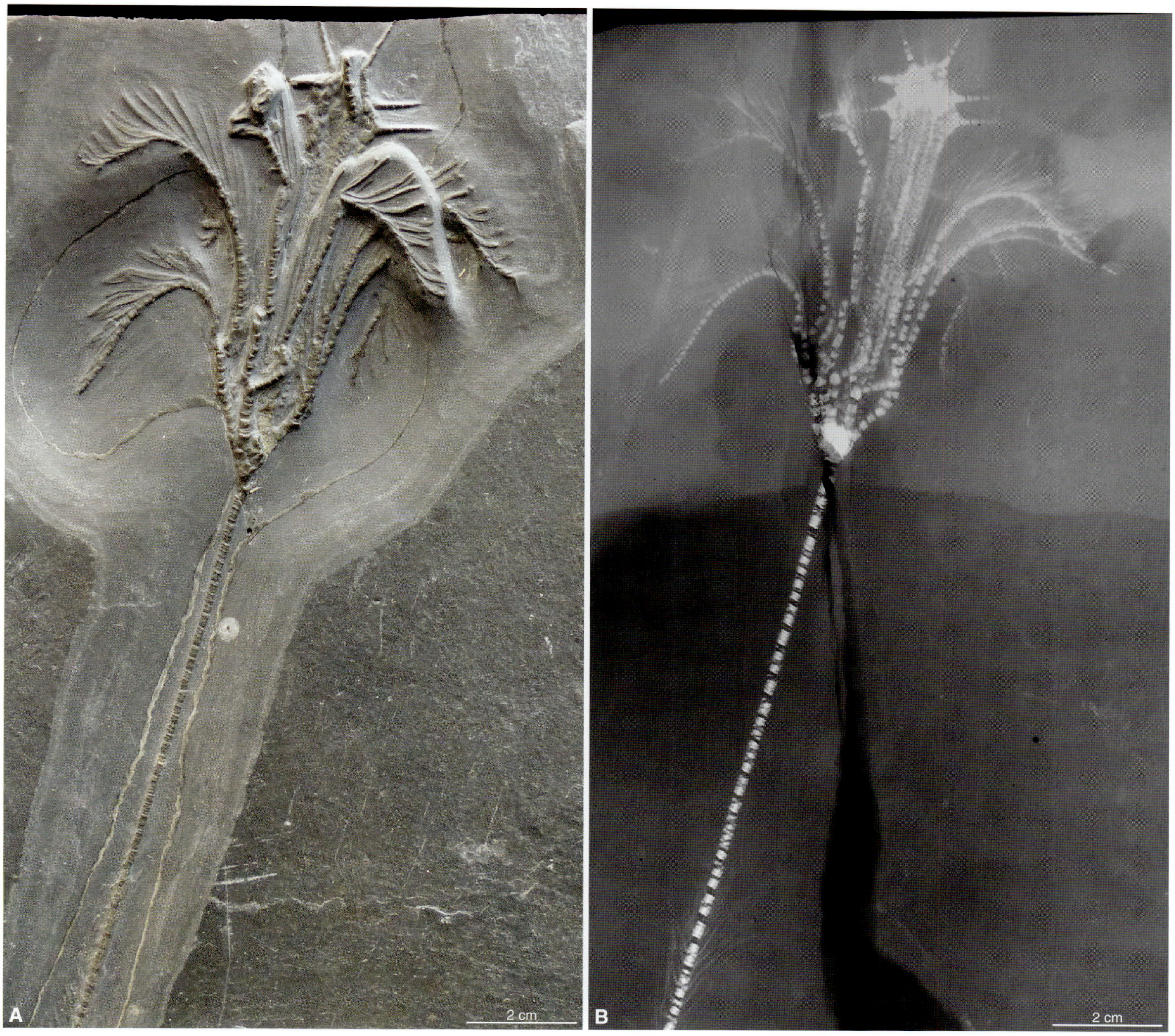

181 A, *Bathericrinus*. B, Röntgenbild.

H Neben dem häufigen *Rhadinocrinus nanus* sind einige Exemplare von *R. dactylus* bekannt. Der Unterschied zwischen beiden Arten besteht darin, dass Erstere eine zierlichere Gestalt haben. Zudem gibt es bei *R. nanus* nur ein Seitenzweig zwischen zwei Gabelungen; bei *R. dactylus* dagegen sind es je zwei Seitenzweige.

V Bundenbach (Gruben Unter- und Obereschenbach, Schmiedenberg/ Mühlenberg).

Bathericrinus (Abb. 181)

N *Hystrix* = Stachelschwein; *ericius* = Igel oder ein mit Stacheln besetzter Balken zur Abwehr von Feinden; *spaciosus* = weitläufig gestellt mit Bezug auf die Seitenarme; *semipinnulatus* = mit halb so vielen Seitenarmen versehen. Alte Namen: *Botryocrinus* und *Dictenocrinus*.

M Der kleine Kelch ist kegelförmig. Die einzeiligen Arme gabeln sich über dem vierten Armglied in zwei symmetrische Hauptzweige und tragen an jedem zweiten Armglied alternierend Seitenzweige. Zu den Enden hin tragen die Arme kräftige Stacheln. Ein besonderes Kennzeichen ist der lange und große Analsack, der an der Spitze mit ca. zehn langen Stacheln nach allen Seiten ausstrahlt. Der Analsack besteht aus Vertikalreihen von Kalkplatten, die kräftige Falten aufweisen. Der Stiel ist fünfkantig.

H Selten.

A Es gibt die Arten *Bathericrinus hystrix*, *B. ericius*, *B. spaciosus* und *B. semipinnulatus*. *B. hystrix* unterscheidet sich durch den Besitz von

Sp The species *Bathericrinus hystrix*, *B. ericius*, *B. spaciosus* and *B. semipinnulatus* occur. *B. hystrix* is distinguished by the possession of cirri and is of a more stocky build than *B. ericius* and *B. semipinnulatus*. The last has therefore somewhat snakelike arms. *B. spaciosus* (name) bears, like *B. semipinnuatus*, very widely spaced pinnules. *B. spaciosus* has (diagenetically caused?) no spines. *B. semipinnulatus* shows thin filamentous tentacles in the oral furrow of the arms.

O Bundenbach (Untereschenbach quarry). Gemünden (Kaisergrube).

Eifelocrinus (Figs. 182, 183)

C The cup is conical. The five long, uniserial, robust main arms are unbranched and taper to the top. They bear on every second brachial on alternate sides a more or less long armlet, which is supplied with five leaflet-like ramules. These are arranged at the opposite sides of every second plate and diminish in size distally. The armlet forks at the end in two equal ramules.

R Very rare.

P This crinoid is only known from the Rhenish facies (name of the Eifel region) so far.

O Bundenbach (Eschenbach quarry).

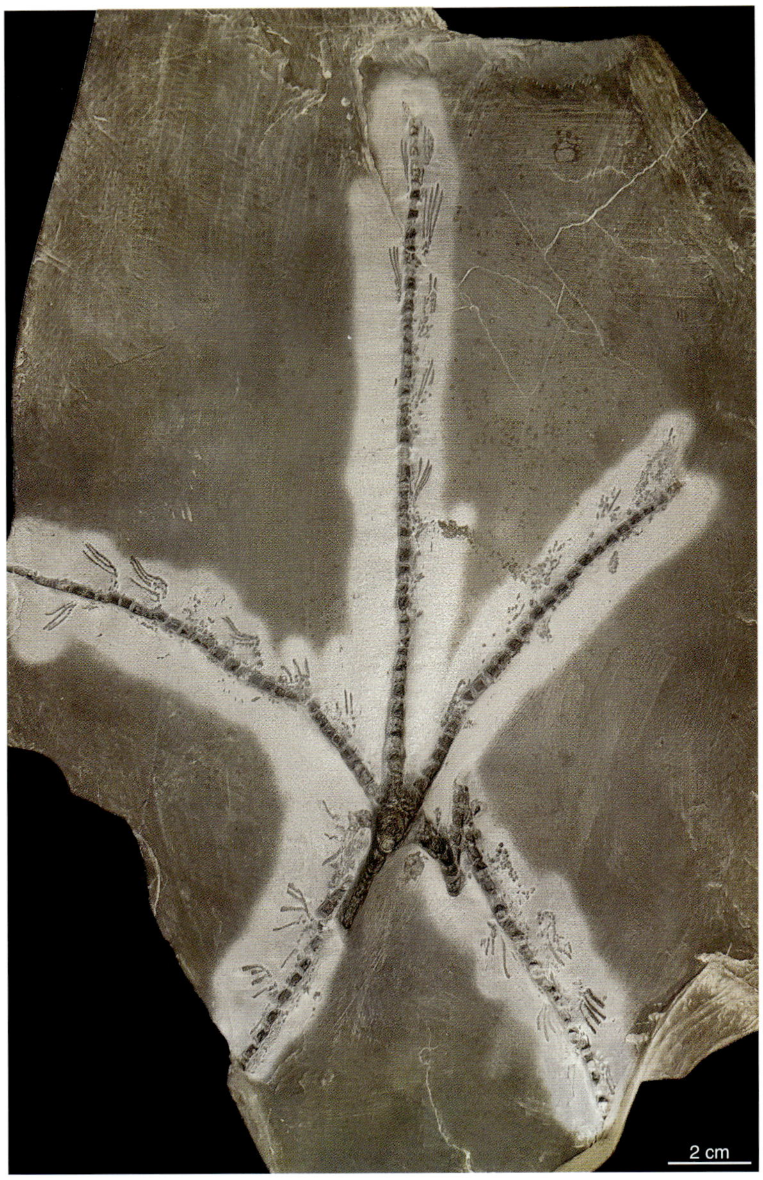

182 *Eifelocrinus.*

Cirren und ist gedrungener als *B. ericius* und *B. semipinnulatus*. Letztere hat dadurch etwas schlangenartige Arme. *B. spaciosus* (Name!) hat, wie *B. semipinnuatus*, sehr weitläufig gestellte Seitenzweige. *B. spaciosus* ist (erhaltungsbedingt?) stachellos. *B. semipinnulatus* besitzt dünne, fadenförmige Tentakeln in der unteren Rinne der Arme.

V Bundenbach (Grube Untereschenbach). Gemünden (Kaisergrube).

Eifelocrinus (Abb. 182, 183)

M Der Kelch ist kegelförmig. Die fünf langen, einzeiligen, kräftigen Hauptarme sind ungegabelt und werden nach oben allmählich dünner. Sie tragen an jedem zweiten Armglied alternierend einen mehr oder weniger langen Seitenzweig, der mit fünf fiederartigen Nebenzweigen ausgerüstet ist. Letztere sind an den gegenüberliegenden Seiten von jeder zweiten Platte angeordnet und nehmen nach außen an Länge ab. Der Seitenzweig gabelt sich am Ende in zwei gleichlange Nebenzweige.

H Sehr selten.

B Diese Seelilie ist bis jetzt nur aus der rheinischen Fazies (Name!) bekannt.

V Bundenbach (Grube Eschenbach).

Follicrinus (Abb. 184)

N *Follis* = Sack, Schlauch, Ballon mit Bezug auf die Gestalt des Analsackes. Bergmännisch: „Quetschenbaum".

M *Follicrinus* ist eine der größten Seelilien des Hunsrückschiefers. Die Armlänge kann über 20 cm erreichen. Der aus zwei Plattenkränzen gebaute kegelförmige Kelch ist relativ klein und ebenso breit wie hoch (nach Korrektur der tektonischen Verzerrung). Die langen, schlanken, einzeiligen Arme gabeln sich drei- bis viermal isotom und tragen keine

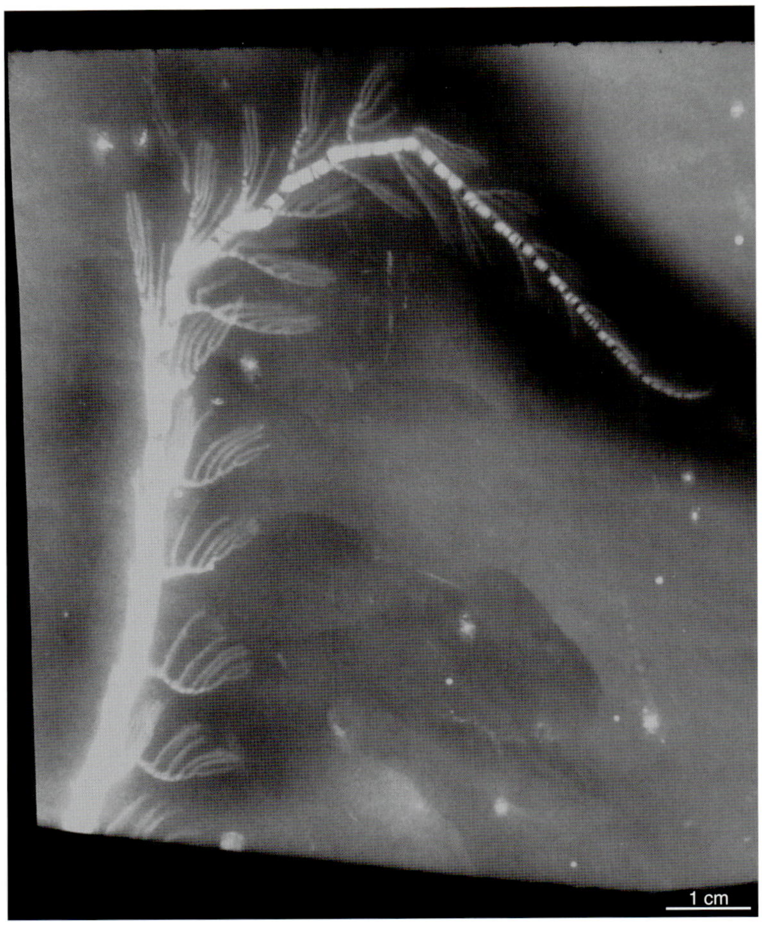

183 *Eifelocrinus*. Röntgenbild eines Armes.
183 *Eifelocrinus*. X-ray of an arm.

Follicrinus (Fig. 184)

N *Follis* = sack, hose, balloon corresponding to the shape of the anal sack. Miners' term: plum tree.

C *Follicrinus* is one of the largest crinoids in the Hunsrück Slate. The arms can be over 20 cm in length. The dicyclic conical cup was relatively small and as wide as high (after correction for tectonic distortion). The long, slender, uniserial arms divide three to four times isotomously and bear no armlets. The first branching occurs above the fourth or fifth primibrach. The stem is round.

R Rare.

Sp Two species, *Follicrinus grebei* and *F. kayseri*, with the following differences: *F. grebei* is larger than *F. kayseri*. The latter is more slender and the arms divide later in the crown and more scantily. The anal sack is hose-like. *F. grebei* has a balloon-shaped anal sack covered with polygonal plates with a star-like ornament.

P As a new observation, *F. kayseri* bears occasional short spines on the anal sack.

O Bundenbach (Untereschenbach quarry). Gehlweiler (Drei Männer quarry). Gemünden (Kaisergrube). Altlay (slate mine of Fa. Theis-Böger). Lorch (Wisperstein quarry).

Rhenocrinus (Fig. 185)

N *Ramosus* = full of branches; *lobatus* = transversely (pentagonally) lobed corresponding to the elements of the stem.

C The small cup is conical. The long slender arms are unbranched or may have a single isotomous division high above the cup. So, there are 7–10 arms present. Between the long, stout alternating ramules there are two brachials. The anal sac is large and elongate and consists of several vertical rows of small hexagonal plates.

R Common in the Rosengarten quarry. Elsewhere very rare or absent.

Sp As species, *Rhenocrinus ramosissimus* and *lobatus* are known. The difference is respectively in their round and similar, and pentagonal alternate, stems. The cup of *R. lobatus* is more tapered.

P The occurrence in a restricted number of localities suggests that this crinoid had very specific habitat requirements.

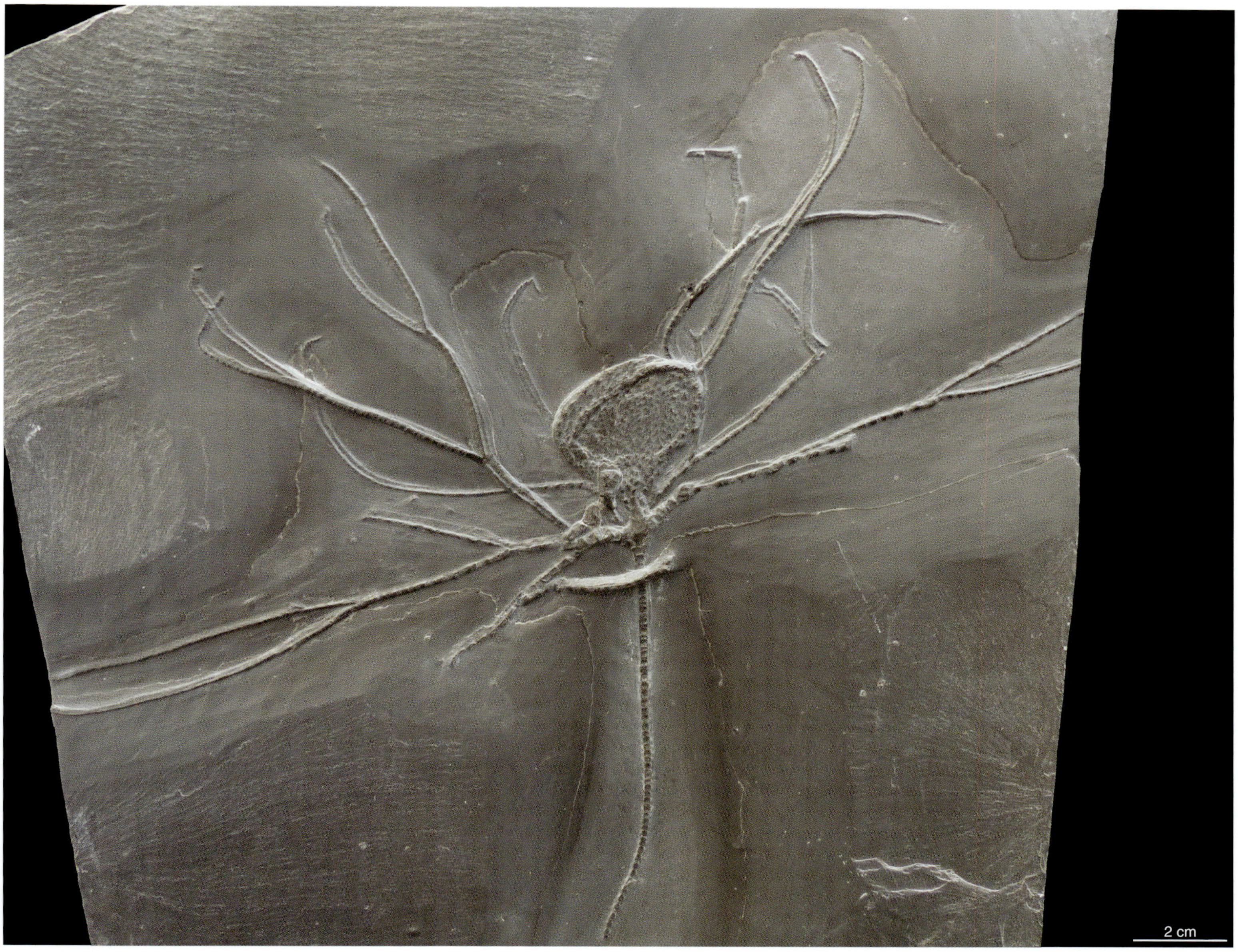

184 *Follicrinus.*

Seitenzweige. Die erste Gabelung erfolgt über dem 4. bis 5. Armglied. Der Stiel ist rund.

H Selten.

A Zwei Arten: *Follicrinus grebei* und *F. kayseri*, die sich wie folgt unterscheiden: *F. grebei* ist größer als *F. kayseri*. Letztere ist schlanker und die Arme gabeln sich später in der Krone und spärlicher. Der Analsack ist schlauchförmig. *F. grebei* hat einen ballonförmigen Analsack, der aus vieleckigen Platten mit sternförmiger Skulptur besteht.

B Eine neue Beobachtung ist, dass der Analsack von *F. kayseri* vereinzelt kurze Stacheln trägt.

V Bundenbach (Grube Untereschenbach). Gehlweiler (Grube Drei Männer). Gemünden (Kaisergrube). Altlay (Schieferabbau der Fa. Theis-Böger). Lorch (Grube Wisperstein).

Rhenocrinus (Abb. 185)

N *Ramosus* = voller Zweige; *lobatus* = (fünf)lobig mit Bezug auf den Querschnitt der Stielglieder.

M Der kleine Kelch ist kegelförmig. Die langen, schlanken Arme sind ungegabelt oder gabeln sich hoch über dem Kelch in zwei gleiche Hauptzweige. Es sind also 7 bis 10 Arme vorhanden. Zwischen den langen, kräftigen, alternierenden Seitenzweigen liegen zwei Armglieder. Der Analtubus ist groß und lang und besteht aus in verschiedenen Vertikalreihen angeordneten kleinen sechseckigen Platten.

H Häufig in der Grube Rosengarten. Sonst sehr selten oder nicht vorhanden.

A Als Arten sind *Rhenocrinus ramosissimus* und *R. lobatus* bekannt geworden. Der Unterschied ist der runde und gleichartige bzw. fünfkantige alternierende Stiel. Der Kelch von *R. lobatus* ist spitzer.

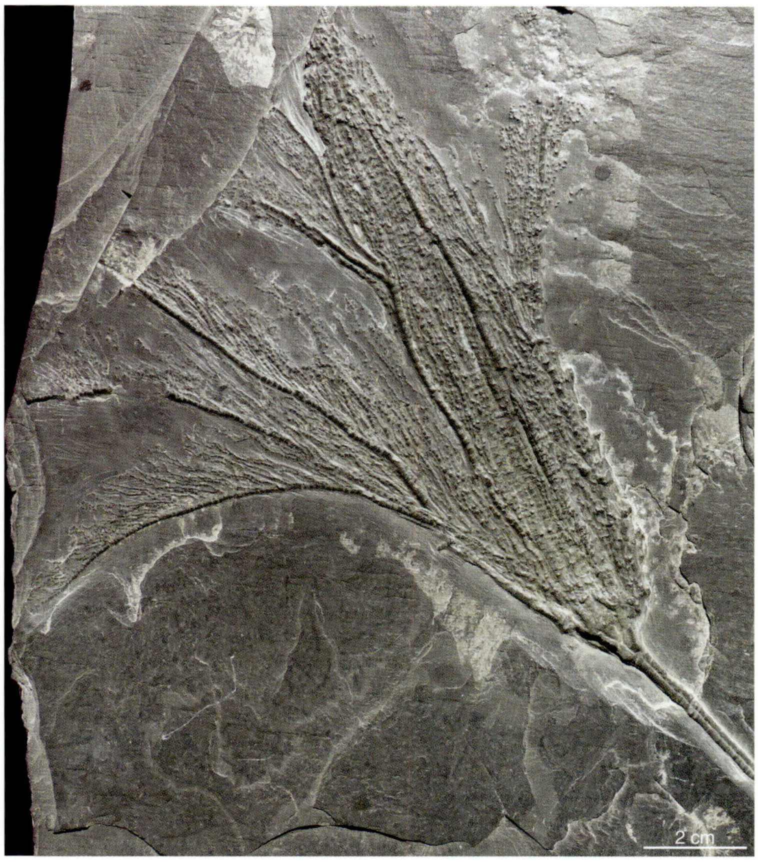

185 *Rhenocrinus.*

186 *Taxocrinus.*

B Das auf einige Fundorte beschränkte Vorkommen lässt vermuten, dass diese Seelilie sehr spezifische Lebensbedürfnisse hatte.

V Bundenbach (Grube Schmiedenberg/Mühlenberg). Woppenroth (Grube Rosengarten). Gemünden (Kaisergrube).

Taxocrinus stuertzii (Abb. 186)

N *Taxis* = Anordnung; *spina* = Dorn.

M Der Kelch ist klein und die Krone gestreckt eiförmig. Die einzeiligen kräftigen Arme gabeln sich nach dem dritten Armglied isotom. Insgesamt sind zumindest drei Gabelungen vorhanden. Die Anzahl der Armglieder zwischen den höheren Gabelungen nimmt zu. Die runden Arme verjüngen sich, insbesondere nach der dritten Gabelung und bilden lange, dünne, geißelartige Enden. Wie bei *Codiacrinus* sind diese Armspitzen oft eingerollt. Der obere runde Stiel ist breit und besteht aus niedrigen Gliedern. Der Stiel ist unten aus alternierenden, hohen Gliedern zusammengesetzt. Manche Exemplare haben im mittleren und unteren Stielbereich lange Wurzelanhänge, die zweiseitig ansitzen und mehrmals gegabelt sein können.

H Häufig.

B Schmidt (1934) beschrieb ähnliche Stielreste als *Dicirrocrinus comtus*. Möglicherweise gehören diese häufigen Funde zu *Taxocrinus stuertzii*. Die Unterart *T. stuertzii spinifer* besitzt, meist auf den Gabelungsgliedern, aufwärts gerichtete Stacheln. Der sehr seltene *Eutaxocrinus* ist *Taxocrinus* sehr ähnlich. *Eutaxocrinus* unterscheidet sich u. a. durch die Gabelung, die schon nach dem zweiten Armglied erfolgt.

G Der Stiel ist sehr lang (konnte über einen halben Meter Länge erreichen).

V Bundenbach (Gruben Untereschenbach, Schmiedenberg/Mühlenberg, Michels Nickol I). Bollenbach (Grube Frühberg). Breitenthal (Grube Schielenberg).

O Bundenbach (Schmiedenberg/Mühlenberg quarry). Woppenroth (Rosengarten quarry). Gemünden (Kaisergrube).

Taxocrinus stuertzii (Fig. 186)

N *Taxis* = arrangement; *spina* = thorn.

C The cup is small and the crown elongate ovoid. The uniserial robust arms divide after the third primibrach isotomously. In total, there are at least three bifurcations. The amount of brachials between the higher divisions increases. The round arms rejuvenate especially after the third division and form long, thin whip-like terminations. As in *Codiacrinus* these terminations are often enrolled. The upper round stem is wide and consists of low elements. The distal stem consists of alternate high elements. Many specimens have medially and distally long cirri, which rise on both sides and can divide more times.

R Common.

P Schmidt (1934) described similar stem fragments as *Dicirrocrinus comtus*. Possibly, these common finds belong to *Taxocrinus stuertzii*. The subspecies *T. stuertzii spinifer* bears, mostly on the axials, upwards directed spines. The very rare *Eutaxocrinus* is very similar to *Taxocrinus*. *Eutaxocrinus* differentiates among other things by its division, which occurs already after the second brachial.

Si The stem is very long (could exceed half a metre).

O Bundenbach (Untereschenbach, Schmiedenberg/Mühlenberg, Michels Nickol I quarries). Bollenbach (Frühberg quarry). Breitenthal (Schielenberg quarry).

Sternkissentiere

Sternkissentiere oder Edrioasteroideen sind in Längsrichtung symmetrische Stachelhäuter mit einer etwas gewölbten, scheiben- oder turmähnlichen Form. Die Unterseite, mit Ambulakralsystem, zentralem Mund, Anus und Hydropore, war in der Wassersäule aufwärts gerichtet (Abb. 187). Ersteres ist fünfstrahlig und besteht aus 5 radialen (ambulakral) und 5 interradialen (interambulakral) Feldern. Die Oberseite war auf einem steinigen oder tierischen harten Untergrund festgeheftet. Außerkörperliche Anhänge, wie Arme oder Brachiolen, fehlen. Der Körper ist nur in Ausnahmefällen zu einem flexiblen Stiel ausgewachsen. Die Funktion dieses Stiels ist umstritten. Neufunde belegen, dass dieser eher für eine Neuausrichtung der Unterseite gegen die nahrungshaltige Strömung, als für ein Ineinanderschieben gedient haben soll.

Rhenopyrgus coronaeformis (Abb. 188)

N *Pyrgos* = Turm; *corona* = Kranz, Ring. Alter Name: *Pyrgocystis*.

M Der Körper ist turmartig und besteht aus einem unteren sackförmigen Gebilde. Auf diesem befindet sich das lange Türmchen mit der an der Spitze stark aufgewölbten Unterseite. Der Basalsack besteht aus zahlreichen winzigen Platten. Das Türmchen ist aus schuppenartigen überlappenden Platten, die in 8 vertikalen Reihen angeordnet sind, zusammengesetzt. Die zweizeiligen Ambulakralplatten sind breit und gerade; die Interambulakralplatten relativ klein.

H Sehr selten.

G Gesamthöhe 95 mm.

B Das sackförmige Gebilde diente wahrscheinlich zur Verankerung im Sediment. Reste von *Rhenopyrgus* sp. sind auch aus der rheinischen Fazies (Gerolstein in der Eifel) bekannt geworden (Grigo 2000).

V Bundenbach (Grube Eschenbach).

Isorophider Edrioasteroide

M Die Körperform ist rund bis oval. Die Mundregion ist seitlich breiter und die davon ausgehenden Ambulakralplatten weisen eine [2–1–2]-Ausrichtung auf. Zwei Reihen der Ambulakralplatten biegen im Uhrzeigersinn (nach rechts) und drei Reihen gegen den Uhrzeigersinn (nach links) um. Die ambulakralen Deckplatten sind in einer Doppelreihe angeordnet und keilförmig. Die Interambulakralplatten sind vieleckig und überlappen sich dachziegelartig. Der äußere Saum besteht aus drei Plattenreihen, die nach außen kleiner werden.

H Nur 3 Exemplare bekannt.

G Der Durchmesser des Kelches variiert zwischen 3 und 15 mm.

B Diese Exemplare könnten zur Gattung *Agelacrinites* gehören, die aus der rheinischen Fazies (Westerwald und Taunus) bekannt ist. Offenbar bevorzugten diese Edrioasteroideen einen ähnlichen Lebensraum wie die Polypen (*Conularia*). Zwei Exemplare waren direkt auf deren Hülle gewachsen; das dritte Exemplar befindet sich in direkter Nähe (Abb. 28, 189).

V Bundenbach (Grube Schmiedenberg/Mühlenberg).

Edrioasteroids

Edrioasteroids are meridional-symmetric echinoderms with a somewhat convex disc- or turret-like outline. The oral surface, with ambulacral system, central mouth, anus and hydropore, was directed upward into the water column (Fig. 187). The first was pentameral and consists of 5 radial (ambulacral) and 5 interradial (interambulacral) fields. The dorsal side was attached to a stony or hard animal substrate. Exothecal projections, like arms or brachioles, are missing. The body is modified into a flexible stem only in exceptional cases. The function of this stem is controversial. New finds indicate that it was more likely used for reorientation of the oral surface against the food-bearing current rather than for telescoping.

Rhenopyrgus coronaeformis (Fig. 188)

N *Pyrgos* = tower; *corona* = circle, ring. Old name: *Pyrgocystis*.

C The theca is turret-like and consists of a proximal sac-like structure, with the long turret on it and, at the tip, the strong domed oral surface. The basal sack consists of numerous minute plates. The turret is covered with scale-like overlapping plates ordered in 8 vertical rows. The biserial ambulacrals are wide and straight; the interambulacrals relatively small.

R Very rare.

Si Total height 95 mm.

P The sack-like structure presumably provided anchorage in the sediment. Rests of *Rhenopyrgus* sp. were found in the Rhenish facies (Gerolstein in the Eifel region) too (Grigo 2000).

O Bundenbach (Eschenbach quarry).

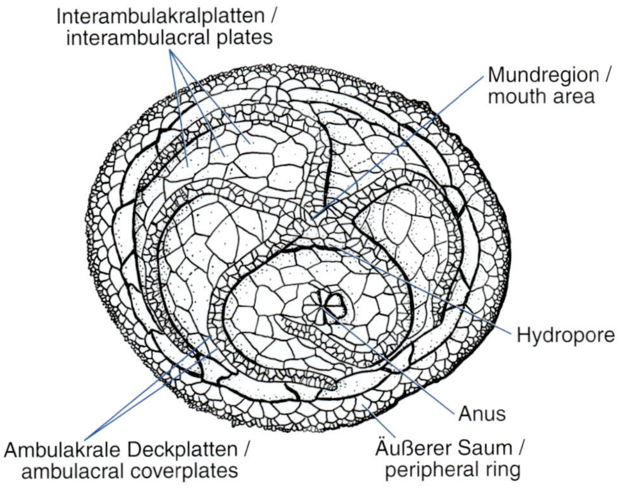

187 Körperbau von *Agelacrinites*. – Umgezeichnet nach Bell (1974).
187 Morphology of *Agelacrinites*. – Redrawn after Bell (1974).

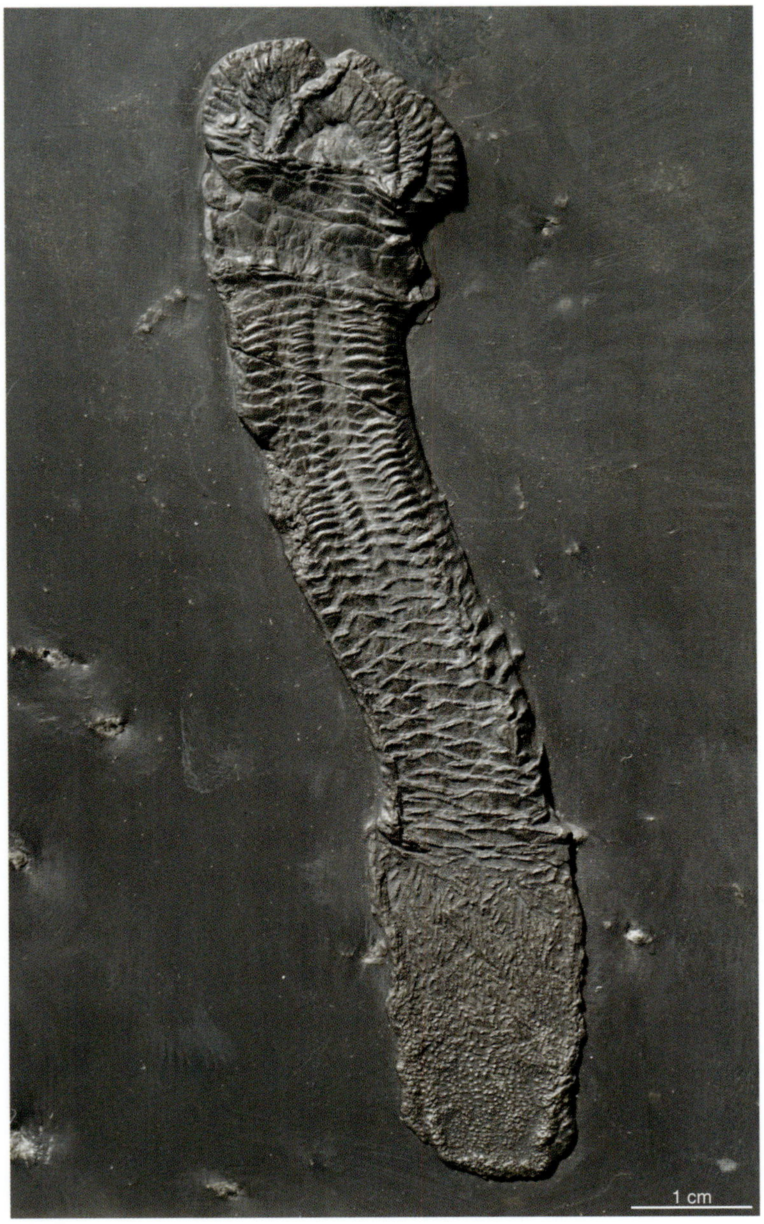

188 *Rhenopyrgus*.

189 »*Agelacrinites*«. Lebensgemeinschaft mit dem Brachiopoden »*Orbiculoidea*« und dem Nesseltier *Conularia*.
189 "*Agelacrinites*". Life community with the brachiopod "*Orbiculoidea*" and the cnidarian *Conularia*.

Sterntiere

Der Körper von Sterntieren ist abgeflacht und sternförmig. Die Doppelreihe von Ambulakralplatten und die damit verbundenen Füßchen auf der Unterseite strahlen von einem zentral gelegenen Mund aus. Das Skelett besteht aus verhältnismäßig kleinen, nichtverschmolzenen Knochenteilen. Die Forschung an Sterntieren widmet sich der Ergründung ihrer Verwandtschaft und evolutionären Ereignissen (Blake 2013, Blake & Guensburg 2015). Neben den bekannten Seesternen und Schlangensternen gibt es nun auch die Klasse der Stenuroideen. Diese Sterntiere sind weder See- noch Schlangensterne, ähneln jedoch Ersteren. Sie haben aber Virgalplatten (Randplatten) wie jedes Sterntier. Charakteristisch für die Stenuroideen ist, dass zwei oder drei Reihen von Virgalplatten die Körperwand mit aufbauen. Diese sind zwischen einer Ambulakral- und Randplatte eingebettet. Bei See- und Schlangensternen sind diese Virgalplatten zu einer einzigen Adambulakralplatte bzw. einem Seitenschild verringert worden. Die Reduzierung und Verwandlung der Virgalplatten sind ein wesentlicher Leitfaden für die Verwandtschaft. Aus Tabelle 1 (S. 122) geht hervor, welche Gattungen den Seesternen, Stenuroideen und Schlangensternen zugehören, und auch, welche Merkmale die Klassen vorweisen. Sie dient als erster Bestimmungsschlüssel.

Die Arme der Seesterne gehen allmählich in die Scheibe über. Bei den Schlangensternen besteht der Körper dagegen meist aus einer scharf abgegrenzten, rundlichen Scheibe und langen, schmalen, zylindrischen Armen. Diese sind bei den heutigen Schlangensternen äußerst flexibel; ihren Namen verdanken sie ihrer schlangenartigen Beweglichkeit. Die Kalkplatten an der Körperoberseite der Seesterne werden Radial- (in der Mittellinie der Arme) und Adradialplatten (zur Armachse gerichtet) genannt (Abb. 190A). Die Reihen der Ambulakralplatten an der Unterseite sind gegenständig längs der Mittellinie der Arme angeordnet und gewölbt, wobei ein Bogen über der Ambulakralfurche gebildet wird. Diese Furche ist Teil des Wassergefäßsystems, ein hydraulisches System aus Röhren, wodurch das Wasser im Körper zirkulierte. Das Meerwasser drängt durch eine poröse rundliche Platte, Madreporenplatte genannt, mit einer Oberfläche aus Rinnen und Furchen in das System ein. Bei lebenden Sterntieren ist die Lage der Madreporenplatte unterschiedlich was belegt, dass das Funktionieren des Wassergefäßsystems nicht einheitlich gewesen sein muss. Hinweise für solche funktionellen Unterschiede sind die deutlich größeren Madreporenplatten einiger Gattungen aus dem Hunsrückschiefer, das gewölbte Aussehen von *Erinaceaster* und der größere radiale Kanal, der bei den Stenuroideen angetroffen wird. Die Ambulakralplatten der Arme von Schlangensternen sind entweder verschmolzen, nicht gewölbt und wirbelartig, oder können stiefelförmig und wechselständig angeordnet sein (Abb. 190B). Eine zweite Doppelreihe Platten (die Lateralplatten oder Seitenschilder) liegt beiderseits der

Isorophid edrioasteroid

C The theca is circular to oval in outline. The oral area is laterally broader, and from there the ambulacrals project in a 2-1-2 symmetry. Two rays of the narrow ambulacrals curve into a clockwise (to the right) and three rays into an anticlockwise (to the left) direction. The ambulacral coverplates are wedge-shaped and arranged in a double row. The interambulacral plates are polygonal and imbricated. The peripheral ring consists of three rows of plates, which diminish in size distally.

R Only 3 specimens known.

Si Diameter of theca varies between 3 and 15 mm.

P Probably the specimens belong to the genus *Agelacrinites*, which is known from the Rhenish facies (Westerwald and Taunus region). Presumably, these edrioasteroids preferred a similar habitat to the polyps (*Conularia*). Two specimens were encrusted directly on their cavity; the third specimen is situated in their immediate vicinity (Figs. 28, 189).

O Bundenbach (Schmiedenberg/Mühlenberg quarry).

Asterozoans

The body of asterozoans is flattened and stellate. The double rows of ambulacral plates (in short: ambulacrals) and the associated tube feet on the oral surface radiate from a central mouth. The skeleton is of comparatively small unfused skeletal elements.

The research on asterozoans devotes itself to the elucidation of their affinities and evolutionary sequences (Blake 2013, Blake & Guensburg 2015). Apart from the more familiar asteroids (starfishes or sea stars) and ophiuroids (brittle stars) there is now the class of the stenuroids too. These asterozoans are either asteroids or ophiuroids and look like asteroids, but have virgals (laterals) like every asterozoan. Stenuroids are characterized by having two or three virgal series as part of the body wall. They embed the ambulacral and an outer lateral. In asteroids and ophiuroids these virgal series are reduced to a single adambulacral and the side shield respectively. The reduction and transformation of virgals is a crucial guide for affinities. The genera belonging to the asteroids, stenuroids and ophiuroids follow from table 1 (p. 122) and also, the characteristics of the classes have been listed there. This is a first key for identification.

The arms of asteroids merge gradually into the disc. In contrast, the body of ophiuroids is seperated into a sharply defined, roundly disc and elongate, narrow, cylindrical arms. These are in modern ophiuroids extremely flexible, their snake-like motion giving ophiuroids their common

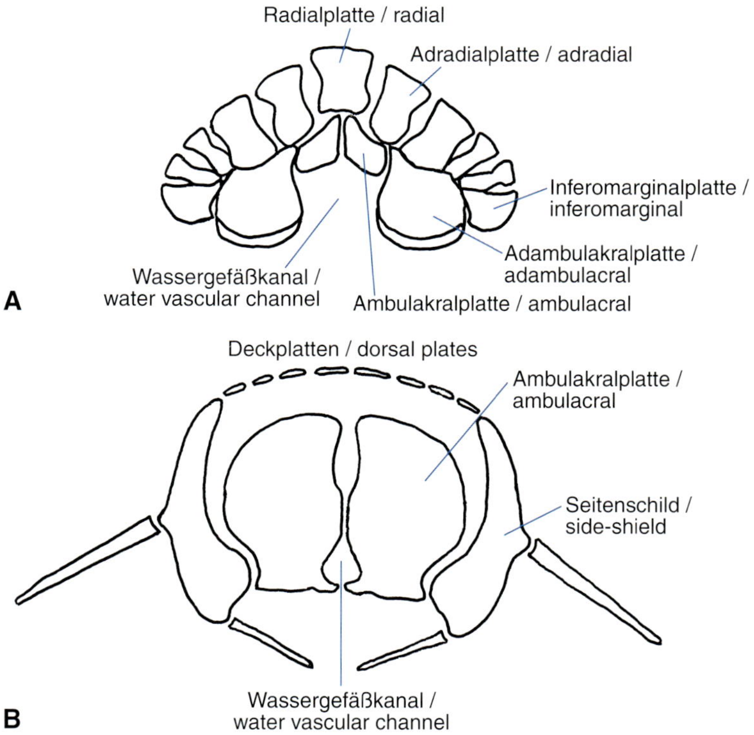

190 Schematischer Querschnitt eines **A**, Seesternarmes (*Urasterella*); **B**, Schlangensternarmes (*Hallaster*). – Umgezeichnet nach Spencer (1913–1965).
190 Diagrammatic cross-section of **A**, an asteroid arm (*Urasterella*); **B**, Ophiuroid arm (*Hallaster*). – Redrawn after Spencer (1913–1965).

191 *Urasterella* (Unterseite) mit zwei regenerierten Armen.
191 *Urasterella* (oral surface) with two regenerated arms.

Ambulakralplatten und umklammert den Arm. Seesterne haben eine oder zwei Reihe(n) Lateral-(= Marginal)platten. Der Mund im Zentrum der Unterseite besteht aus den vergrößerten ersten (Mundeckstücke) und zweiten Ambulakralplatten. Er bildet eine Rosette aus zehn aufrechten, kielartigen Platten. Die schmäleren Mundeckstücke der Schlangensterne reichen weit in den Mund hinein. Einige Seesterne tragen ein Büschel aus Stacheln auf einem säulenartigen Fortsatz der Platte, die Paxille genannt wird. Winzige greifartige Anhänge (Pedizellarien) dienen dem Beutefang. Es gibt Formen (*Urasterella*, *Hystrigaster*, *Jaekelaster*, *Bdellacoma*, *Bundenbachia* und *Eospondylus*) die von der normalen Armzahl abweichen und vier oder sechs Arme besitzen. Exemplare mit amputierten Armen, zu beobachten bei *Urasterella*, *Bdellacoma*, *Mastigophiura*, *Furcaster* und *Ophiurina*, deuten darauf hin, dass sie heilen konnten, aber der verlorene Teil des Armes wurde nicht regeneriert (Hotchkiss 2009; wie bei der Blindschleiche; Abb. 191, 218, 227). Zudem gibt es Verletzungen bei *Furcaster*, der (Abb. 192) drei seiner Arme teilweise verloren hat. Er könnte von einem großen Gliederfüßer, wie *Palaeoisopus,* angegriffen worden sein. Ein solcher Verlust schränkte die Beweglichkeit ein und könnte zum Tod geführt haben (Bartels et al. 1998).

name "serpent stars". The calcareous plates on the dorsal surface of the body of asteroids are called radials (in the midline of the arms) and adradials (directed toward arm axis) (Fig. 190A). The ambulacral series on the oral surface are paired across the arm midline and vaulted, thereby forming an arch above the ambulacral furrow. This furrow is part of the water-vascular system, a hydraulic system of tubes through which the water circulated in the body. Seawater enters the system via a porous rounded plate called the madreporite, having a ridged and grooved surface. The variability in madreporite positioning among living asterozoans argues that water vascular system functioning need not have been uniform. Indicative for such functional differences are the markedly enlarged madreporites of some Hunsrück Slate genera, the domal expression of *Erinaceaster* and the enlarged radial channel found among stenuroids. The arm ambulacrals of ophiuroids are either merged or vertebra-like, not vaulted, or can be boot-like and offset (Fig. 190B). A second series of plates (the laterals or side shields) lie alongside the ambulacrals and enclose the arm. In asteroids one or two lateral (= marginal) series are present. The mouth in the centre of the oral surface is composed of the enlarged first (mouth-angle plates) and second ambulacrals. It is built by a frame of ten upright keel-like plates. The narrower mouth-angle plates of brittle stars extend far into the mouth. Some asteroids bear a tuft of spines on a pillar-like protuberance of the plate that is known as paxilla. Minute pincer-like appendages (pedicellariae) functioned in catching prey.

There are forms (*Urasterella*, *Hystrigaster*, *Jaekelaster*, *Bdellacoma*, *Bundenbachia* and *Eospondylus*), which differ from the normal arm number and have four or six arms. Examples with amputated arms, seen in *Urasterella*, *Bdellacoma*, *Mastigophiura*, *Furcaster* and *Ophiurina*, indicate they could heal but not regenerate the lost portion of the arm (Hotchkiss 2009; as the blindworm; Figs. 191, 218, 227). Furthermore, there are injuries seen in *Furcaster*, which (Fig. 192) has lost three of its arms partially. It may have been attacked by a large arthropod such as *Palaeoisopus*. Such damage reduced the animal's mobility and may have proved fatal (Bartels et al. 1998).

Asteroids were readily destroyed by taphonomic processes (sediment reshuffling). The skeleton is not rigid and the tightly linked platelets in the dermal layer at the surface of the body are vulnerable to rapid destruction. Moreover, arched ambulacra and thickened dorsal surfaces are particularly subject to collapse and displacement of platelets by sediment compaction and tectonic distortion. This complicates the correct recognition of the characteristics and so the assignment.

192 Verletztes Exemplar von *Furcaster* (Oberseite), vergesellschaftet von zwei Borstenwürmer *Hunsrueckochaeta*.
192 Injured specimen of *Furcaster* (dorsal surface), associated with two bristle worms *Hunsrueckochaeta*.

Tabelle 1. Vergleich Seesterne, Stenuroideen und Schlangensterne. – Quelle: Blake (2013) und Blake & Guensburg (2015).

Seesterne	Stenuroideen	Schlangensterne
Baliactis, *Helianthaster*, *Palaeosolaster*, *Palaeostella*, *Palasterina* und *Urasterella*	Umfasst *Bdellacoma*, *Erinaceaster tenuispinosus* und *Hystrigaster*. Vorläufig zugeordnet sind: *Echinasterella*, *Jaekelaster* und *Palasteriscus*.	*Bundenbachia*, *Cheiropteraster*, *Encrinaster*, *Eospondylus*, *Euzonosoma*, *Furcaster*, *Kentrospondylus*, *Lapworthura*, *Loriolaster*, *Mastigophiura*, *Medusaster*, *Ophiurina*, *Palaeophiomyxa* und *Protasteracanthion*
Lebend	Ausgestorben	Lebend
Die Arme sind nicht deutlich von der zentralen Scheibe abgegrenzt.	Die Scheibe ist netzartig oder fehlt.	Der Körper ist bei den meisten Gattungen in eine markante große Scheibe und lange, schmale, zylindrische Arme gegliedert.
Die Reihen Ambulakralplatten sind gegenständig längs der Armmittellinie angeordnet.	Die Ambulakralplatten sind etwa gegenständig oder unregelmäßig wechselständig angeordnet.	Paarige wirbelartige oder wechselständige, stiefelartige Reihen Ambulakralplatten werden von schildartigen Lateralplatten umklammert.
Die Ambulakralplatten sind gebogen. Kräftige und typisch breitere als lange Adambulakralplatten bilden münzartige überlappende Reihen, die die Ambulakralfurche einfassen.	Die Ambulakralplatten sind nicht gewölbt um eine Furche zu bilden.	Die Ambulakralplatten sind nicht gewölbt. Die Lateralplatten sind durch ein Gelenk mit den Ambulakralplatten verbunden.
Die Ambulakralplatten sind rechteckig und breiter als lang.	Die Ambulakralplatten sind breit und schildartig; Breite und Länge sind gleich.	Die Ambulakralplatten sehen an der Oberseite rollenartig aus.
Die Reihen Virgalplatten sind zu einer einzelnen Platte (Adambulakralplatte) reduziert.	Es gibt zwei oder seltener drei eingebettete Virgalplatten neben der Ambulakralplatte.	Die Reihen Virgalplatten sind zu einer einzelnen Lateralplatte (Seitenschild) reduziert.
Der Wassergefäßkanal ist schmal und nicht vom Skelett umschlossen.	Der Wassergefäßkanal ist im Allgemeinen groß und (in etwa) umgeben.	Der Wassergefäßkanal ist schmal und vom Skelett geschützt.
Eine oder zwei Marginalplatten bilden den äußeren Armrand.	Die meisten Gattungen haben keine Lateralplatten.	Die mittleren Arme einiger Gattungen haben Lateralplatten. Mit oder ohne Einfassung der Scheibe.
Die Mundeckstücke stehen dicht nebeneinander und bilden mehr oder weniger kielartig an der Unterseite ein knospenartiges Muster.	Die Mundeckstücke stehen dicht nebeneinander, sind aber im Allgemeinen ziemlich schmal.	Die Mundeckstücke sind schmal, reichen in den Mundbereich hinein und bilden mit der folgenden Ambulakralplatte eine Y-förmige Struktur auf der Oberseite.
Die Ambulakralplatten verschmälern sich nicht beim Annähern des Mundskeletts.	Die Ambulakralplatten verschmälern sich beim Annähern des Mundskeletts.	Die Ambulakralplatten verschmälern sich nicht beim Annähern des Mundskeletts.
Die große Madreporenplatte hat normalerweise eine Lage auf der Oberseite in der Nähe des Zentrums der Scheibe.	Bei einigen Gattungen liegt die Madreporenplatte auf der Unterseite der Armzwischenräume im Mundbereich.	Die kleine Madreporenplatte liegt auf der Unterseite der Armzwischenräume im Mundbereich.

Table 1. Comparison of asteroids, stenuroids and ophiuroids. – Source: Blake (2013) and Blake & Guensburg (2015).

Asteroids	Stenuroids	Ophiuroids
Baliactis, *Helianthaster*, *Palaeosolaster*, *Palaeostella*, *Palasterina* and *Urasterella*	Include *Bdellacoma*, *Erinaceaster tenuispinosus* and *Hystrigaster*. Tentatively included are: *Echinasterella*, *Jaekelaster* and *Palasteriscus*.	*Bundenbachia*, *Cheiropteraster*, *Encrinaster*, *Eospondylus*, *Euzonosoma*, *Furcaster*, *Kentrospondylus*, *Lapworthura*, *Loriolaster*, *Mastigophiura*, *Medusaster*, *Ophiurina*, *Palaeophiomyxa* and *Protasteracanthion*
Extant	Extinct	Extant
Arms are not sharply set off from the central small disc.	The disc is web-like or lacking.	The body in most genera is differentiated into a sharply defined large disc and elongate, narrow, cylindrical arms.
Ambulacral series are paired across arm midlines.	Ambulacrals nearly paired or irregularly offset.	Paired vertebra-like or offset boot-like ambulacral series are enclosed by shield-like laterals.
Ambulacrals are arched. Robust and typically wider than long adambulacrals form coin-like overlapping series edging the ambulacral furrow.	Ambulacrals are not vaulted to form furrow.	Ambulacrals are not vaulted. The laterals articulate with the ambulacrals.
Ambulacrals rectangular, wider than long.	Ambulacrals broad and shield-like, width and length similar.	Ambulacrals spool-like in dorsal view.
Virgal series reduced to a single plate (adambulacral).	Presence of two or rarely three embedded plates (virgals) lateral to the ambulacral.	Virgal series reduced to a single lateral or side-shield.
Water vascular channel is small and not skeletally closed.	Water vascular channel is usually large and enclosed or nearly so.	Water vascular channel is narrow and skeletally protected.
One or two marginals form the lateral edge of arms.	Most genera have no laterals.	Middle arm laterals in some genera. Disc with or without frame.
Mouth-angle plates closely fitting, and more or less keel-like forming a bud-like pattern orally.	Mouth-angle plates closely fitting, but generally quite small.	Mouth-angle plates narrowed and extended towards mouth, and forming with the adjacent ambulacral a Y-shaped structure dorsally.
Ambulacrals are not narrowing as the mouth frame is approached.	Ambulacrals are narrowing as the mouth frame is approached.	Ambulacrals are not narrowing as the mouth frame is approached.
Large madreporite has usually a position near the dorsal centre of the disc.	In some genera the madreporite has an interradial position on the oral surface near the mouth frame.	Small madreporite has an interradial oral position near the mouth frame.

Seesterne werden bei der Fossildiagenese (Sedimentumbildung) leicht zerstört. Das Skelett ist nicht steif und die nicht fest verbundenen Plättchen in der oberen Hautschicht des Körpers sind anfällig für schnelle Zerstörung. Außerdem sind die gewölbten Ambulakralplatten und geschwollenen Oberseiten besonders dem Zusammenbrechen und Verschiebungen, infolge von Sedimentverdichtung und tektonischer Verzerrung, ausgesetzt. Dies erschwert die richtige Erkennung der Merkmale und somit die Bestimmung.

Eine Studie von Lehmann (1957) ist die letzte umfassende Darstellung der Sterntiere des Hunsrückschiefers. Die beschriebenen Fossilien sind aber aufgrund von Fortschritten im wissenschaftlichen Verstehen und auch weil bessere Präparationsmethoden ein vollständigeres Freilegen ermöglichen, revisionsbedürftig. Die Unikate von *Eostella*, *Hunsrueckaster* und *Kyraster* sind zu schlecht erhalten, um Merkmale und Verwandtschaft festzustellen. Ebenso basiert die Gattung *Archasterina* auf nur drei Exemplaren und deren Anerkennung ist umstritten. Im »Treatise« wurde *Archasterina* fraglich mit *Palasterina* gleichgestellt; Blake (2009) nannte diese Gattung jedoch »völlig unverwechselbar«. Leider sind nur zwei Seesterne (*Helianthaster* und *Bdellacoma* (= *Urasterella verruculosa*)) bis jetzt neu bearbeitet worden. Zusammenfassend kann gesagt werden, dass noch wenig über diese Tiere bekannt ist und darum jedes Fossil, insbesondere seltene Gattungen betreffend, sehr wichtig ist (Blake, mündliche Mitteilung, 2015). Glass (2006a) erkannte in seiner Doktorarbeit 14 Gattungen von Schlangensternen an, die die neue Gattung *Lapworthura* einschließen. Diese neue Art, *Bundenbachia*, *Palaeophiomyxa*, *Mastigophiura* und *Eospondylus* wurden in verschiedenen Beiträgen neu beschrieben. *Miospondylus* und *Palaeophiura* wurden in *Bundenbachia* umbenannt. Weiterhin beruhen die untenstehenden Beschreibungen auf rezenten Arbeiten über ähnliche Sterntiere, die aus anderen paläozoischen Fundstellen bekannt geworden sind (Hotchkiss 1976, Haude 1982, Shackleton 2005, Hotchkiss et al. 2007, Lewis et al. 2007).

Seesterne

Palasterina (Abb. 193)

N *Palaois* = alt. *Asterina* = wegen seiner Ähnlichkeit mit der rezenten Gattung. *Margo* = Rand. *Taenia* = Band. *Brachium* = Unterarm.

M Die Scheibe ist mit kräftigen sternförmigen Platten besetzt, die sich bis in die Armspitzen fortsetzen. In den gebogenen Zwischenräumen der Arme gibt es keine Randplatten. Die langen Mundeckstücke sind geschwollen und haben runde Kanten. Die Madreporenplatte befindet sich auf der Unterseite. Die fünf Arme sind gerundet und lanzettförmig. Die Furche ist weit geöffnet. Entlang der Rückseite der Arme gibt es klar umrissene Radialplattenreihen und vergleichsmäßig auffällige Superomarginalplatten. Die Ambulakralplattenreihen haben das Aussehen eines Sägeblattes, sind in der Mundregion gegenständig und weiter auswärts wechselständig. Die Adambulakralplatten bilden den Rand der Unterseite der Arme und tragen ein Bündel robuster Stacheln. Die Adambulakralplatten sind kräftig und fünfeckig.

H Selten.

A Lehmann (1957) nannte als Arten des Hunsrückschiefers *Palasterina follmanni*, *P. tilmanni*, *P. maucheri*, *P. marginata* und *P. taenibrachiata*. Die Unterschiede der beiden Ersteren beruhen auf der Form der Arme, die aber wahrscheinlich diagenetisch bedingt ist. Die aufgeblähten Arme könnten je nach postmortalem Druck teilweise zusammengedrückt oder auseinander gequetscht worden sein. Von *P. maucheri*, *P. marginata* und *P. taenibrachiata* lag Lehmann nur ein Exemplar vor, sodass diese eigenen Arten fraglich erscheinen.

G Die Armlänge beträgt im Allgemeinen 20 bis 90 mm.

V Breitenthal (Grube Schielenberg). Bundenbach (Gruben Unter- und Obereschenbach, Schmiedenberg/Mühlenberg).

Palaeosolaster gregoryi (Abb. 194)

N *Palaios* und *sol* = Alte Sonne. Alte Namen: *Echinasterias*, *Echinodiscus*, *Echinodiscaster*, *Echinodiscites*, *Echinostella*.

M *Palaeosolaster* ist ähnlich wie *Palasterina*; lässt sich aber leicht wegen seiner 25–29 Arme und großem Mund unterscheiden. Die Mundeckstücke sind schmal und hoch. Die Madreporenplatte liegt auf der Unterseite. Die Furche ist breit. Die gegenständigen, breiten, flachen Ambulakralplatten haben L-förmige Rippen. Die schmalen Adambulakralplatten, die an

The study of Lehmann (1957) provides the last comprehensive survey of Hunsrück Slate asterozoans. However, the described fossils are in need of review in light of advances in scientific understanding and also because better preparation techniques allow more complete exposure. The single known specimens of *Eostella*, *Hunsrueckaster* and *Kyraster* are too badly preserved for their characters and affinities to be made out. Even so, the genus *Archasterina* is based on only three specimens and its identification is controversial. According to the "Treatise" *Archasterina* is a possibly synonym of *Palasterina*; Blake (2009) however mentioned this genus as "quite distinctive". Unfortunately, only two asteroids (*Helianthaster* and *Bdellacoma* (= *Urasterella verruculosa*)) have been restudied till now. As a conclusion, we do not understand a great deal about these animals, and therefore every fossil, especially of the rare genera, is very important (Blake, personal information, 2015). Glass (2006a) recognized in his Ph.D. thesis 14 genera of ophiuroids, which include the new genus *Lapworthura*. This new species, *Bundenbachia*, *Palaeophiomyxa*, *Mastigophiura* and *Eospondylus* were redescribed in several papers. *Miospondylus* and *Palaeophiura* were reassigned to *Bundenbachia*. Furthermore, the descriptions below are based upon recent work about similar asterozoans from other Palaeozoic occurrences (Hotchkiss 1976, Haude 1982, Shackleton 2005, Hotchkiss et al. 2007, Lewis et al. 2007).

Asteroids

Palasterina (Fig. 193)

N *Palaois* = old. *Asterina* = for its resemblance to the recent genus. *Margo* = margin. *Taenia* = band. *Brachium* = forearm.

C The disc bears stout stellate plates, which extend to the tips of the arms. The interradial arcs are without marginals. The elongated mouth-angle plates are swollen with rounded sides. The madreporite is located on the oral surface. The five arms are rounded and lanceolate. The groove is widely open. Alongside the dorsal length of the arms there are discrete rows of radials and relatively prominent superomarginals. The series of ambulacrals have the resemblance of a saw blade; opposing proximally to alternating distally. The adambulacrals bound the oral surface of the arm and bear a bundle of stout spines. The adambulacrals are stout and pentagonal in outline.

R Rare.

Sp Lehmann (1957) recognized as species from the Hunsrück Slate *Palasterina follmanni*, *P. tilmanni*, *P. maucheri*, *P. marginata* and *P. taenibrachiata*. The differences between the first two are based on the form of the arms, but this is probably a taphonomic artefact. Depending on the post-mortal compression the swollen arms could be mashed up or broken up. Lehmann had only one specimen each of *P. maucheri*, *P. marginata* and *P. taenibrachiata*, and so it can be questioned whether these are separate species.

193 *Palasterina*. Unterseite. / **193** *Palasterina*. Oral surface.

194 *Palaeosolaster*. Unterseite. / **194** *Palaeosolaster*. Oral surface.

Seitenschilder der Schlangensterne erinnern, begrenzen den Unterrand der Arme und sind mit kurzen Stacheln besetzt. Die Zwischenräume der Arme und die Oberseite sind mit ungleich verteilten Platten, die je einen Stachel tragen, ausgefüllt.

H Selten.

G Die Armlänge beträgt 69–140 mm.

B Einige Autoren schlugen für die Vielzahl an Armen eine erhöhte Ernährungsmöglichkeit vor (Blake 2009).

V Bundenbach (Gruben Unter- und Obereschenbach). Woppenroth (Grube Kammerberg I/Rosengarten).

Palaeostella solida (Abb. 195)

N *Palaios* und *stella* = Alter Stern. *Solidus* = hart, massiv. Alter Name: *Palaenectria*.

M Die fünf Arme sind an der Basis breit und verjüngen sich gleichmäßig zur Spitze hin. Die Scheibe ist ziemlich groß. Die Mundeckstücke sind recht klein und gedrungen. Die Madreporenplatte liegt auf der Oberseite am Scheibenrand. Dieser wird von einer Reihe kräftigen unteren Randplatten an der Unterseite und kleineren darüber liegenden Randplatten eingefasst. Diese setzen sich vom Zwischenraum der Arme bis in die Armspitzen fort. Weiterhin gibt es an der Unterseite Doppelreihen von Ambulakral- und Adambulakralplatten. Die Ersteren sind L-förmig und schmäler. Ob die unteren Rand- und Adambulakralplatten Stacheln tragen ist umstritten (Lehmann 1957 kontra Spencer & Wright 1966).

H Sehr selten.

G Die Armlänge beträgt ca. 35 mm.

V Bundenbach (Grube Obereschenbach). Gemünden (Kaisergrube).

Si The size is generally 20 to up to 90 mm.

O Breitenthal (Schielenberg quarry). Bundenbach (Unter- and Obereschenbach, Schmiedenberg/Mühlenberg quarries).

Palaeosolaster gregoryi (Fig. 194)

N *Palaios* and *sol* = old sun. Old names: *Echinasterias*, *Echinodiscus*, *Echinodiscaster*, *Echinodiscites*, *Echinostella*.

C *Palasteriscus* is similar to *Palasterina*, but can be distinguished easily by its 25–29 arms and large mouth. The mouth-angle plates are narrow and show high relief. The madreporite lies on the oral surface. The groove is wide. The opposite broad flat ambulacrals have L-shaped ridges. The narrow adambulacrals, which are similar to the side-shields of ophiuroids, bound the oral margin of the arms and bear short spines. The interbrachial areas and the dorsal surface are filled with scattered plates, each bearing a spine.

R Rare.

Si The arm length is 69–140 mm.

P Some authors suggested an increased feeding ability as an advantage to the multiarmed condition (Blake 2009).

O Bundenbach (Unter- and Obereschenbach quarries). Woppenroth (Kammerberg I/Rosengarten quarry).

Palaeostella solida (Fig. 195)

N *Palaios* and *sol* = old sun. *Solidus* = hard, solid. Old name: *Palaenectria*.

C The five arms are broad at the base and wedge-shaped. The disc is quite large. The mouth-angle plates are quite small and stocky. The

195 *Palaeostella*. Unterseite. / **195** *Palaeostella*. Oral surface.

Baliactis (Abb. 196, 197)

N *Balios* = scheckig, getüpfelt. *Scutum* = großes Schild. *Tuber* = Knoten. Alte Namen: *Leioactis*, *Palaeactis*.

M *Baliactis* besitzt auf der Unterseite am Scheibenrand die große ovale Madreporenplatte. Die Mundeckstücke sind lang und schmal. Die sich gleichmäßig verjüngenden Arme bestehen an der Oberseite aus drei Plattenreihen (Radial-, Adradial- und Randplatten). An der Basis der Arme befindet sich je ein Paar großer Adradialplatten, an die sich weitere Adradialplatten in langer Reihe bis in die Armspitzen anschließen. Neben diesen verläuft die Reihe der länglichen Marginalplatten. Die kräftigen Platten an der Oberseite sind mit groben Pusteln (Name!) versehen. Die Ambulakralplatten an der Unterseite sind gegenständig mit T-förmigen Rippen. Die Adambulakralplatten sind ziemlich schmal, halbmondförmig und tragen kleine Stacheln.

H Sehr selten.

A Diese sind *Baliactis devonicus, B. tuberatus* und *B. scutatus*. Die Stücke sind jedoch nie umfassend und gründlich untersucht worden und es ist nicht genau bekannt, was die Gattung eigentlich auszeichnet (Blake, mündliche Mitteilung, 2013).

G Die Armlänge beträgt 15–85 mm.

V Breitenthal (Grube Schielenberg). Bundenbach (Gruben Untereschenbach, Schmiedenberg/Mühlenberg, Herrenberg). Gemünden (Kaisergrube).

197 *Baliactis*. Unterseite. / **197** *Baliactis*. Oral surface.

196 *Baliactis*. Oberseite. / **196** *Baliactis*. Dorsal surface.

madreporite lies on the dorsal side at the margin of the disc. The frame is bordered by a series of robust lower marginals on the oral surface and smaller upper marginals above them. These continue from the interbrachial area up into the arm tips. Furthermore, on the oral surface there are two serial pairs of ambulacrals and adambulacrals. The first are L-shaped and narrower. It is not clear whether the lower marginals and adambulacrals bear spines (Lehmann 1957 contra Spencer & Wright 1966).

R Very rare.

Si The arm length is ca. 35 mm.

O Bundenbach (Obereschenbach quarry). Gemünden (Kaisergrube).

Baliactis (Figs. 196, 197)

N *Balios* = dappled. *Scutum* = large shield. *Tuber* = knob. Old names: *Leioactis*, *Palaeactis*.

C *Baliactis* has on the lower surface the large oval madreporite at the edge of the disc. The mouth-angle plates are long and rather narrow. The evenly tapering arms consist on the dorsal surface of three series of plates (radials, adradials and marginals). At the base of the arms there is a pair of larger adradials that is continued by further adradials in a long series up to the tips of the arms. Beside them run a series of elongate marginals. The robust plates on the dorsal surface carry coarse pustules (name). The ambulacrals on the oral surface are in direct opposition and T-shaped. The adambulacrals are rather narrow, crescent-shaped, and bear small spines.

R Very rare.

Sp These are *Baliactis devonicus, B. tuberatus* and *B. scutatus*. However, the specimens have never been comprehensively and carefully studied and we really do not have a good idea as to what the generic name means (Blake, personal information, 2013).

Si The arm length is 15–85 mm.

O Breitenthal (Schielenberg quarry). Bundenbach (Untereschenbach, Schmiedenberg/Mühlenberg, Herrenberg quarries). Gemünden (Kaisergrube).

Helianthaster rhenanus (Figs. 198, 233)

N *Helios* = sun.

C *Helianthaster* is a large sixteen-armed asteroid. The arms are elongate, straight-sided and are gradually tapering to pointed tips. The dorsal surface has delicate platelets and an even distribution of granules. The interbrachial angles are rounded and bounded by a single robust series of marginals. The thickened madreporite lied in its natural position (see below) on the dorsal surface. The large blade-like mouth-angle plates bear long, slender spines at the proximal tip. The ambulacrals are slightly wider than long. The robust adambulacrals are T-shaped and bear a single robust spine.

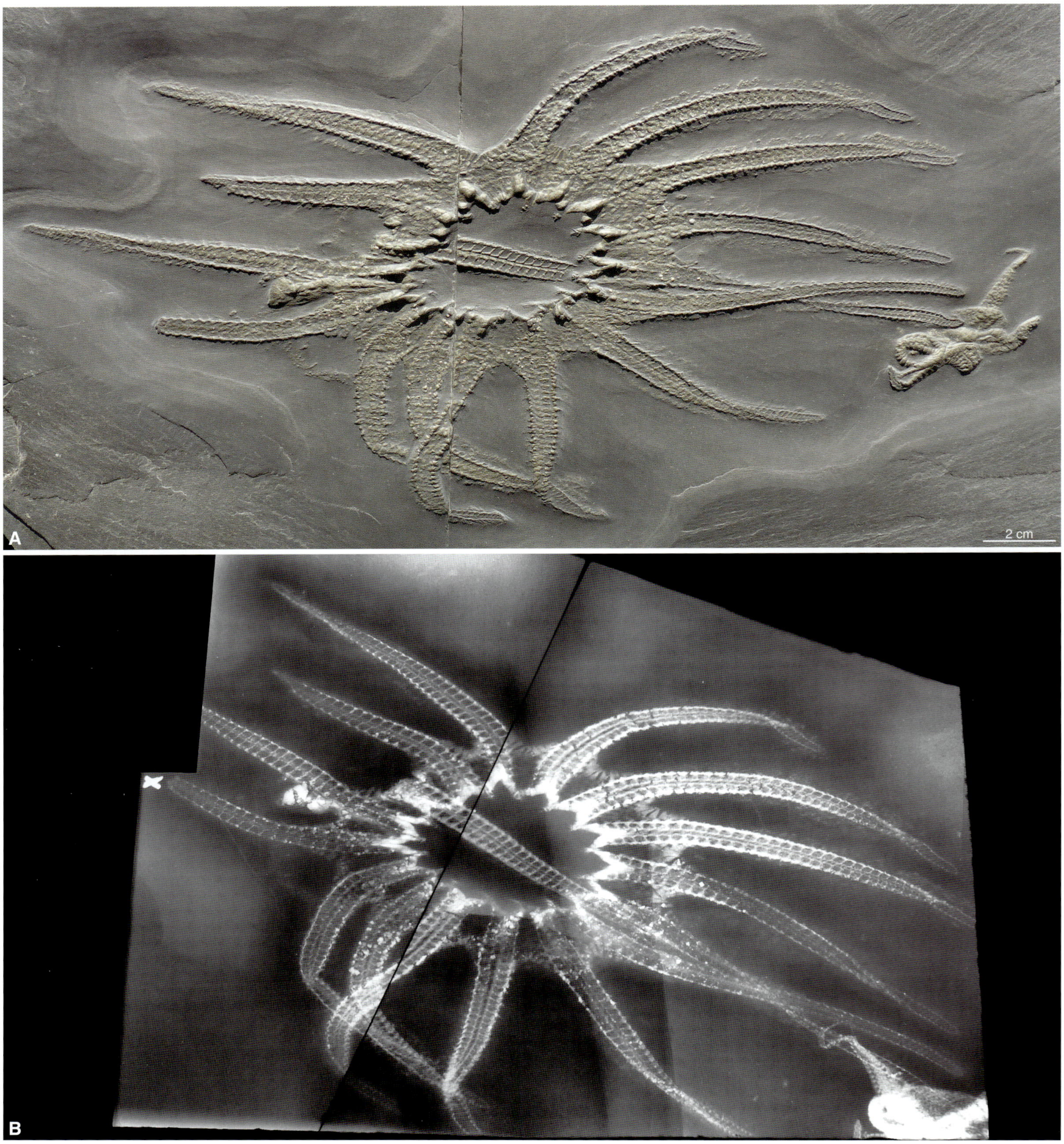

198 *Helianthaster* mit zur rechten Seite *Bundenbachia*. **A**, Oberseite. Ein Arm im Mundbereich ist umgeklappt und zeigt seine Unterseite. **B**, Röntgenbild.
198 *Helianthaster* with to the right *Bundenbachia*. **A**, Dorsal surface. One arm in the mouth area is folded down and shows its oral surface. **B**, X-ray.

Helianthaster rhenanus (Abb. 198, 233)

N *Helios* = Sonne.

M *Helianthaster* ist ein großer sechzehnarmiger Seestern. Die Arme sind lang, bandförmig und verjüngen sich allmählich zur Spitze hin. Die Oberseite hat zarte Plättchen und ist gleichmäßig gekörnt. Die Zwischenräume der Arme sind gerundet und werden von einer Einzelreihe Marginalplatten begrenzt. Die dicke Madreporenplatte befand sich in natürlicher Lage (siehe unten) auf der Oberseite. Die großen blattartigen Mundeckstücke tragen am Mund einwärts gerichteten Ende lange schlanke Stacheln. Die Ambulakralplatten sind etwas breiter als lang. Die kräftigen Adambulakralplatten sind T-förmig und tragen einen einzigen kräftigen Stachel.

R Rare.

Sp *Helianthaster rhenanus microdiscus* (one specimen known) has a smaller disc and broad relatively short arms.

Si The smallest specimen has an arm length of 13 mm; the largest more than 200 mm.

P One *Helianthaster* shows that in life position the madreporite was above the mouth frame. However, the madreporite rotated by taphonomic processes to a lateral or oral position at the disc edge (Blake 2009).

O Taunus: Wispertal (Wilhelm quarry). Bundenbach (Untereschenbach, Schmiedenberg/Mühlenberg quarries). Gemünden (Kaisergrube).

199 *Urasterella*. Oberseite. / **199** *Urasterella*. Dorsal surface.

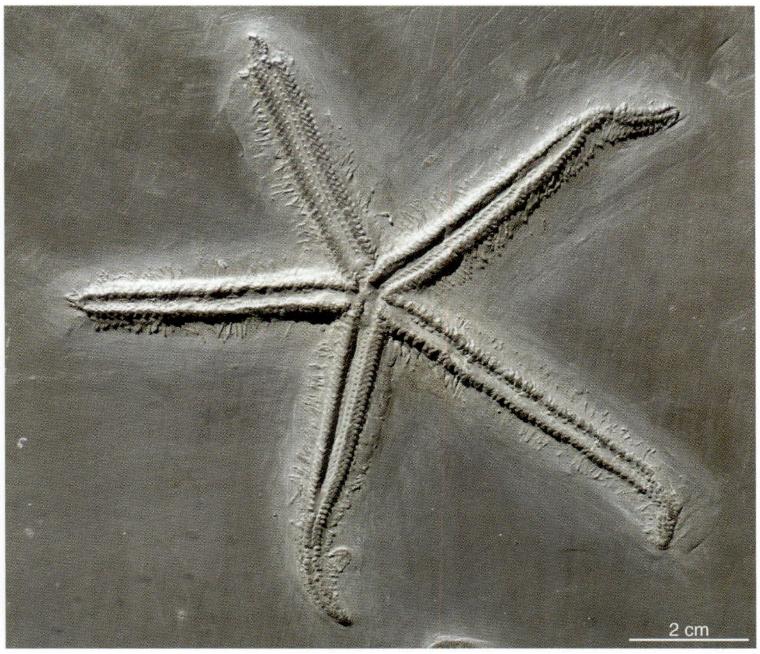

200 *Urasterella*. Mit weit geöffneter Armfurche. Unterseite.
200 *Urasterella*. With wide-open arm furrow. Oral surface.

H Selten.

A *Helianthaster rhenanus microdiscus* (ein Exemplar bekannt) hat eine kleinere Scheibe und breite, relativ kurze Arme.

G Das kleinste Exemplar hat eine Armlänge von 13 mm; das größte über 200 mm.

B Ein *Helianthaster* zeigt, dass die Madreporenplatte in Lebensposition oberhalb des Mundskeletts lag. Die Madreporenplatte drehte sich aber während der Fossildiagenese zur Unterseite in Richtung Scheibenrand hin (Blake 2009).

V Taunus: Wispertal (Grube Wilhelm). Bundenbach (Gruben Untereschenbach, Schmiedenberg/Mühlenberg). Gemünden (Kaisergrube).

Urasterella asperula (Abb. 17, 191, 199, 200, 250)

N *Ur* = alt. *Aster* = Stern. Alte Namen: *Asterias*, *Roemeraster*.

M *Urasterella* ist der häufigste Seestern im Hunsrückschiefer. Die kleine Scheibe besteht aus einer sechsseitigen zentralen Platte, an die sich fünf, ebenfalls sechsseitige Radialplatten und ein weiterer Ring aus kleinen Platten anschließen. Der kleine Mund formt sich nur aus dreieckigen, flachen Stücken. Die Oberseite der runden schmalen Arme besteht aus zumindest drei Plattenreihen (Radial-, Adradial- und Inferomarginalplatten; Letztere wurden nach oben gedrückt). Alle Platten der Oberseite tragen mit Stacheln besetzte Paxillen. Die Platten der Unterseite sind in zwei beidseitigen Reihen (Ambulakral- und Adambulakralplatten) angeordnet. Meist sind nur die großen, scheibenförmigen Adambulakralplatten zu erkennen, da die gegenständigen, etwa rechteckigen Ambulakralplatten nur bei weitgeöffneter Armfurche sichtbar werden. Die Adambulakralplatten tragen eine Querrippe, die mit langen Stacheln besetzt ist.

H Sehr häufig.

G Die Armlänge beträgt 10–85 mm.

V Breitenthal (Grube Schielenberg). Bollenbach (Grube Franzendell). Bundenbach (Gruben Unter- und Obereschenbach, Schmiedenberg/Mühlenberg). Gehlweiler (Grube Drei Männer). Gemünden (Kaisergrube).

Stenuroideen

Erinaceaster (Abb. 201)

N *Erinaceus* = Igel. *Tenui* = dünn. *Spinosus* = stachelig. Alter Name von *Erinaceaster*: *Stuertzaster* und von *E. spinosissimus*: *Asterias*. Synonym = Blake's *Eriniceaster*.

M Die Scheibe und die Arme sind auf der Oberseite von einer aufgeblähten, gekörnten, stachelbewehrten Haut bedeckt. Die Stacheln sind lang und nadelförmig. Der hochgewölbte Körper verwandelte sich, durch die nachträgliche Flachdrückung, um die fünf lanzettförmigen Arme in

Urasterella asperula (Figs. 17, 191, 199, 200, 250)

N *Ur* = old. *Aster* = star. Old names: *Asterias*, *Roemeraster*.

C *Urasterella* is the most common asteroid in the Hunsrück Slate. The small disc is composed of a hexagonal central plate surrounded by five hexagonal radial plates, and a further ring of small plates. The small mouth is built of only triangular flat plates. The dorsal surface of the round narrow arms is composed of at least three rows of plates (radials, adradials and inferomarginals; the last were pushed upwards). All plates of the dorsal side bear paxillae with spines. The plates of the oral surface are arranged in two double-sided rows (ambulacrals and adambulacrals). Mostly, only the large disc-shaped adambulacrals can be recognized, as the opposing subrectangular ambulacrals can only be seen by the wide-opened arm furrow. The adambulacrals bear a transverse ridge carrying long spines.

R Very common.

Si The arm length is 10–85 mm.

O Breitenthal (Schielenberg quarry). Bollenbach (Franzendell quarry). Bundenbach (Unter- and Obereschenbach, Schmiedenberg/Mühlenberg quarries). Gehlweiler (Drei Männer quarry). Gemünden (Kaisergrube).

Stenuroids

Erinaceaster (Fig. 201)

N *Erinaceus* = hedgehog. *Tenui* = thin. *Spinosus* = spiny. Old name of *Erinaceaster*: *Stuertzaster* and of *E. spinosissimus*: *Asterias*. Synonym = Blake's *Eriniceaster*.

C The disc and arms on the dorsal surface are covered with a distended, granular, spine bearing skin. The spines are elongate and needle-like. The high domed body has been transformed into a fringe around the five lancet-shaped arms by later flattening. The mouth frame is large and stellate and the mouth-angle plates are triangular. The small madreporite has an oral position. The ambulacrals are either opposite or alternating and smooth L-shaped. Together with the sickle-shaped laterals they have the outline of a low W. They bear a row of nodules each bearing an elongate slender spine. The ambulacral groove is wide.

R Very rare.

Sp The description of Lehmann (1957) was only based on a few specimens but differentiated nevertheless between the species *Erinaceaster tenuispinosis*, *E. spinosissimus* and *E. giganteus*. The differences concern the size, the form of the laterals and the position of the spine bearing knots.

Si The arm length is 530–940 mm (*E. spinosissimus*: 310 mm).

201 *Erinaceaster*. Unterseite. / **201** *Erinaceaster*. Oral surface.

einen breiten Randsaum. Das Mundskelett ist groß und sternförmig; die Mundeckstücke dreieckig. Die kleine Madreporenplatte liegt auf der Unterseite. Die Ambulakralplatten sind sowohl gegenständig als auch alternierend angeordnet und flach L-förmig. Zusammen mit den sichelförmigen Lateralplatten haben sie eine niedrige W-Form. Diese tragen eine Reihe von Knötchen, die über je einen langen schlanken Stachel verfügen. Die Ambulakralfurche ist breit.

H Sehr selten.

A Die Beschreibung Lehmanns (1957) basierte nur auf wenigen Exemplaren und machte trotzdem einen Unterschied zwischen den Arten *Erinaceaster tenuispinosis*, *E. spinosissimus* und *E. giganteus*. Die Unterschiede betreffen die Größe, Form der Lateralplatten und die Lage der stacheltragenden Knötchen.

G Die Armlänge beträgt 530–940 mm (*E. spinosissimus*: 310 mm).

B Da eine zweite eingebettete Virgalplatte (wie bei *Stuerzaster*) nicht erkannt werden konnte, wird der Name *Erinaceaster* beibehalten, solange weitere Studien von *Stuerzaster* noch ausstehen (Blake 2013).

V Bundenbach (Gruben Unter- und Obereschenbach, Schmiedenberg/Mühlenberg).

Palasteriscus devonicus (Abb. 202, 203)

N *Palaios* = alt. *Asterina* ist eine lebende Seesterngattung. *Devon* = Zeitalter im Paläozoikum.

M *Palasteriscus* ist ein großer Stenuroide mit fünf breiten Armen und einer bis an die Armspitzen reichenden großen Körperscheibe. Diese ist mit kleinen, warzenähnlichen Kalkplatten besetzt, die auf der Oberseite der Arme in Querreihen angeordnet sind. Die geriffelte Madreporenplatte ist sehr groß (Länge bis 22 mm) und liegt auf der Unterseite (Abb. 204). Die Mundeckstücke und Ambulakralplatten sind kurz und gedrungen. Die Adambulakralplatten sind außergewöhnlich breit, sowie niedrig und tragen am Armrand kurze Stacheln.

H Sehr selten.

G Die Armlänge beträgt 62–100 mm.

V Bundenbach (Gruben Unter- und Obereschenbach, Herrenberg). Gemünden (Kaisergrube).

Echinasterella sladeni (Abb. 205)

N *Echin* = stachelig. *Aster* = Stern.

M *Echinasterella* ist ein mittelgroßer Stenuroide mit fünf ziemlich langen, schlanken Armen. Die Oberseite besteht aus kleinen, breiten, dicht stehenden paxillenartigen Plättchen. Die Madreporenplatte ist recht groß und liegt auf der Unterseite. Die Ambulakralplatten haben eine stielförmige Rippe, die an einen ähnlichen Ansatz der verbreiterten Adambulakralplatten stößt. Letztere tragen Stacheln, die in Richtung Armspitze allmählich an Größe abnehmen.

H Sehr selten.

G Die Armlänge beträgt 60–180 mm.

V Bundenbach (Gruben Unter- und Obereschenbach).

B A second embedded virgal (as in *Stuerzaster*) has not been recognized, and therefore the name *Erinaceaster* is retained pending further study of *Stuerzaster* (Blake 2013).

O Bundenbach (Unter- and Obereschenbach, Schmiedenberg/Mühlenberg quarries).

Palasteriscus devonicus (Figs. 202, 203)

N *Palaios* = old. *Asterina* is a living genus of sea stars. *Devon* = age in the Palaeozoic.

C *Palasteriscus* is a large stenuroid with five broad arms and a large disc that extends to the tips of the arms. The small rod-like plates on the disc on the dorsal side of the arms are arranged in transverse rows. The ridged madreporite is very large (length up to 22 mm) and lies on the oral surface (Fig. 204). The mouth-angle plates and ambulacrals are

202 *Palasteriscus*. Oberseite. / **202** *Palasteriscus*. Dorsal view.

203 *Palasteriscus*. Unterseite. / **203** *Palasteriscus*. Oral surface.

204 *Palasteriscus*. Ausschnitt, der die große Madreporenplatte zeigt. / **204** *Palasteriscus*. Detail, showing the large madreporite.

Hystrigaster horridus (Abb. 206)

N *Hystrix* = Stachelschwein. *Horridus* = borstig.

M *Hystrigaster* ist ein großer Stenuroide mit fünf kurzen Armen, die an der Basis breit sind. Die große Körperscheibe besteht aus einem netzartigen Geflecht aus Platten, die ein Kugelgelenk tragen, auf dem sich die langen, kräftigen, sich zuspitzenden Stacheln bewegen. Der Mund ist sehr groß und die Mundeckstücke sind gedrungen und kräftig. Die Madreporenplatte liegt auf der Unterseite. Auf der Oberseite der Arme sind zumindest drei Längsreihen ähnlicher Stacheln vorhanden. Wie bei *Echinasterella* haben die Ambulakralplatten eine stielförmige Rippe, die Adambulakralplatten sind verbreitert und die Stacheln gelenken auf einer schiefen Rippe (Blake 2009).

short and robust. The adambulacrals are extraordinarily broad and low and bear short lateral spines.

R Very rare.

Si The arm length is 62–100 mm.

O Bundenbach (Unter- and Obereschenbach, Herrenberg quarries). Gemünden (Kaisergrube).

Echinasterella sladeni (Fig. 205)

N *Echin* = spiny. *Aster* = star.

C *Echinasterella* is a stenuroid of medium size with five rather long slender arms. The dorsal surface is built of small, broadly paxilliform

205 *Echinasterella*.

206 *Hystrigaster*. Unterseite. / **206** *Hystrigaster*. Oral surface.

H Selten.

G Die Armlänge beträgt 45–80 mm (Lehmann 1957). Bartels et al. (1998) sprachen aber über einen Durchmesser, der normalerweise zwischen 120 und 200 mm liegt und in einem Fall 300 mm übersteigt.

V Bundenbach (Grube Untereschenbach).

Bdellacoma verruculosa (Abb. 180, 207)

N *Verruculosa* = sehr warzig. Alter Name: *Urasterella*.

M An dem Mundskelett fügen sich die fünf bandartigen, abgeflachten, langen Arme an; es gibt keine Scheibe zwischen den Armen. Das Mundske-

platelets, closely arranged. The madreporite is relatively large and lies on the oral surface. The ambulacrals have a handle-like ridge, which adjoins a similar base of the broadened adambulacrals. The last bear spines that diminish in size gradually to the distal end.

R Very rare.

Si The arm length is 60–180 mm.

O Bundenbach (Unter- and Obereschenbach quarries).

Hystrigaster horridus (Fig. 206)

N *Hystrix* = porcupine. *Horridus* = bristly.

C *Hystrigaster* is a large stenuroid with five short arms that are broad at the base. The large disc consists of a network of plates which bear a ball and socket joint, on which the long, robust, sharpened spines articulate. The mouth is unusually large and the mouth-angle plates are stocky and robust. The madreporite lies on the oral surface. On the dorsal surface of the arms there are at least three longitudinal rows of similar spines. As in *Echinasterella*, the ambulacrals have a handle-like ridge, the adambulacrals are broadened, and the spines articulated on a transverse ridge (Blake 2009).

R Rare.

Si The arm length is 45–80 mm (Lehmann 1957), but Bartels et al. (1998) spoke about a diameter normally ranging from 120 to 200 mm and a largest known individual of over 300 mm in diameter.

O Bundenbach (Untereschenbach quarry).

Bdellacoma verruculosa (Figs. 180, 207)

N *Verruculosa* = very warty. Old name: *Urasterella*.

C The five, ribbon-like, flattened long arms join at the mouth frame; there is no interbrachial disc. The mouth frame is built as a ring of robust plates. The plates of the dorsal surface (radials, a primary circlet and the large madreporite) are difficult to determine with certainty. Pedicellariae are irregularly arranged on the dorsal surface and as an organized fringe by the spacing of the adambulacrals. The pedicellariae are rounded triangular in outline. The ambulacrals are flat plates with

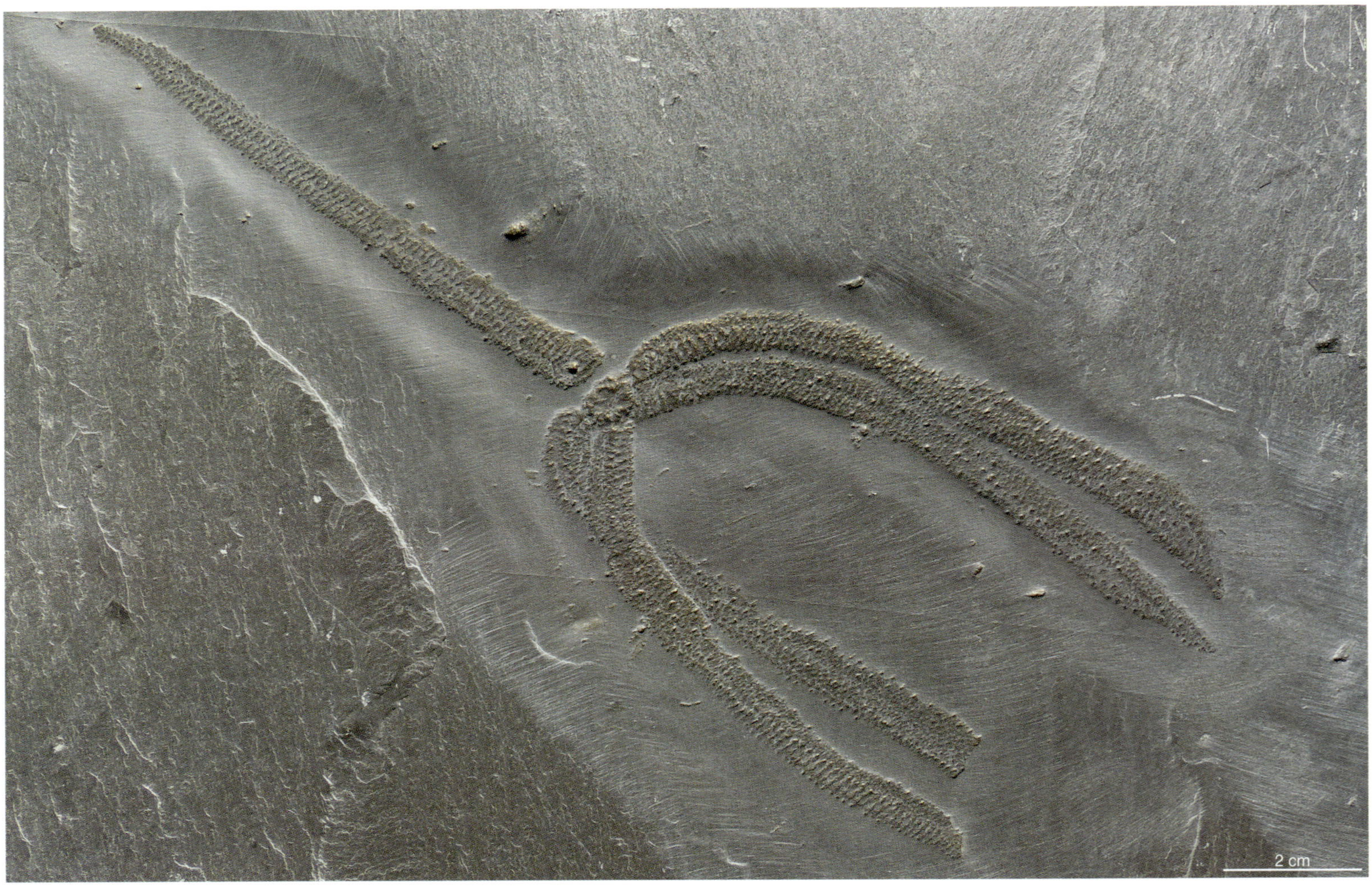

207 *Bdellacoma*.

208 *Jaekelaster / Schlueteraster.*

lett besteht aus einem Ring von robusten Platten. Die Platten der Oberseite (Radialplatten, ein erster Kranz und die große Madreporenplatte) sind schwer eindeutig festzustellen. Die Pedizellarien sind auf der Oberseite unregelmäßig verteilt und durch die Abstände der Adambulakralplatten wie ein Rand angeordnet. Sie haben eine gerundet dreieckige Form. Die Ambulakralplatten sind flache Platten mit einer T-förmigen Rippe. Ihre Anordnung entlang der Mittellinie der Arme ist entweder genau paarig oder alternierend.

H Häufig.

G Die Armlänge beträgt 33–130 mm.

B Die gebogenen Arme scheinen einigermaßen beweglich gewesen zu sein und die Pedizellarien dienten wahrscheinlich dem Beutefang. Weiterhin wiesen Sutton et al. (2005) Weichteile (Füßchen ohne Saugampullen) nach. Spencer & Wright (1966) ordneten *Bdellacoma* den Schlangensternen zu. Laut Hotchkiss & Glass (2010) und Sutton et al. (2005) zeigt die Lage und Struktur der Madeporenplatte, dass *Bdellacoma* ein Seestern ist. Dies stimmt mit dem Vorhandensein der Pedizellarien, die bei Schlangensternen fehlen, überein. Blake (2013) behauptete, dass silurische *Bdellacoma vermiformis* eingebettete Virgalplatten besitzen und auch, dass die Deutung von *B. verruculosa* schwierig ist, da die Platten der Körperwand klein sind und normalerweise durch die Stacheln und Pedizellarien verborgen bleiben.

V Bundenbach (Gruben Unter- und Obereschenbach, Schmiedenberg/Mühlenberg).

Jaekelaster petaliformis und *Schlueteraster schlueteri*

(Abb. 208)

N *Petalos* = breit, flach; von der Form eines Blütenblattes, wegen der breiten lanzettförmigen Arme. Alter Name für beide, *Compsaster* und für *Schlueteraster*: *Astropecten*.

M *Jaekelaster* und *Schlueteraster* haben die fünf zylindrischen Arme und ein verhältnismäßig netzartiges Skelett, das aus kleinen komplexen Plättchen besteht, miteinander gemeinsam (Blake 2002). Die Mundeckstücke sind ungefähr herzförmig. Die Scheibe ist mäßig groß und trägt

a T-shaped ridge. Their arrangement across the arm midline is neither strictly paired nor alternate.

R Common.

Si The arm length is 33–130 mm.

P The curved arms appear to have been relatively mobile and the pedicellariae are thought to capture prey. Furthermore, Sutton et al. (2005) reported soft parts (non-suckered tube feet). Spencer & Wright (1966) placed *Bdellacoma* within the ophiuroids. According to Hotchkiss & Glass (2010) and Sutton et al. (2005), the position and markings of the madreporite establish that *Bdellacoma* is an asteroid. This is in accordance with the presence of pedicellariae that are absent in ophiuroids. Blake (2013) argued that in the Silurian *Bdellacoma vermiformis* embedded virgals occur and also, that the interpretation of *B. verruculosa* is difficult because body wall plates are small and typically obscured by spines and pedicellariae.

O Bundenbach (Unter- and Obereschenbach, Schmiedenberg/Mühlenberg quarries).

Jaekelaster petaliformis and *Schlueteraster schlueteri*

(Fig. 208)

N *Petalos* = broad, flat; having the form of a petal, corresponding to the lance-shaped arms. Old name for both *Compsaster* and for *Schlueteraster*: *Astropecten*.

C *Jaekelaster* and *Schlueteraster* share five cylindrical arms and a comparatively open skeleton of small, complexly shaped platelets (Blake 2002). The mouth-angle plates are approximately heart-shaped. The disc is medium-sized and bears on the dorsal surface the small madreporite. Disc and arms of the dorsal surface bear numerous small bag-shaped paxillae. The small adambulacrals on the oral surface are covered with look-alike paxillae that have several long spines, and therefore appear to be brush-like. The ambulacrals are rectangular and L-shaped.

R Rare.

Si The arm length is 55–135 mm.

auf der Oberseite die kleine Madreporenplatte. Die Scheibe und Arme der Oberseite tragen zudem zahlreiche, kleine tütenförmige Paxillen. Die kleinen Adambulakralplatten auf der Unterseite sind mit derartigen Paxillen besetzt, verfügen über mehrere lange Stacheln und haben dadurch ein pinselähnliches Aussehen. Die Ambulakralplatten sind rechteckig und L-förmig.

H Selten.

G Die Armlänge beträgt 55–135 mm.

B Blake (mündliche Mitteilung 2015) kann *Jaekelaster* und *Schlueteraster* nicht voneinander unterschieden. Spencer & Wright (1966) und Briggs et al. (1998) stellten *Jaekelaster* und *Schlueteraster* mit *Compsaster* gleich; aber diese Gattung ist verschieden. *Compsaster* hat ein dicht gepacktes paxilliformes Skelett und eine alternierende Reihenanordnung der Ambulakral- und Adambulakralplatten (Blake 2002).

V Bundenbach (Gruben Unter- und Obereschenbach).

Schlangensterne

Medusaster rhenanus (Abb. 209)

N *Medusa* = Qualle.

M *Medusaster* ist ein kleiner Schlangenstern mit im Allgemeinen 11 bis 15 Armen. Diese sind schmal, verjüngen sich am Ende und sind an ihrer Spitze gerundet. Die Scheibe ist gleichgroß wie das Mundskelett, das sich aus kräftigen Stücken und den großen dreieckigen zweiten Ambulakralplatten zusammensetzt. Die Ambulakralplatten sind zu Wirbelhälften, die meist nebeneinander liegen, verschmolzen. Die Lateralplatten sind sichelförmig und tragen einige zarte Stacheln.

H Häufig.

G Die Armlänge beträgt generell 13–40 mm.

B Einige Exemplare haben mehr Arme (16 oder 21) und die größten Exemplare erreichen eine Armlänge von zirka 150 mm. Die Armzahl nimmt mit der Größe zu.

V Breitenthal (Grube Schielenberg). Bundenbach (Gruben Unter- und Obereschenbach, Herrenberg, Schmiedenberg/Mühlenberg). Gemünden (Kaisergrube).

209 *Medusaster*. Oberseite. / **209** *Medusaster*. Dorsal surface.

P Blake (personal information, 2015) cannot separate *Jaekelaster* and *Schlueteraster*. Spencer & Wright (1966) and Briggs et al. (1998) synonymized *Jaekelaster* and *Schlueteraster* with *Compsaster*; but this genus is different. *Compsaster* has a closely fitted, paxilliform, skeleton and an alternate column arrangement of the ambulacrals and adambulacrals (Blake 2002).

O Bundenbach (Unter- and Obereschenbach quarries).

Ophiuroids

Medusaster rhenanus (Fig. 209)

N *Medusa* = jellyfish.

C *Medusaster* is a small ophiuroid with generally 11 to 15 arms. They are slender, taper in the distal part and end in blunt extremities. The disc has the same size as the mouth frame, which included the robust mouth-angle plates together with the large triangular second ambulacrals. The ambulacrals are fused into half vertebrae which are mostly aligned with their opposites. The laterals are sickle-shaped and bear some slender spines.

R Common.

Si The arm length is usually 13–40 mm.

P Only few specimens have more arms (16 or 21) and the largest specimens reach an arm length of about 150 mm. The number of arms increases by size.

O Breitenthal (Schielenberg quarry). Bundenbach (Unter- and Obereschenbach, Herrenberg, Schmiedenberg/Mühlenberg quarries). Gemünden (Kaisergrube).

Cheiropteraster giganteus (Fig. 210)

N *Cheiro* = hand. *Ptera* = wing. *Gigas* = giant.

C *Cheiropteraster* is a very large ophiuroid with no disc, but a granulated skin reaching the tips of the five arms. The mouth is extremely large and V-shaped reaching up to the fifth ambulacral pairs. The elongated ambulacrals stand out as a topographic high and form alternating half-cylinders. Orally, they are boot-shaped. The laterals are T-shaped and bear long spines along the edge.

R Rare.

Si The arm length is 70–170 mm.

O Bundenbach (Unter- and Obereschenbach, Schmiedenberg/Mühlenberg quarries).

Loriolaster (Fig. 211)

N *Mirabilis* = amazing. *Gracilis* = slender, narrow.

C *Loriolaster* is related to *Cheiropteraster* and differs by the following features. The smooth skin forms a wide U-shaped area between the arms. The mouth frame consists of the mouth-angle plates together with only the enlarged second ambulacrals. *Loriolaster* has wide ambulacrals and spoon-like laterals. Their margin bears three rather short spines as well as one larger spine.

R Common.

Sp Most specimens belong to *Loriolaster mirabilis*. However, Lehmann (1957) recognized a few small specimens with a more slender skeleton and wider dehiscence ambulacrals, and called them *L. gracilis*.

Si The arm length is 14–120 mm.

P There is also one lookalike small specimen with no skin between the arms in the Beicht collection (Bundenbach).

O Breitenthal (Schielenberg quarry). Bundenbach (Unter- and Obereschenbach, Herrenberg, Schmiedenberg/Mühlenberg quarries).

Euzonosoma tischbeinianum (Fig. 212)

N *Euzono* = well-girdled. Old name: *Aspidosoma*. Synonym: *Hymenosoma*, corresponding to the thin skin extending between the arms.

C The quite large disc is composed of large and irregularly polygonal plates. The disc has a concave margin and is bound by blocky rounded marginals. They have in the middle part their largest size. The mouth-

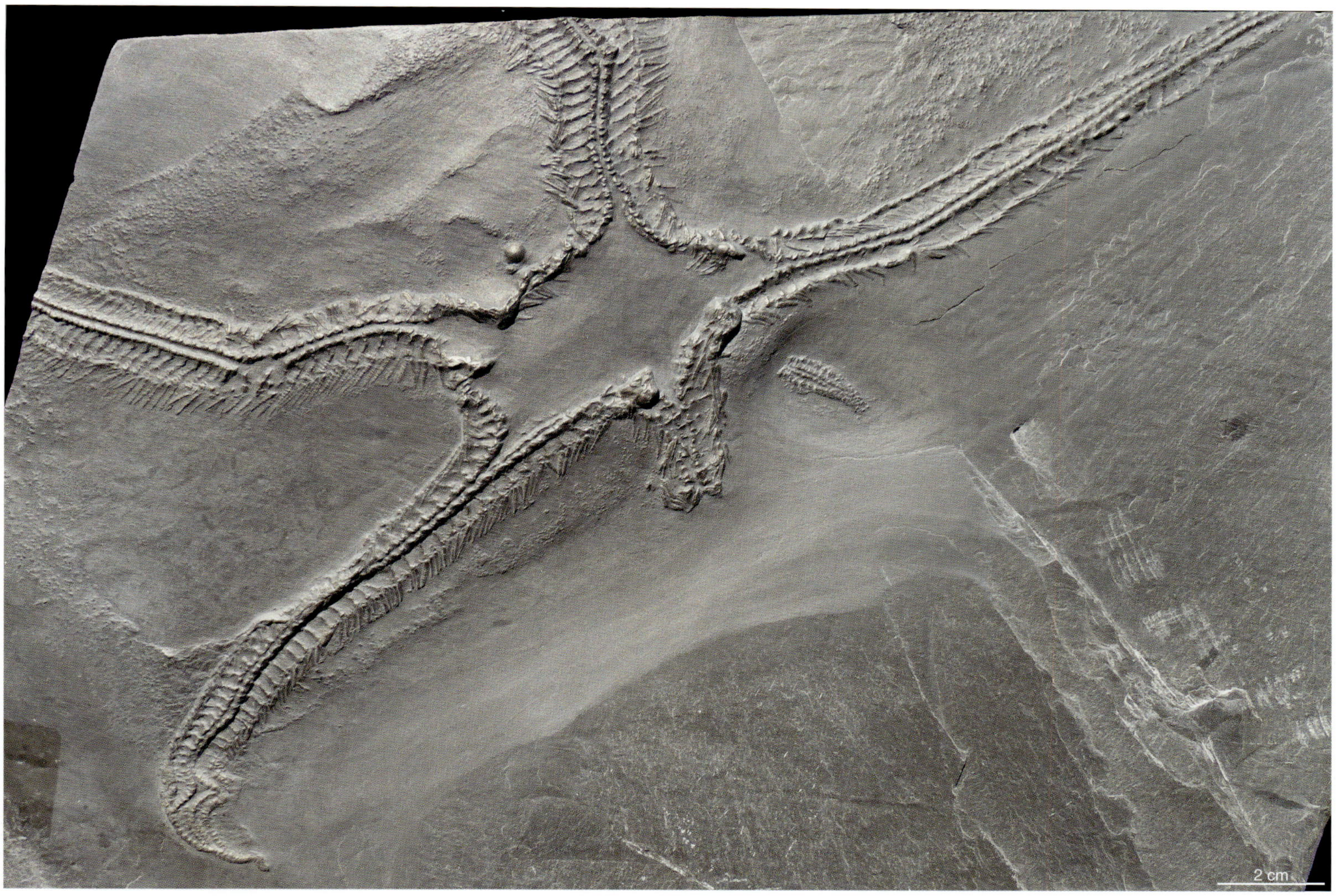

210 *Cheiropteraster*. Unterseite. Zu beachten ist die stecknadelkopfgroße Madreporenplatte am Mundrand.
210 *Cheiropteraster*. Oral surface. Note the madreporite, the size of a pinhead, at the margin of the mouth.

211 *Loriolaster*. Oberseite. Darüber der Trilobit *Chotecops* in Seitenlage.
211 *Loriolaster*. Dorsal surface. Above it the trilobite *Chotecops* in lateral view.

Cheiropteraster giganteus (Abb. 210)

N *Cheiro* = Hand. *Ptera* = Flügel. *Gigas* = Riese.

M *Cheiropteraster* ist ein sehr großer Schlangenstern ohne Scheibe, aber mit einer gekörnten Haut, die sich bis zu den fünf Armspitzen erstreckt. Der Mund ist sehr groß, V-förmig und reicht bis zum fünften Paar der Ambulakralplatten. Die länglichen Ambulakralplatten ragen wie eine topographische Höhe hervor und bilden wechselständige Halbzylinder. Unten sind sie stiefelförmig. Die Seitenschilder haben die Form eines T und sind an deren Rändern mit langen Stacheln besetzt.

H Selten.

G Die Armlänge beträgt 70–170 mm.

V Bundenbach (Gruben Unter- und Obereschenbach, Schmiedenberg/Mühlenberg).

Loriolaster (Abb. 211)

N *Mirabilis* = erstaunlich. *Gracilis* = schlank, schmal.

M *Loriolaster* ist mit *Cheiropteraster* verwandt und unterscheidet sich durch die folgenden Merkmale. Die flache Haut bildet ein breites U-förmiges Gebilde zwischen den Armen. Das Mundskelett besteht aus den Mundeckstücken und ansonsten nur aus den stark vergrößerten zweiten Ambulakralplatten. *Loriolaster* hat breite Ambulakralplatten und löffelartige Seitenschilder. Ihr Rand trägt drei ziemlich kurze und einen größeren Stachel.

H Häufig.

A Die meisten Exemplare gehören zu *Loriolaster mirabilis*. Lehmann (1957) entdeckte jedoch eine kleine Anzahl Exemplare mit einem schlankeren Skelett und weiter auseinander klaffenden Ambulakralplatten und nannte sie *L. gracilis*.

G Die Armlänge beträgt 14–120 mm.

B Es gibt auch ein ähnliches kleines Exemplar mit keiner Haut zwischen den Armen in der Sammlung Beicht (Bundenbach).

V Breitenthal (Grube Schielenberg). Bundenbach (Gruben Unter- und Obereschenbach, Herrenberg, Schmiedenberg/Mühlenberg).

Euzonosoma tischbeinianum (Abb. 212)

N *Euzono* = gut umgeben. Alter Name: *Aspidosoma*. Synonym: *Hymenosoma*, wegen der dünnen Haut, die sich zwischen den Armen in den Zwischenräumen ausspannt.

M Die ziemlich große Scheibe ist aus großen und unregelmäßigen vieleckigen Platten zusammengesetzt. Die Scheibe hat einen konkaven Rand und ist von blockartigen runden Randplatten umgeben. Sie sind in der Mitte am größten. Die Mundeckstücke sind klein und stumpf und haben

213 Euzonosomatide. Unterseite. / **213** Euzonosomatida. Oral surface.

212 *Euzonosoma*. Seitenlage. / **212** *Euzonosoma*. Lateral view.

angle plates are small and stumpy and have a broad proximal groove. The five elongate arms are the broadest just outside of the disc edge, taper strongly and end whip-like. The ambulacral groove is wide across the disc. The ambulacrals alternate over the midline and are rectangular dorsally. They form transverse ridges that are groove-like and, especially within the disc, deeply sunken. Orally the ambulacrals are boot-shaped. The tall laterals are blocky, rectangular and bear short groove spines.

R Common.

Si The arm length is 35–137 mm.

P In some specimens the marginals do not follow the edge of the disc but curve inward between the arms leaving an area of skin outside (Euzonosomatida; Fig. 213). See also the illustrated specimen in Bartels & Brassel 1990: fig. 126a and Bartels et al. 1998: fig. 205.

O Bundenbach (Unter- and Obereschenbach, Schmiedenberg/Mühlenberg quarries). Woppenroth (Rosengarten quarry). Gemünden (Kaisergrube).

Encrinaster (Figs. 214, 215)

N *Laevidiscus* = because of the smooth disc. Old name: *Aspidosoma*.

C *Encrinaster* has many characteristics in common with *Euzonosoma*. The differences are as follows. The elongated arms are strap-like, broadening distally until the disc edge and then tapering evenly as comparatively narrow arms to the arm tips. The interradial disc outline is convex to straight. The marginals are flat overlapping plates. The ambulacrals are more delicate, less rectangular than in *Euzonosoma* and more subtriangular in oral view.

R Rare.

Sp One specimen does not belong to *Encrinaster roemeri*, but was regarded as its own species *E. laevidiscus* by Lehmann (1957). The latter has a smooth disc, clearly differentiated marginals and no petaloid arms.

Si The arm length is 10–69 mm.

P Jell & Theron (1999) synonymized *Euzonosoma* and *Encrinaster*, but this is not followed here.

O Bundenbach (Unter- and Obereschenbach quarries).

214 *Encrinaster*. Oberseite. / **214** *Encrinaster*. Dorsal surface.

eine weite innere Furche. Die fünf länglichen Arme sind direkt außerhalb des Scheibenrandes am breitesten, verschmälern sich stark und enden peitschenartig. Die Ambulakralfurche ist breit über der Scheibe. Die Ambulakralplatten alternieren entlang der Mittellinie und sind rechteckig auf der Oberseite. Sie bilden schräge Rinnen, die furchenartig aussehen und insbesondere innerhalb der Scheibe tief eingesunken sind. Unten sind die Ambulakralplatten stiefelförmig. Die hohen Seitenschilder sind blockartig, rechteckig und tragen kurze Furchenstachel.

H Häufig.

G Die Armlänge beträgt 35–137 mm.

B Es gibt Exemplare, bei denen die Randplatten nicht dem Scheibenrand folgen, sondern beiderseits in die Zwischenräume der Arme hineinreichen und außerhalb der Scheibe eine Haut aufweisen (Euzonosomatide; Abb. 213). Siehe auch das abgebildete Exemplar in Bartels & Brassel 1990: Abb. 126a und Bartels et al. 1998: Fig. 205.

V Bundenbach (Gruben Unter- und Obereschenbach, Schmiedenberg/Mühlenberg). Woppenroth (Grube Rosengarten). Gemünden (Kaisergrube).

Encrinaster (Abb. 214, 215)

N *Laevidiscus* = wegen der glatten Körperscheibe. Alter Name: *Aspidosoma*.

M *Encrinaster* hat viele Merkmale mit *Euzonosoma* gemeinsam. Die Unterschiede sind folgende: Die länglichen Arme sind bandförmig, werden nach außen bis zum Scheibenrand breiter und verjüngen sich dann allmählich als relativ schmale Arme zu den Armspitzen hin. Die Form der Randeinfassung ist konvex bis gerade. Die Randplatten sind flache überlagernde Platten. Die Ambulakralplatten sind nicht so robust, weniger rechteckig als bei *Euzonosoma* und etwas dreieckiger von der Unterseite aus gesehen.

H Selten.

A Ein Exemplar gehört nicht zu *Encrinaster roemeri*, sondern wurde von Lehmann (1957) als eigene Art *E. laevidiscus* angesehen. Letzterer hat eine glatte Scheibe, deutlich differenzierte Randplatten und keine blattförmigen Arme.

G Die Armlänge beträgt 10–69 mm.

B Jell & Theron (1999) stellten *Euzonosoma* und *Encrinaster* gleich, aber dies wird hier nicht übernommen.

V Bundenbach (Gruben Unter- und Obereschenbach).

Bundenbachia beneckei (Abb. 154, 198, 216)

N Alter Name: *Taeniaster*. Synonyme: *Palaeophiura simplex* und *Miospondylus rhenanus*.

M Die Mundeckstücke sind schmal, stoßen gegeneinander und bilden eine charakteristische V-Form. Die Scheibe besteht aus oval-förmigen schuppenartigen Platten, die von einer netzartigen gekörnten Haut zusammengehalten werden. Die Scheibeneinfassung ist konkav oder gerundet und hat keine Randplatten. Die innere Ambulakralfurche ist breit. Die fünf Arme verschmälern sich gleichmäßig und enden in geißelartigen Spitzen. Eine feine gekörnte Haut bedeckt die Oberseite der Arme. Die

215 *Encrinaster*. Unterseite. / **215** *Encrinaster*. Oral surface.

Bundenbachia beneckei (Figs. 154, 198, 216)

N Old name: *Taeniaster*. Synonyms: *Palaeophiura simplex* and *Miospondylus rhenanus*.

C The mouth-angle plates are slender and abut to form a characteristic V-shape. The disc is constructed of oval-shaped scale-like plates held together by a reticulated pattern of granular skin. The interradial margin is concave or rounded and lacks marginal plates. The proximal ambulacral furrow is broad. The five arms taper evenly into long whip-like tips. A finely granular skin covers the dorsal surface of the arms. The ambulacrals are alternating, unfused and boot-shaped (Fig. 217). The foot is only slightly longer than the top of the boot. The laterals are crescent shaped and ear-like. They bear up to five groove spines and five evenly tapering vertical spines, the oral-most one is the longest. The vertical spines decrease in length distally along the arms.

R Very common.

Si The arm length is 13–68 mm.

P Glass & Blake (2004) discovered tube feet in *Bundenbachia*, as the only reports of soft-tissue preservation in fossil ophiuroids. The large

216 *Bundenbachia*. Unterseite. / **216** *Bundenbachia*. Oral surface.

217 Vergleich der Form eines Paares Ambulakralplatten von *Lapworthura*, *Mastigophiura*, *Bundenbachia* und *Palaeophiomyxa*. Zu beachten sind die ausnahmsweise gegenständigen Ambulakralplatten von *Lapworthura*. – Umgezeichnet nach Glass (2006) und Glass & Poschmann (2006).

217 Comparison of the shape of a set of ambulacrals of *Lapworthura*, *Mastigophiura*, *Bundenbachia* and *Palaeophiomyxa*. Note the exceptionally paired ambulacrals of *Lapworthura*. – Redrawn after Glass (2006) and Glass & Poschmann (2006).

Ambulakralplatten sind wechselständig, nicht miteinander verbunden und stiefelförmig. Der Fuß ist nur wenig länger als die Spitze des Stiefels. Die Seitenschilder sind sichelförmig und ohrenartig (Abb. 217). Sie tragen bis zu fünf Furchenstacheln und fünf sich gleichmäßig verjüngende, vertikale Stacheln, deren unterer am längsten ist. Die vertikalen Stacheln nehmen in Länge entlang der Arme nach außen ab.

H Sehr häufig.

G Die Armlänge beträgt 13–68 mm.

B Glass & Blake (2004) entdeckten bei *Bundenbachia* Ambulakralfüßchen als den einzigen Nachweis für Weichteilerhaltung bei fossilen Schlangensternen. Die großen Füßchen waren wahrscheinlich maßgebend an der Fortbewegung beteiligt (Abb. 14). Die peitschenartigen Armspitzen könnten flexibel genug gewesen sein, um die Arme eingeschränkt um große Futterpartikel zu winden oder einfach Beute aufzuspüren.

V Breitenthal (Grube Schielenberg). Bundenbach (Gruben Unter- und Obereschenbach, Herrenberg, Schmiedenberg/Mühlenberg). Woppenroth (Grube Rosengarten). Gemünden (Kaisergrube).

Mastigophiura grandis

N *Mastistilio* = Peitsche, Geißel. *Ophiouros* = schlangenschwänzig. *Grandis* = groß.

M *Mastigophiura* ist ein großer Schlangenstern mit einer Scheibe, die aus kleinen, runden, unregelmäßigen schuppenartigen Platten und regelmäßig verteilten, langen Stacheln besteht. Die Oberfläche ist mit vielen feinen Körnchen bedeckt. Die Einfassung der Scheibe ist gerundet. Die große, abgeflachte, ovalförmige Madreporenplatte hat eine kompliziert gefurchte Oberfläche. Die länglichen schlanken Mundeckstücke und zweiten Ambulakralplatten bilden auf der Oberseite einen großen, weit geöffneten sternförmigen Mund. Die Oberseite der fünf Arme ist von kleinen Platten mit einer unregelmäßigen Form bedeckt. Die Ambulakralplatten haben eine rechteckige Form. Eine deutliche Reihe aus kurzen Stacheln verläuft entlang der Mittellinie der Arme. Die Arme verschmälern sich gleichmäßig in dünnen geißelartigen Enden. Die Unterseite der wechselständigen Ambulakralplatten ist stiefelförmig (Abb. 217). Der Fuß ist etwa doppelt so lang wie die Höhe des Stiefels. Die Seitenschilder sind schaufelförmig und tragen maximal fünf Furchenstacheln und fünf gerade vertikale Stacheln. Die Armstacheln nehmen an den äußeren Armen beachtlich an Größe ab.

H Sehr selten.

G Die Armlänge beträgt 120–230 mm.

B Drei der 13 bekannten Exemplare besitzen regenerierte Arme, obwohl solche Ereignisse bei den Schlangensternen des Hunsrückschiefers sehr selten vorkommen (Abb. 218).

V Bollenbach (Grube Franzendell). Bundenbach (Grube Eschenbach). Woppenroth (Grube Rosengarten).

Palaeophiomyxa grandis (Abb. 219)

N *Palaios* = alt. *Ophiomyxa* ist eine Gattung lebender Schlangensterne. *Grandis* = groß. Alte Namen: *Bundenbachia*, *Taeniaster*.

M Eine unregelmäßig gekörnte Haut bedeckt die Scheibe. Die Einfassung ist konkav oder gerundet. Die Mundeckstücke bilden auf der Oberseite eine kleine, längliche, löffelartige Vertiefung. Die fünf Arme sind von einer feinen gekörnten Haut bedeckt. Die Oberseite der Ambulakralplatten ist trapezförmig bis dreieckig und dazwischen befinden sich breite Muskellücken. Die Arme sind sehr lang, verjüngen sich gleichmäßig und die

218 *Mastigophiura* mit regenerierter Armspitze. Unterseite.

218 *Mastigophiura* with regenerated arm tip. Oral surface.

tube feet are likely to have served as the primary means of locomotion (Fig. 14). The whip-like arm tips might have been flexible enough to support limited arm coiling around large food particles, or to simply detect prey.

O Breitenthal (Schielenberg quarry). Bundenbach (Unter- and Obereschenbach, Herrenberg, Schmiedenberg/Mühlenberg quarries). Woppenroth (Rosengarten quarry). Gemünden (Kaisergrube).

Mastigophiura grandis

N *Mastistilio* = whip. *Ophiouros* = snake tail-like. *Grandis* = large.

C *Mastigophiura* is a large ophiuroid with a disc covered by small, round, irregularly scale-like plates and regularly distributed long spines. The surface is densely covered by fine granules. The margin of the disc is rounded. The large, flattened, oval-shaped madreporite has a complexly grooved surface. The elongated, slender mouth-angle plates and second ambulacrals form a large, wide-open star-shaped mouth dorsally. The dorsal surface of the five arms is covered by irregularly shaped small plates. The ambulacrals have a rectangular shape. A prominent row of short spines runs along the midline of the arms. The arms taper evenly into thin whip-like tips. The oral surface of the alternating ambulacrals is boot-shaped (Fig. 216). The foot is about twice as long as the height of the boot. The laterals are paddle-shaped and bear a maximum of five groove spines and five straight vertical spines. Arm spines are significantly reduced in the distal portion of the arms.

R Very rare.

Si The arm length is 120–230 mm.

P Three of the 13 known specimens show regenerated arms, although such occurrences are exceedingly rare for Hunsrück Slate ophiuroids (Fig. 218).

O Bollenbach (Franzendell quarry). Bundenbach (Eschenbach quarry). Woppenroth (Rosengarten quarry).

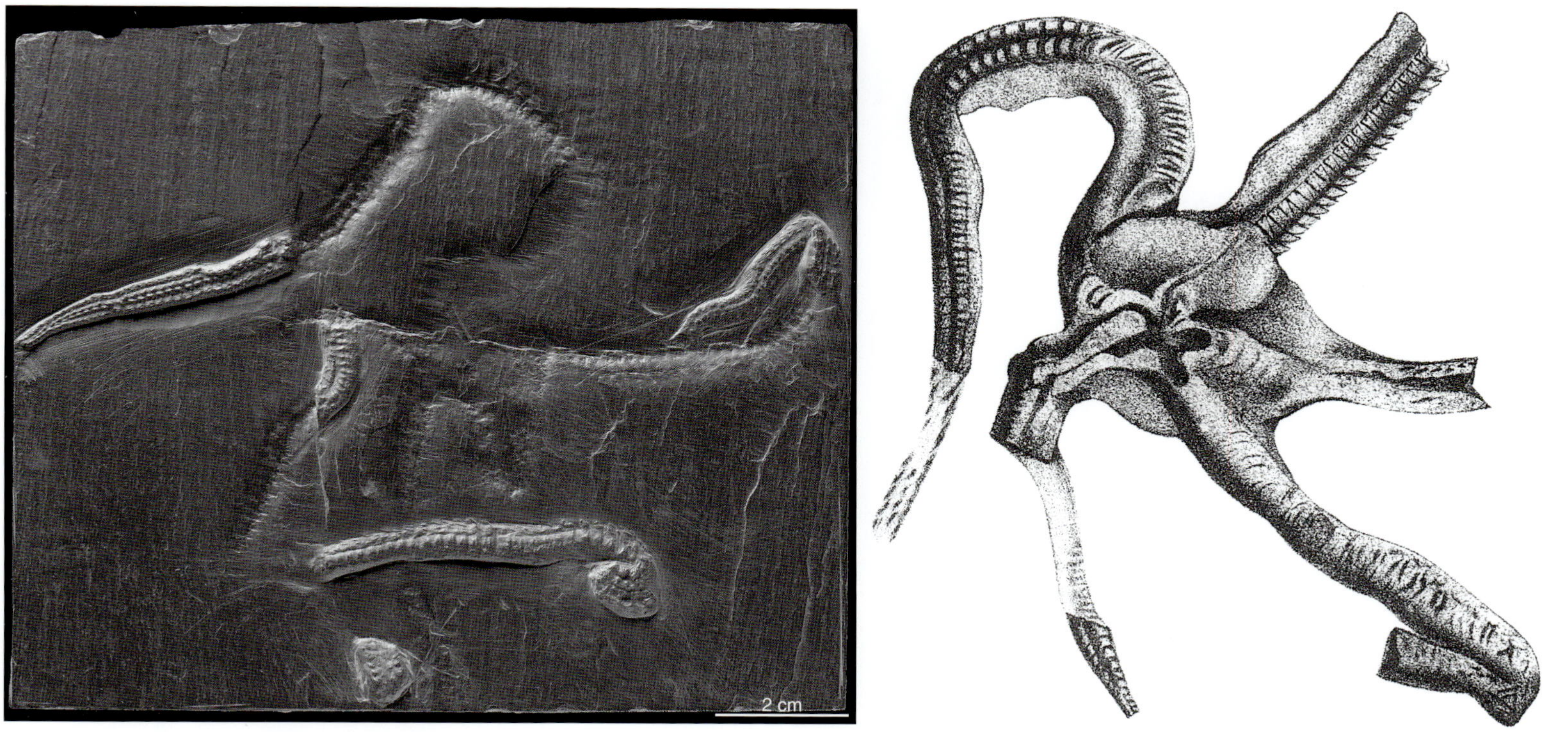

219 A, Armspitzen von *Palaeophiomyxa*. **B**, Oberseite auf der Berliner Gegenplatte. Aus Stürtz (1886).
219 A, Armtips of *Palaeophiomyxa*. **B**, Dorsal surface on the Berlin counter slab. From Stürtz (1886).

Furche ist offen. Die Ambulakralplatten der Unterseite alternieren und sind stiefelförmig (Abb. 217). Der Fuß ist gleich lang wie der Stiefel. Die freien Seitenschilder sind sichelförmig. Sie tragen zwischen vier und sieben Furchenstacheln und drei (vier?) vertikale Stacheln. Letztere liegen parallel zur Armachse.

H Nur der Holotyp.

G Die Armlänge beträgt maximal 145 mm.

V Bundenbach (Grube Obereschenbach).

Lapworthura lehmanni (Abb. 220)

N *Ura* = Schwanz.

M Sternförmige bis fünfeckige Platten bedecken die Scheibe. Die Oberfläche der großen Platten ist bogenförmig. Einige davon tragen Stacheln.

Palaeophiomyxa grandis (Fig. 219)

N *Palaios* = old. *Ophiomyxa* is a living genus of brittle stars. *Grandis* = large. Old names: *Bundenbachia*, *Taeniaster*.

C An irregular granular skin covers the disc. The margin is concave or rounded. The mouth-angle plates form a small, elongated, scoop-shaped depression on the dorsal surface. The surface of the five arms is covered by a finely granular skin. The dorsal surface of the ambulacrals is trapezoidal to triangular with wide muscle gaps in between. The arms are very long, taper evenly and the furrow is open. The oral ambulacrals alternate and are boot-shaped (Fig. 217). The foot has the same length as the boot. The outline of the free laterals is crescent shaped. They bear between four and seven groove spines and three (four?) vertical spines. The last are lying parallel to the arm axis.

220 *Lapworthura*. Unterseite. / **220** *Lapworthura*. Oral surface.

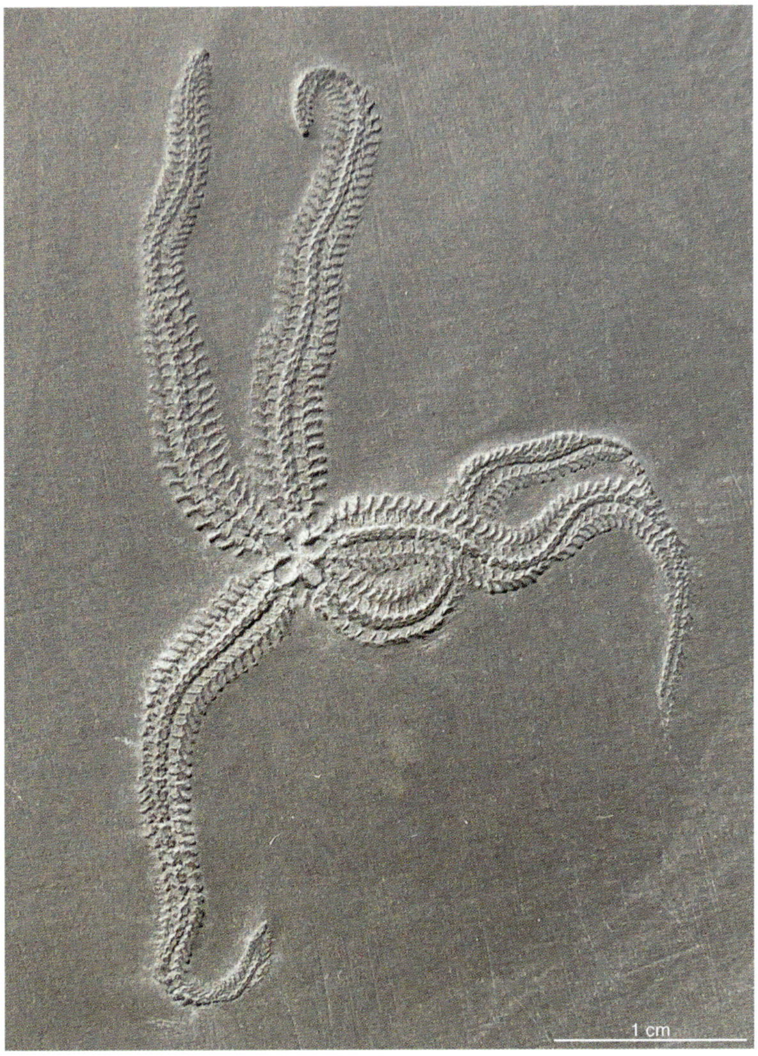

221 *Protasteracanthion*. Oberseite.
221 *Protasteracanthion*. Dorsal surface.

R Only the holotype.

Si The maximum arm length is 145 mm.

O Bundenbach (Obereschenbach quarry).

Lapworthura lehmanni (Fig. 220)

N *Ura* = tail.

C Stellate to pentagonal plates cover the disc. The surface of the large plates is scalloped. Some of them bear spines. The disc margin is rounded or straight. The mouth frame on the oral surface is dominated by long, slender rectangular plates. They form a small, nearly round, scoop-like depression. The five broad arms do not taper until near the arm tips. Four irregular rows of elongated but rounded plates cover the dorsal surface. There are at most two rows of evenly spaced spines along the arm. The dorsal ambulacrals appear to be rectangular; the oral ones are boot-shaped (Fig. 217). The length of the foot is (nearly) as long as the boot. *Lapworthura* is the only known ophiuroid in the Hunsrück Slate with paired but unfused ambulacrals. The oral view of the laterals is dominated by a long, thin process that connects the plate to the foot of the ambulacral. The free laterals bear four short groove spines and three long vertical spines. They decrease in length along the arm.

R Very rare.

Si The arm length is 31–113 mm.

O Bundenbach (Unter- and Obereschenbach quarries).

Protasteracanthion primus (Figs. 221, 222)

N *Pro* = before. *Asteracanthion* (old name for *Asterias*) is a living genus of starfishes. *Primus* = the first. Old name: *Urasterella*.

C *Protasteracanthion* has five very long, flat, ribbon-like arms. There is no interbrachial disc. In the small mouth frame the outer angles of the ambulacrals produce backwards forming Vs. The tabular ambulacrals are arranged in opposite pairs and a prominent dorsal median sulcus runs from vertebra to vertebra. The distinctive sublateral and lateral plates show transverse alignment with the ambulacrals. The underside of the last is flat (no groove) and the upper side has a low profile. The sublaterals are bar-like. The short laterals are Y-shaped and bear

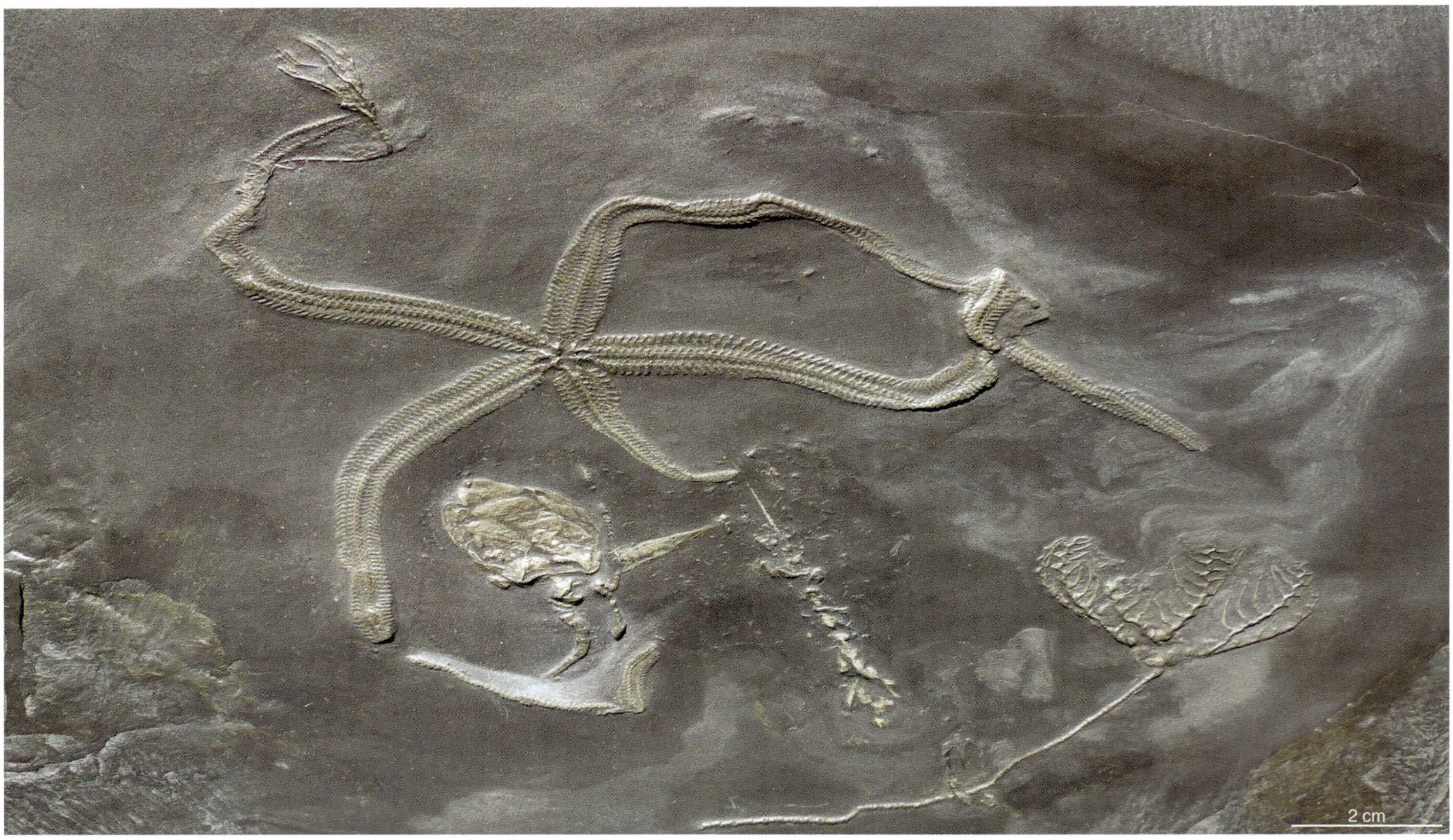

222 *Protasteracanthion*. Unterseite. Angeheftet ist die Seelilie *Parisangulocrinus*. Die weitere Vergesellschaftung besteht aus, im Uhrzeigersinn, der Seelilie *Thallocrinus*, zwei orthoconen Nautiloideen und dem Mitraten *Anatifopsis*.
222 *Protasteracanthion*. Oral surface. Attached to it is the crinoid *Parisangulocrinus*. The association further composes, in clockwise direction, the crinoid *Thallocrinus*, two orthoconic nautiloids and the mitrate *Anatifopsis*.

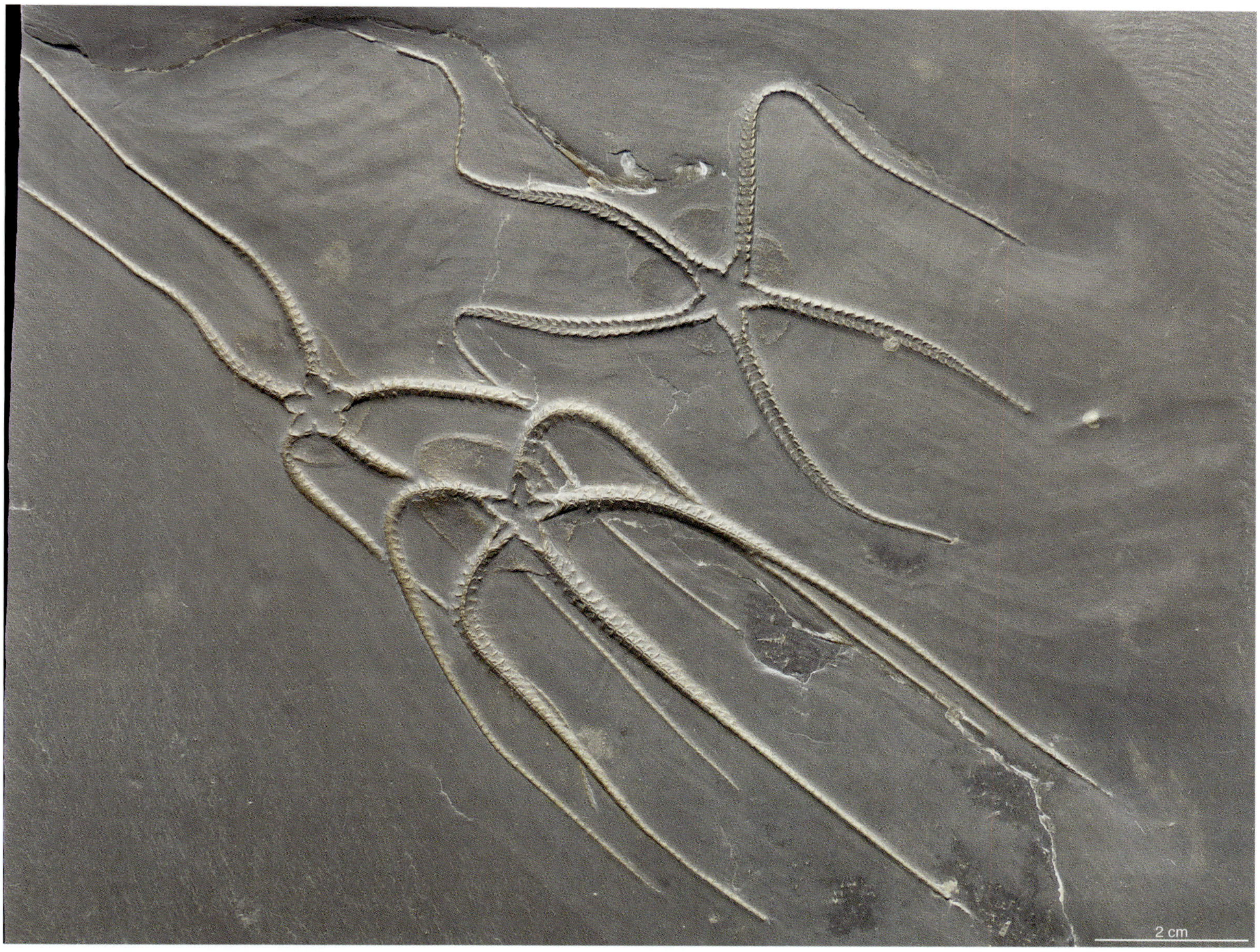

223 Drei Exemplare von *Furcaster*, zwei von oben und einer von unten gesehen.
223 Three specimens of *Furcaster*, two seen from above and one from below.

Die Scheibeneinfassung ist gerundet oder gerade. Das Mundskelett auf der Unterseite wird von den langen, schlanken rechteckigen Platten beherrscht. Sie bilden eine kleine, rundliche, löffelartige Vertiefung. Die fünf breiten Arme verschmälern sich nicht bis in die Nähe der Armspitzen. Vier unregelmäßige Reihen länglicher, aber gerundeter Platten bedecken die Oberseite. Es gibt meist zwei Reihen gleichmäßig verteilter Stacheln entlang des Armes. Die Ambulakralplatten der Oberseite scheinen rechteckig zu sein, auf der Unterseite sind sie stiefelförmig (Abb. 217). Die Länge des Fußes ist (beinahe) so lang wie der Stiefel. *Lapworthura* ist der einzige bekannte Schlangenstern aus dem Hunsrückschiefer mit paarigen aber nichtverschmolzenen Ambulakralplatten. Die untere Ansicht der Seitenschilder wird von einem langen, dünnen Fortsatz dominiert, der die Platte mit dem Fuß der Ambulakralplatte verbindet. Die freien Seitenschilder tragen vier kurze Furchenstacheln und drei lange vertikale Stacheln. Sie nehmen entlang des Armes an Länge ab.

H Sehr selten.

G Die Armlänge beträgt 31–113 mm.

V Bundenbach (Gruben Unter- und Obereschenbach).

Protasteracanthion primus (Abb. 221, 222)

N *Pro* = bevor. *Asteracanthion* (alter Name für *Asterias*) ist eine lebende Seesterngattung. *Primus* = der Erste. Alter Name: *Urasterella*.

M *Protasteracanthion* hat fünf sehr lange, flache, bandförmige Arme. Es gibt keine Scheibe zwischen den Armen. Im kleinen Mundskelett bilden die äußeren Ecken der Ambulakralplatten nach hinten gerichtete »V«s. Die blättrig geschichteten Ambulakralplatten sind als gegenständige Paare ausgerichtet und es verläuft eine deutliche mittlere Einsenkung auf der Oberseite von Wirbel zu Wirbel. Die prominenten Sublateralplatten und Lateralplatten stehen schräg zu den Ambulakralplatten. Deren Unterseite

short tuft-like vertical spines. The arms have the appearance of wire netting.

R Very rare.

Si The arm length is 42–140 mm.

P The presence of embedded virgals needs to be studied further to decide about the transition to the stenuroids (Blake 2013).

O Bundenbach (Unter- and Obereschenbach quarries).

Furcaster (Figs. 192, 223)

N *Furca* = fork. *Palaeozoicus* = corresponding with the era Palaeozoic. Old names for *F. decheni*: *Eoluidia*, *Ophiura* and *Eophiurites* and for *F. zitteli*: *Palastropecten*, *Ophiura* and *Palaeospondylus*.

C *Furcaster* is a very abundant ophiuroid with opposing fused ambulacrals. These vertebrae are elongate and wing-like. The five narrow arms are high and taper to whip-like extremities. Each ambulacral pair has a pronounced median dorsal oval cleft. The ambulacral plates are essentially flat and plastron-like orally (plastron is the lower shell of a turtle). The round small disc is granulated. The mouth frame is petaloid and the mouth-angle plates are sub-triangular in outline. The ambulacral groove is open. The laterals are blocky to barrette-shaped. They bear a tuft of vertical needle-like spines, and leaf-like groove spines.

R *Furcaster palaeozoicus*: very common. *F. decheni* (Fig. 224): common. *F. zitteli*: rare.

Si The arm length for *F. palaeozoicus* is 20–80 mm, *F. decheni* 55–230 mm and for *F. zitteli* 40–140 mm.

Sp Lehmann (1957) listed three species: *Furcaster palaeozoicus*, *F. decheni* and *F. zitteli*. *F. palaeozoicus* is the most common one, has two arm vertebrae within the disc and the longest spines (three to four times the size of

224 *Furcaster decheni*. Oberseite. / **224** *Furcaster decheni*. Dorsal surface.

ist flach (keine Furche) und die Oberseite hat wenig Profil. Die Sublateralplatten sind stäbchenartig. Die kurzen Lateralplatten sind Y-förmig und tragen kurze, büschelartige, vertikale Stacheln. Die Arme sehen wie Maschendraht aus.

H Sehr selten.

G Die Armlänge beträgt 42–140 mm.

B Das Vorhandensein von eingebetteten Virgalplatten muss weiter untersucht werden um über den Wechsel zu den Stenuroideen zu entscheiden (Blake 2013).

V Bundenbach (Grube Unter- und Obereschenbach).

Furcaster (Abb. 192, 223)

N *Furca* = Gabel. *Palaeozoicus* = nach dem Erdzeitalter Paläozoikum. Alte Namen für *F. decheni*: *Eoluidia*, *Ophiura* und *Eophiurites* und für *F. zitteli*: *Palastropecten*, *Ophiura* und *Palaeospondylus*.

M *Furcaster* ist ein sehr häufiger Schlangenstern mit gegenständig verschmolzenen Ambulakralplatten. Die Wirbel sind länglich und flügelförmig. Die fünf schmalen Arme sind hoch und verschmälern sich in peitschenartigen Enden. Jedes Paar von Ambulakralplatten hat eine ausgeprägte, mittlere, obere ovale Spalte. Die Ambulakralplatten sind im Wesentlichen flach und plastronartig auf der Unterseite (Der Plastron ist der Bauchpanzer einer Schildkröte). Die runde kleine Scheibe ist gekörnt. Das Mundskelett ist blattförmig und die Stücke haben eine etwa dreieckige Form. Die Ambulakralfurche ist offen. Die Seitenschilder sind blockartig bis spangenförmig. Sie tragen einen Büschel vertikaler, nadelartiger Stacheln und blattartige Furchenstacheln.

H *Furcaster palaeozoicus*: sehr häufig. *F. decheni* (Abb. 224): häufig. *F. zitteli*: selten.

G Die Armlänge beträgt bei *F. palaeozoicus* 20–80 mm, *F. decheni* 55–230 mm und bei *F. zitteli* 40–140 mm.

A Lehmann (1957) führte drei Arten auf: *Furcaster palaeozoicus*, *F. decheni* und *F. zitteli*. *F. palaeozoicus* ist am häufigsten und hat die längsten Stacheln (drei bis vier Mal so lang wie die Seitenschilder). *F. decheni* ist am größten und robuster als *F. palaeozoicus*. Innerhalb der Scheibe befinden sich sieben Armsegmente. Die Wirbel der Oberseite bilden einen deutlichen mittleren Wulst entlang der Arme. *F. zitteli* unterscheidet sich von den beiden anderen durch das kräftige Mundskelett, breitere Arme und kurze Stacheln, die etwa gleich lang wie die Seitenschilder sind. Spätere Autoren (Spencer & Wright 1966; Glass 2006a) erkannten aber diese drei verschiedenen Arten nicht an.

the laterals). *F. decheni* is the largest and is more robust than *F. palaeozoicus*. The disc incorporates about seven arm segments. The vertebrae on the dorsal side have the appearance of a prominent median ridge running alongside the arms. *F. zitteli* differs from the other two in the robust mouth frame, broader shorter arms, and short spines of about the same length as the laterals. However, more recent authors (Spencer & Wright 1966; Glass 2006a) did not recognize these as three different species.

O Breitenthal (Schielenberg quarry). Bundenbach (Unter- and Obereschenbach, Herrenberg, Schmiedenberg/Mühlenberg quarries). Woppenroth (Rosengarten quarry). Gemünden (Kaisergrube).

Eospondylus primigenius (Fig. 225)

N *Spondylus* = vertebra. *Primigenius* = ancient.

C *Eospondylus* is related to *Furcaster*, especially for its ambulacrals fused into vertebrae, their form, their deep median dorsal cleft and the open groove. The circular disc incorporates only two arm vertebrae and bears small scale-like plates. The five long arms are about as high as wide. They can bend extremely, up to 180 degrees involving seven segments. The laterals have a vertical spine ridge bearing a row of long spines of unequal length. The laterals on the oral surface are more conspicuous, somewhat pear-shaped and bear minute groove spines.

R Rare.

Si The arm length is 13–120 mm.

P The peg-and-socket vertebral joints of *Eospondylus* permit oral arm coiling, dorsal arm flexure and extreme horizontal bending. *Furcaster* does not coil the arms orally (personal information F. Hotchkiss, 2016). Such flexibility and coiling is not seen in other Hunsrück Slate ophiuroids and allowed an epizoic lifestyle. *Furcaster* and *Eospondylus* could climb on sponges (see also that chapter under *Cyathophycus*), and there are specimens of *Eospondylus* known on the cup of crinoids in about the same position as the snail *Platyceras* (see the chapter molluscs).

O Bundenbach (Unter- and Obereschenbach, Schmiedenberg/Mühlenberg quarries).

Kentrospondylus decadactylus (Fig. 226)

N *Kentron* = spine. *Spondylus* = vertebra. *Decadactylus* = 10 corresponding to the arm number.

C *Kentrospondylus* is similar to *Eospondylus*, differing mainly in having 10 arms and a larger disc including up to nine arm segments. The disc

V Breitenthal (Grube Schielenberg). Bundenbach (Gruben Unter- und Obereschenbach, Herrenberg, Schmiedenberg/Mühlenberg). Woppenroth (Grube Rosengarten). Gemünden (Kaisergrube).

Eospondylus primigenius (Abb. 225)

N *Spondylus* = Wirbel. *Primigenius* = ursprünglich.

M *Eospondylus* ist mit *Furcaster* verwandt, insbesondere wegen seinen zu Wirbeln verschmolzenen Ambulakralplatten, ihrer Form, ihrer tiefen, mittleren oberen Spalte und der offenen Furche. Die runde Scheibe schließt nur zwei Armwirbel ein und trägt kleine, schuppenartige Platten. Die fünf langen Arme sind ungefähr ebenso hoch wie breit. Sie sind äußerst biegsam (sieben Segmente umfassend bis zu 180 Grad). Die Seitenschilder haben eine vertikale Rippe, die eine Reihe langer Stacheln von ungleicher Länge trägt. Die Seitenschilder auf der Unterseite sind auffälliger, einigermaßen birnenförmig und tragen winzige Furchenstacheln.

H Selten.

G Die Armlänge beträgt 13–120 mm.

B Die Kugelgelenke der Wirbel von *Eospondylus* erlauben es, dass die Arme nach unten umbiegen können, nach oben flexibel und zur Seite hin außergewöhnlich biegbar sind. *Furcaster* biegt seine Arme nicht nach unten (mündliche Mitteilung F. Hotchkiss, 2016). Eine solche Flexibilität und Aufrollung hat man bei anderen Schlangensternen aus dem Hunsrückschiefer nicht beobachtet. Dies ermöglichte eine epifaunale Lebensweise. *Furcaster* und *Eospondylus* konnten auf Schwämme klettern (siehe auch dieses Kapitel unter *Cyathophycus*) und es gibt Exemplare von *Eospondylus* auf dem Kelch von Seelilien in etwa derselben Lage wie die Schnecke *Platyceras* (siehe das Kapitel Weichtiere).

V Bundenbach (Gruben Unter- und Obereschenbach, Schmiedenberg/Mühlenberg).

Kentrospondylus decadactylus (Abb. 226)

N *Kentron* = Stachel. *Spondylus* = Wirbel. *Decadactylus* = 10 mit Bezug auf die Armzahl.

M *Kentrospondylus* ähnelt *Eospondylus* und unterscheidet sich insbesondere durch seine 10 Arme und die größere Scheibe, die bis zu neun Armsegmente einschließt. Die Scheibe ist gekörnt und mit etwa 5 mm langen Stacheln besetzt. Die Seitenschilder tragen lange dünne Stacheln.

225 *Eospondylus*. Oberseite. / **225** *Eospondylus*. Dorsal surface.

is granulated and bears spines about 5 mm in length. Long thin spines projected from the laterals. The vertebrae are narrowing towards the extremity of the arms and have a rod-like outline there.

R Very rare.

Si The arm length is 77–211 mm.

P The specimen in the collection Rüdiger Weiser (Reil) appears to have 11 arms.

O Bundenbach (Schmiedenberg/Mühlenberg quarry).

226 *Kentrospondylus*. Oberseite. / **226** *Kentrospondylus*. Dorsal surface.

227 *Ophiurina* mit einem regenerierten Arm. Oberseite. / **227** *Ophiurina* with one regenerated arm. Dorsal view.

228 *Ophiurina*. Unterseite. / **228** *Ophiurina*. Oral view.

Die Wirbel verschmälern sich zu den Armspitzen hin und erscheinen dort stabförmig.

H Sehr selten.

G Die Armlänge beträgt 77–211 mm.

B Das Exemplar in der Sammlung Rüdiger Weiser (Reil) scheint 11 Arme zu haben.

V Bundenbach (Grube Schmiedenberg/Mühlenberg).

Ophiurina lymani (Abb. 20, 158, 227–229)

N *Ophiouros* = schlangenschwänzig.

M *Ophiurina* und »Eschenbachia« sind die kleinsten Schlangensterne aus dem Hunsrückschiefer. Die runde Scheibe ist mit einer feinen gekörnten Haut überzogen. Der Scheibenrand besteht aus 15 stäbchenförmigen Platten, von denen jeweils drei zwischen den Armen liegen. Die Randplat-

Ophiurina lymani (Figs. 20, 158, 227–229)

N *Ophiouros* = snake tail-like.

C *Ophiurina* and "Eschenbachia" are the smallest ophiuroids of the Hunsrück Slate. The round disc is covered with a finely granular skin. The margin of the disc consists of 15 rod-like plates, of which every three of them are lying interradially. The marginals are connected to the second arm segment (personal information F. Hotchkiss, 2016). The vertebral halves are arranged in opposing pairs. The largest elements of the arm skeleton are the curved laterals, which bear a row of small spines of unequal length. They are orally touching across the midline of the arms. The five slender arms taper in their first halve evenly and the laterals become long slender rods towards the extremity of arms.

R Common.

Si The arm length is 12–24 mm.

229 Links Eschenbachia (Unterseite). Rechts Eschenbachia und *Ophiurina* (Oberseiten).
229 To the left Eschenbachia (Oral view). To the right Eschenbachia and *Ophiurina* (Dorsal views).

ten sind mit dem zweiten Armsegment verbunden (mündliche Mitteilung F. Hotchkiss, 2016). Die Wirbelhälften sind in gegenständigen Paaren angeordnet. Die größten Elemente des Armskeletts sind die gebogenen Seitenschilder, die eine Reihe kleiner Stacheln von ungleicher Länge tragen. Sie berühren sich auf der Unterseite entlang der Mittellinie der Arme. Die fünf schlanken Arme verjüngen sich in ihrer ersten Hälfte allmählich und die Seitenschilder werden in Richtung Armspitzen zu langen schlanken Spangen.

H Häufig.

G Die Armlänge beträgt 12–24 mm.

B *Ophiurina* konnte auch auf Schwämme klettern. Hotchkiss (mündliche Mitteilung, 2016) nimmt, in Analogie zu dem rezenten Schlangenstern *Amphicutis* an, dass *Ophiurina* mit steifen Armen lief und dabei seine Muskeln in den langen Füßchen nutzte.

V Breitenthal (Grube Schielenberg). Bundenbach (Gruben Unter- und Obereschenbach, Herrenberg, Schmiedenberg/Mühlenberg). Woppenroth (Grube Rosengarten).

Eschenbachia abiesi (Abb. 229)

N *Abies* = Tanne.

M Eschenbachia ist ein kleiner neuer Schlangenstern, dessen wissenschaftliche Bearbeitung noch aussteht. Innerhalb der gekörnten Scheibe befinden sich zwei Wirbel. Die Wirbel sind gegenständig ausgerichtet. Die fünf Arme verjüngen sich gleichmäßig und enden geißelartig. Sie sehen, weil die Seitenschilder sichelförmig sind und schräg zum Arm stehen, wie ein Tannenzweig aus (Name!). Die Seitenschilder sind jedoch weniger gerundet als bei *Ophiurina* und tragen ein Bündel langer, nadelartiger Stacheln, die nach außen hin an Größe abnehmen.

H Selten.

G Die Armlänge beträgt 16–22 mm.

V Bundenbach (Gruben Unter- und Obereschenbach, Schmiedenberg/Mühlenberg).

P *Ophiurina* could also climb on sponges. Hotchkiss (personal information, 2016) suggests, in analogy to the recent ophiuroid *Amphicutis*, that *Ophiurina* walked with stiff arms using the muscles in their tall podia.

O Breitenthal (Schielenberg quarry). Bundenbach (Unter- and Obereschenbach, Herrenberg, Schmiedenberg/Mühlenberg quarries). Woppenroth (Rosengarten quarry).

Eschenbachia abiesi (Fig. 229)

N *Abies* = fir.

C Eschenbachia is a small new ophiuroid, awaiting scientific description. The granulated disc encloses two arm vertebrae. The vertebrae are in an opposing position. The five arms taper evenly and end whip-like. They have the appearance of a branch of a fir tree (name), because the laterals are sickle-shaped in outline and obliquely arranged alongside the arm. The laterals are less rounded than in *Ophiurina* and bear a tuft of elongate needle-like spines that diminish in size distally.

R Rare.

Si The arm length is 16–22 mm.

O Bundenbach (Unter- and Obereschenbach, Schmiedenberg/Mühlenberg quarries).

Seeigel

Seeigel sind bewegliche Stachelhäuter, wobei der größte Teil des Skeletts, anders als bei den Sterntieren, zu einem kugeligen Gehäuse zusammengewachsen ist. Es trägt bewegliche kleine und große Stacheln. Mund und Anus haben normalerweise eine mittlere Position und sind zum Untergrund (Unterseite) hin bzw. an der Spitze der Oberseite gelegen. Das Gehäuse besteht aus ineinander greifenden Kalkplatten die, in fünf radialen Ambulakralreihen, getrennt von interradialen Reihen (Interambulakralplatten), angeordnet sind.

Die heutigen Seeigel stammen wahrscheinlich nicht von den paläozoischen Vorfahren ab. Ihr weniger hartes Skelett hat ihre Erhaltung erschwert, wodurch sie sehr selten sind. Es sind insgesamt nur zehn unvollständige Exemplare gefunden worden, die drei Arten zugeordnet wurden. Zwei davon, *Rhenechinus* und *Porechinus*, ursprünglich von Dehm beschrieben, werden hier vorgestellt. Die dritte Art *Lepidocentrus*? ist am schlechtesten erhalten und wurde sowohl in Bundenbach (Gruben Eschenbach und Mühlenberg), als auch in der Grube Kreuzberg bei Weisel/Taunus gefunden. Außerdem befindet sich ein Seeigel im Fossilienmuseum Bundenbach (Theis 1967, 1980; Abb. 230).

Smith et al. (2013) beschrieben eine weitere *Rhenechinus*-Art aus dem spanischen Devon, die gut erhalten ist und massenhaft in relativ untiefem Wasser gelebt hat. Da Seeigel im Hunsrückschiefer jedoch sehr selten sind wird angenommen, dass sie allochthon sind, d. h. sie müssen von den flacheren Schwellen in tiefere Mulden eingeschwemmt worden sein.

Rhenechinus hopstaetteri (Abb. 231)

M Das Gehäuse scheint kugelig gewesen zu sein und war höher als breit. Die dünnen Platten greifen dachziegelartig übereinander. Es sind vier gerade, schmale Reihen von Ambulakralplatten in jedem Feld vor-

Echinoids

Echinoids (sea urchins) are free-living echinoderms with a main portion of the skeleton which, unlike that of asterozoans, is fused to form a subspherical test. It bears movable small and large spines. Mouth and anus have commonly a middle position, and are situated toward the sea floor (orally) or at the dorsal top. The test is composed of interlocking calcareous plates which are arranged in five radiating ambulacral rows which are separated by intermediary rows (interambulacrals).

The extant echinoids are most probably not closely related to the Palaeozoic ancestors. Their much less robust skeleton complicates their preservation, and as such they are very rare. There are totally ten incomplete specimens found, which have been assigned to three species. Two of them, *Rhenechinus* and *Porechinus*, originally described by Dehm, are presented here. The third species *Lepidocentrus*? is badly preserved and was found in Bundenbach (quarries Eschenbach and Mühlenberg) as well as in the Kreuzberg mine of Weisel/Taunus.There is an echinoid in the Fossilienmuseum Bundenbach too (Theis 1967, 1980; Fig. 230).

Smith et al. (2013) described a further *Rhenechinus*-species from the Spanish Devonian, which is preserved well and has a common occurrence in relatively shallow water. By contrast, because the echinoids in the Hunsrück Slate are so rare they are presumably allochthonous, that is to say washed into the deeper basins from the shallower swells.

Rhenechinus hopstaetteri (Fig. 231)

C The test must have been subglobular in outline and was taller than wide. The thin plates imbricate. There are four straight narrow columns of plates in each ambulacral field, in which wedge-shaped demiplates extend alongside the midline. The pore-pairs are small and uniform. The broad interambulacral fields, numbered up to eight, are composed of a large number of polygonal plates forming semi-regular chevron-like

230 Seeigel. / **230** Echinoid indet.

231 *Rhenechinus*. Untere Hälfte des Gehäuses. / **231** *Rhenechinus*. Lower part of the test.

handen, die alternierend keilförmige Halbplatten beiderseits der Mittellinie einschließen. Die paarigen Grübchen sind klein und gleichförmig. Die breiten bis zu 8 Interambulakralreihen bestehen aus einer großen Anzahl an vieleckigen Platten, die nahezu regelmäßig in winkelartigen Reihen angeordnet sind. Die bis zu 4 mm großen Stacheln stehen auf kleinen Warzen und befinden sich insbesondere in der Ambulakral- und Mundregion.

H Zwei Exemplare bekannt.

G Der Durchmesser beträgt bis zu 100 mm.

B Auf dem Röntgenbild sind im Inneren des Gehäuses Teile des Kauapparates (»Laterne des Aristoteles« genannt) sichtbar.

V Bundenbach (Grube Eschenbach). Gemünden (Kaisergrube).

Porechinus porosus (Abb. 232)

N *Poros* = Öffnung, Loch mit Bezug auf die löchrige Oberflächenskulptur.

M Die dicken Platten greifen dachziegelartig übereinander. Es sind nur zwei Reihen von Ambulakralplatten und vier bis fünf Interambulakralreihen in jedem Feld vorhanden. Die Skulptur besteht aus einer feinen Körnung und feinen gleichförmigen Stachelchen. Die großen paarigen Grübchen befinden sich in der Mitte der Ambulakralplatten.

H Unikat.

G Die Höhe und Breite betragen 68 bzw. 45 mm.

V Bundenbach.

232 *Porechinus*.

233 Schlundring einer Seegurke im Mund vom *Helianthaster*.
233 Throat ring of a holothurian in the mouth of *Helianthaster*.

Seegurken

Seegurken oder -walzen sind langgestreckte sackförmige Stachelhäuter ohne Arme. Im Gegensatz zu den anderen Stachelhäutern und den heutigen Seegurken besteht das Skelett der paläozoischen Seegurken aus einzelnen Kalkkörperchen (Sklerite), die in eine lederartige Haut eingebettet sind. Seegurken graben oder kriechen mit den Saugfüßchen der drei unteren Ambulakralfelder auf dem Meeresboden umher. Die beiden anderen Ambulakralfelder befinden sich auf dem Rücken und sind mit Füßchen gerüstet, die als Tastorgane fungieren. Der Mund am größeren Ende ist von klebrigen Tentakeln umgeben, die der Ernährung dienen. Um den Rachen liegt der Kalkring, der aus fünf radialen und fünf oder mindestens 10 interradialen Platten zusammengesetzt ist. Dieser Schlundring wird z. T. auch vereinzelt gefunden (Abb. 233).

Vollständige Seegurken sind im Fossilbestand außerordentlich selten. Die besterhaltenen aus dem Paläozoikum kommen aus dem Hunsrückschiefer und liefern wichtige Erkenntnisse über die Entwicklung des Körperbaus. Reich und Smith (2013) haben vor kurzem, neben *Palaeocucumaria*, zumindest eine weitere größere Art entdeckt. Diese ist der erste Nachweis für eine in der Tiefsee lebende primitive Seegurke. Der Mund

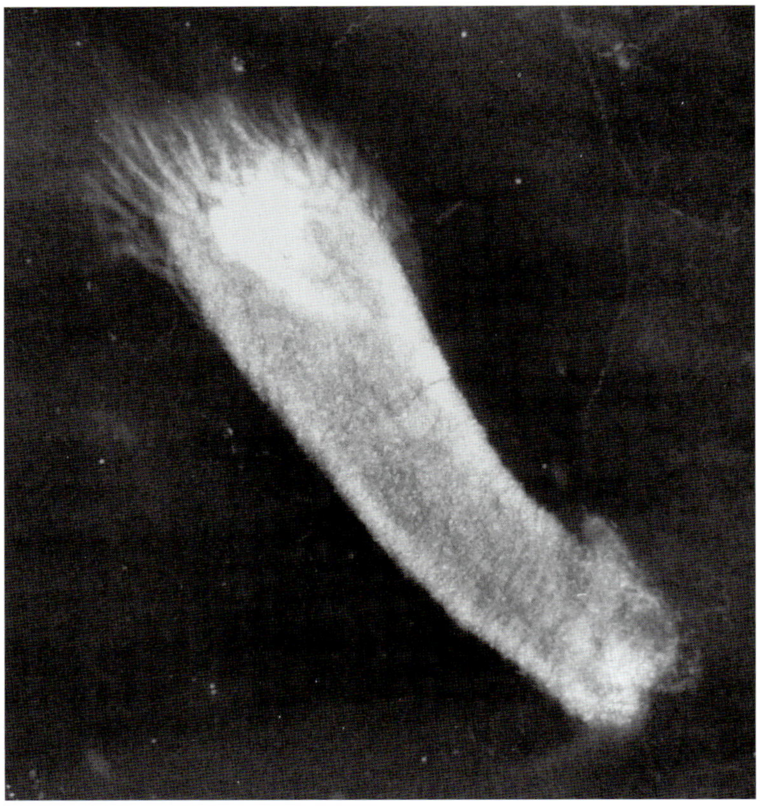

235 *Palaeocucumaria*. Röntgenbild / **235** *Palaeocucumaria*. X-ray.

234 *Palaeocucumaria*. Dieses Exemplar zeigt den Mundbereich mal anders (in einer »Draufsicht«).
234 *Palaeocucumaria*. This specimen shows its mouth region differently (in top view).

rows. The spines, up to 4 mm long, articulate on small tubercles, and are more densely spaced in the ambulacral and mouth area.

R Two specimens known.

Si The diameter is up to 100 mm.

P The x-radiograph shows a large jaw apparatus (called "Aristotle's lantern") within the test.

O Bundenbach (Eschenbach quarry). Gemünden (Kaisergrube).

Porechinus porosus (Fig. 232)

N *Poros* = opening, hole corresponding to the pitted surface sculpture.

C The thick plates imbricate. There are only two columns of ambulacral plates and four to five interambulacral columns in each field. Fine granulation and fine uniform spinules are present. The large pore-pairs are centrally placed on the ambulacral plates.

R Unique specimen.

Si Height and width are 68 and 45 mm.

O Bundenbach.

Holothurians

Holothurians or sea cucumbers are elongate sack-like armless echinoderms. In contrast to other echinoderms and the extant sea cucumbers, the skeleton of the Palaeozoic sea cucumbers consists of isolated calcareous plates (sclerites) in the leathery skin. Holothurians burrow or creep over the sea floor using the suckered tube feet of the three oral ambulacral areas. The other two ambulacral areas are dorsal in position with tube feet that function as sensory organs. The mouth at the larger end of the body is surrounded by sticky tentacles for feeding. The pharynx is surrounded by the calcareous ring composed of five radial and five, or up to 10, interradial plates. This throat ring has been found isolated (Fig. 233). Entire holothurians are among the rarest in the fossil record. The best preserved of the Palaeozoic come from the Hunsrück Slate and yield important knowledge about the development of the body plan. Reich and Smith (2013) discovered recently, apart from *Palaeocucumaria*, at least one further larger species. This is the first record of a holothurian verfügt über eine markante Sohle, die für eine Ernährung, bestehend aus Schwebestoffen über dem Meeresboden spricht. Gegliederte Tentakel fehlen.

Palaeocucumaria hunsrueckiana (Abb. 234, 235)

N *Cucumis* = Gurke.

M Die kleine Seegurke hat eine zylindrische Form mit einer ausgeprägten Mundregion, mit umliegenden Tentakeln und am anderen Ende einen langen Körper, der am unteren Ende gerundet ist. Die lappige Anordnung der 25 gegliederten Tentakel, die große ovale Madreporenplatte (Siebplatte für das eingesogene Wasser) und der schwach entwickelte Kalkring sind primitive Merkmale unter den Seegurken. Zahlreiche kleine Körnchen, denen kleine plattenartige Gebilde zu Grunde liegen, bilden die Knöchelchen der Körperhaut. Am unteren Ende überwiegen dornartige Gebilde.

H Selten.

G Die Körperlänge beträgt zwischen 13 und 50 mm und die Tentakeln sind bis zu 5 mm lang. Die Schlundringe haben einen Durchmesser von 4 bis 7 mm.

B Die Körperform war einigermaßen flexibel. Die Tentakeln konnten nicht eingezogen werden.

V Bundenbach (Grube Unter- und Obereschenbach). Gemünden (Kaisergrube).

living in the deep-sea. The mouth has a striking sole implying this to have been an epifaunal detritus feeder. Plated tentacles are missing.

Palaeocucumaria hunsrueckiana (Figs. 234, 235)

N *Cucumis* = cucumber.

C The small holothurian has a cylindrical form consisting of a distinct oral region with surrounding tentacles, and at the other end an elongate body that is rounded distally. The lobate arrangement of the 25 plated tentacles, the large ovate madreporite plate (perforated plate for the entering of water), and the weakly developed calcareous ring are primitive features among the holothurians. The ossicles of the body wall are numerous small granules underlain by small plate-like elements. In the basal part thorn-like elements are more abundant.

R Rare.

Si The length of the body varies between 13 and 50 mm and the tentacles are up to 5 mm in length. The calcareous rings have a diameter between 4 and 7 mm.

P The shape of the body was to some extent flexible. The tentacles were nonretractile.

O Bundenbach (Unter- and Obereschenbach quarries). Gemünden (Kaisergrube).

Literatur / Literature

Ausich, W. I., C. Bartels & T. W. Kammer (2013): Tube foot preservation in the Devonian crinoid *Codiacrinus* from the Lower Devonian Hunsrück Slate, Germany. – Lethaia 46: 416–420 (*Codiacrinus*).

Beaver, H. H., R. O. Fay, D. B. Macurda, Jr., R. C. Moore & J. Wanner (1967): Blastoids. – Moore, R.C. (ed.): In: Treatise on Invertebrate Paleontology. Part S, Echinodermata 1 (2): S297–S455. Univ. Kansas Press and Geol. Soc. Amer., Lawrence, Kansas.

Bell, B. M. (1974): A Study of North American Edrioasteroidea. – New York State Museum Memoir 21, Albany (*Agelacrinites*).

Blake, D. B. (2002): *Compsaster formosus* Worthen & Miller (Asteroidea; Echinodermata): A Carboniferous homeomorph of the post-Paleozoic Asteriidae. – Paläont. Z. 76 (2): 357–367 (*Jaekelaster, Schlueteraster, Compsaster*).

– (2009): Re-evaluation of the Devonian family Helianthasteridae Gregory, 1899 (Asteroidea: Echinodermata). – Paläont. Z. 83: 293–308 (*Archasterina, Helianthaster, Echinasterella, Hystrigaster*).

– (2013): Early asterozoan (Echinodermata) diversification: a paleontologic quandary. – Journal of Paleontology 87 (3): 353–372 (*Erinaceaster, Palasteriscus, Jaekelaster, Echinasterella, Bdellacoma, Hystrigaster*).

Blake, D. B. & T. Guensburg (2015): The class Somasteroidea (Echinodermate, Asterozoa): morphology and occurrence. – Journal of Paleontology 89 (3): 465–486 (*Urasterella, Encrinaster, Erinaceaster*).

Breimer, A. (1962). A monograph on Spanish Palaeozoic Crinoidea. – Leidse Geol. Meded. 27: 1–190 (*Diamenocrinus, Pterinocrinus, Orthocrinus, Codiacrinus*).

Dehm, R. (1934): Untersuchungen an Cystoideen des rheinischen Devons. – Sitzungsber. Bay. Akad. Wiss. Math.-naturw. Abt.: 19–43 (*Dehmicystis, Anatifopsis, Rhenocystis, Regulaecystis*).

– (1941): Cystoideen aus dem rheinischen Unterdevon. – Neues Jahrb. Min. etc. 69 (B): 63–93 (*Rhenocystis, Regulaecystis*).

– (1953): *Rhenechinus hopstätteri* nov. gen. nov. sp., ein Seeigel aus dem rheinischen Unter-Devon. – Notizbl. hess. L.-Amt Bodenforsch. 81: 88–95 (*Rhenechinus*).

– (1961): Ein zweiter Seeigel, Porechinus porosus nov. gen. nov. spec., aus dem rheinischen Unter-Devon. – Mitt. Bayer. Staatsslg. Pal. hist. Geol. 1: 1–8 (*Porechinus*).

– (1961): Über *Pyrgocystis* (*Rhenopyrgus* nov. subgen.) *coronaeformis* Rievers aus dem rheinischen Unter-Devon. – Mitt. Bayer. Staatsslg. Pal. hist. Geol. 1: 13–17 (*Rhenopyrgus*).

Durham, J. W., H. B. Fell, A. G. Fischer, P. M. Kier, R. V. Melville, D. L. Pawson & C. D. Wagner (1966): Echinoids. – In Moore, R. C. (ed.): Treatise on Invertebrate Paleontology. Part U, Echinodermata 3 (1): U211–U366a. Univ. Kansas Press and Geol. Soc. Amer., Lawrence, Kansas.

Follmann, O. (1887): Unterdevonische Crinoiden. – Verhandl. Naturhist. Ver. preuss. Rheinl., Westf. und Reg.-Bez. Osnabrück, 44: 113–138.

Frizzell, D.L., H. Exline & D. L. Pawson (1966): Holothurians. Treatise on Invertebrate Paleontology. Moore, R.C., ed., Part U. Echinodermata 3(2): U641–U670. Univ. Kansas Press and Geol. Soc. Amer., Lawrence, Kansas.

Glass, A. (2005): Two isorophid edrioasteroids (Echinodermata) encrusting conulariids from the Hunsrück Slate (Lower Devonian, Emsian; Rheinisches Schiefergebirge) of Germany. – Senckenbergiana lethaea 85 (1): 31–37 (isorophid edrioasteroids).

– (2006a): The brittle star fauna of the Hunsrück slate and a phylogeny of the Paleozoic Ophiuroidea. Unpublished Ph.D. thesis, University of Illinois, Urbana (= Dissertation Abstracts International 67 (11B), 6270).

– (2006b): New observations on some poorly known protasterid ophiuroids from the Lower Devonian Hunsrück Slate of Germany. Paläont. Z. 80 (1): 68–87 (*Bundenbachia, Mastigophiura*).

Glass, A. & D. B. Blake (2004): Preservation of tube feet in an ophiuroid (Echinodermata) from the Lower Devonian Hunsrück Slate of Germany and a redescription of *Bundenbachia beneckei* and *Palaeophiomyxa grandis*. – Paläont. Z. 78 (1): 73–95 (*Bundenbachia, Palaeophiomyxa*).

Glass, A. & M. Poschmann (2006): A new species of brittlestar (Ophiuroidea, Echinodermata) from the Hunsrück Slate (Lower Emsian, Lower Devonian) of Germany. – Palaeontology 49 (5): 969–981 (*Lapworthura*).

Grigo, M. (1995). *Agelacrinites curvatus* n. sp., ein Edrioasteroide (Echinodermata) aus Oberen Siegener Schichten des nördlichen Westerwaldes, Rheinisches Schiefergebirge. – Paläont. Z. 69 (1/2): 223–232 (*Agelacrinites*).

– (2000). Erstnachweis von Edrioasteroidea (Echinodermata) aus dem Mittel-Devon der Eifel (Rheinisches Schiefergebirge). – Paläont. Z. 74 (1/2): 91–98 (*Rhenopyrgus*).

Haarmann, E. (1920): Die Botryocriniden und Lophocriniden des rheinischen Devons. – Jahrb. Preuß. Geol. L.-A. 41: 1–87 (*Rhenocrinus*).

Haude, R. (1982): Ophiuren (Echinodermata) aus dem Karbon des Rheinischen Schiefergebirges. – Geol. Jb. Hessen 110: 5–26 (*Protasteracanthion, Furcaster*).

Hotchkiss, F. H. C. (1976): Devonian ophiuroids from New York State: Reclassification of *Klasmura, Antiquaster*, and *Stenaster* into the Suborder Scalarina nov., order Stenurida. – Bull. New York State Mus. 425: 1–39 (*Protasteracanthion*).

– (2009): Arm stumps and regeneration models in Asteroidea (Echinodermata). – Proc. Biol. Soc. Washington 122(3): 342–354.

Hotchkiss, F. H. C. & A. Glass (2010): *Bdellacoma* in the Hunsrück Slate (Lower Devonian): Reidentification of *Urasterella verruculosa* (Asteroidea, Bdellacomida). – In: Harris L. G., S. A. Böttger, C. W. Walker & M. P. Lesser (eds.): Echinoderms: 15–21. Durham. CRC Press/Balkema. Leiden (*Bdellacoma*).

Hotchkiss, F. H. C., R. J. Prokop, V. Petr (1999a): Isolated skeletal ossicles of a new brittlestar of the Family Cheiropterastidae Spencer, 1934 (Echinodermata: Ophiuroidea) in the Lower Devonian of Bohemia (Czech Republic). – Journal of the Czech Geological Society 44 (1,2): 189–193 (*Loriolaster*).

Hotchkiss, F. H. C., R. J. Prokop, V. Petr (1999b): Isolated vertebrae of brittlestars of the Family Klasmuridae Spencer, 1925 (Echinodermata: Ophiuroidea) in the Devonian of Bohemia (Czech Republic). – Journal of the Czech Geological Society 44 (3,4): 329–334 (*Protasteracanthion*).

Hotchkiss, F. H. C., R. J. Prokop, V. Petr (2007): Isolated ossicles of the Family Eospondylidae Spencer & Wright, 1966, in the Lower Devonian of Bohemia (Czech Republic) and correction of the systematic position of eospondylid brittlestars (Echinodermata: Ophiuroidea: Oegophiurida). – Acta Mus. Nat. Prague, Ser. B, Hist. Nat., 63 (1): 3–18 (*Eospondylus, Furcaster*).

Jaekel, O. (1895): Beiträge zur Kenntniss der paläozoischen Crinoiden Deutschlands. – Paläont. Abh. 3 (1) (Band 7 der Reihe): 3–116.

Jell, P. A. & I. N. Theron (1999): Early Devonian echinoderms of South Africa. – Memoirs of the Queensland Museum 43: 115–199 (*Encrinaster, Euzonosoma*).

Kesling, R. V. (1967): Cystoids. – In Moore, R. C. (ed.): Treatise on Invertebrate Paleontology. Part S, Echinodermata 1 (2): S85–S268. Univ. Kansas Press and Geol. Soc. Amer., Lawrence, Kansas.

Kutscher, F. (1965): Beiträge zur Sedimentation und Fossilführung des Hunsrückschiefers. 10. Die Vertreter der Klasse Blastoidea (Echinodermata) im Hunsrückschiefer von Kaub und Bundenbach. – Notizbl. hess. L.-Amt Bodenforsch. 93: 61–67 (*Pentremitidea*, *Schizotremites*).

– (1966): Beiträge zur Sedimentation und Fossilführung des Hunsrückschiefers. 12. *Acanthocrinus*-Arten im Hunsrückschiefer und im übrigen rheinischen Devon. – Notizbl. hess. L.-Amt Bodenforsch. 94:19–26 (*Acanthocrinus*).

– (1967): Beiträge zur Sedimentation und Fossilführung des Hunsrückschiefers. 18. Zur Gattung *Pentremitella* Lehmann, 1949. – Notizbl. hess. L.-Amt Bodenforsch. 95: 219–220 (*Schizotremites*).

– (1975): Beiträge zur Sedimentation und Fossilführung des Hunsrückschiefers. 41. »Cystoideen«-Arten im Hunsrückschiefer. – Notizbl. hess. L.-Amt Bodenforsch. 103: 43–52 (*Regulaecystis*, *Anatifopsis*, *Rhenocystis*, *Dehmicystis*).

– (1976): Beiträge zur Sedimentation und Fossilführung des Hunsrückschiefers. 42. Die Crinoideen-Arten des Hunsrückschiefers. – Geol. Jb. Hessen, 104: 9–24.

– (1976): Beiträge zur Sedimentation und Fossilführung des Hunsrückschiefers. 45. Seeigel im Hunsrückschiefer des Hunsrücks mit einem Überblick über die Echinodermen allgemein. – Jb. Nass. Ver. Naturk. 103: 13–17 (*Rhenechinus*, *Porechinus*).

– (1977): Beiträge zur Sedimentation und Fossilführung des Hunsrückschiefers. 46. Über Holothurien im Hunsrückschiefer. – Geol. Jb. Hessen 105: 47–55 (*Palaeocucumaria*).

Kutscher, F. & H. Sieverts-Doreck (1968): Beiträge zur Sedimentation und Fossilführung des Hunsrückschiefers. 21. *Pyrgocystis*-Arten im Hunsrückschiefer und mittelrheinischen Unterdevon. – Notizbl. hess. L.-Amt Bodenforsch. 96: 7–17 (*Rhenopyrgus*).

Kutscher, F. & H. Sieverts-Doreck (1973): Beiträge zur Sedimentation und Fossilführung des Hunsrückschiefers. 36. *Rhenocrinus lobatus* n. sp. aus dem Hunsrückschiefer. – Notizbl. hess. L.-Amt Bodenforsch. 101: 7–15 (*Rhenocrinus*).

Lefebvre, B. (2003): Functional morphology of stylophoran echinoderms. Palaeontology 46 (3): 511–555 (*Anatifopsis*).

Lehmann, W. M. (1939): Neue Beobachtungen an Versteinerungen aus dem Hunsrückschiefer. – Abh. Preuß. Akad. Wiss. Math.-naturw. Klasse 13: 1–17 (*Parisangulocrinus, Acanthocrinus*).

– (1949): *Pentremitella osoleae* n. g. n. sp., ein Blastoid aus dem unterdevonischen Hunsrückschiefer. – N. Jb. Mineral. etc., Mh., B: 186–191 (*Schizotremites*).

– (1955): Beobachtungen und Röntgenuntersuchungen an einigen Crinoiden aus dem rheinischen Unterdevon. – Neues Jb. Geol. Paläontol., Abh., 101 (2): 135–140 (*Pterinocrinus*, *Diamenocrinus*).

– (1957): Die Asterozoen in den Dachschiefern des rheinischen Unterdevons. – Abh. hess. L.-A. Bodenforsch. 21: 1–160.

– (1958): Eine Holothurie zusammen mit *Palaenectria devonica* und einem Brachiopoden in den unterdevonischen Dachschiefern des Hunsrücks durch Röntgenstrahlen entdeckt. – Notizbl. hess. L.-A. Bodenforsch. 86: 81–86 (*Palaeostella*, *Palaeocucumaria*).

Lewis, D. N., S. K. Donovan, P. Crabb & D. J. Gladwell (2007): A field guide to the Silurian Echinodermata of the British Isles: Part 1 – Eleutherozoa and Rhombifera. – Scripta Geol. 134: 27–59 (*Palasterina*, *Urasterella*, *Bdellacoma*, *Loriolaster*, *Lapworthura*, *Furcaster*).

Moore, R. C., H. Wienberg Rasmussen, N. Gary Lane, G. Ubaghs, H. L. Strimple, R. E. Peck, J. Sprinkle, R. O. Fay & H. Sieverts-Doreck (1978): Systematic descriptions. – Treatise on Invertebrate Paleontology. Part T, Echinodermata 2 (2), Crinoidea: T405–T812. Univ. Kansas Press and Geol. Soc. Amer., Lawrence, Kansas.

Nardin, E. & J. Bohatý (2013): A new pleurocystitid blastozoan from the Middle Devonian of the Eifel (Germany) and its phylogenetic importance. – Acta Palaeontol. Pol. 58 (3): 533–544 (*Regulaecystis*).

Rahman, I. A. & H. Lintz (2012): *Dehmicystis globulus*, an enigmatic solute (Echinodermata) from the Lower Devonian Hunsrück Slate, Germany. – Paläont. Z. 86 (1): 59–70 (*Dehmicystis*).

Regnéll, G. (1966): Edrioasterioids. – In Moore, R. C. (ed.): Treatise on Invertebrate Paleontology. Part U, Echinodermata 3 (1): U136–U173. Univ. Kansas Press and Geol. Soc. Amer., Lawrence, Kansas.

Reich, M. & A. B. Smith (2013). A New Elasipodid Holothurian Representative from the Early Devonian Hunsrück Slate Fossil Lagerstätte, Germany. Paper 6th North American Echinoderm Conference. – Rosaria Beach Marine Laboratory. 14–19 August 2011.

Rievers, J. (1961): Eine neue Pyrgocystis (Echinod., Edrioasteroidea) aus den Bundenbacher Dachschiefern (Devon). – Mitt. Bayer. Staatsslg. Pal. hist. Geol. 1: 9–11 (*Rhenopyrgus*).

Ruta, M. & C. Bartels (1998): Redescription of the anomalocystitid mitrate *Rhenocystis latipedunculata* from the lower Devonian of Germany. – Palaeontology 41 (4): 771–806 (*Rhenocystis*).

Schmidt, W. E. (1934): Die Crinoideen des Rheinischen Devons. I. Teil: Die Crinoideen des Hunsrückschiefers. – Abh. Preuß. Geol. L.-A., Neue Folge, 163: 1–149.

– (1941): Die Crinoideen des Rheinischen Devons. II. Teil A. Nachtrag zu: Die Crinoideen des Hunsrückschiefers. B: Die Crinoideen des Unterdevons bis zur *Cultrijugatus*-Zone (mit Ausschluß des Hunsrückschiefers). – Abh. Reichsst. Bodenforsch., Neue Folge, 182: 1–253.

Seilacher, A. (1961): Holothurien im Hunsrückschiefer (Unter-Devon). – Notizbl. hess. L.-A. Bodenforsch. 89: 66–72 (*Palaeocucumaria*).

Shackleton, J. D. (2005): Skeletal homologies, phylogeny and classification of the earliest asterozoan echinoderms. – Journal of Systematic Palaeontology 3(1): 29–114 (*Palasterina*, *Baliactis*, *Urasterella*, *Encrinaster*, *Euzonosoma*, *Furcaster*, *Lapworthura*).

Sieverts-Doreck, H. (1978): Über einen seltenen Schlangenstern (*Erinaceaster* Lehmann) aus dem Hunsrückschiefer. – Geol. Jb. Hessen 106: 13–21 (*Erinaceaster*).

Smith, A. B. & A. Kroh (eds.) 2011. The Echinoid Directory. World Wide Web electronic publication. – http://www.nhm.ac.uk/research-curation/projects/echinoid-directory. Accessed 4 November 2016 (*Rhenechinus*, *Porechinus*).

Smith, A.B. & M. Reich (2013). Tracing the evolution of the holothurian body plan through stem-group fossils. – Biological Journal of the Linnean Society 109 (3): 670–681.

Smith, A. B., M. Reich & S. Zamora (2013). Morphology and ecological setting of the basal echinoid genus *Rhenechinus* from the early Devonian of Spain and Germany. – Acta Palaeontol. Pol. 58 (4): 751–762 (*Rhenechinus*).

Spencer, W. K. (1914–1940): A Monograph of the British Palaeozoic Asterozoa. – Palaeontographical Society. London. Ten parts.

Spencer, W. K. and C. W. Wright (1966): Asterozoans. – In Moore, R. C. (ed.): Treatise on Invertebrate Paleontology. Part U, Echinodermata 3 (1): U4–U107. Univ. Kansas Press and Geol. Soc. Amer., Lawrence, Kansas.

Stürtz, B. (1886): Beitrag zur Kenntniss palaeozoischer Seesterne. – Palaeontographica 32: Tafel 9 (2), Fig. 2 (*Palaeophiomyxa*).

Südkamp, W. H. (2007): An atypical fauna in the Lower Devonian Hunsrück Slate of Germany. – Paläont. Z. 81 (2): 181–204 (*Acanthocrinus*, *Culicocrinus*, *Diamenocrinus*, *Orthocrinus*).

– (2011): Redescription of the cyathocrinid cladid *Codiacrinus schultzei* Follmann, 1887 from the Lower Devonian Hunsrück Slate at Bundenbach (Germany). – Paläont. Z. 85 (3): 241–255 (*Codiacrinus*).

– (2014): Name change for the diplobathrid camerate crinoid *Acanthocrinus spinosus* Südkamp 2007 from the lower Devonian Hunsrück Slate (Germany). – Paläont. Z. 88 (2): 235–238 (*Acanthocrinus*).

Sutton, M. D., D. E. G. Briggs, David J. Siveter, Derek J. Siveter & D. J. Gladwell (2005): A starfish with three-dimensionally preserved soft parts from the Silurian of England. – Proc. R. Soc. B 272: 1001–1006 (*Bdellacoma*).

Theis, O. (1967, 1980): Fossilien im Bundenbacher Schiefer. Schöpfung und Geschenk. – Gemeinde Bundenbach.

Ubaghs, G. (1978): Skeletal morphology of fossil crinioids. – In Moore, R. C. & C. Teichert (eds.): Treatise on Invertebrate Paleontology. Part T, Echinodermata 2 (1): T58–T216. Univ. Kansas Press and Geol. Soc. Amer., Lawrence, Kansas.

Ubaghs, G. & K. E. Caster (1967): Homolazoans. – In Moore, R. C. (ed.): Treatise on Invertebrate Paleontology. Part S, Echinodermata 1 (2): S495–S627. Univ. Kansas Press and Geol. Soc. Amer., Lawrence, Kansas.

Van Iten, H. & W. H. Südkamp (2010): Exceptionally preserved conulariids and an edrioasteroid from the Hunsrück Slate (Lower Devonian, SW Germany). – Palaeontology 53 (2): 403–414 (isorophid edrioasteroid).

12. Fische

Zu den primitivsten Wirbeltieren gehören Fische ohne Kiefer und paarigen Flossen. Sie werden Kieferlose (Agnathen) genannt. Im Hunsrückschiefer sind aber die ausgestorbenen Panzerfische (Placodermen) mit primitiven Kiefern, paarigen Flossen und Panzerplatten am Kopf und teilweise am Körper, am häufigsten. Diese wurden insbesondere in den Jahren 1929–1933 von Broili und zwischen 1933 und 1965 von Gross untersucht und (neu)beschrieben. Stachelhaie (Acanthodier), durch *Machaeracanthus* vertreten, sind ebenso primitive, kiefertragende Fische. Der einzige Knochenfischfund ist *Dipnorhynchus*, einer der ersten Lungenfische (nur ein Exemplar bekannt, das hier nicht weiter vorgestellt wird). Die neuesten Arbeiten beschäftigen sich mit dem Riesenarthrodire *Tityosteus* und Acanthodier-Stacheln (Otto 1992 bzw. Südkamp & Burrow 2007). Diese Fische waren, mit einer Länge bis zu zwei Metern, die größten Räuber des Hunsrückschiefermeeres.

Die abgeflachte Körperform, nach oben gewendete Augen und das Fehlen von Flossen vom kieferlosen *Drepanaspis* sprechen für eine bodennahe Lebensweise ohne allzu viel Bewegung. Die paarigen Flossen und die abgeflachte Körperform von den Panzerfischen *Gemuendina* und *Lunaspis* lassen auf ein gleitendes Schwimmen über dem Meeresboden schließen.

Komplette Exemplare sind äußerst selten und meistens sind nur Fischreste gefunden worden. Viele Arten sind als Einzelstücke, nur aus dem Hunsrück und insbesondere aus Gemünden, bekannt geworden. Dies ist zum Beispiel bei dem kieferlosen *Pteraspis* und sechs Gattungen Panzerfische, die hier nicht weiter behandelt werden, der Fall. Ob die versteinerten Fische im Hunsrückschiefer ein komplettes Bild der damaligen Fauna oder eine auf die Lebensweise bezogene Auswahl darstellen, ist noch nicht geklärt.

Hier wird lediglich die Rückenseite der Fossilien beschrieben, da diese Seite meist vorliegt und für die Bestimmung am wichtigsten ist.

12. Fishes

Among the most primitive vertebrates are fish having no jaws or paired fins. They are called jawless fish (agnathans). In the Hunsrück Slate, the extinct placoderms with primitive jaws, paired fins and a heavily armoured head and thoracic region are the commonest fish. They were investigated intensively by Broili in the years 1929–1933 and redescribed by Gross between 1933 and 1965. The acanthodians, represented by *Machaeracanthus*, are also jawed fishes. The only bony fish found is *Dipnorhynchus*, one of the earliest lungfish (only one specimen known; it is not mentioned further here). The newest papers published are by Otto (1992) and Südkamp & Burrow (2007) about the large arthrodire *Tityosteus* and acanthodian spines respectively. These fishes reached a length up to two metres, and were the largest predators of the Hunsrück Sea. The flattened body, upturned eyes and absence of fins of the agnathan *Drepanaspis* suggest a lifestyle near the sea bottom with limited manoeuvrability. The paired fins and the flattened body of the placoderms *Gemuendina* and *Lunaspis* suggest that they could glide just over the sea floor.

Complete specimens are very rare and mostly only fragments of fishes have been found. Many species are known as unique specimens, only from the Hunsrück and in particular from Gemünden. This applies for instance to the jawless fish *Pteraspis* and six genera of placoderms, which are not treated further here. An open question is whether the fish fossilized in the Hunsrück Slate represent the complete fauna at that time or alternatively a selection determined by their lifestyle.

The dorsal side of the fossils is generally exposed and as this is the most important for their assignment, it is the only side described here.

236 *Drepanaspis.*

Kieferlose

Drepanaspis gemuendenensis (Abb. 236)

N *Drepanan* = töten.

M *Drepanaspis* hat einen abgeplatteten Kopf und Rumpf. Hinter dem breiten, leicht nach oben gewendeten Mund befindet sich die große, gerundet-trapezförmige Rostralplatte. Seitlich und nach vorne/oben orientiert liegen die Circumorbitalplatten um die Augen herum. Dahinter schließen sich die großen, etwa dreieckigen, Postorbitalplatten an. Die Körperoberseite ist größtenteils durch eine einzelne, große Rückenplatte bedeckt. Diese hat eine längsovale Form und vorne eine breitere Einbuchtung als hinten. Weiter seitlich liegen beiderseits die länglichen Branchialplatten, die die Kiemen bedeckten. Deren hintere Öffnungen werden von je einer ovalen Cornualplatte umsäumt. Die Oberfläche der größeren Platten ist gekörnt. Dazwischen sind kleinere, vieleckige Plättchen mit in der Mitte typischen, knotenartigen Verdickungen eingeschaltet. Am Ende des Rumpfes gehen diese in kräftige Schuppen über. Die Mittellinie des Hinterkörpers und der Schwanz sind mit einer Reihe größerer, gewölbter Schuppen versehen. Der Schwanz war zur Lebenszeit etwa dreieckig, hochstehend und hatte kaum zugespitzte Flossen.

H Häufig.

G Die Länge variiert zwischen 95 und 685 mm, aber die meisten Exemplare sind zwischen 350 und 450 mm groß.

V Gemünden (Kaisergrube und Grube Rothsberg).

Panzerfische

Lunaspis (Abb. 237)

N *Luna* = Mondsichel mit Bezug auf die Form der seitlichen Spinalplatten.

Agnathans

Drepanaspis gemuendenensis (Fig. 236)

N *Drepanan* = to kill.

C *Drepanaspis* has a flattened head and trunk. The large, rounded trapezium shaped rostral plate lies just behind the wide upturned mouth. The circumorbital plates which surrounded the eyes are positioned anterolaterally. Posterior to the eyes there are large subtriangular postorbital plates. Much of the top of the body surface is covered by a single large dorsal plate. It has an elongate oval outline with a wider embayment anteriorly than at the rear. Continuing laterally, on both sides there are elongate brachial plates which covered the gills. Their posterior openings are flanked by an oval cornual plate. The surface of the larger plates is granular. In between are smaller polygonal platelets with typical tubercle-like central swellings. At the end of the trunk these transition to robust scales. The midline of the trunk and the tail are covered with a row of enlarged ridge scales. The tail was originally triangular-shaped, with an upper lobe and rounded fin webs.

R Common.

Si The length ranges from 95 to 685 mm, but most of the specimens are between 350 and 450 mm.

O Gemünden (Kaisergrube and Rothsberg quarry).

Placoderms

Lunaspis (Fig. 237)

N *Luna* = crescent moon according to the outline of the lateral spinal plates.

237 *Lunaspis*.

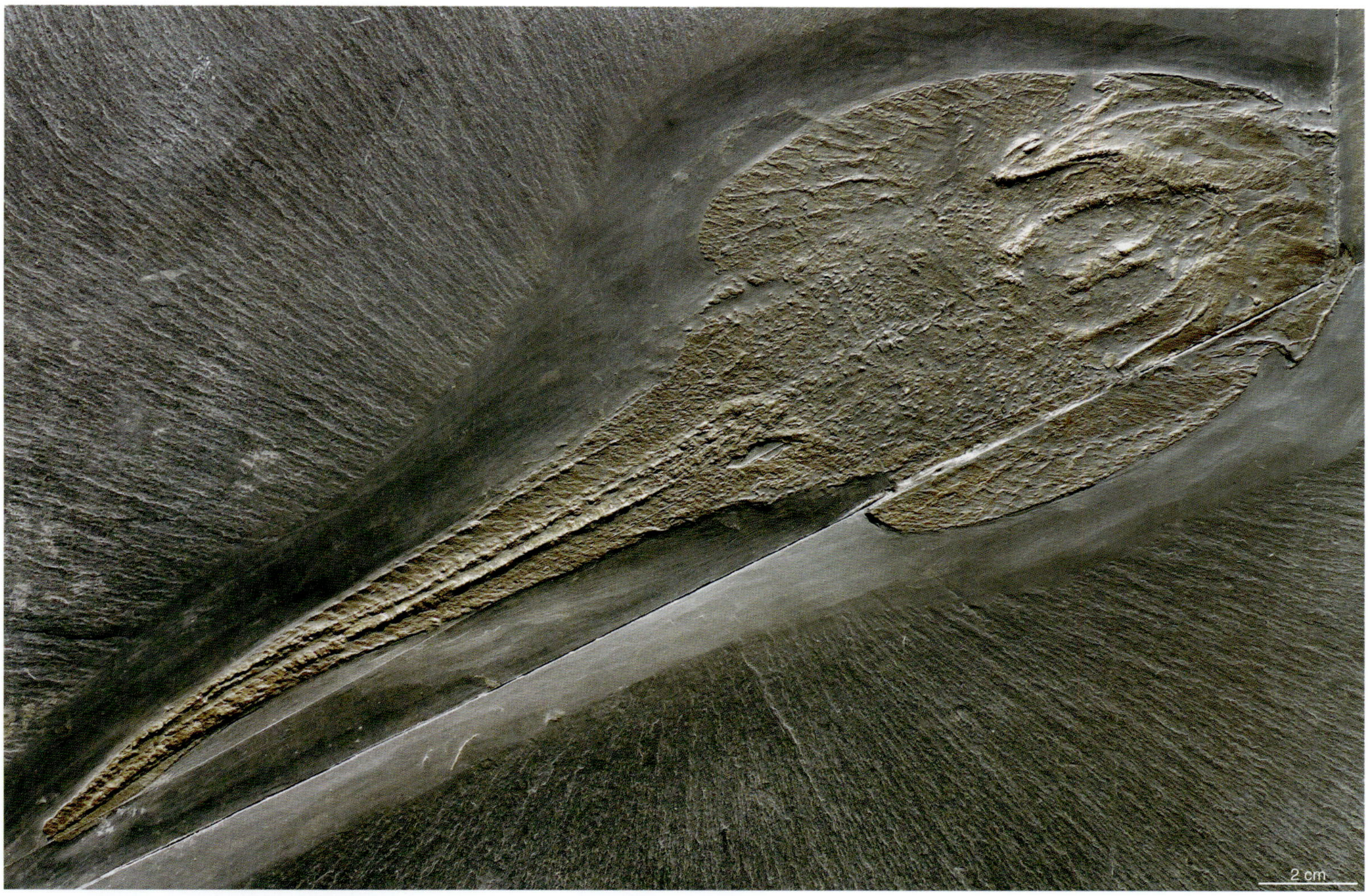

238 *Gemuendina*. Vollständiges Exemplar. / **238** *Gemuendina*. Complete specimen.

M Der größte Teil des gepanzerten Körpers von *Lunaspis* wird vom großen, gerundet-rautenförmigen Kopf eingenommen. An der breitesten Stelle des Rumpfes befinden sich beiderseits die langen, gebogenen (Name!) Spinalplatten. Sie tragen an der äußeren Längsseite Stacheln. *Lunaspis* ist gut an diesen charakteristischen Spinalplatten und den konzentrisch angeordneten erhabenen Leisten auf den Knochenplatten zu erkennen. Sie erinnern an die Höhenlinien auf einer Landkarte. Auch die großen Augen, die sich im vorderen Kopfdrittel am Rand befinden, erleichtern die Bestimmung. Auf der Längsachse bildet sich hinter dem Kopf eine mittlere Aufwölbung auf der Zentralplatte, die sich auf der anschließenden Dorsalplatte bis hin zu den drei dreieckigen Schwanzplatten am vorderen Schwanz fortsetzt. Die Zentralplatte hat ausnahmsweise nur eine gekörnte

239 *Gemuendina*. Kopf und Rumpf. / **239** *Gemuendina*. Head and trunk.

C Most of the body's bony covering on *Lunaspis* is over the large, rounded rhombic head. On both sides of the widest part of the trunk curved (name) spinal plates with long spines project laterally. *Lunaspis* can be recognized easily by these characteristic spinal plates and by the concentric ridges on the bony plates, which resemble the contours of a map. The large eyes, which are situated laterally on the anterior third of the head, facilitate the assignment too. Behind the head, an axial ridge extends longitudinally on the median plate, continuing onto the following dorsal plate and extending onto the three triangular caudal plates on the anterior part of the tail. The ornamentation of the median plate is as an exception only granular. The tail is covered with four transversal rows of polygonal scales and probably ends in a pointed tip.

R Rare.

Sp *Lunaspis broilii* is a lot larger than *L. heroldi*. The spinal plate bears about 18 and 10 spine denticles respectively. The ornamental ridges of *L. heroldi* are wider apart.

Si The length ranges from 300 to 450 mm, but one individual of *L. heroldi* reaches only 135 mm in length.

O Kaub. Birkenfeld (Schemelsbach). Bundenbach (Eschenbach, Schmiedenberg/Mühlenberg quarries). Gemünden (Kaisergrube).

Gemuendina stuertzi (Figs. 238, 239)

C The outline is reminiscent of a modern ray, particularly the large paired semi-circular pectoral fins, the smaller lookalike pelvic fins, and the tapering flexible tail. The head is as long as wide, and large in relation with the trunk. The mouth, situated along its anterior margin, opens dorsally. The small eyes are closely spaced. The part of the head in front of the eyes is very short and the following dorsolateral area, which covered the gills, is more elongate. The largest thin bony plates are confined to the head and the outer shoulder girdle. Both the fins and the body are covered with platelets and scales. The platelets bear a central tubercle. The anterior tail has a small spine without fin. The tail is covered with five (anterior) to three (posterior) transversal rows of polygonal scales and does not have a caudal fin web.

R Rare.

Verzierung. Der Schwanz ist mit vier Längsreihen mehreckiger Schuppen bedeckt und endet wahrscheinlich in einer Spitze.

H Selten.

A *Lunaspis broilii* übertrifft *L. heroldi* beachtlich in der Größe. Die Spinalplatte ist mit etwa 18 bzw. 10 Stachelzähne besetzt. Die Verzierungsleisten von *L. heroldi* stehen weiter auseinander.

G Die Länge variiert zwischen 300 und 450 mm, aber ein Exemplar von *L. heroldi* erreicht nur 135 mm Länge.

V Kaub. Birkenfeld (Schemelsbach). Bundenbach (Gruben Eschenbach, Schmiedenberg/Mühlenberg). Gemünden (Kaisergrube).

Gemuendina stuertzi (Abb. 238, 239)

M Die Gestalt, insbesondere die großen, paarigen, halbkreisförmigen Brustflossen und die kleineren, ähnlich aussehenden Bauchflossen, sowie der lange, sich zuspitzende schlangenartige Schwanz, erinnern an moderne Rochen. Der Kopf ist ebenso lang wie breit und groß im Vergleich mit dem Rumpf. Der Mund, am vorderen Rand gelegen, öffnet sich nach oben. Die kleinen Augen stehen nicht weit auseinander. Das vor den Augen liegende Schädeldach ist sehr kurz und der dahinter liegende Abschnitt, der die Kiemenregion überdeckte, ist länger. Die größeren, dünnen Knochenplatten befinden sich auf dem Schädeldach und im äußeren Schultergürtel. Der Körper samt Flossen ist mit Plättchen und Schuppen bedeckt. Die Plättchen tragen in der Mitte ein Knötchen. Der kleine Stachel am vorderen Schwanz stellt keine Flosse dar. Der Schwanz ist mit fünf (vorne) bis drei (hinten) Längsreihen mehreckiger Schuppen bedeckt und bildet keine Schwanzflosse.

H Selten.

G Die Länge beträgt meist 200–240 mm, aber es gibt auch kleinere (160 mm) und größere (1060 mm) Exemplare.

V Bundenbach (Grube Eschenbach). Gemünden (Kaisergrube).

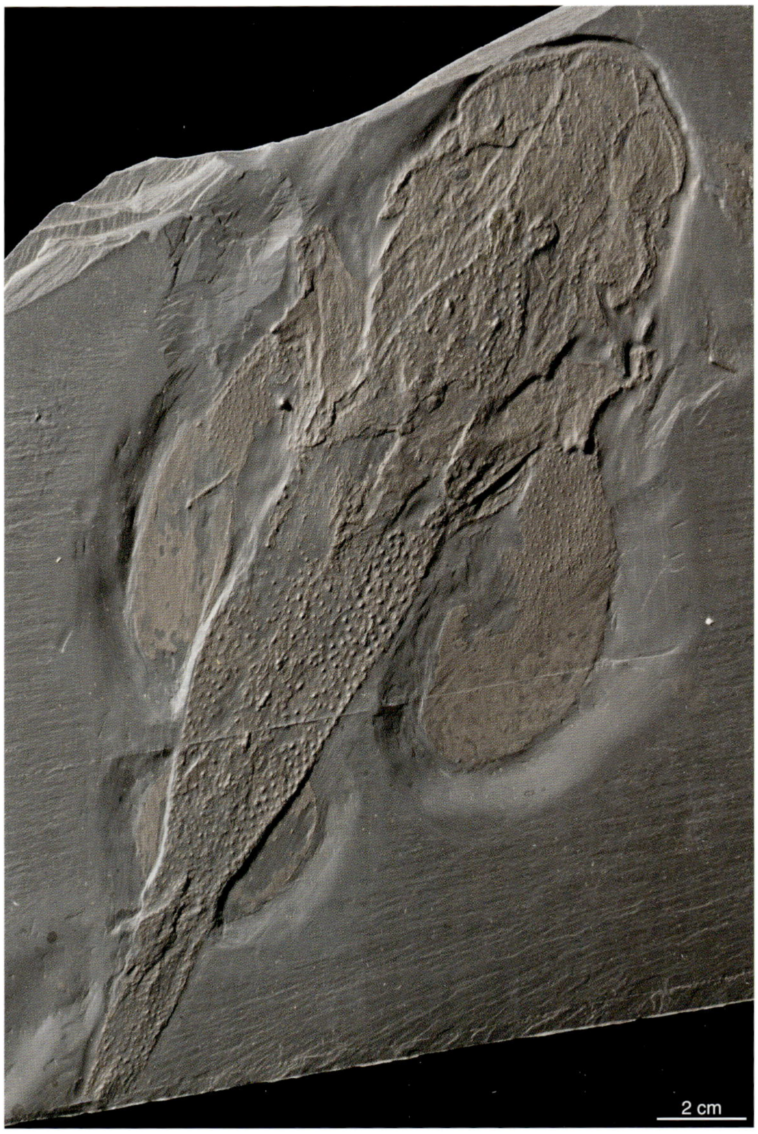

240 *Stensioeella*. Vollständiges Exemplar.
240 *Stensioeella*. Complete specimen.

241 *Stensioeella*. Kopf und Brustflosse. / **241** *Stensioeella*. Head and pectoral fin.

242 *Tityosteus.*

Stensioeella heintzi (Abb. 240, 241)

N Normaler Sprachgebrauch von Bearbeitern der Panzerfische: *Stensioella*. Hier wird aber der ursprüngliche Name, der nach den internationalen Regeln bevorzugt wird, beibehalten.

M *Stensioeella* hat eine relativ schlanke Gestalt. Der Kopf hat einen längsovalen Umriss. Der Rumpf ist etwa anderthalbmal so lang wie der Kopf und verjüngt sich gleichmäßig nach hinten. Die hintere Hälfte des Kopfes hat eine ausgeprägte skulptierte Oberfläche mit zwei auffallend großen Knötchen. Das Schädeldach ist mit spitzen Knötchen besetzt. Diese ähneln den mittleren Knötchen der in Schrägreihen angeordneten Schuppen von Rumpf und Schwanz. Die Augen lassen sich schlecht erkennen und befanden sich wahrscheinlich am Rand des Kopfes. Die beiden Schultergürtelhälften sind schmal-bogenförmig und bilden die Verbindung des Kopfes mit dem Rumpf. Die Brustflossen sind ovale, lappenförmige Gebilde. Ihre Basis ist schmal und die Knötchen sind in radialen Reihen angeordnet. Die Bauchflossen bilden halbkreisförmige Lappen. Am Schwanzansatz, hinter den Bauchflossen, befindet sich eine kleine Rückenflosse.

H Sehr selten.

G Die Länge beträgt 114–300 mm; das Südkamp-Exemplar könnte eine Gesamtlänge von etwa 420 mm gehabt haben.

B Das wenig verknöcherte Skelett und die flachgedrückten Tierkadaver erschweren die Entdeckung dieser Fische. Wahrscheinlich sind sie dadurch sehr selten.

V Bundenbach (Grube Eschenbach). Gemünden (Kaisergrube).

Tityosteus rieversi (Abb. 242)

N *Tityos* = Riese aus der griechischen Mythologie (wegen der bedeutenden Größe).

M Das ungeteilte Nuchale liegt in der hinteren Mitte des Schädeldaches und ist die größte und charakteristischste Knochenplatte. Sie besitzt eine länglich trapezförmige Gestalt. Die Randplatten (Marginalia) haben eine

Si The length is generally 200 to 240 mm, but there are also smaller (160 mm) and larger specimens (1060 mm) known.

O Bundenbach (Eschenbach quarry). Gemünden (Kaisergrube).

Stensioeella heintzi (Figs. 240, 241)

N Common usage of modern placoderm workers: *Stensioella*. However, the original name, having priority according to the international rules, is maintained here.

C *Stensioeella* had a relatively narrow profile. The head has an elongate oval outline. The trunk is about one and a half times as long as the head, and tapers gradually to the end. The rear half of the head has a distinctively ornamented surface with two remarkable large tubercles. The skull roof is covered with thorny tubercles. These resemble the median tubercles of the transversely arranged rows of scales from the trunk and tail. The eyes can hardly be recognized and were probably situated at the margin of the head. Both halves of the shoulder girdle are slenderly arched in outline and form the connection between the head and the trunk. The pectoral fins are oval lappet-like structures. Their base is slender and the tubercles are arranged in radial rows. The pelvic fins form semi-circular lappets. Behind the pelvic fins at the base of the tail is a small dorsal fin.

R Very rare.

Si The length is 114–300 mm; the Südkamp-specimen could have had a total length of about 420 mm.

P The delicate nature of the skeleton and the crushed nature of the animal carcasses make these fishes difficult to detect. This may contribute to their rarity.

O Bundenbach (Eschenbach quarry). Gemünden (Kaisergrube).

Tityosteus rieversi (Fig. 242)

N *Tityos* = giant of the Greek mythology (because of its significant size).

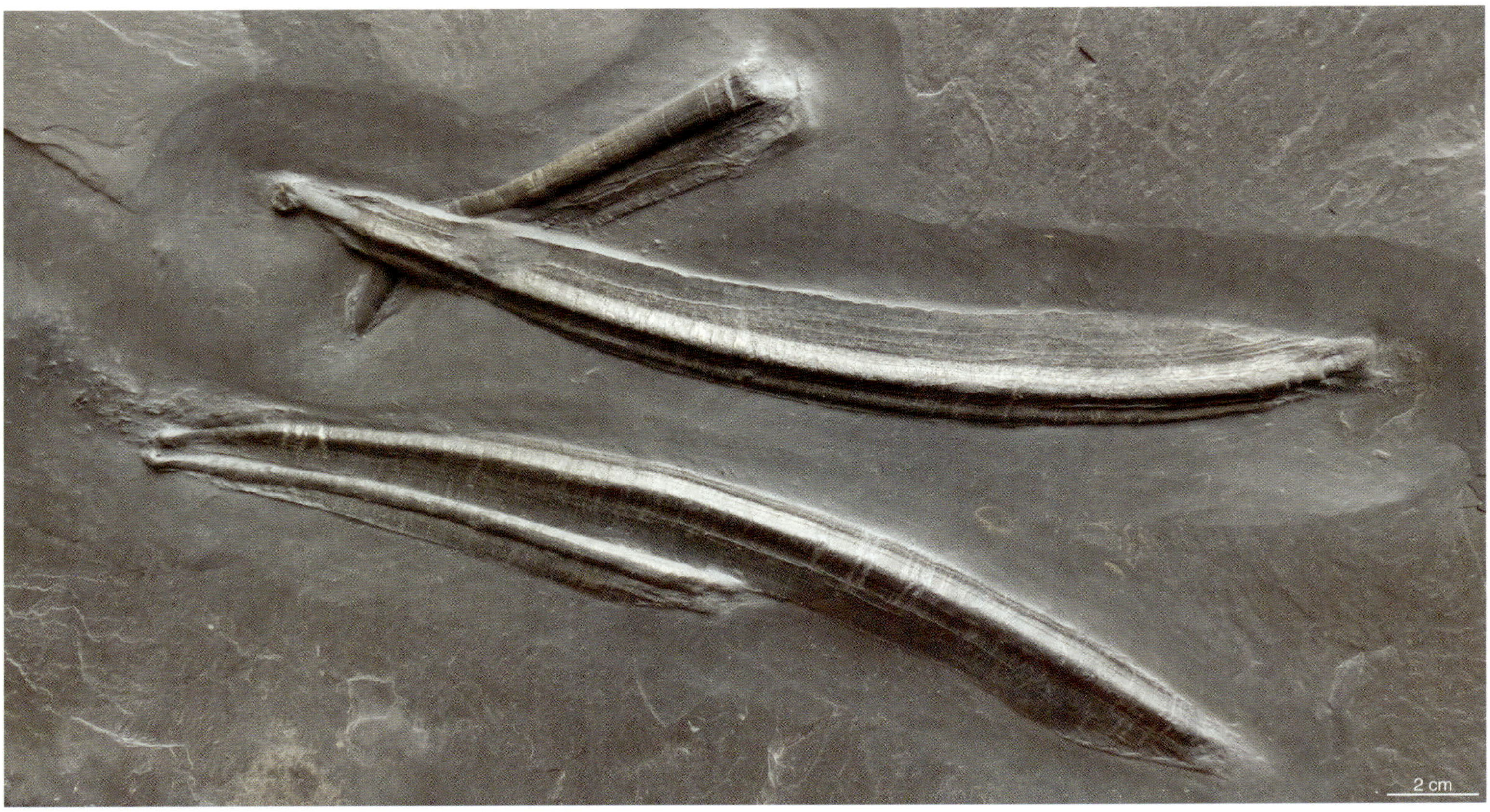

243 *Machaeracanthus*. Die großen und kleinen Stachelpaare. / **243** *Machaeracanthus*. The large and small pairs of spines.

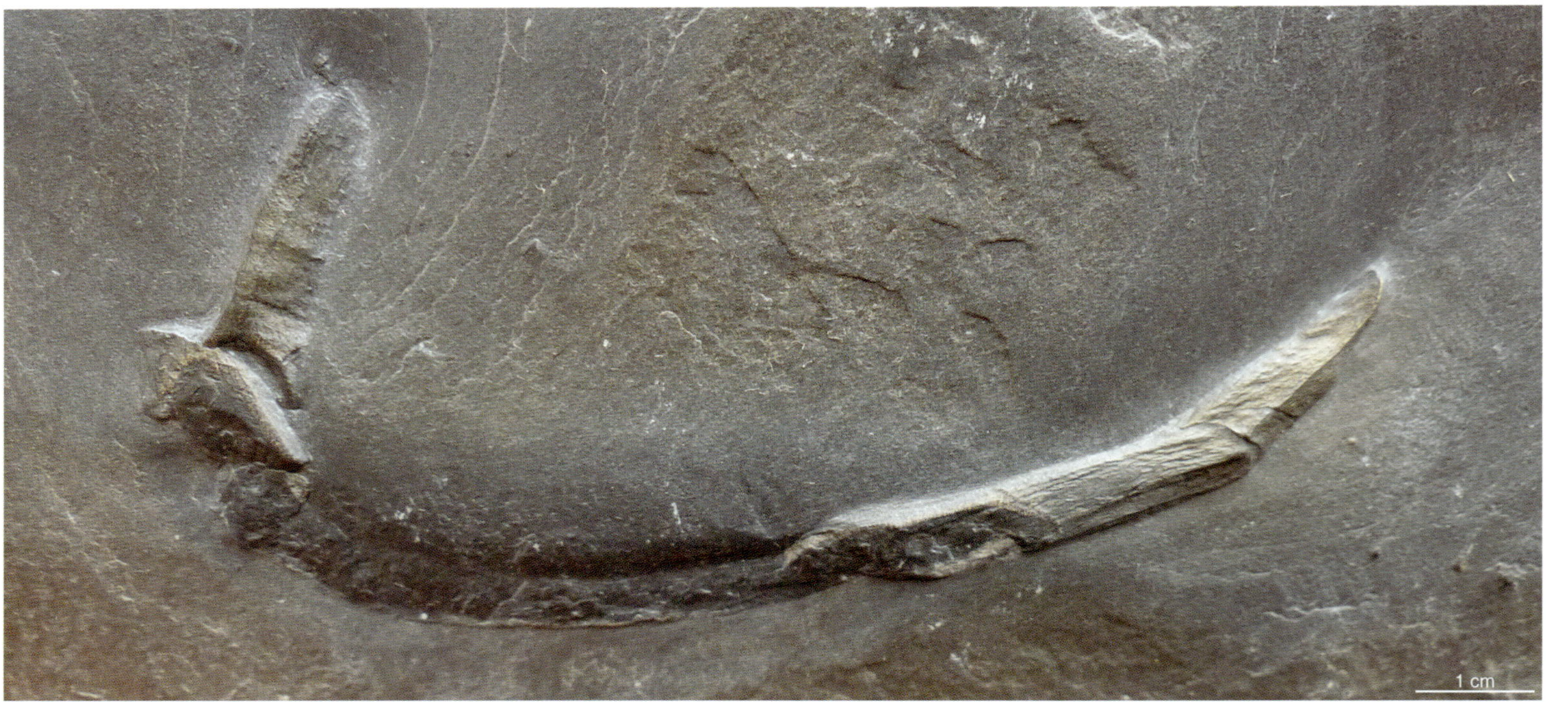

244 *Machaeracanthus*. Stachelpaar der Brust mit Schultergürtel. / **244** *Machaeracanthus*. Pairs of pectoral spines with shoulder girdle.

langgestreckte dreieckige Form. Der verkürzte Rumpfpanzer besteht größtenteils aus der mittleren Rückenplatte, die ungefähr so lang wie breit ist. Die Struktur besteht aus relativ großen, spitzen Knötchen mit sternförmigen Basen.

H Selten.

G Die Länge des Schädeldaches war etwa 450 mm.

B Diese Fische müssen vor der Einbettung tot und verwest gewesen sein, da in den meisten Fällen nur die auseinander gefallenen, einzelnen Knochenplatten erhalten sind. Zudem finden sich auf deren Oberfläche vielfach Reste von Trilobiten und Seelilienstielen, die den Transport nach dem Tod belegen.

V Bundenbach (Gruben Schnakenloch, Untereschenbach, Schmiedenberg/Mühlenberg). Gemünden (Kaisergrube). Mayen (Grube Katzenberg).

C The single nuchal plate lies in the posterior middle of the skull roof. It is the largest and most characteristic bony plate, and has an elongate trapezoid outline. The marginal plates have an elongate triangular outline. Most of the foreshortened trunk is composed of the mediodorsal plate, which is about as long as wide. The ornament is relatively large pointed tubercles with star like bases.

R Rare.

Si The length of the skull roof was about 450 mm.

P These fishes must have been dead and decayed before deposition, because in most cases only the disarticulated separate bony plates have been preserved. Moreover, most bony plates have on their surface remains of trilobites and crinoid stems, which verify transport after death.

O Bundenbach (Schnakenloch, Untereschenbach, Schmiedenberg/Mühlenberg quarries). Gemünden (Kaisergrube). Mayen (Katzenberg quarry).

245 *Machaeracanthus*. Rekonstruktion.
245 *Machaeracanthus*. Reconstruction.

Stachelhaie

Machaeracanthus (Abb. 245)

N *Machaera* = Schwert. *Canthus* = Augenwinkel.

M *Machaeracanthus hunsrueckianum* hat linke und rechte Stachelpaare, wobei jedes Paar aus einem kleineren und größeren Stachel besteht (Abb. 243). Deren Form gleicht einem Bogen. Die sich mehr verjüngenden unteren Enden der Stacheln haben eine wulstartige Spitze. Die oberen Enden sind breiter und gebrochen. Die Kiele an der Vorderseite sind schmal (2–5 mm) und die Flügel an der Hinterseite sind breit (10–12 mm). Die Verzierung besteht aus feinen, länglichen Streifen.

H Sehr selten. Die Stacheln sind in der Eifel häufiger zu finden.

G Die Stacheln von *Machaeracanthus hunsrueckianum* sind zwischen 90 und 270 mm lang, die in der Eifel erreichen eine Länge über 400 mm. Die Bearbeitung dieses Materials steht noch aus.

A Die Stacheln von *M. peracutus* sind kleiner und haben zugespitzte Enden und eine eckige Kante.

B Von den Stachelhaien sind nur die Stacheln überliefert und ausnahmsweise gibt es auch Rhomboidschuppen von Gemünden, die von Gross (1965) *Machaeracanthus* zugeordnet wurden. Die Flossenstacheln der Acanthodier sind typischerweise an der Vorderseite der Flossen (außer der Schwanzflosse) zu finden. Ein Fund mit einem zusammenhängenden Schultergürtel unterstützt die Brustposition (Abb. 244). Die zwei Stachelpaare unter der Brustregion verhinderten wahrscheinlich, dass das Tier im Schlamm versank und funktionierten als eine Art Schneeschuh. Dies wird durch die Abnutzung der unteren Oberfläche der Stachelenden belegt.

V Birkenfeld (Schemelsbach). Bundenbach (Gruben Herrenberg, Obereschenbach). Oberkirn (Grube Karschheck). Gemünden (Kaisergrube). Mayen (Gruben Katzenberg, Mosellaschacht). Trimbs (Gruben Margaretha, Wilbert). Düngenheim (Grube Antonius). Kehrig (Grube Bausberg). Gering (Grube am Jungenberg). Müllenbach, Kautenbachtal (Grube Mariaschacht).

Koprolithen (Abb. 246)

N *Kopros* = Kot. *Lithos* = Stein.

M Die Koprolithen (Kotballen) können, wegen ihres spiraligen, lagigen Aufbaus der Kotschnüre, den Fischen zugeschrieben werden. Weiterhin kommen größere, meist längliche Flächen mit Verdauungsresten von Schalen, Seelilienelementen und Tentakuliten vor (Kühl et al. 2012) (Abb. 247).

H Sehr selten.

G Die Länge der Koprolithen beträgt 48–80 mm. Die Flächen mit Verdauungsresten erreichen eine Länge über 200 mm.

Acanthodians

Machaeracanthus (Fig. 245)

N *Machaera* = sword. *Canthus* = corner of the eye.

C *Machaeracanthus hunsrueckianum* has left and right pairs of spines, each pair compromising a smaller and a larger spine (Fig. 243). Their outline is arc-shaped. The more tapered proximal ends of the spines have a bulb-shaped tip. The distal ends are broader and fractured. The keels on the leading side are narrow (2–5 mm) and the wings on the trailing side are broad (10–12 mm). Fine longitudinal striations ornament the spines.

R Very rare. Spines are more widespread in the Eifel region.

Sp The spines of *M. peracutus* are smaller and have sharp tips and an angular ridge.

Si The spines of *Machaeracanthus hunsrueckianum* are between 90 and 270 mm; those in the Eifel region reach more than 400 mm in length. This material awaits description.

P Only spines of acanthodians and a rare instance of rhomboid scales from Gemünden, assigned to *Machaeracanthus* by Gross (1965), have been found. Fin spines of acanthodians are typically positioned in front of all fins except the caudal. One find with an associated shoulder girdle supports the pectoral position (Fig. 244). The two pairs of spines under the pectoral region presumably prevented the animal sinking into the mud and acted as a kind of snowshoe. This is supported by the wear on the under-surface of the spines towards the tip.

O Birkenfeld (Schemelsbach). Bundenbach (Herrenberg, Obereschenbach quarries). Oberkirn (Karschheck quarry). Gemünden (Kaisergrube). Mayen (Katzenberg, Mosellaschacht quarries). Trimbs (Margaretha, Wilbert quarries). Düngenheim (Antonius quarry). Kehrig (Bausberg quarry). Gering (quarry at the Jungenberg). Müllenbach, Kautenbachtal (Mariaschacht quarry).

Coprolites (Fig. 246)

N *Kopros* = faeces. *Lithos* = stone.

C The coprolites (fossilized faeces) can, due to their spirally layered construction, be assigned to the faeces strings of fishes. Furthermore, larger mostly elongate areas with digestive remains of shells, crinoid fragments and tentaculitoids have been found (Kühl et al 2012) (Fig. 247).

R Very rare.

Si The length of the coprolites is 48–80 mm. The areas with digestive remains reach a length of at least 200 mm.

246 Koprolith. / **246** Coprolite.

247 Verdauungsrest. / **247** Digestive remains.

V Hahn. Altlay (Grube der Fa. Theis-Böger). Irmenach (Grube Moselberg). Bundenbach (Gruben Unter- und Obereschenbach).

O Hahn. Altlay (quarry of Fa. Theis-Böger). Irmenach (Moselberg quarry). Bundenbach (Unter- and Obereschenbach quarries).

Literatur / Literature

Gross, W. (1960): *Tityosteus* n. gen., ein Riesenarthrodire aus dem rheinischen Devon. – Paläont. Z. 34 (3/4): 263–274 (*Tityosteus*).

– (1961): *Lunaspis broili* und *Lunaspis heroldi* aus dem Hunsrückschiefer (Unterdevon, Rheinland). – Notizbl. hess. L.-Amt Bodenforsch. 89: 17–43 (*Lunaspis*).

– (1962): Neuuntersuchung der Stensiöellida (Arthrodira, Unterdevon). – Notizbl. hess. L.-Amt Bodenforsch. 90: 48–86 (*Stensioeella*).

– (1963): *Drepanaspis gemuendenensis* Schlüter. Neuuntersuchung. – Palaeontographica, Abt. A, 121 (4–6): 133–155 (*Drepanaspis*).

– (1963): *Gemuendina stuertzi* Traquair. Neuuntersuchung. – Notizbl. hess. L.-Amt Bodenforsch. 91: 36–73 (*Gemuendina*).

– (1965): Über einen neuen Schädelrest von *Stensiöella heintzi* und Schuppen von *Machaeracanthus* sp. indet. aus dem Hunsrückschiefer. – Notizbl. hess. L.-Amt Bodenforsch. 93: 7–18 (*Stensioeella*, *Machaeracanthus*).

Kutscher, F. (1973): Beiträge zur Sedimentation und Fossilführung des Hunsrückschiefers. 37. Zusammenstellung der Agnathen und Fische des Hunsrückschiefer-Meeres. – Notizbl. hess. L.-Amt Bodenforsch. 101: 46–79.

Südkamp, W. H. & C. J. Burrow (2007): The acanthodian *Machaeracanthus* from the Lower Devonian Hunsrück Slate of the Hunsrück region (Germany). – Paläont. Z. 81 (1): 97–104 (*Machaeracanthus*).

Otto, M. (1992): Ein Neufund des brachythoracen Arthrodiren *Tityosteus rieversi* aus dem unterdevonischen Hunsrückschiefer des rheinischen Schiefergebirges. – N. Jb. Geol. Paläont. Abh. 187 (1): 53–82 (*Tityosteus*).

13. Spuren und Marken

Sedimentstrukturen, die ohne aktive Beteiligung von Lebewesen entstehen, werden Marken genannt; Spuren sind Gebilde eines Lebensvorgangs. Marken und Spuren liefern in vielerlei Hinsicht zusätzliche Informationen zu den Körperfossilien. Im vorigen Jahrhundert wurden diese als Argument herangezogen um die Wassertiefe des Meeres abzuschätzen. Spuren gestatten darüber hinaus Aussagen über die Sedimentationsvorgänge sowie die Lebensverhältnisse und Bewegungsweisen der Verursacher. Marken können leicht mit Körperfossilien verwechselt werden und müssen auch aus diesem Grund hier vorgestellt werden.

Der Hunsrückschiefer als zähplastisches Sediment war für die Erhaltung von Spuren und Marken sehr geeignet. Eine Voraussetzung für die gute Erhaltung von Schreitfährten ist, dass sandigere Schichten eingeschaltet sind, die als eine Art Untergrund funktionierten. Manchmal sind ganze Flächen mit den verschiedensten Spurentypen übersät. Hier werden die prägnantesten bekannten Beispiele, aber auch eine Anzahl neuer Spuren und Marken vorgestellt. Es sind jedoch weitere Fossilien entdeckt worden, die noch keinen Namen haben und auf Bearbeitung warten.

Die Spuren werden nach Form beschrieben und bekommen wie gewohnt einen Gattungs- und Artnamen. Meist reicht ein (Gattungs-) Name aus. Da der potenzielle Verursacher dabei keine Rolle spielt kann es passieren, dass mehrere Bewegungsweisen desselben Tieres unterschiedliche Namen bekommen. Ein Beispiel (Ekdale & Bromley 2001) ist das Zusammengehören der Bewegungsspuren *Protovirgularia*, Ruhespuren *Lockeia* und Fressspuren *Lophoctenium* einer grabenden Muschel. Spuren, die in unmittelbarem Zusammenhang mit ihrem Verursacher stehen, sind äußerst selten und wurden erst neuerdings im Hunsrückschiefer entdeckt. Es handelt sich um den Seestern *Urasterella asperula*, den Mitraten *Rhenocystis* und den Wurm *Lepidocoleus hohensteini*. Diese infaunalen (im Sediment erzeugten) Spuren können als vergebliche Fluchtversuche, nach der Verschüttung durch Schlammströme, gedeutet werden.

Sutcliffe et al. (1999) teilten die Spurenfossilien in drei ökologische Kategorien ein:

1 epifaunale (auf dem Meeresboden entstandene) Fährten von Gliederfüßern (»*Petalichnus*«, *Merostomichnites* und *Allocotichnus*), Schlangensternspuren (*Arcichnus*) und Schwimmspuren von Fischen (*Undichna*);
2 infaunale Bewegungsspuren von Muscheln (*Protovirgularia* und cf. *Scolicia*), Mitraten (aff. *Protovirgularia*) und Borstenwürmern (*Pteridichnites*); und
3 infaunale Fressbauten (*Chondrites*, *Ctenopholeus* und *Heliochone*), wobei offene senkrechte Schächte zum Meeresboden führen.

Diesem Kapitel liegt mein Beitrag in der Zeitschrift Fossilien (Südkamp 2012) zugrunde.

Spuren

Planolites

N *Planus* = platt, flach.

M Die pyritisierten, schlauchförmigen Bänder in Form eines Tunnelbaus wurden meist von sedimentfressenden Würmern erzeugt. Die Oberflächenstruktur ist infolge der an der Tunnelwand klebenden Partikel (z. B. Schalenreste) rau. Eine Variante davon sind strukturlose Stopfgänge, die vom Erzeuger entweder mit Sediment oder mit Kotpillen aktiv verfüllt wurden (Abb. 248). Eine Spur mit in kurzen Abständen stehenden, halbmondförmigen Füllungen ist wohl passiv immer wieder eingestürzt (Abb. 249).

H Sehr häufig.

G Breite bis 4 mm.

B Eine Schieferplatte zeigt den Seestern *Urasterella*, bei dem zwei Arme von einem Grabgang durchtrennt sind (Abb. 250). Zunächst hatte dieser Seestern die Verschüttung überlebt, was eine leicht gebogene Spur belegt,

13. Traces and marks

Sedimentary structures, produced without active participation of living organisms are called marks; traces are creations of life actions. Marks and traces yield in many respects information additional to that of the body fossils. In the last century they were used as an argument to estimate the water depth of the sea. Traces are further used to deduce the sedimentation processes, the living conditions and sequence of movements of the trace makers. Moreover, marks are easily misinterpreted as body fossils, and are therefore presented here.

The Hunsrück Slate as viscoelastic sediment is very suitable for the preservation of traces and marks. A precondition for the good preservation of walking trackways is that more sandy layers are inserted, which acted as a kind of supporting substrate. Sometimes whole surfaces are covered with very different trace types. Here the most well documented known examples and also some new traces and marks are presented. However, there are further fossils discovered which have no name yet and await description.

The traces are described morphologically and are given a genus and species name as usual. Mostly, one (genus) name is sufficient. Because the potential trace maker does not matter in this respect, it may happen that several ways of movement of the same animal have different names. An example (Ekdale & Bromley 2001) is the matching of the mobile traces *Protovirgularia*, resting traces *Lockeia* and feeding traces *Lophoctenium* of a digging bivalve. Traces in the immediate connection of the trace maker are very rare and were discovered only recently in the Hunsrück Slate. They are from the starfish *Urasterella asperula*, the mitrate *Rhenocystis* and the worm *Lepidocoleus hohensteini*. These infaunal (produced in the sediment) traces can be interpreted as fruitless escape attempts after burying by turbidity currents.

Sutcliffe et al. (1999) divided the trace fossils into three ecological categories:

1 epifaunal (produced on the seafloor) trackways of arthropods ("*Petalichnus*", *Merostomichnites* and *Allocotichnus*), trackways of brittle stars (*Arcichnus*) and swimming traces of fishes (*Undichna*);
2 infaunal locomotion traces of bivalves (*Protovirgularia* and cf. *Scolicia*), mitrates (aff. *Protovirgularia*) and bristle worms (*Pteridichnites*); and
3 infaunal burrow systems (*Chondrites*, *Ctenopholeus* and *Heliochone*) with open vertical shafts connecting to the seafloor.

This chapter is based on my paper in the journal Fossilien (Südkamp 2012).

Traces

Planolites

N *Planus* = flat, gentle.

C The pyritized tube like ribbons in the form of a tunnel were mostly produced by sediment feeding worms. The surface structure is rough, as a result of the particles (for instance shell remains) glued on the tunnel wall. A variant of this type are backfills without structure, which were either actively filled with sediment or with faecal pellets (Fig. 248). A trace with crescent-shaped fillings standing at short distances is probably passively collapsed again and again (Fig. 249).

R Very common.

Si Width up to 4 mm.

P A slab shows the starfish *Urasterella*, where two arms are cut through by a burrow (Fig. 250). At first, the starfish survived the burying as documented by a moderately curved trace, which runs from the upper right arm to the edge of the slab. After the death of the starfish a worm fed through the sediment and in doing so shifted some calcareous plates of the starfish arms (direction of movement from the right to the left). Högström et al. (2009) described the machaeridian *Lepidocoleus hohensteini* for the first time. One of the specimens is still lying at the end of its corkscrew-like trace. The wavelength of the trace equals the body length

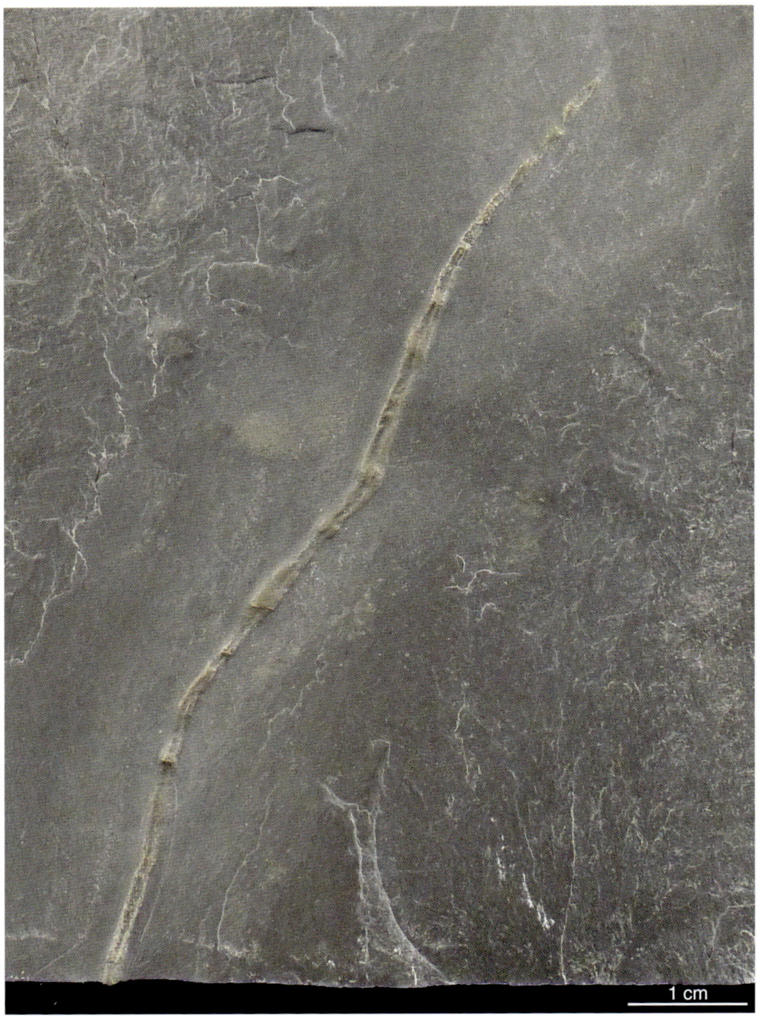

248 *Planolites*. Mit Kotpillen verfüllter Stopfgang eines Wurms.
248 *Planolites*. Backfill of a worm filled with faecal pellets.

of the machaeridian, precluding that the animal was moving by lateral undulations as do some annelids.

O Bundenbach (Unter- and especially Obereschenbach quarries; Schmiedenberg/Mühlenberg). Gemünden (Kaisergrube). Hahn (Gute Hoffnung quarry).

Cf. *Scolicia*

C Seilacher & Hemleben (1966) described and illustrated a *Scolicia*-like trace. The long meandering backfill is composed of gill-like fill lamellae arranged at both sides and a medially positioned deeper string of faeces. It was made in the sediment by an unknown deposit feeder and backfilled behind the moving animal at the same time. A look-alike fossil is illustrated here (Fig. 251).

R Very rare.

Si The width varies between 10–25 mm.

O Bundenbach (Untereschenbach quarry).

Pteridichnites

N *Pteron* = wing.

C Sutcliffe et al. (1999) called infaunal meandering traces, produced by double-anchor techniques and by bristle worms, as the ichnotaxon *Pteridichnites*. On one slab the different kinds of movement of the bristle worms are documented, both as transitions from the more narrow trace to the broader and an alternately sliding and walking in the broader trace (Fig. 252). However, the most *Pteridichnites* are straight to gently curving crawling trails, containing two rows of nearly equidimensional roughly circular imprints that alternate along a central axis and are ascribed to arm imprints of brittle stars. These characteristics fit more to other traces found by me in the Hunsrück Slate (Fig. 253). So, further investigations must clear up the assignment of the worm and brittle star traces as *Pteridichnites*.

R Rare.

Si Width 3–5 mm.

P These traces indicate cohesive sediment.

249 *Planolites*. Grabgang mit regelmäßigen Sedimenteinstürzen. / **249** Burrow regularly filled with sediment collapses.

250 Der Seestern *Urasterella* mit Fluchtspur (rechts) und Kotspur (*Planolites*) eines Wurms (links).
250 The asteroid *Urasterella* with escape trace (to the right) and faecal trace (*Planolites*) of a worm (to the left).

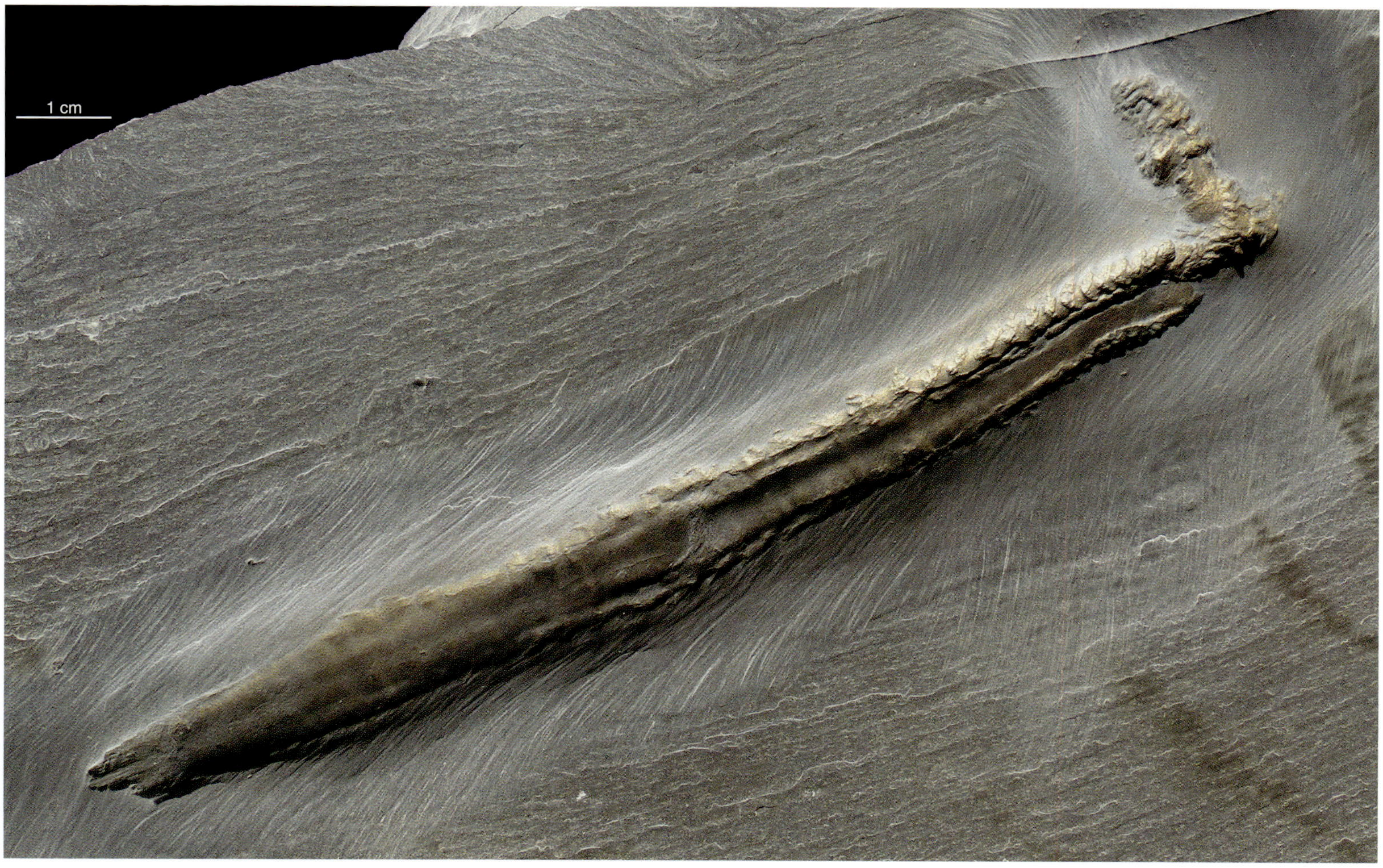

251 Cf. *Scolicia*.

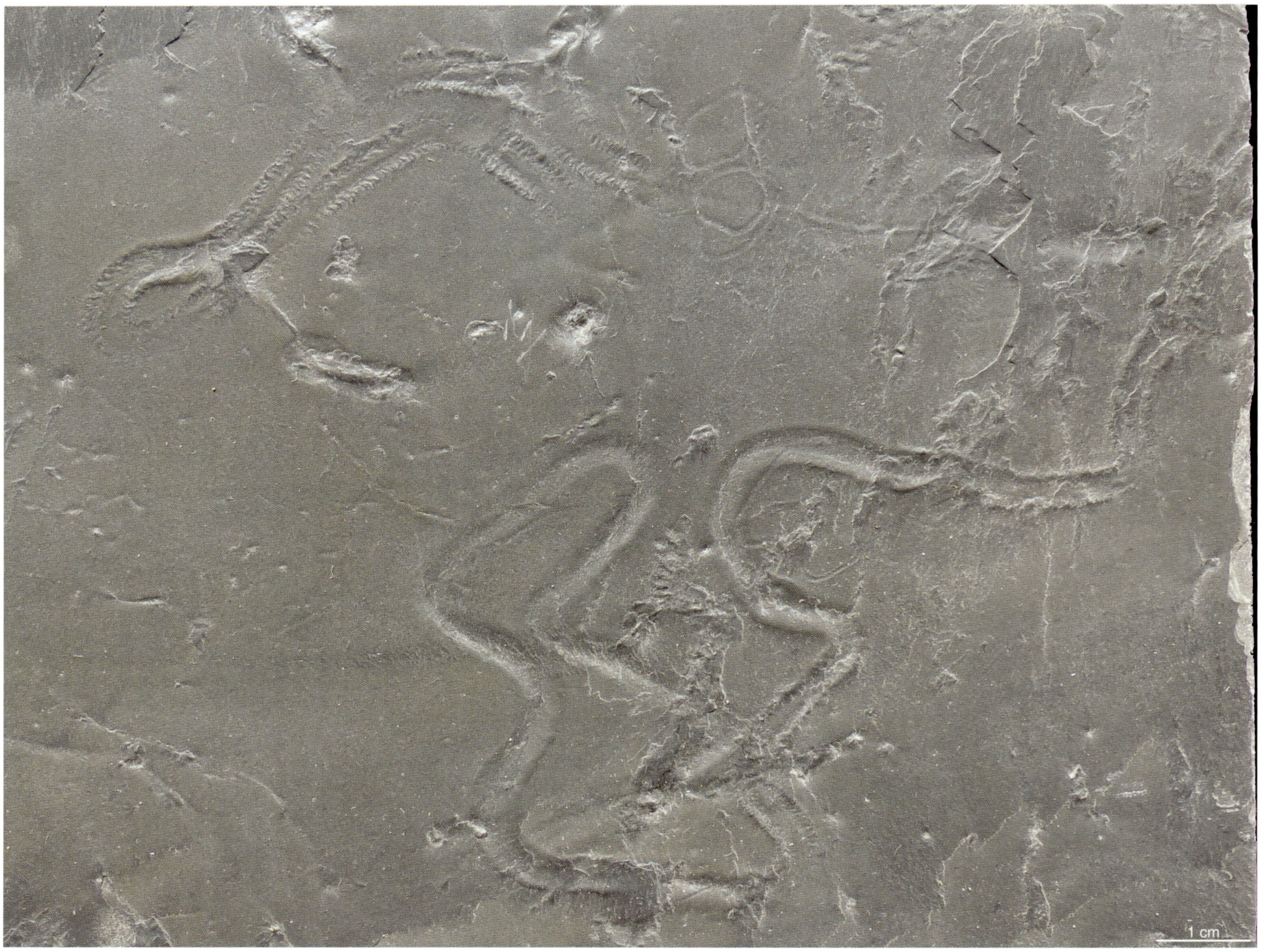

252 Unterschiedliche Wurmspuren. / **252** Different worm traces.

253 *Pteridichnites*. Konkav Hypo- und konvex Epirelief. / **253** *Pteridichnites*. Concave hypo- and convex epirelief.

die vom oberen rechten Arm bis zur Kantenseite der Platte verläuft. Nach dem Tod des Seesterns fraß sich ein Wurm durch das Sediment und verlagerte dabei einige Kalkplatten der Seesternarme (Bewegungsrichtung von links nach rechts).

Högström et al. (2009) beschrieben erstmals den Machaeridier *Lepidocoleus hohensteini*. Eines der Exemplare liegt noch am Ende seiner korkenzieherähnlichen Spur. Die Wellenlänge der Spur ist gleichlang wie die Körperlänge des Machaeridiers, was die normale seitlich krümmende Fortbewegungsweise von einigen Würmern ausschließt.

V Bundenbach (Gruben Unter- und insbesondere Obereschenbach; Schmiedenberg/Mühlenberg). Gemünden (Kaisergrube). Hahn (Grube Gute Hoffnung).

Cf. *Scolicia*

M Seilacher & Hemleben (1966) beschrieben und bildeten eine *Scolicia*-ähnliche Spur ab. Der lange mäandrierende Stopfgang besteht aus kiemenartig angeordneten Füllamellen an den Seiten und einer in der Mitte tiefer gelegenen Kotschnur. Sie wurde im Sediment von einem unbekannten Sedimentfresser angelegt und zeitgleich hinter dem sich bewegenden Tier wieder verfüllt. Ein ähnliches Fossil ist hier abgebildet (Abb. 251).

H Sehr selten.

G Die Breite variiert zwischen 10–25 mm.

V Bundenbach (Grube Untereschenbach).

Pteridichnites

N *Pteron* = Flügel.

M Sutcliffe et al. (1999) benannten infaunale mäandrierende Spuren, die mittels einer doppelten Ankertechnik von Borstenwürmern erzeugt wurden, als Ichnotaxon *Pteridichnites*. Auf einer Schieferplatte sind die unterschiedlichen Bewegungsarten der Borstenwürmer dokumentiert, sowohl als Übergänge von der schmäleren Spur in die breitere als auch ein abwechselndes Rutschen und Laufen bei der breiteren Spur (Abb. 252). Meist versteht man jedoch unter *Pteridichnites* gerade oder schwach krümmende Kriechspuren, die zwei Reihen fast gleichgroßer etwa runder Eindrücke umfassen, um eine zentrale Achse alternieren und Armeindrücken von Schlangensternen zugeschrieben werden. Diese Merkmale treffen auf andere von mir im Hunsrückschiefer gefundenen Spuren zu (Abb. 253). Weitere Untersuchungen sollten also die Bestimmung der Wurm- und Schlangensternspuren als *Pteridichnites* klären.

H Selten.

G Breite 3–5 mm.

B Diese Spuren sprechen für steifes Sediment.

V Breitenthal (Grube Schielenberg). Bundenbach (Gruben Obereschenbach; Herrenberg, Schmiedenberg/Mühlenberg).

Arcichnus saltatus (Abb. 254, 255)

N *Arcus* = Bogen. *Salto* = Sprung.

M Die Fährte besteht aus sich wiederholenden, horizontal angelegten, hufeisenförmigen Eindrücken, die sich in einer Richtung öffnen und von zwei Armen eines Schlangensterns erzeugt wurden. Diese sind in der Längsmitte mit einem Eindruck eines dritten Armes verbunden (Sutcliffe 1997).

H Sehr selten.

G Die Länge eines Sprungs ist 120 mm.

B *Arcichnus* wird als die springende Bewegungsweise des Schlangensterns *Bundenbachia* interpretiert und belegt, dass dieser Schlangenstern sowohl infaunal als auch epifaunal lebte.

V Bundenbach (Grube Unter- und Obereschenbach).

Vadichnites transversus (Abb. 256)

N *Vadum* = untief und *ichnos* = Spur. *Transversus* = schief.

M Sutcliffe et al. (2000) und Rahman et al. (2009) stellten Bewegungsspuren auf vier Schieferplatten vor, die vom Mitraten *Rhenocystis latipedunculata* kurz vor dessen Tod erzeugt wurden. Da es sich sowohl um den Körper/die Stacheln als auch um den langen Fortsatz (»Schwanz«) handelt, wurden zwei Varianten von *Vadichnites* aufgestellt: es sind

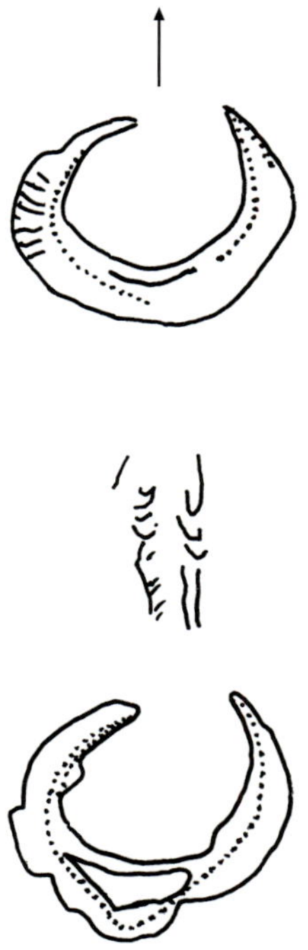

254 Fährte eines Schlangensterns (*Arcichnus*). Die U-förmigen Spuren wurden von den paarigen Armen erzeugt. Der Pfeil weist auf die Bewegungsrichtung hin. – Umgezeichnet nach Sutcliffe (1997).

254 Ophiuroid trackway (*Arcichnus*). The U-shaped tracks were produced by the paired arms. Arrow points in movement direction. – Redrawn after Sutcliffe (1997).

O Breitenthal (Schielenberg quarry). Bundenbach (Obereschenbach, Herrenberg, Schmiedenberg/Mühlenberg quarries).

Arcichnus saltatus (Figs. 254, 255)

N *Arcus* = bow. *Salto* = leap.

C The trackway consists of successive horizontally oriented horseshoe shaped impressions, opening in a constant direction, that were produced by two arms of an ophiuroid. They are connected along the axis by the imprint of a third arm (Sutcliffe 1997).

R Very rare.

Si The length of one jump is 120 mm.

P *Arcichnus* is interpreted as the jumping locomotion of the ophiuroid *Bundenbachia* and demonstrates that this brittle star lived both infaunally and epifaunally.

O Bundenbach (Unter- and Obereschenbach quarries).

Vadichnites transversus (Fig. 256)

N *Vadum* = shallow and *ichnos* = trace. *Transversus* = oblique.

C Sutcliffe et al. (2000) and Rahman et al. (2009) presented on four slabs movement traces of the mitrate *Rhenocystis latipedunculata*, that were produced shortly after their death. Because they concern both the body/spines and the long appendage, two variants of *Vadichnites* were nominated: they are either straight or curved traces, which are sometimes supplied with transverse ridges, or flat wider arc shaped protuberances. The spacing of both is approximately constant.

R Very rare.

Si The width varies between 5–15 mm.

P The *Vadichnites*-traces confirm that mitrates were moving appendage-first along or just below the seafloor, and that a feeding function of the appendage would be very unlikely.

O Bundenbach (Unter- and Obereschenbach quarries).

Monomorphichnus/*Dimorphichnus*

N *Mono* = one. *Di* = two. *Morphe* = build. *Ichnos* = trace. *Obliquus* = sideward.

C The tracks of trilobites leave one-sided (*Monomorphichnus*) or bilateral (*Dimorphichnus*) leg impressions. In the Hunsrück Slate these show deviations from the normal V-like walking trackways, because the animals

255 *Arcichnus*-ähnliche Fährte. / **255** *Arcichnus*-like trackway.

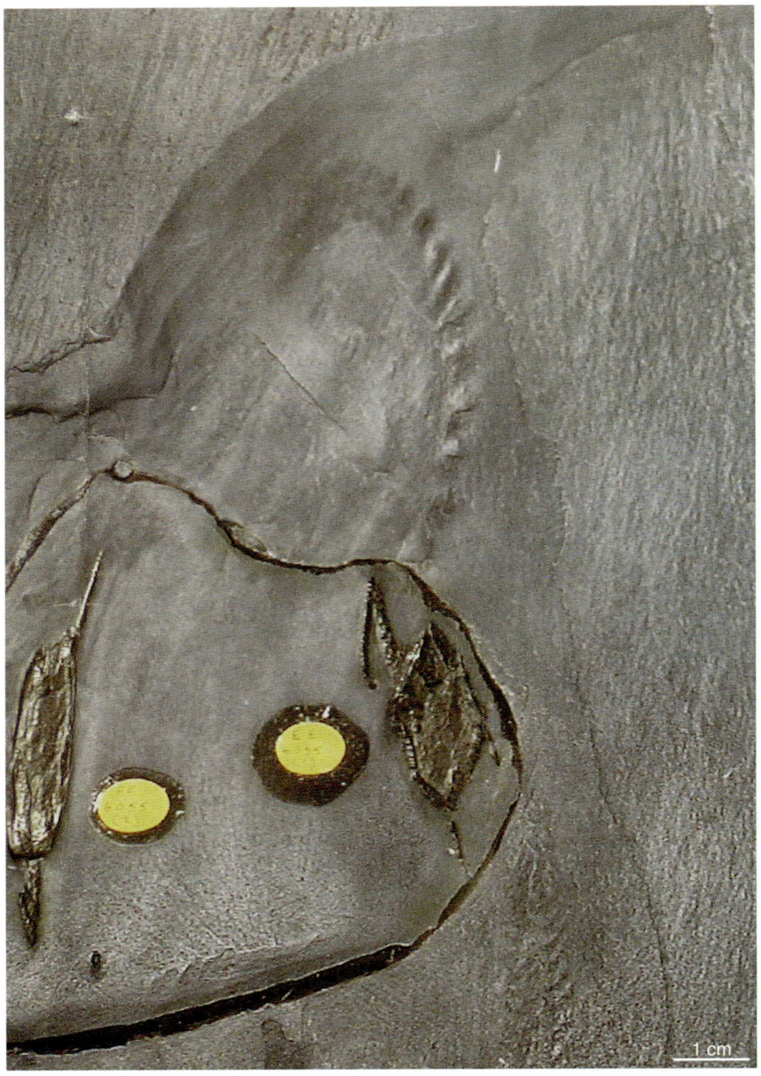

256 *Vadichnus*. Zwei Morphotypen an Spuren verursacht vom Mitraten *Rhenocystis*.
256 Two morphotypes of traces made by the mitrate *Rhenocystis*.

were uplifted by the turbidity currents and brought into an unnatural position. Therefore, the animals tried to re-establish the contact with the seafloor. The lateral landing marks from nearly complete trilobites prove that this was a quite turbulent situation (Fig. 257). Here one recognizes the outline of the head and the rows of pleurae of the thorax.

R Common.

Si The length varies between about 4 (pushing imprints) and 70 mm (tool marks).

Sp Seilacher (1952, 1962) interpreted the sigmoidal (s-like) curved trace *Dimorphichnus obliquus* as a grazing sideward trackway of a trilobite. In this way the leg tips left comb-like pushing imprints, or by their stretched claws above the mud, raking scratches (Fig. 258).

O Breitenthal (Schielenberg quarry). Bundenbach (Unter- and Obereschenbach, Schmiedenberg/Mühlenberg quarries). Gemünden (Kaisergrube).

Kouphichnium (Fig. 259)

N *Kouphos* = weak. *Ichnion* = trace.

C *Kouphichnium* is a straight, bilaterally symmetrical trackway that can be quite variable but in best examples shows Y-shaped footprints in conjunction with a medial line. In the Upper Jurassic Solnhofen limestones they were initially attributed to birds (*Archaeopteryx*) or pterosaurs. The footprints are now believed to be the imprints of the last limulid appendages, called pushers, terminating in four plates, which the animal used to push against the sediment (Seilacher 2007, Dunlop & Bechly 2015). The groove was left by the telson. A find from the Kaisergrube shows sun-like impressions made by the delicate setae, which are part of the so-called "snow shoes" (Seilacher & Hemleben 1966, Seilacher 2007). Horseshoe crabs can make a wide variety of trackways. The variation in the form of the trackways can further be explained by the fact that the sharpness and details were lost in undertracks (Dunlop & Bechly 2015, Seilacher 2007).

R Two records.

Si The width is 30–35 mm.

O Bundenbach (Schmiedenberg/Mühlenberg quarry). Gemünden (Kaisergrube).

entweder gerade oder gebogene Spuren, die manchmal mit Querriffeln versehen sind oder flache breitere bogenförmige Ausbeulungen. Der Abstand zwischen beiden ist in etwa gleich.

H Sehr selten.

G Die Breite variiert zwischen 5–15 mm.

B Die *Vadichnites*-Spuren belegen, dass die Mitraten sich beginnend mit dem Fortsatz auf oder direkt unter dem Meeresboden fortbewegten und das eine Futterfunktion des Fortsatzes sehr unwahrscheinlich ist.

V Bundenbach (Gruben Unter- und Obereschenbach).

Monomorphichnus/Dimorphichnus

N *Mono* = eins. *Di* = zwei. *Morphe* = Gestalt. *Ichnos* = Spur. *Obliquus* = seitwärts.

M Die Aufsetzspuren von Trilobiten hinterlassen einseitige (*Monomorphichnus*) oder doppelseitige (*Dimorphichnus*) Beineindrücke. Diese zeigen im Hunsrückschiefer Abweichungen von den normalen V-förmigen Laufspuren, da die Tiere durch die Schlammströme aufgewirbelt und in eine unnatürliche Position gebracht wurden. Die Tiere versuchten dann den Kontakt mit dem Meeresboden wieder herzustellen. Dass es dabei ziemlich turbulent zuging, beweisen die seitlichen Aufstoßmarken von fast ganzen Trilobiten (Abb. 257). Hier erkennt man die Kopfform und die Pleurenreihen der Brust.

H Häufig.

G Die Länge variiert zwischen etwa 4 (Stemmeindrücke) und 70 mm (Aufstoßmarken).

A Seilacher (1952, 1962) deutete die sigmoidal (s-förmig) gekrümmte Spur *Dimorphichnus obliquus* als den schrägen Weidegang eines Trilobiten. Dabei hinterließen die Beinspitzen kammförmige Stemmeindrücke oder deren ausgestreckte Krallen über dem Schlamm Harksiegel (Abb. 258).

V Breitenthal (Grube Schielenberg). Bundenbach (Gruben Unter- und Obereschenbach, Schmiedenberg/Mühlenberg). Gemünden (Kaisergrube).

Kouphichnium (Abb. 259)

N *Kouphos* = leicht. *Ichnion* = Spur.

M *Kouphichnium* ist eine gerade, zweiseitig symmetrische Fährte. Ihre Erscheinung ist sehr variabel. In den günstigsten Fällen sind Y-förmige

257 Aufstoßmarken von Trilobiten. / **257** Tool marks of trilobites.

258 Aufstoßmarke, Stemmeindrücke und Harksiegel (*Dimorphichnus*). Epirelief.
258 Tool mark, pushing imprints and raking scratches (*Dimorphichnus*). Epirelief.

259 *Kouphichnium*. Hyporelief.

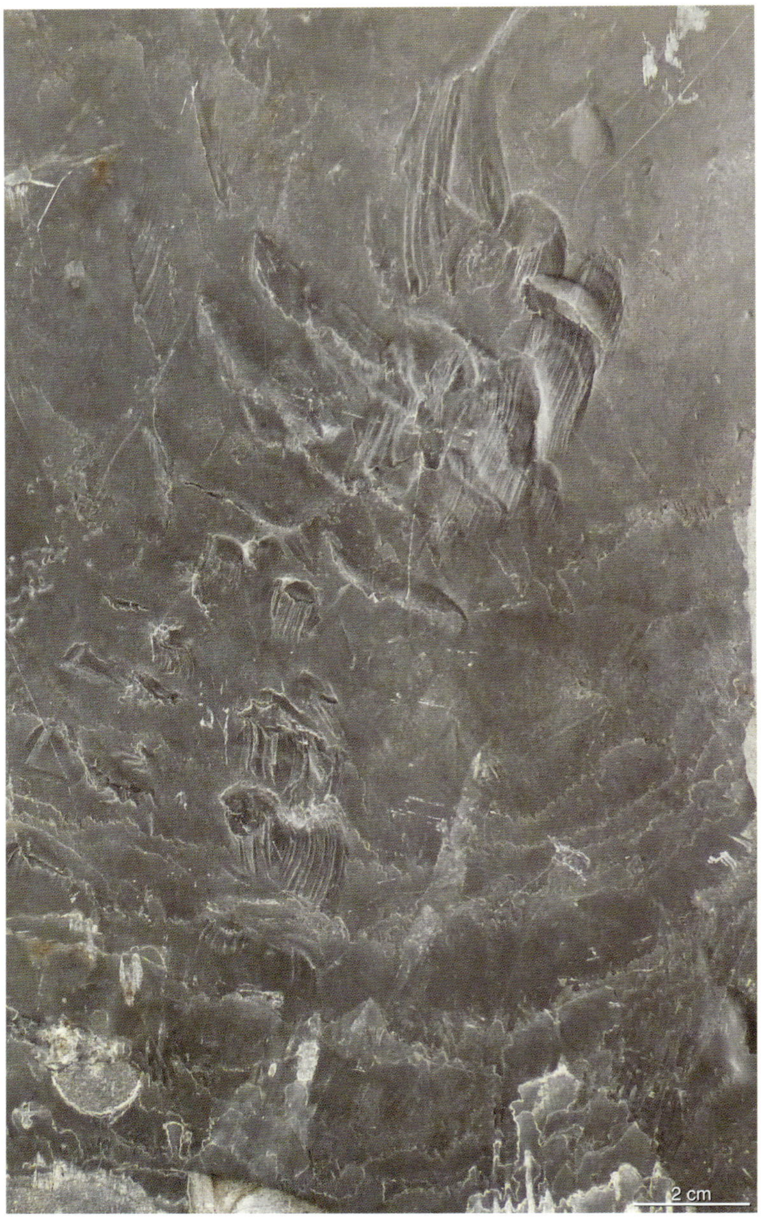

260 *Merostomichnites*. Hyporelief.

Fußabdrücke im Zusammenhang mit einer Mittellinie vorhanden. Solche Spuren wurden in den Solnhofener Plattenkalken aus dem Oberjura, ursprünglich Vögeln (*Archaeopteryx*) oder Flugsauriern zugeschrieben. Heute identifiziert man die Fußabdrücke als die Eindrücke der hinteren Beine von Pfeilschwanzkrebsen, Schieber genannt, mit einem vierlappigen Ende, die dazu dienen das Tier vom Sediment abzuheben (Seilacher 2007, Dunlop & Bechly 2015). Die Furche wurde vom Telson verursacht. Ein Fund aus der Kaisergrube zeigt sonnenartige Abdrücke, die durch Filamente, welche Teil der so bezeichneten »Schneeschuhen« sind, verursacht werden (Seilacher & Hemleben 1966, Seilacher 2007). Pfeilschwanzkrebse können eine große Vielfalt an Fährten hinterlassen. Die unterschiedlichen Spurenformen können weiterhin dadurch erklärt werden, dass die Schärfe, sowie Einzelheiten dieser, an ihren durchgepausten Abbildern, die sich unterhalb der betretenen Oberfläche auf tiefen Schichtflächen im Sediment befinden, mit zunehmender Tiefe mehr und mehr verloren gehen (»undertracking«, Dunlop & Bechly 2015, Seilacher 2007).

H Zwei Belege.

G Die Breite beträgt 30–35 mm.

V Bundenbach (Grube Schmiedenberg/Mühlenberg). Gemünden (Kaisergrube).

Merostomichnites (Abb. 260)

N *Merostomata* = Hüftmünder (Schwertschwänze und Seeskorpione).

M *Merostomichnites* zeichnet sich durch eine Reihe gegenständiger, sichelförmiger Eindrücke aus, die von den kammartigen Borsten eines Gliederfüßers in die Oberfläche des Sediments eingeritzt worden sind. Manchmal wird der Abstand zwischen den Beineindrücken größer. Dies könnte auf eine einsetzende Schwimmbewegung deuten.

Merostomichnites (Fig. 260)

N *Meros* = thigh and *stoma* = mouth, in reference to the animals' possession of appendages which are mouthparts at their proximal end, but swimming legs at their distal end (sea scorpions and horseshoe crabs).

C *Merostomichnites* is characterized by a series of opposite, crescent-shaped imprints, scratched by the bristle-like brushes of an arthropod into the surface of the sediment. In some cases they grade into more widely spaced imprints. This could point to beginning a swimming motion.

R Common.

Si The width is about 35 mm.

P These trackways were firstly discovered and described by Richter (1941). The trace maker is controversial (the arachnomorph *Cheloniellon*, an eurypterid, the limulid *Weinbergina*). Poschmann & Braddy (2010) questioned if eurypterids as inhabitants of the tidal zone could occur in the Hunsrück Slate at all. Because only limulids among the arthropods move their bilateral leg rows symmetrically (Seilacher & Seilacher 1994), *Weinbergina* appears to me the most likely trace maker.

O Breitenthal (Schielenberg quarry). Bundenbach (Obereschenbach, Schmiedenberg/Mühlenberg quarries). Gehlweiler (Drei Männer quarry).

Chondrites palaeozoicus

N *Chondrus* = cartilage seaweed, because this feeding burrow system, according to its branched form, was originally interpreted as seaweed. *Palaios* = old and zoe = life, meaning ancient life.

C The trace maker of this treelike feeding burrow system, consisting of small branching burrows of the same diameter, is unknown. It can be detected the best in "Krappstein" (the bedding is not parallel to the

H Häufig.

G Die Breite beträgt etwa 35 mm.

B Diese Fährten wurden von Richter (1941) erstmals entdeckt und beschrieben. Der Verursacher ist umstritten (der Arachnomorphe *Cheloniellon*, ein Eurypteride, der Schwertschwanz *Weinbergina*). Poschmann & Braddy (2010) bezweifelten, ob Eurypteriden als Bewohner der Gezeitenzone im Hunsrückschiefer überhaupt vorkommen. Da unter den Gliederfüßern nur Schwertschwänze ihre beidseitigen Beinreihen gegenständig bewegen (Seilacher & Seilacher 1994), scheint mir *Weinbergina* der wahrscheinlichste Verursacher.

V Breitenthal (Grube Schielenberg). Bundenbach (Gruben Obereschenbach, Schmiedenberg/Mühlenberg). Gehlweiler (Grube Drei Männer).

Chondrites palaeozoicus

N *Chondrus* = Knorpeltange, da dieser Fressbau ursprünglich, wegen seiner verzweigten Form als Seetang gedeutet worden war. *Palaios* = alt und *zoe* = Leben, d.h. altes Leben.

M Der Erzeuger von diesem bäumchenartigen Fressbau, zusammengesetzt aus kleinen verzweigten Gängen von ähnlicher Größe, ist unbekannt. Er lässt sich am besten im Krappstein (die Schichtung verläuft hier nicht parallel zur Spaltfläche) erkennen (Abb. 261). Im Querschnitt sehen die Gänge wie eine Punktwolke aus (Abb. 262).

H Sehr häufig.

G Die Höhe kann bis zu 90 mm betragen.

B *Chondrites* weist, in Analogie zu *Chondrites*-Vorkommen in Gesteinen anderen erdgeschichtlichen Alters, auf einen reduzierten Sauerstoffgehalt hin.

V Im Taunus: Weisel (Grube Kreuzberg), Bereich Nauroth-Zorn (Grube Rosit) und Bereich Hexit-Linesitt. Leimbachtal bei Bacharach. Gondershausen (Grube Schorfeld). Schiefergrube zwischen Katzenloch und Bruchweiler. Katzenlochdell nordwestlich von Kirschweiler. Östlich von Kirschweiler. Breitenthal (Grube Schielenberg). Hahn (Grube Gute Hoffnung). Bundenbach (Gruben Franzendell, Unter- und Obereschenbach, Herrenberg, Schmiedenberg/Mühlenberg). Oberkirn (Grube Karschheck). Rhaunen (Grube Lingenbach). Gehlweiler (Grube Drei Männer). Gemünden (Kaisergrube).

261 *Chondrites* im Krappstein. / **261** *Chondrites* in the Krappstein.

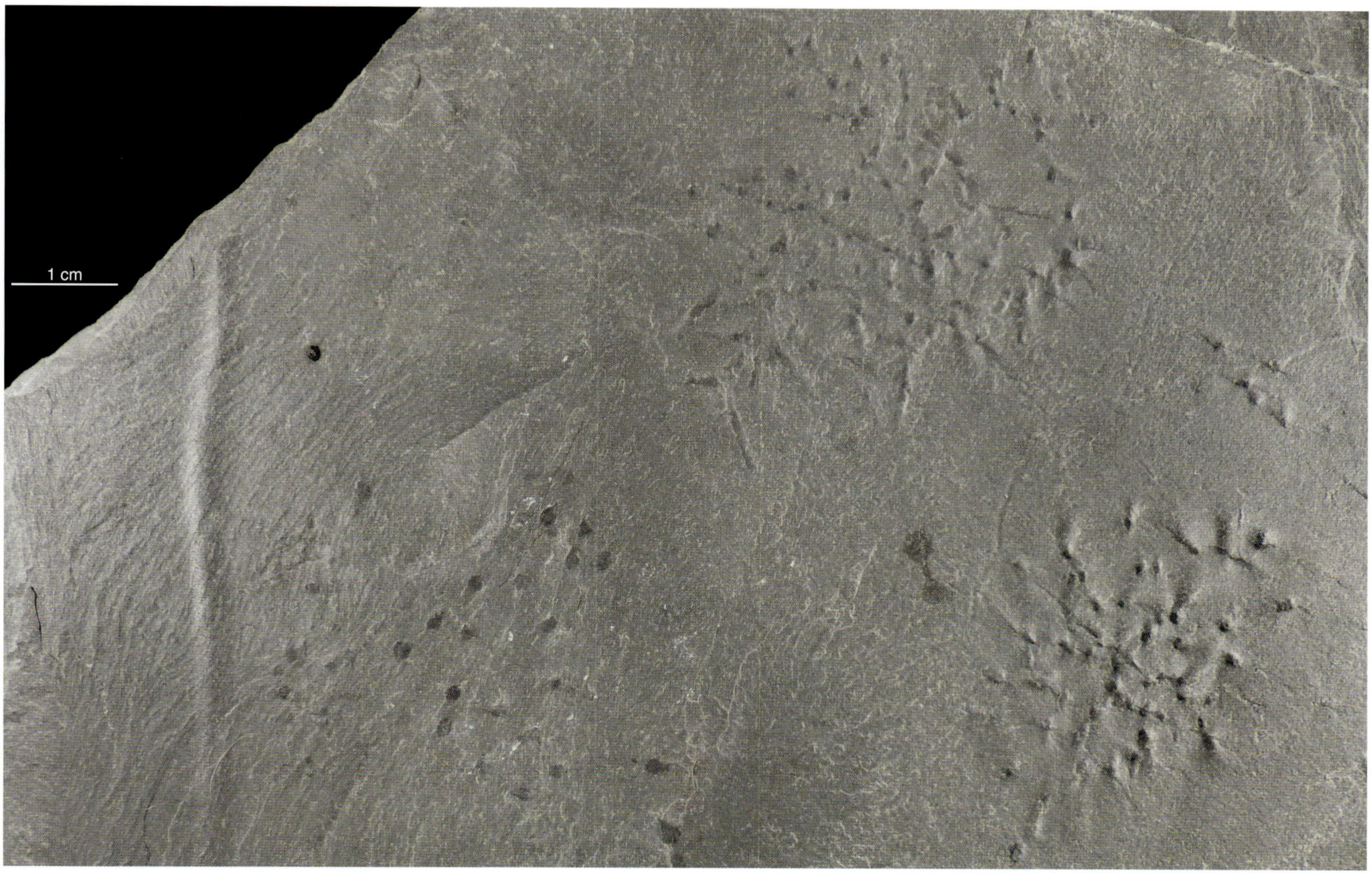

262 *Chondrites* im Plattenstein. / **262** *Chondrites* in the Plattenstein.

Zoophycos (Abb. 263)

N *Zoo* = Lebewesen, Tier. *Phycos* = Seetang.

M Die zungenförmig laminierten Spreiten stellen horizontale Bauten eines Sedimentfressers dar, vielleicht eines Wurms.

H Unikat.

G Die Breite beträgt 94 mm.

V Bundenbach (Grube Schmiedenberg/Mühlenberg).

Heliochone hunsrueckiana (Abb. 264, 265)

N *Helios* = Sonne. *Chone* = Trichter.

M *Heliochone* ist ein Spreitenbau in Form eines umgekehrten Trichters mit aufgesetzten Radialleisten. Die vertikalen Ausgänge (bis zu 22) stellen eine offene Verbindung mit der Oberfläche dar. Das erzeugende Tier konnte den Ringtunnel konzentrisch nach außen und unten verlagern und die Schächte entsprechend nachführen. Einige Exemplare sind ausnahmsweise spiralig gedreht. Der Verursacher war also entweder ein Sedimentfresser (Sutcliffe et al. 1999) oder die Schächte stellten eine Art Belüftungsröhren für Bakterienkulturen dar (Seilacher 2007).

H Selten.

G Durchmesser: 170–480 mm.

V Bundenbach (Gruben Obereschenbach, Schmiedenberg/Mühlenberg).

Ctenopholeus kutscheri (Abb. 266)

N *Ctenos* = Kamm. *Pholeos* = Bau.

M *Ctenopholeus* ist ein gestreckter oder bogenförmiger, größerer Tunnelbau, von dem ebenfalls in regelmäßigen Abständen senkrechte Schächte nach oben führen. Der im Querschnitt daumenartige Fressbau deutet eher auf ein Krebstier, als auf einen wurmartigen Erzeuger hin (Seilacher 2007).

H Selten.

B Im Besucherbergwerk Herrenberg bei Bundenbach sind größere *Ctenopholeus*-artige Fressbauten mit einfacherem Bau und Durchmessern bis 1800 mm zu sehen. Vielleicht handelt es sich bei *Heliochone* und *Ctenopholeus* sogar um ein und dasselbe Ichnofossil, das je nach Erhaltung und Schnittlage nur unterschiedlich gebaute Labyrinthe vortäuscht.

G Durchmesser: 165–600 mm.

V Bundenbach (Gruben Unter- und Obereschenbach, Herrenberg, Schmiedenberg/Mühlenberg). Gemünden (Kaisergrube).

Mäandrierende Weidespur (Abb. 267)

N Graphoglyptide Spuren sehen wie in Stein gemeißelte Schriftzüge aus.

M Diese lassoartige Spur gehört möglicherweise zur Gruppe der »Graphoglyptiden«. Es handelt sich um horizontale, offene Tunnelsysteme, die stets einen bestimmten Abstand zur nächsten Schleife einhalten und die zum Wohnen und Fressen dienten.

H Unikat.

G Die Breite beträgt zwischen 2 und 8 mm.

264 Fressbauten *Heliochone* (Rekonstruktion). – Umgezeichnet nach Seilacher & Hemleben (1966).

264 Burrow system *Heliochone* (reconstruction). – Redrawn after Seilacher & Hemleben (1966).

263 *Zoophycos*.

cleavage) (Fig. 261). In profile the burrows can only be recognized as a point cloud (Fig. 262).

R Very common.

Si The height can be up to 90 mm.

P *Chondrites* evidence from lithologies of different ages elsewhere indicates very low oxygen conditions.

O In the Taunus: Weisel (Kreuzberg quarry), area Nauroth-Zorn (Rosit quarry) and area Hexit-Linesitt. Leimbachtal near Bacharach. Gondershausen (Schorfeld quarry). Slate quarry between Katzenloch and Bruchweiler. Katzenlochdell northwest of Kirschweiler. To the east of Kirschweiler. Breitenthal (Schielenberg quarry). Hahn (Gute Hoffnung quarry). Bundenbach (Franzendell, Unter- and Obereschenbach, Herrenberg, Schmiedenberg/Mühlenberg quarries). Oberkirn (Karschheck quarry). Rhaunen (Lingenbach quarry). Gehlweiler (Drei Männer quarry). Gemünden (Kaisergrube).

Zoophycos (Fig. 263)

N *Zoo* = living organism, animal. *Phycos* = seaweed.

C The tongue shaped laminated backfill structures represent horizontal burrows of a deposit-feeder, maybe a worm.

R Unique specimen.

Si The width is 94 mm.

O Bundenbach (Schmiedenberg/Mühlenberg quarry).

Heliochone hunsrueckiana (Figs. 264, 265)

N *Helios* = sun. *Chone* = funnel.

C *Heliochone* is a backfill burrow system like an upside down funnel with radial strips on it. The vertical shafts (up to 22) are connected to the surface. The animal producing this could move the ring tunnel concentrically outwards and downwards and the shafts followed correspondingly. Some specimens unusually form a spiral. The trace maker was thus either a deposit-feeder (Sutcliffe et al. 1999), or the shafts served as a kind of ventilation exit for bacterial gardens (Seilacher 2007).

R Rare.

Si Diameter: 170–480 mm.

O Bundenbach (Obereschenbach, Schmiedenberg/Mühlenberg quarries).

265 *Heliochone*.

B Graphoglyptiden sind eigentlich typisch für Tiefseeablagerungen (Seilacher 2007) und ihre Verursacher sind unbekannt.

V Bundenbach (Grube Obereschenbach).

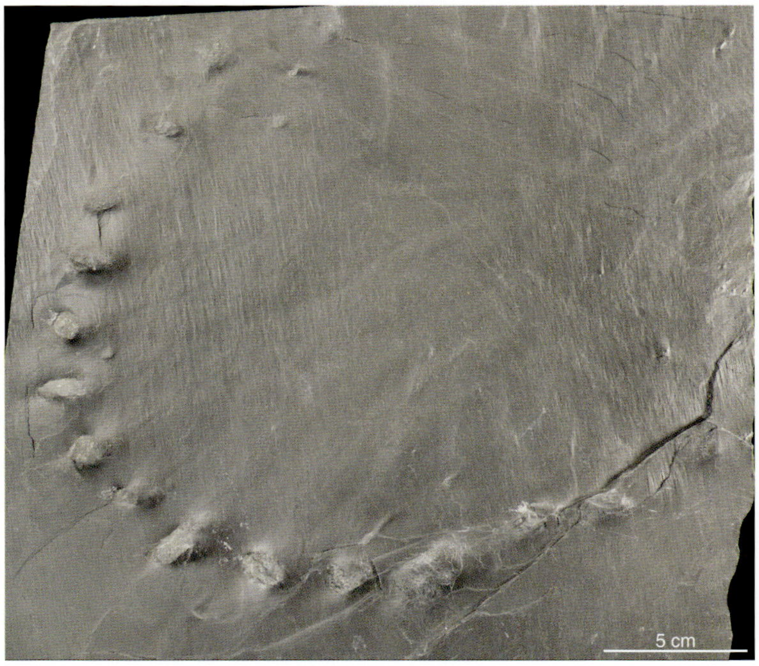

266 *Ctenopholeus*.

Ctenopholeus kutscheri (Fig. 266)

N *Ctenos* = comb. *Pholeos* = construction.

C *Ctenopholeus* is a stretched or curved larger tunnel system, from which straight shafts run upwards in regular intervals as well. The profile of the thumb-like burrow system indicates more a crustacean origin than a wormlike producer (Seilacher 2007).

R Rare.

P In the visitors mine Herrenberg near Bundenbach larger *Ctenopholeus*-like feeding burrow systems of more uncomplicated construction and diameters of up to 1800 mm can be seen. Maybe *Heliochone* and *Ctenopholeus* are even one and the same ichnofossil which, according to preservation and cut surface only feign differently constructed labyrinths.

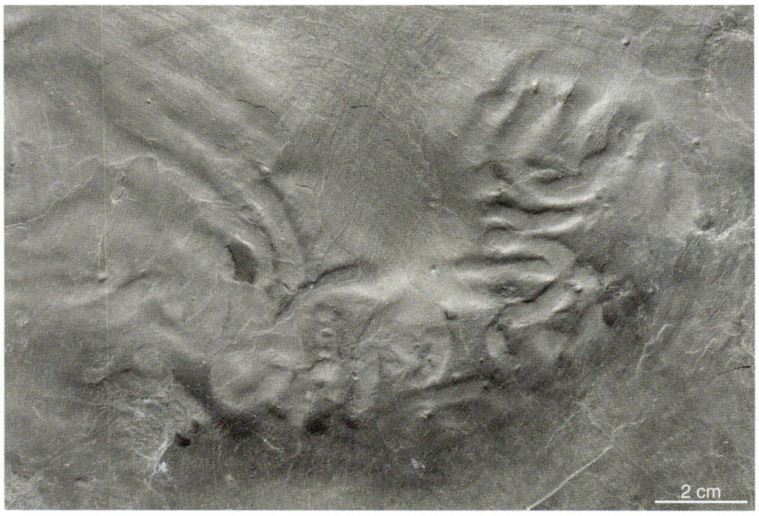

267 Mäandrierende Spur. / **267** Meandering farming trace.

268 *Protovirgularia*. Epirelief.

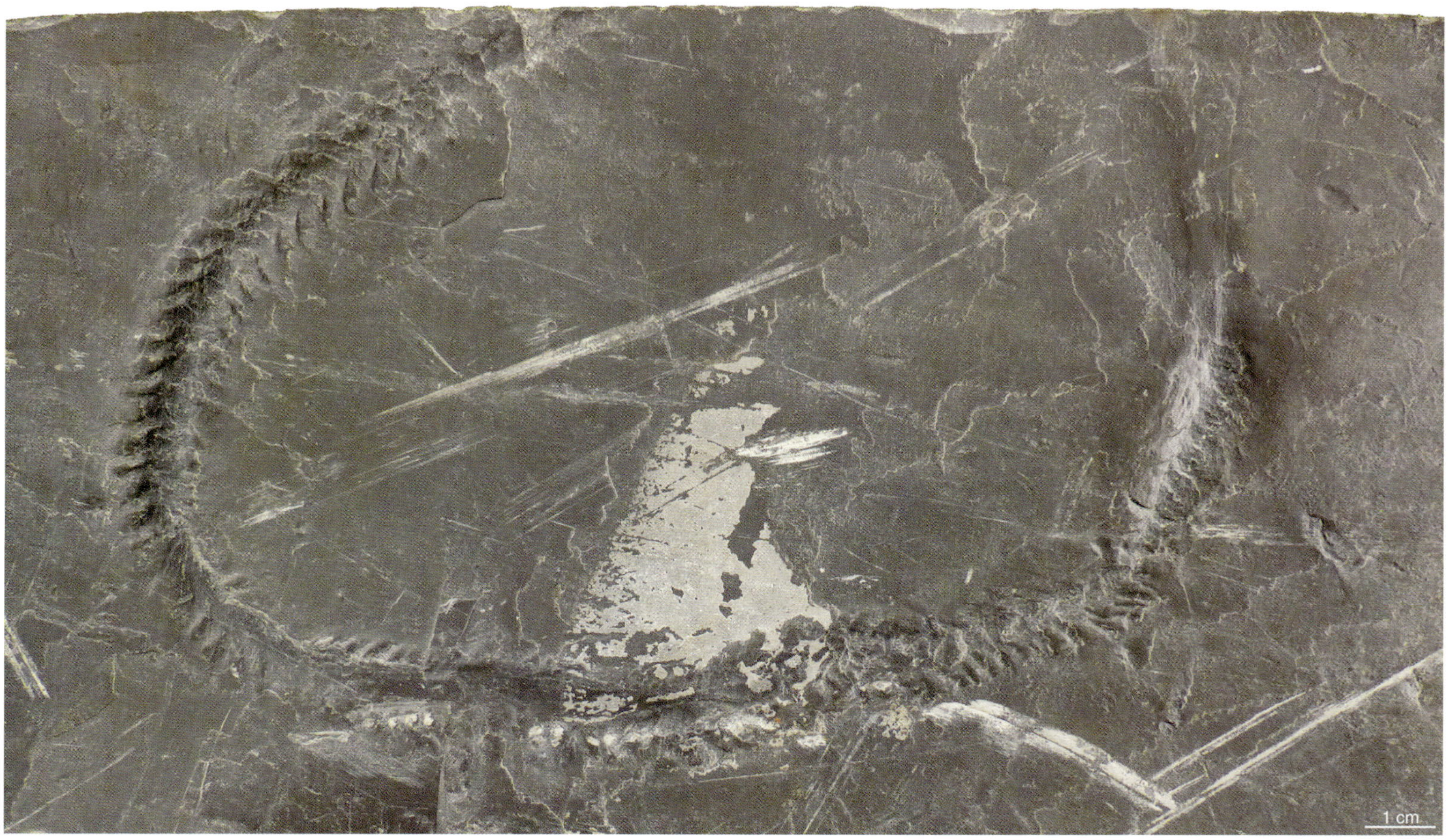

269 *Protovirgularia*. Hyporelief.

Protovirgularia (Abb. 268, 269)

N *Proto* und *Virgularia* = wurde ursprünglich als Seefeder angesehen. *Dichotom* = zweiteilig. *Longe* = lang. *Spicum* = Ähre vom Getreide.

M Die ährenförmige Fährte wurde aufgrund der Ähnlichkeit mit einer Getreideähre benannt. Sie besteht aus einer Reihe paariger, winkeliger Rippen oder Eindrücken, manchmal um eine mittlere Fläche aus durchwühltem Sediment herum. Die Spur kann gerade, gebogen oder in seltenen Fällen sogar fast in einem Kreis verlaufen.

H Häufig.

A Die ährenförmige Fährte wurde erstmals von Richter (1941) als *Protovirgularia dichotoma* beschrieben. Ein längliches Fossil mit mehreren Reihen Winkelstrukturen und palmartiger Form aus der Grube Karschheck gehört zu *P. longespicata* (Seilacher & Seilacher 1994, Südkamp 2005) (Abb. 270).

Si Diameter: 165–600 mm.

O Bundenbach (Unter- and Obereschenbach, Herrenberg, Schmiedenberg/Mühlenberg quarries). Gemünden (Kaisergrube).

Meandering farming trace (Fig. 267)

N Graphoglyptid traces look like writing carved in stone.

C This lasso-like trace belongs possibly to the group of the "graphoglyptids". These are horizontal open tunnel systems that always maintain a particular distance to the following loop and functioned for living and feeding.

R Unique specimen.

Si The width is between 2 and 8 mm.

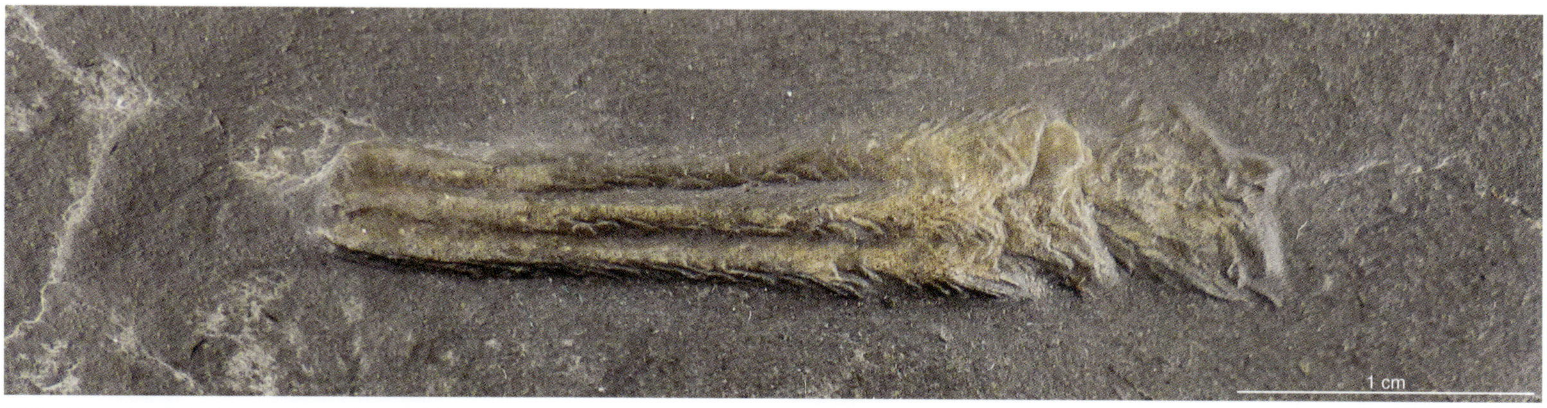

270 *Protovirgularia longespicata*. Länge 30 mm. / **270** *Protovirgularia longespicata*. Length 30 mm.

G Breite 12–15 mm.

B Seilacher & Seilacher (1994) konnten den Verursacher dieser Spur identifizieren. Grundlage dafür waren Experimente mit der Muschel *Acila*. Diese grabende Muschel bewegt sich mit ihrem Klappfuß rhythmisch im Sediment und hinterlässt dabei eine Reihe ährenförmiger Eindrücke.

V Breitenthal (Grube Schielenberg). Oberkirn (Grube Karschheck). Bundenbach (Gruben Obereschenbach, Herrenberg, Schmiedenberg/Mühlenberg). Gemünden (Kaisergrube).

Marken

Die ohne aktive Beteiligung von Lebewesen entstandenen Gesteinsstrukturen werden als Marken bezeichnet. Hierzu gehören die Kolkmarken, sowie schuppenförmige Sandzungen (Abb. 271), quastenförmige Fließmarken und Runzelgirlanden. Sie wurden in Bundenbach (Grube Schmiedenberg/Mühlenberg) und Gemünden (Kaisergrube) gefunden. Die Orientierung zeigt stets mit den Spitzen gegen den Strom. Pseudospuren können durch Aufstoßen oder Schleifen am Meeresgrund, aber auch durch Entgasungs- bzw. Entwässerungsprozesse, entstehen. Je nach Konsistenz des Substrats findet man glatte oder gefiederte Schleifmarken (Abb. 272). Die Aufstoßmarken von Trilobiten (*Monomorphichnus*) wurden schon behandelt. Es gibt aber auch Aufstoßmarken von Ammonoideen in Bundenbach (Grube Obereschenbach), die man an den kurzen gestreiften Bändern der Rippen erkennen kann (Abb. 273).

Zu den rundlichen Sedimentstrukturen gehören *Kinneyia* (Durchmesser 0,5–6 mm) und aff. *Protospiralichnus* (Durchmesser bis 50 mm und mit schwach konzentrischer Innenstruktur) (Abb. 274, 275). Die verwendeten

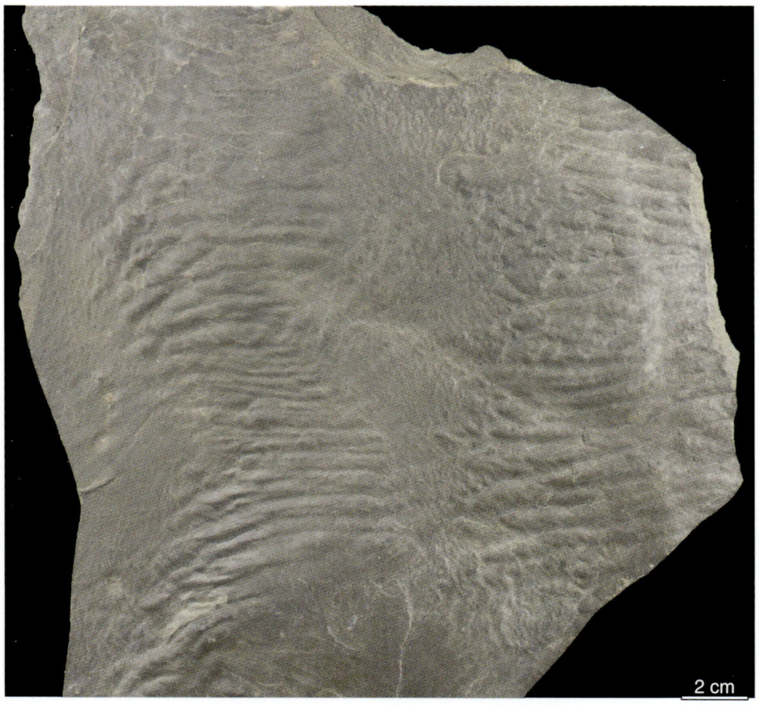

271 Schuppenförmige Sandzungen. Abstand der Zungen ca. 10 mm.
271 Scale-shaped sand tongues. Distance between the tongues ca. 10 mm.

P Graphoglyptids are really typical for deep sea sediments (Seilacher 2007) and their producers are unknown.

O Bundenbach (Obereschenbach quarry).

Protovirgularia (Figs. 268, 269)

N *Proto* and *Virgularia* = originally regarded as a seapen. *Dichotom* = in two parts. *Longe* = long. *Spicum* = ear of corn.

C The so-called ährenförmige Fährte (= ear-shaped trace after their resemblance to an ear of corn) consists of a series of paired chevron ridges or imprints sometimes flanking a median area of disturbed sediment. The trace could be straight, curved or in rare cases even run nearly like a circle.

R Common.

Sp The ear-shaped trace was firstly described by Richter (1941) as *Protovirgularia dichotoma*. An elongate fossil with several series of chevron ridges and palmlike outline from the Karschheck quarry belongs to *P. longespicata* (Seilacher & Seilacher 1994, Südkamp 2005). (Fig. 270).

Si Width 12–15 mm.

P Seilacher & Seilacher (1994) found the producer of this trace on the basis of experiments with the bivalve *Acila*. This burrowing bivalve moves with its cleft foot rhythmically through the sediment and leaves in doing so a series of ear-shaped imprints.

O Breitenthal (Schielenberg quarry). Oberkirn (Karschheck quarry). Bundenbach (Obereschenbach, Herrenberg, Schmiedenberg/Mühlenberg quarries). Gemünden (Kaisergrube).

Marks

Stone structures produced without the active participation of living organisms are called marks. These are pothole marks like scale-shaped sand tongues (Fig. 271), tassel shaped flow marks and wrinkled garlands. They were found at Bundenbach (Schmiedenberg/Mühlenberg quarry) and Gemünden (Kaisergrube). The orientation is always with the top against the current. Pseudotraces resulted from landing or gliding on the seafloor, but can also be produced by degassing or dewatering. According to the consistency of the substratum one can find smooth or feathered dragging marks (Fig. 272). The landing marks of trilobites (*Monomorphichnus*) have already been treated. But there are also landing marks from ammonoids at Bundenbach (Obereschenbach quarry), that one can recognize by the short striped bands of the ribs (Fig. 273).

Rounded sedimentary structures are *Kinneyia* (diameter 0.5–6 mm) and aff. *Protospiralichnus* (diameter up to 50 mm and with a weak concentric structure inside) (Figs. 274, 275). The names used stem from the fact that it was once thought erroneously that these structures were fossils. *Kinneyia* occurs in the Kaisergrube. However, the distribution of the rounded imprints is far too irregular to interpret them as raindrops marks (Bartels & Brassel 1990). Seilacher & Hemleben (1966) guessed they came into being by bubbles. Concerning the hundreds of thousands of marks of medium size from Mayen-Hausen (quarry Mosella-Schacht) and Bundenbach (Obereschenbach and Schmiedenberg/Mühlenberg quarries) lying scattered in the sediment, degassing and dewatering and possibly biomats may have been involved (Seilacher 2007). The round sedimentary structures have the appearance of extant out-gassings (personal communication Prof. H. Pfanz 2016).

273 Aufstoßmarke eines Ammonoiden.
273 Landing mark of an ammonoid.

Namen rühren daher, dass man diese Strukturen früher fälschlicherweise für Fossilien hielt. *Kinneyia* kommt in der Kaisergrube vor. Die Verteilung der rundlichen Eindrücke ist jedoch viel zu ungleichmäßig, um sie als Regentropfenmarken zu deuten (Bartels & Brassel 1990). Seilacher & Hemleben (1966) vermuteten, dass sie als Schaumblasen entstanden sind. Bei den massenhaft und verstreut im Sediment liegenden mittelgroßen Marken aus Mayen-Hausen (Grube Mosella-Schacht) und Bundenbach (Gruben Obereschenbach und Schmiedenberg/Mühlenberg) dürften Entgasungs- oder Entwässerungsprozesse, möglicherweise im Zusammenhang mit Algenmatten, eine Rolle gespielt haben (Seilacher 2007). Die runden Sedimentstrukturen sehen ähnlich wie rezente Ausgasungen aus (mündliche Mitteilung Prof. H. Pfanz 2016).

272 Glatte und gefiederte Schleifmarken. Größte Breite 3 mm.
272 Smooth and feathered dragging marks. Greatest width 3 mm.

274 *Kinneyia*. Hyporelief.

275 *Protospiralichnus*. Epirelief.

Literatur / Literature

Dunlop, J. A. & G. Bechly (2015): Kieferklauenträger (Chelicerata). – S. 292–298 in: Arratia, G., H.-P. Schultze, H. Tischlinger & G. Viohl (Hrsg.): Solnhofen. Ein Fenster in die Jurazeit 1. Verlag Dr. Friedrich Pfeil, München (*Kouphichnium*).

Ekdale, A. A. & R. G. Bromley (2001): A day and a night in the life of a cleft-foot clam: *Protovirgularia-Lockeia-Lophoctenium*. – Lethaia 34: 119–124 (*Protovirgularia*).

Högström, A. E. S., D. E. G. Briggs & C. Bartels (2009): A pyritized lepidocoleid machaeridian (Annelida) from the Lower Devonian Hunsrück Slate, Germany. – Proceedings of the Royal Society B, 276: 1981–1986 (*Lepidocoleus*).

Poschmann, M. & S. J. Braddy (2010): Eurypterid trackways from Early Devonian tidal facies of Alken an der Mosel (Rheinisches Schiefergebirge, Germany). – Palaeobiodiversity and Palaeoenvironments 90(2): 111–124.

Rahman, I. A., R. P. S. Jefferies & W. H. Südkamp (2009): Ichnological insights into mitrate palaeobiology. – Palaeontology 52(1): 127–138 (*Vadichnites*).

Richter, R. (1941): Marken und Spuren im Hunsrück-Schiefer 3. Fährten als Zeugnisse des Lebens auf dem Meeresgrunde. – Senckenbergiana 23: 218–260 (*Protovirgularia*).

Seilacher, A. (1952): Spuren und Lebensweise der Trilobiten. – In: Schindewolf, O. H. & A. Seilacher: Beiträge zur Kenntnis des Kambriums in der Salt Range (Pakistan). Akademie der Wissenschaften und der Literatur, Abhandlungen der mathemathisch-naturwissenschaftlichen Klasse, 55(19): 86–116; Franz Steiner Verlag, Wiesbaden.

– (1960): Strömungsanzeichen im Hunsrückschiefer. – Notizbl. hess. L.-Amt Bodenforsch. 88: 88–106 (Sedimentstrukturen, Trilobitenfährten).

– (1962): Form und Funktion des Trilobiten-Dactylus. – Paläont. Z., H. Schmidt-Festband: 218–227 (*Dimorphichnus*).

– (2007): Trace Fossil Analysis. – 226 pp.; Springer Verlag, Berlin, Heidelberg.

Seilacher, A. & C. Hemleben (1966): Beiträge zur Sedimentation und Fossilführung des Hunsrückschiefers. 14. Spurenfauna und Bildungstiefe der Hunsrückschiefer (Unterdevon). – Notizbl. hess. L.-Amt Bodenforsch. 94: 40–53 (*Heliochone*, *Ctenopholeus*, cf. *Scolicia*, Marken).

Seilacher, A. & E. Seilacher (1994): Bivalvian Trace Fossils: A Lesson from Actuopaleontology. – Cour. Forsch.-Inst. Senckenberg 169: 5–15 (*Protovirgularia*).

Südkamp, W. (2005): Haldenaufsammlungen im Hunsrückschiefer (5). Die Grube Karschheck III: Seelilien. – Fossilien 22(5): 282–289.

– (2012): Spurenfossilien im Hunsrückschiefer. – Fossilien 29(3): 162–172.

Sutcliffe, O. E. (1997): An ophiuroid trackway from the Lower Devonian Hunsrück Slate, Germany. – Lethaia 30(1): 33–39 (*Arcichnus*).

Sutcliffe, O. E., D. E. G. Briggs & C. Bartels (1999): Ichnological evidence for the environmental setting of the Fossil-Lagerstätten in the Devonian Hunsrück Slate, Germany. – Geology 27(3): 275-278.

Sutcliffe, O. E., W. H. Südkamp & R. P. S. Jefferies (2000): Ichnological evidence on the behaviour of mitrates: two trails associated with the Devonian mitrate *Rhenocystis*. – Lethaia 33: 1–12 (*Vadichnites*).

Universitäts- und Museensammlungen / University and museum collections

Die Anzahl der Exponate steht, falls bekannt, in Klammern. /
The number of specimens is in brackets when available.

USA

New Haven, Connecticut, Yale Peabody Museum of Natural History, Yale University (212)
Washington, D.C., The Smithsonian National Museum of Natural History (150)

UK

London, The Natural History Museum (103)

D

Aachen, Rheinisch-Westfälische Technische Hochschule (129)
Bad Kreuznach, Schlossparkmuseum (ca. 500)
Berlin, Museum für Naturkunde, Institut für Paläontologie (u.a. / among others 1358 Echinodermen, 131 Ammonoideen)
Berlin-Spandau, Bundesanstalt für Geowissenschaften und Rohstoffe (15)
Bonn, Rheinische Friedrich-Wilhelms-Universität, Steinmann-Institut (3400)
Bundenbach, Fossilienmuseum (110)
Dortmund, Museum für Naturkunde (ca. 110)
Erlebniswelt Schloss Wartenstein, Erdgeschichtlicher Zeittunnel (6)
Frankfurt, Forschungsinstitut und Naturmuseum Senckenberg (864)
Herrstein, Goldbachs Weine & Steine (50)
Idar-Oberstein, Deutsches Mineralienmuseum (148)
Kamen, Sammlung Dr. C. Bartels/Bonn, Rheinische Friedrich-Wilhelms-Universität, Steinmann-Institut (ca. 1200)
Karlsruhe, Staatliches Museum für Naturkunde (ca. 1000)
Mainz, Naturhistorisches Museum, Landessammlung für Naturkunde Rheinland-Pfalz (ca. 2000)
Mayen, Eifelmuseum (12)
München, Bayerische Staatssammlung für Paläontologie und historische Geologie
Reutlingen, Naturkundemuseum (57)
Simmern, Hunsrück-Museum (1112)
Stuttgart, Staatliches Museum für Naturkunde (13)

NL

Den Haag, Museon
Haarlem, Teylers Museum (27)
Leiden, Naturalis Biodiversity Center (zumindest / at least ca. 140)

PL

Wrocław/Breslau, Wrocław University, Institute of Geological Sciences

Literatur / Literature

Jansen, U. & F. F. Steininger (2002): Die paläontologischen Sammlungen in Deutschland – Inhalte, Erfassung und Gefährdung. – Kleine Senckenberg-Reihe 42: 1–101.
Naturkundemuseum Reutlingen (2000). Aus den Sammlungen I. Die Fossilien des Hunsrückschiefers. – Herausgeber: Naturkundemuseum, Schul- und Kulturamt, Stadt Reutlingen.
Wuttke, M. (1986): Katalog und Belegstücke zur Hunsrückschiefer-Sammlung (Rheinisches Schiefergebirge) im Schloßparkmuseum in Bad Kreuznach (BRD). – Mainzer Naturw. Archiv 24: 87–117.

Aufbewahrungsorte (falls bekannt) / Repositories (as far as known)

Museen / Museums

British Museum of Natural History, London, UK: 256
Forschungsinstitut Senckenberg, Frankfurt am Main: 149, 150
Fossilienmuseum, Bundenbach: 230
Goldbach's Geologisches Museum, Herrstein: 10, 50
Hunsrück-Museum, Simmern: 53, 138 (Abguss / Cast), 236, 245
Naturalis Biodiversity Center, NL-Leiden: 78, 120
Naturhistorisches Museum Mainz, Landessammlung für Naturkunde Rheinland-Pfalz, Mainz: 104, 107, 109.2, 116, 117, 122, 123, 127, 134, 183?
Schloßparkmuseum, Bad Kreuznach: 19, 125, 194, 195, 201, 220, 226, 237
Staatliche Naturwissenschaftliche Sammlungen Bayerns, Bayerische Staatssammlung für Paläontologie und Geologie, München: 121, 188, 231, 232, 240
Steinmann-Institut für Geologie und Paläontologie der Universität, Bonn: 7, 69, 70, 115, 124, 126, 161, 163, 167, 185, 197, 218, 219.1

Sammlung Dr. Christoph Bartels, Kamen / Steinmann-Institut für Geologie und Paläontologie der Universität, Bonn: 106, 109.1, 128, 254
Sammlung Oliver Göhl, Birkenfeld im Hunsrück-Museum, Simmern: 38, 49, 54, 81, 88, 89, 96, 101, 139
Sammlung Wouter Südkamp im Hunsrück-Museum, Simmern: 13–15, 17, 22, 26, 28–33, 35, 36, 40–42, 44–47, 52, 57, 59–62, 67, 72, 73, 79, 82, 83, 85–87, 90, 91, 93, 94, 98, 100, 102, 108, 110, 114, 119, 132, 135, 137, 141, 143, 148, 151, 153, 155, 157, 158, 162, 164, 165, 169, 171–175, 181, 184, 189, 191, 192, 196, 199, 203, 205, 213–216, 227, 228, 235, 239, 241, 243, 244, 246, 248–250, 252, 253, 255, 259–263, 265–275

Privatsammlungen / Privat collections

Gregor Beicht, Bundenbach: 12, 16, 20, 21, 23–25, 34, 39, 43, 48, 56, 58, 65, 75, 80, 103, 118, 129–131, 133, 136, 138, 140, 142, 144, 147, 154, 159, 166, 168, 176–180, 186, 193, 198, 200, 204, 206–212, 221–225, 229, 233, 234, 238, 242, 247, 251, 252, 257, 267
Lothar Dreher, Griebelschied: 51, 170
Ingo Kasperek, Uedem: 145
Walther Krumme, Hargesheim / Wouter Südkamp: 27
Hermann Lintz, Niddatal: 156, 182, 202
Markus Poschmann, Koblenz-Karthause: 77
Dr Ru Smith, Houston, USA: 104
Wouter Südkamp, Bundenbach: 4, 37, 55, 66, 68, 71, 76, 84, 92, 95, 97, 99, 258
Robert Veldt, NL-Utrecht: 146

Register der Fossilien / Index of fossils

In blau: Deutscher Text (erste Spalte). **Fett** gedruckte Seitenzahlen beziehen sich auf Abbildungen. /
In green: English text (second column). **Page** numbers in bold refer to figures.

Abbildungsnachweis / Photo credit

Volker Goldbach, Herrstein: 10.2
Christel Schumacher, Hunsrück-Museum, Simmern: 38, 72, 81, 88, 89, 96, 101, 139, 236
Markus Poschmann, Generaldirektorion Kulturelles Erbe RLP, Direktion Landesarchäologie/Erdgeschichte, Koblenz: 77
Naturalis Biodiversity Center, Leiden, NL: 78
Georg Oleschinski, Steinmann-Institut für Geologie und Paläontologie der Universität, Bonn: 13, 94, 102, 115, 117, 162, 165, 219.1
Dr. Gabriele Kühl, Steinmann-Institut für Geologie und Paläontologie der Universität, Bonn: 121, 126
Robert Veldt, Utrecht, NL: 146
Hermann Lintz, Niddatal: 156, 182
Joachim Hähn, Idar-Oberstein: 202
Dr. Mike Reich, Staatliche Naturwissenschaftliche Sammlungen Bayerns, Bayerische Staatssammlung für Paläontologie und Geologie, München: 188, 231, 232, 240
Thomas Engel, Naturhistorisches Museum Mainz, Landessammlung für Naturkunde Rheinland-Pfalz, Mainz: 104, 107, 109.2, 116, 123, 127
Gemälde/Painting Wouter Verhesen (Sittard, NL) im Hunsrück-Museum, Simmern: 245
Dr Timothy A. M. Ewin, The Natural History Museum, London, UK: 256

Die übrigen Fotos sind vom Autor. /
The other photos are from the author.

Lebenslauf des Autors

Wouter Südkamp, Jahrgang 1954, Niederländer, ist Dipl.-Geograph. Er arbeitete als Betriebsberater für Umweltangelegenheiten bei verschiedenen Organisationen. Er war im Niederländischen Geologischen Verein aktiv und zuletzt 7 Jahre Vorsitzender des größten Regionalvereins in Utrecht/'t Gooi. Seit 1978 hat er sich auf das Sammeln, Freilegen und Beschreiben seiner Funde aus dem Hunsrückschiefer spezialisiert. Nach seiner Emigration nach Bundenbach im Jahr 1996 konnte er diese Leidenschaft weiter ausbauen. Seine umfangreiche Sammlung (fast 1000 Stücke) ist im Hunsrück-Museum in Simmern untergebracht. Er hat 25 Beiträge für die Zeitschrift FOSSILIEN verfasst, sowie 8 wissenschaftliche Veröffentlichungen. Außerdem führt er in Rheinland-Pfalz geologische Exkursionen mit Fossilien- und Mineraliensuche durch und ist in der Erwachsenenbildung tätig.

Curriculum vitae of the author

Wouter Südkamp, born 1954, Dutchman, is a graduate geographer. He worked as management consultant for environmental matters in several organisations. He was active in the Dutch Geological Association and finally 7 years president of its largest regional association in Utrecht/'t Gooi. Since 1978 he is a specialist in collecting, preparing and describing his finds from the Hunsrück Slate. After his emigration to Bundenbach in 1996 he was able to increase this passion further. His extensive collection (nearly 1000 pieces) is stored in the Hunsrück-Museum at Simmern. He has written 25 contributions for the journal FOSSILIEN and 8 scientific papers. He is carrying out geological excursions with fossil and mineral hunts in Rhineland-Palatinate and is active in adult education.

Der Autor beim Sammeln auf einer Schieferhalde. – Foto: P. Stein, Koblenz. /
The author during collecting at a slate dump. – Photo: P. Stein, Koblenz.